PHP编程入门与应用

李鑫　王瑞敬　编著

清華大学出版社
北京

内 容 提 要

在最近的几年中，PHP已经发展成为世界上最为流行的Web平台，它运行在全球超过1/3的Web服务器上。PHP的发展不仅是数量上的，也是质量上的。越来越多的公司，包括全球500强榜上的公司都依靠PHP来运行它们的商业级应用，从而创造了新的就业机会并增加了更多的PHP开发需求。

本书共分14章，主要内容包括PHP环境的搭建、PHP开发工具、变量和常量、运算符与表达式、流程控制、数学函数、字符串搜索和截取、文件读写、文件上传与下载等。在应用方面介绍了PHP获取HTML表单数据，获取Cookie和Session数据，获取数据库数据，获取XML和JSON数据，获取Ajax异步数据等知识。最后一章介绍了常用的几种设计模式在PHP中的实现，如单例模式、工厂方法、适配器模式和状态模式等。

本书可以作为高等院校计算机相关专业PHP语言程序设计课程的教材，也可以作为PHP程序设计的培训教材，还可以作为自学者的参考书。

图书在版编目(CIP)数据

PHP编程入门与应用 / 李鑫，王瑞敬编著. —北京：清华大学出版社，2017

ISBN 978-7-302-47524-8

Ⅰ. ①P… Ⅱ. ①李… ②王… Ⅲ. ①PHP语言—程序设计 Ⅳ. ①TP312.8

中国版本图书馆CIP数据核字（2017）第140343号

责任编辑：韩宜波
封面设计：李　坤
责任校对：宋延清
责任印制：李红英
出版发行：清华大学出版社
　网　　址：http://www.tup.com.cn，　http://www.wqbook.com
　地　　址：北京清华大学学研大厦A座　　邮　　编：100084
　社 总 机：010-62770175　　邮　　购：010-62786544
　投稿与读者服务：010-62776969，c-service@tup.tsinghua.edu.cn
　质量反馈：010-62772015，zhiliang@tup.tsinghua.edu.cn
印 装 者：三河市春园印刷有限公司
经　　销：全国新华书店
开　　本：190mm×260mm　　印　　张：29.75　　字　　数：719千字
版　　次：2017年8月第1版　　印　　次：2017年8月第1次印刷
印　　数：1～3000
定　　价：68.00 元

产品编号：071509-01

前言

PHP 是全球最普及、应用最广泛的互联网开发语言之一，它有开放的源代码、独特的语法结构，包含了 C、Java、Perl 等语言的特点，具备多种数据库和操作系统的支持，而且是完全免费的。越来越多的大公司，如 IBM、Adobe、Cisco 等，都已经在应用 PHP 技术，PHP 已成为众多开发者的首选语言。

为了帮助广大读者掌握 PHP 开发技术，作者精心编写了本书。本书以 PHP 5 为例，详细介绍使用 PHP 进行网站开发所需掌握的各方面知识。本书可作为各院校在校生和相关授课老师的教材，也可以作为编程自学者的入门参考书。

本书内容

本书共分 14 章，主要内容如下。

第 1 章　PHP 入门基础。主要介绍 PHP 语言的基础知识，包括 PHP 发展史、PHP 环境的搭建、PHP 语法风格和注释、PHP 的集成环境以及第三方开发工具。

第 2 章　PHP 基础语法。详细介绍 PHP 程序中的基本数据类型、变量、常量、运算符和表达式等相关知识。

第 3 章　流程控制语句。首先简单介绍算法的描述方式，重点介绍 PHP 条件语句和循环语句的使用，包括 if、switch、for、while、do while、break 等。

第 4 章　PHP 函数。首先介绍如何自定义函数，调用函数和为函数指定参数，然后介绍了 PHP 中的数学函数、日期和时间类函数、文件包含函数。

第 5 章　面向对象编程。简单介绍面向对象的概念，重点对 PHP 中的实现进行介绍，包括创建类、构造函数、类常量、类的方法、PHP 作用域关键字以及继承的实现等。

第 6 章　数组的应用。主要介绍 PHP 对数组的操作，包括定义数组、遍历数组、数组元素的管理，数组排序、合并以及替换和搜索等。

第 7 章　字符串应用。详细介绍 PHP 支持的字符串操作，包括字符串的字义，对字符串进行大小写统一、替换、截取、填充、编码以及解码等。

第 8 章　文件处理。详细介绍 PHP 支持的文件操作，像获取文件的大小、读取文件的一行、写入内容、删除文件、创建目录、解析文件名以及获取可用空间等。

第 9 章　获取页面数据。主要介绍获取 HTML 表单数据的方法，包括 HTML 表单元素、表单提交方法、获取单选和多选值、URL 编码和解码、文件的上传和下载等。

第 10 章　会话处理。主要介绍在 PHP 中使用 Cookie 和 Session 保存数据、读取数据、设置数据有效期的方法。

第 11 章　数据库编程。主要介绍 PHP 获取 MySQL 数据的方法，包括 MySQL 的安装和配置、数据库的连接和关闭、执行更新语句、获取 Select 结果、获取列信息、使用预处理语句以及乱码的解决方案。

第 12 章　XML 和 JSON 处理。首先介绍 XML 的语法，然后介绍 PHP 操作 XML 的解析器以及解析方法，最后对 JSON 的编码和解码进行介绍。

第 13 章　PHP 高级编程技术。从 4 个方面介绍 PHP 的高级编程技术，分别是正则表达式的处理、异常处理、Ajax 异步通信以及常用 PHP 编程规范。

第 14 章　PHP 设计模式。首先介绍设计模式的概念和分类，然后介绍常用的设计模式，包括单例模式、简单工厂、工厂方法、抽象工厂、适配器模式、外观模式、观察者模式和状态模式。

本书特色

本书中的大量内容来自真实的程序范例，使读者更容易掌握PHP程序的开发技能。本书难度适中，内容由浅入深，实用性强，覆盖面广，条理清晰。

知识点全

本书紧密围绕PHP语言展开讲解，具有很强的逻辑性和系统性。

实例丰富

书中各实例均经过作者精心设计和挑选，它们都是根据作者在实际开发中的经验总结而来的，涵盖了在实际开发中所遇到的各种问题。

应用广泛

对于精选案例，给出了详细步骤，结构清晰简明，分析深入浅出，而且有些程序能够直接在项目中使用，避免读者进行重复开发。

基于理论，注重实践

在讲述过程中，不只是介绍理论知识，而且在合适位置安排综合应用实例，或者小型应用程序，将理论知识应用到实践中，来加强读者的实际应用能力，巩固所学的相关知识。

贴心的提示

为了便于读者阅读，全书还穿插着一些技巧、提示等小贴士，体例约定如下。

提示：通常是一些贴心的提醒，让读者加深印象或得到解决问题的方法。

注意：提出学习过程中需要特别注意的一些知识点和内容，或者相关信息。

技巧：通过简短的文字，指出知识点在应用时的一些小窍门。

读者对象

本书适合作为软件开发入门者的自学用书，也适合作为高等院校相关专业的教学用书，还可供在职开发人员查阅、参考。本书尤其适合下列人员使用：

- PHP语言开发入门者。
- PHP语言的初学者以及在校学生。
- 准备从事PHP开发的相关人员。
- 各大中专院校的在校学生和相关的授课老师。
- 有一定编程基础，想进一步提高技能的人员。

本书由李鑫、王瑞敬编著，参与编写的人员还有郑志荣、侯艳书、刘利利、侯政洪、肖进、李海燕、侯政云、祝红涛、崔再喜、贺春雷等，在此表示感谢。在本书的编写过程中，我们力求精益求精，但难免存在疏漏和不足之处，敬请广大读者批评指正。

编　者

目录

第1章 PHP入门基础

第2章 PHP基础语法

第3章 流程控制语句

第 6 章 数组的应用

第 7 章 字符串应用

第 8 章 文件处理

第 9 章 获取页面数据

第 10 章 会话处理

第 11 章 数据库编程

第12章 XML和JSON处理

第13章 PHP高级编程技术

第14章 PHP设计模式

第 1 章

PHP 入门基础

PHP 是一种服务器端、跨平台、面向对象、HTML 嵌入式的脚本语言。本章向读者简单介绍 PHP 语言、PHP 语言的优势、下载 PHP 及相关软件、搭建 PHP 开发环境的知识，了解常用的配置信息，熟悉 PHP 开发环境的配置结构等知识。主要目的是让读者先在宏观上对 PHP 语言有一个整体的了解，找到学习 PHP 的切入点。

本章学习要点

◎ 了解 PHP 的发展历史
◎ 了解 PHP 常用的 Web 服务器
◎ 掌握如何安装 Apache 服务器
◎ 掌握 PHP 5 的下载与安装
◎ 了解 PHP 配置文件的语法
◎ 熟悉 PHP 的语法和注释风格
◎ 熟悉 WampServer 和 phpStudy 配置 PHP 的方法
◎ 了解 Sublime Text 和 phpStorm 的使用

扫一扫，下载
本章视频文件

1.1 PHP 简介

PHP 官方网站 (http://www.php.net) 对 PHP 给出的全称是 Hypertext Preprocessor(超文本预处理器)，它是一种服务器端、跨平台、面向对象、HTML 嵌入式的脚本语言。其独特的语法混合了 C 语言、Java 语言和 Perl 语言的特点，是一种被广泛应用的开源式的多用途脚本语言，尤其适合 Web 开发。

1.1.1 PHP 发展历史

PHP 于 1994 年由 Rasmus Lerdorf 创建。最初只是一个简单的用 Perl 语言编写的程序，用来统计网站的访问者。后来又用 C 语言重新编写，增加了多种功能，包括可以访问数据库等。1995 年以 Personal Home Page Tools(PHP Tools) 为名开始对外发表第一个版本，Lerdorf 编写了一些介绍此程序的文档，并且发布了 PHP 1.0。在早期的版本中，提供了访客留言本、访客计数器等简单功能。后来，越来越多的网站使用 PHP，并且强烈要求增加一些特性，如循环语句和数组变量等，在新的成员加入到开发行列之后，1995 年又发布了 PHP 2.0，定名为 PHP/FI(Form Internet)。PHP/FI 加入了对 MySQL 的支持，从此建立了 PHP 在动态网页开发中的地位。到 1996 年年底，大约有 15000 个网站在使用 PHP/FI；1997 年使用 PHP/FI 的网站总数超过 5 万个。1997 年开始了第三版的开发计划，开发小组吸纳了 Zeev Suraski 及 Andi Gutmans，而第三版就定名为 PHP 3。

1. PHP 4

2000 年，PHP 4.0 问世，其中增加了许多新的特性。PHP 4.0 整个脚本程序的核心大幅变动，加快了程序的执行速度，满足了更快的要求，其在最佳化之后的效率，已较传统 CGI 或 ASP 等程序有更好的表现，而且还有更强的新功能、更丰富的函数库。事实证明，PHP 在 Web CGI 领域中掀起了颠覆性的革命。

2. PHP 5

在 PHP 的发展过程中又推出了 PHP 5，其功能更加完善，很多缺陷和 Bug 都被逐一修复。在 PHP 5 中，理想的选择是 PHP 5.2.x 系列，其兼容性好，每次版本升级带来的都是安全性和稳定性的改善。但如果产品是自己开发使用，则 PHP 5.3.x 在某些方面更具优势，在稳定性上更胜一筹，增加了很多 PHP 5.2.x 所不具有的功能，如内置 php-fpm、更完善的垃圾回收算法、命名空间的引入、SQLite 3 的支持等，是部署项目值得考虑的版本 (本书中使用的是 PHP 5 版本)。

3. PHP 7

时至今日，PHP 的版本已经更新到 PHP 7。PHP 7 的主要特性如下：

- 新的 PHP 内核引擎 Zend Engine 3。
- 抽象语法树。
- 64 位的 INT 支持。
- 统一的变量语法。
- 新增了 Closure::call()。
- 一致性的 foreach 循环。
- 匿名类的支持。

- 新增了<=>、**、?? 、\u{xxxx}操作符。
- 增加了返回类型的声明。
- 增加了标量类型的声明。
- 核心错误可以通过异常捕获。
- 增加了上下文敏感的词法分析。

1.1.2 PHP的优势

目前已有超过2200万个网站、1.5万家公司、450万程序开发人员在使用PHP语言，它是目前动态网页开发中使用最为广泛的语言之一。PHP是生于网络、用于网络、发展于网络的一门语言，它一诞生就被打上了自由发展的烙印。目前在国内外有数以千计的个人和组织的网站在以各种形式和各种语言学习、发展和完善它，并不断地公布最新的应用和研究成果。PHP能运行在包括Windows、Linux等在内的绝大多数操作系统环境中，常与免费Web服务器软件Apache和免费数据库MySQL配合使用于Linux平台上，具有最高的性价比，这3种技术的结合号称“黄金组合”。下面介绍PHP开发语言的特点。

(1) 速度快。

PHP是一种强大的CGI脚本语言，语法混合了C、Java、Perl和PHP式的新语法，执行网页速度比CGI、Perl和ASP更快，而且内嵌Zend加速引擎，性能稳定快速。这是它第一个突出的特点。

(2) 支持面向对象。

面向对象编程(OOP)是当前的软件开发趋势，PHP对OOP提供了良好的支持。可以使用OOP的思想来进行PHP的高级编程，对于提高PHP编程能力和规划好Web开发架构都非常有意义。

(3) 实用性。

由于PHP是一种面向对象的、完全跨平台的新型Web开发语言，所以无论从开发者角度考虑还是从经济角度考虑，都是非常实用的。PHP语法结构简单，易于入门，很多功能只需要一个函数就可以实现，并且很多机构都相继推出了用于开发PHP的IDE工具。

(4) 功能强大。

PHP在Web项目开发过程中具有强大的功能，而且实现相对简单，主要表现在如下几点：

- 可操纵多种主流与非主流的数据库，如MySQL、Access、SQL Server、Oracle、DB2等，其中，PHP与MySQL是当前绝佳的组合，可以跨平台运行。
- 可与轻量级目录访问协议进行信息交换。
- 可与多种协议进行通信，包括IMAP、POP3、SMTP、SOAP、DNS等。
- 使用基于POSIX和Perl的正则表达式库解析复杂字符串。
- 可以实现对XML文档的有效管理及创建和调用Web服务等。

(5) 可选择性。

PHP可以采用面向过程和面向对象两种开发模式，并向下兼容，开发人员可以从所开发网站的规模和日后维护等多角度考虑，选择所开发网站应采取的模式。

PHP进行Web开发的过程中使用最多的是MySQL数据库。PHP 5.0以上版本中不仅提供了早期MySQL数据库操纵函数，而且提供了MySQLi扩展技术对MySQL数据库的操纵。这样，开发人员可以从稳定性和执行效率等方面考虑操纵MySQL数据库的方式。

(6) 成本低。

PHP具有很好的开放性和可扩展性，属于自由软件，其源代码完全公开，任何程序员为PHP扩展附加功能都非常容易。在很多网站上都可以下载到最新版本的PHP。目前，PHP

主要是基于 Web 服务器运行的，支持 PHP 脚本运行的服务器有多种，其中最有代表性的为 Apache 和 IIS。PHP 不受平台束缚，可以在 Unix、Linux 等众多不同的操作系统中架设基于 PHP 的 Web 服务器。采用 Linux+Apache+PHP+MySQL 这种开源免费的框架结构，可以为网站经营者节省很大一笔开支。

(7) 模板化。

实现程序逻辑与用户界面的分离。

(8) 应用范围广。

目前，在互联网上有很多网站的开发都是通过 PHP 语言完成的。例如，在搜狐、网易、百度等知名网站的开发中都应用到了 PHP 语言。

1.2 配置 PHP 运行环境

在开始学习 PHP 之前，首先需要配置 PHP 的运行环境。PHP 的运行环境需要两个软件的支持：一个是运行 PHP 的 Web 服务器；另一个是 PHP 运行时需要加载的软件包，该软件包主要是解释执行 PHP 页面的脚本程序，如解释 PHP 页面的函数。

PHP 具有跨平台特性，它可以运行在 Linux、Mac OS、Unix 和 Windows 等操作系统上。各个系统上的搭建方式也不相同，这里以 Windows 操作系统中的搭建为例进行介绍。

1.2.1 高手带你做——安装 Apache

PHP 支持多种 Web 服务器，如 Apache、IIS、Nginx 服务器等。其中 Apache 与 PHP 是最好的黄金搭档，也是目前使用最多的 Web 服务器，版本更新速度快，并且在多种操作系统上都可以安装。下面详细介绍如何在 Windows 7 平台上安装 Apache 服务器。

【例 1-1】

在安装 Apache 服务器之前，要先去官方网站下载软件，其官方网站的地址是 http://httpd.apache.org，页面效果如图 1-1 所示。在首页中可以查看 Apache 服务器的版本和详细信息。

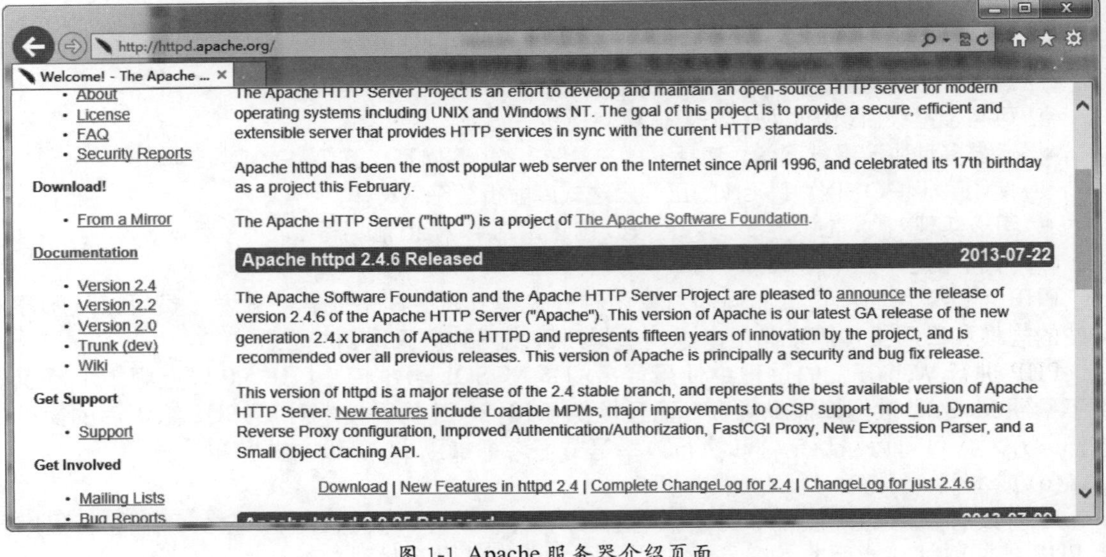

图 1-1 Apache 服务器介绍页面

找到合适的最新版本(这里选择 2.4.6)，单击 Download 超链接进行下载，页面效果如图 1-2 所示。该页面包含两种形式的文件：一种是源代码版本；另一种是二进制版本。由于是在 Windows 环境下安装、配置和调试 PHP，所以要下载 Windows 系列的二进制版本。

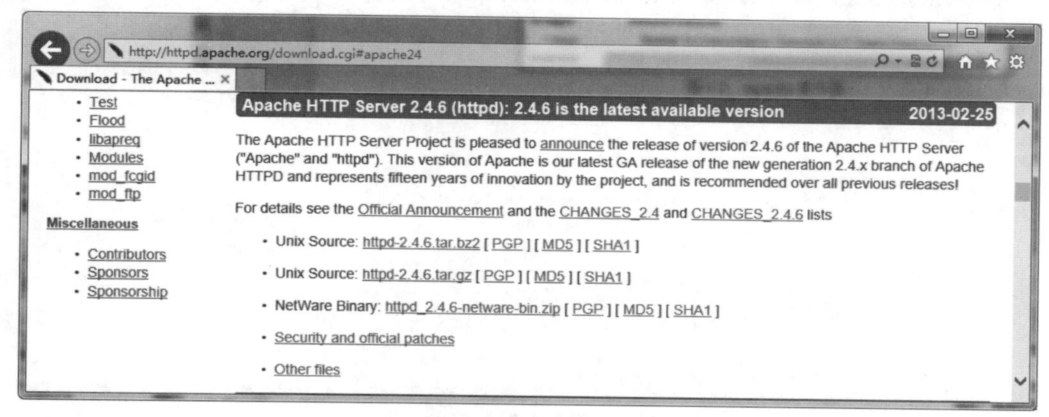

图 1-2 Apache 下载页面

下载完毕后对下载的文件进行解压缩。这里下载的 2.4.6 版本是一个完整的目录，它不必像先前的版本那样进行安装，而只要将该目录放到合适的磁盘下即可。如果要启动 Apache 服务，可以在 DOS 窗口中执行 httpd -k install 命令。

1.2.2　高手带你做——配置 PHP 5

虽然已经推出 PHP 7，但是目前应用的主流依然是 PHP 5，因此本书以 PHP 5 为例介绍配置方法。除了 Apache 服务器，PHP 开发工具包也是必需的。只有安装了该工具包，才能解释执行 PHP 页面的脚本。

【例 1-2】

PHP 开发工具包需要从 PHP 的官方网站下载，其官方网站的地址是 http://www.php.net，打开效果如图 1-3 所示。

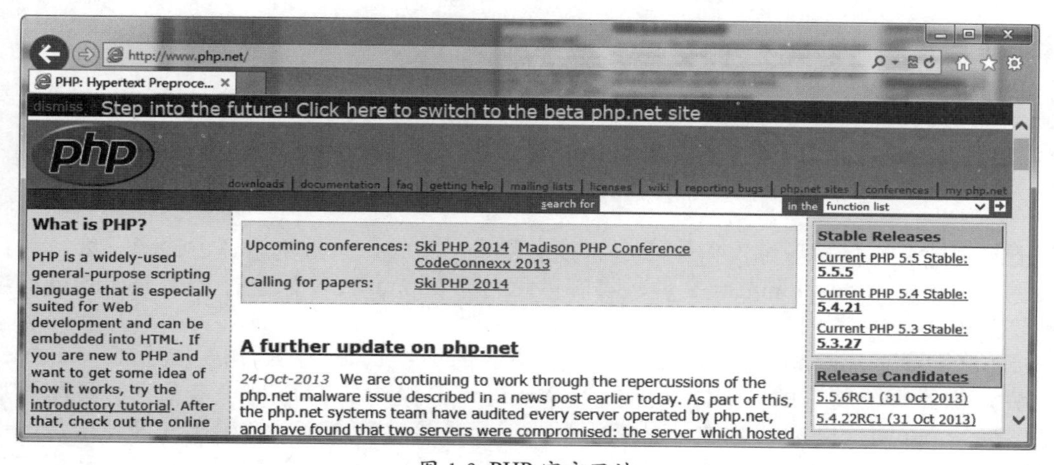

图 1-3 PHP 官方网站

在图 1-3 所示的官方网站首页中单击 downloads 超链接进入下载页面，然后找到 PHP 工具包并进行下载，这里下载其二进制可执行文件，如图 1-4 所示。

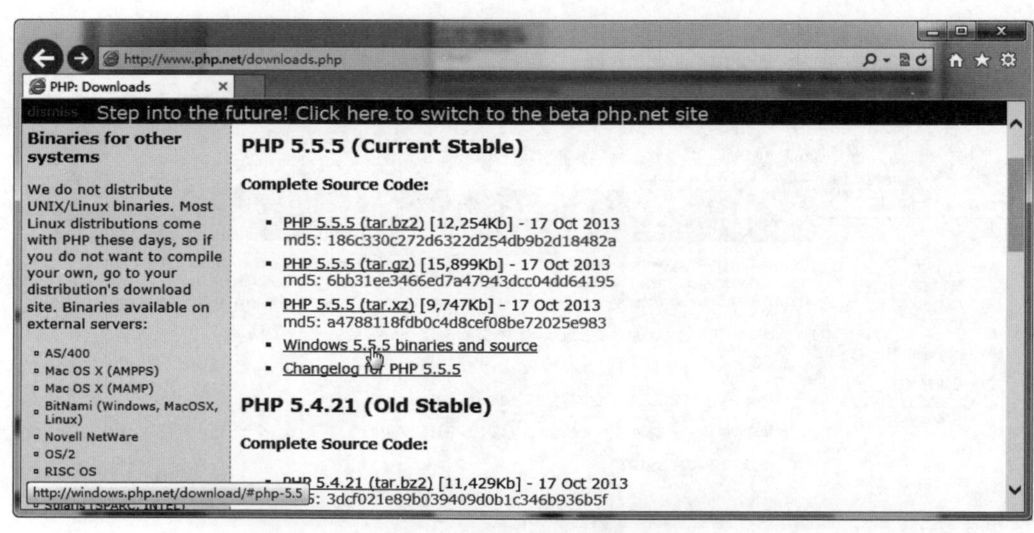

图 1-4 PHP 工具包下载页面

在图 1-4 所示的下载页面中，单击要下载的 PHP 工具包，这时会跳转到详细下载页面，根据内容直接单击进行下载，如图 1-5 所示。

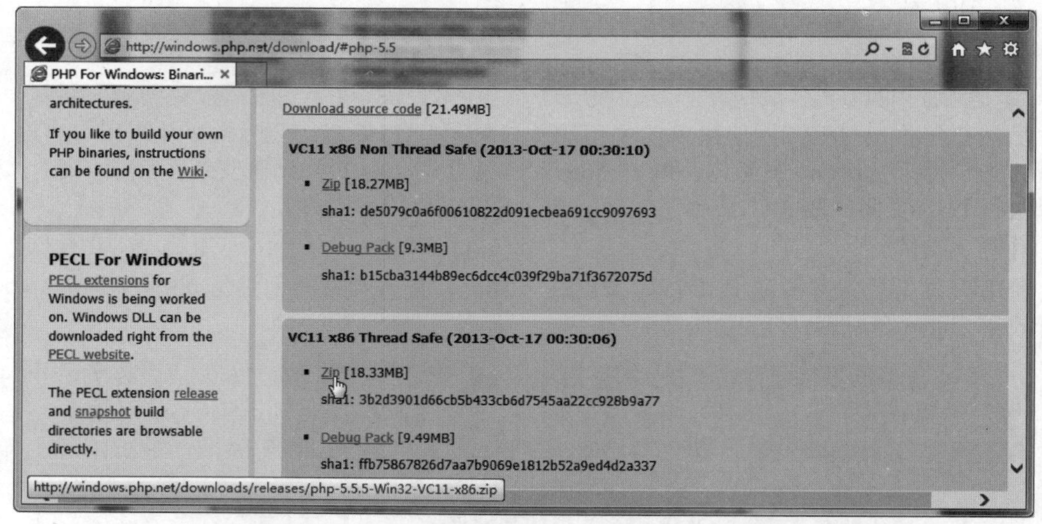

图 1-5 PHP 工具包下载详细页面

下载完成后直接解压缩，得到一个完整的目录，将该目录放到合适的磁盘下即可。打开目录后找到 php.ini-development 文件，将其重命名为 php.ini 文件，这时 PHP 工具包就已经下载安装完毕。

接下来需要对 Apache 服务器与 PHP 进行配置。由于 Apache 运行时需要加载 PHP5apache2_4.dll 文件，因此需要将它的安装路径追加到 Windows 系统中的 Path 环境变量下。具体添加步骤是：在 Windows 7 平台下右击【计算机】，选择【属性】命令，在弹出的窗口中单击【高级系统设置】选项，弹出【系统属性】对话框，单击【环境变量】按钮，弹出【环境变量】对话框，在该对话框中找到 Path 变量并双击，在弹出的【编辑系统变量】对话框中，将下载的 PHP 工具的路径添加到最后，如图 1-6 所示。

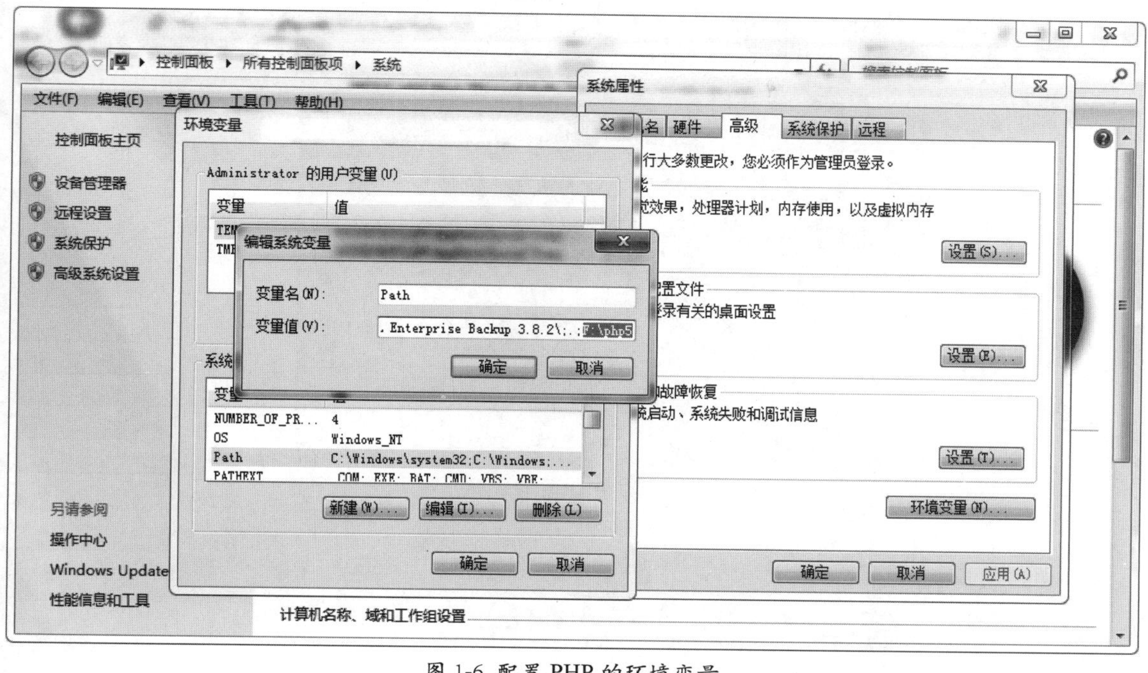

图 1-6　配置 PHP 的环境变量

Apache 服务器和 PHP 进行配置时还需要另外一个步骤，即打开 Apache 的目录，找到 conf 文件夹，在其中找到 httpd.conf 文件并双击打开，在文件的最下方添加以下 3 行内容：

```
LoadModule php5_module "F:/php5/php5apache2_4.dll"
AddType application/x-httpd-php .php
PHPIniDir "F:/php5"
```

在上述代码中，第 1 行表示要加载的模块所在的存储位置；第 2 行表示将一个 MIME 类型绑定到某个或者某些扩展名，其中，.php 只是一种扩展名，这里还可以设置为 .phtm 或者 .php5 等；最后一行表示 PHP 所在的初始化路径。

【例 1-3】

前面的步骤操作完成后，Apache 服务器和 PHP 的配置就已经完成了。下面可以创建一个 PHP 页面来测试 PHP 环境是否正确。作为第一个 PHP 案例，这里调用 PHP 的内置函数查看 PHP 环境是否正确。具体操作步骤如下。

01 打开 Apache 目录下的 htdocs 文件夹，在该文件夹中创建 myTest.txt 文件。

02 打开 myTest.txt 文件，并向该文件中添加以下代码：

```
<title>PHP 环境测试 </title>
<?php
phpinfo();     // 输出 PHP 环境信息
?>
```

03 将 myTest.txt 文件的名称更改为 myTest.php，注意其扩展名为 .php。

04 在浏览器中输入地址 http://localhost/myTest.php 进行测试，运行效果如图 1-7 所示。

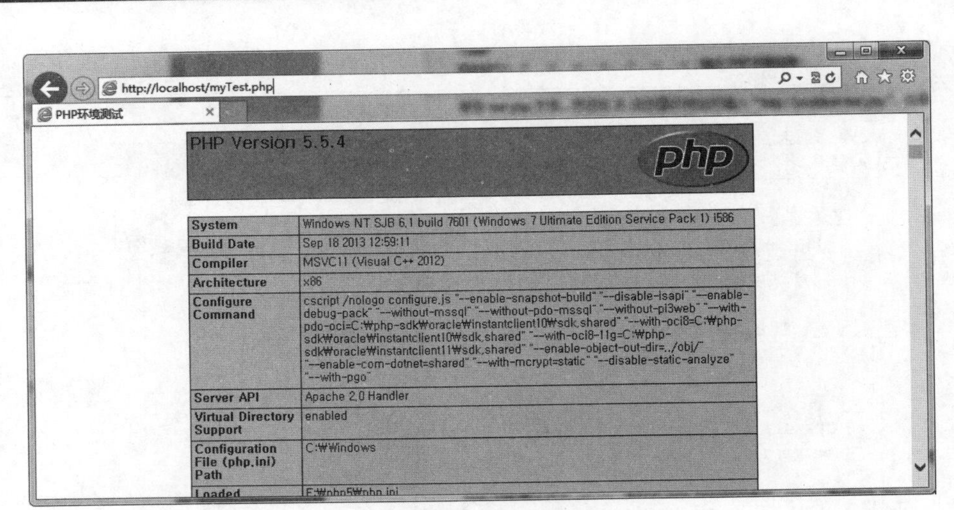

图 1-7 PHP 环境测试

1.3 查看 PHP 配置文件

PHP 的 Windows 安装总共有 45 个扩展包，都位于 PHP 安装位置的 ext 目录下。通过这些包的使用，可以增加一些新的功能。但是，要真正使用这些扩展包，还需要对 PHP 的配置文件进行修改。

PHP 的配置文件为 php.ini，保存在 PHP 的安装目录下。php.ini 遵循许多 Windows 应用程序中 INI 文件的常见结构，是一个 ASCII 文本文件，并且被分成几个不同名称的部分，每一部分包括与之相关的各种变量。每一部分类似于如下结构：

```
[SectionName]
variable="value"
anothervariable="anothervalue"
```

各部分的名称通过方括号 [] 括起来放在顶部，然后将是任意数量的“变量名 = 值”对，每一对占单独一行。如果行以分号“;”开头，则表明该行是注释语句。

提示

在 php.ini 中启用或禁止 PHP 功能是非常简单的，只需要将相关语句注释，而无须删除，该语句就不会被系统解析了。当希望在一段时间以后重新打开某种功能的时候特别方便，所以不需要在配置文件中将此行删除。

如下所示为 php.ini 文件中的内容片段：

```
[PHP]
; Enable the PHP scripting language engine under Apache.
engine = On
```

```
; Allow the <? tag.  Otherwise, only <?php and <script> tags are recognized.
; NOTE: Using short tags should be avoided when developing applications or
; libraries that are meant for redistribution, or deployment on PHP
; servers which are not under your control, because short tags may not
; be supported on the target server. For portable, redistributable code,
; be sure not to use short tags.
short_open_tag = On
; Allow ASP-style <% %> tags.
asp_tags = Off
; The number of significant digits displayed in floating point numbers.
precision    = 14
```

在这个文件中，可对 PHP 的 12 个方面进行设置，包括语言选项、安全模式、语法突出显示、杂项、资源限制、错误处理和日志、数据处理、路径和目录、文件上传、Fopen 包装器、动态扩展和模块设置。由于篇幅关系，在这里就不再详细介绍每个方面的具体设置了。

提示

由于每次启动 PHP 的时候都会读取 php.ini。因此，在修改 php.ini 文件而改变 PHP 配置后，需要重启 Web 服务器，以使配置的改变生效。

1.4　选择 PHP 语法风格

经过前面的配置，已经具备了开发和运行 PHP 的环境。我们知道 PHP 是嵌入 HTML 的脚本语言，因此，为了区分 HTML 的标记和 PHP 脚本，还需要把嵌入的 PHP 脚本放置到特定的、成对的标记内。这样，当解析一个 PHP 文件时，会寻找相应的开始和结束标记，这些标记告诉 PHP 解析器开始和停止的位置。在这对开始和结束标记之外的内容会被 PHP 解析器忽略。

PHP 提供了 4 种在 HTML 页面嵌入 PHP 脚本的方式，下面详细介绍。

PHP 编程

1.4.1　默认标记

PHP 的默认标记使用“<?php”作为开始，使用“?>”作为结束。代码如下所示：

```
<?php
   echo "PHP 的默认标记，使用方法非常简单 ";
?>
```

代码在运行时，PHP 解析器只解析开始标记“<?php”和结束标记“?>”中的代码，就是使用 echo 输出函数输出“PHP 的默认标记，使用方法非常简单”。

1.4.2　ASP 风格标记

ASP 风格标记以“<%”开始，以“%>”结束，了解 ASP 的读者应该很熟悉这种风格的标记。PHP 同样也支持这种编写方式，例如如下代码：

```
<%
    echo "PHP 支持使用 ASP 风格的标记 ";
%>
<%= " 一段 PHP 脚本 "%>
```

提示

要使用 ASP 风格标记，需要修改配置文件。它的配置选项是 asp_tags，设置为 on 时表示启用。

1.4.3 脚本标记

脚本标记方式是指使用类似 JavaScript 的语法嵌入 PHP 脚本，即以 <script language= "php"> 开始，以 </script> 标记结束。

例如如下代码：

```
<script language="php">
    echo "<h3> 欢迎使用 PHP<h3>";
    echo "PHP 的语法非常灵活，这是采用 PHP 脚本标记输出的 ";
</script>
```

1.4.4 短标记

PHP 还支持一种更短的方式嵌入 PHP 脚本，因此被称为短标记。

短标记以“<?”开始，以“?>”结束，其中省略了默认标记中必需的 php 引用。例如如下代码：

```
<?=" 这些内容是使用短标记输出的 "?>
<?
   echo " 这些内容是使用短标记输出的 ";
?>
```

提示

要使用短标记方式，必须在 PHP 配置文件中将 short_open_tag 选项的值设置为 on。默认为 off，表示禁用短标记。

【例 1-4】

在上面详细了解了每种标记方式的语法及其使用示例。当我们编写 PHP 脚本时，可以在一个页面混合使用它们中的一种或者几种。例如，下面将创建一个 PHP 页面，同时使用这几种标记方式输出一个 HTML 页面。

01 在 Apache 的 htdocs 目录下创建一个名为 tags.php 的文件。

02 用记事本打开 tags.php，然后将如下所示的代码添加到文件中：

```
<?php
$bookName="PHP 开发 ";
?>
<html>
<head>
<title><%=$bookName%> 图书简介 </title>
<meta http-equiv="Content-Type" content="text/html; charset=utf-8" />
</head>
<body>
<h3> 词条名称：<%=$bookName%></h3>
<script language="php">
 echo "<img src='php.png'>";
 echo "<br/><br/>";
</script>
简介：
<%
 echo $bookName." 是一本非常畅销的 PHP 图书，非常适合 PHP 初学者。<br/>";
 echo " 本书编写于：".date('Y-m-d',time());
%>
<?php
echo "<hr/>";
echo " 提示：本页面主要用于演示 PHP 中 4 种语法标记的使用，需要在 PHP 配置文件中将 asp_tags
和 short_open_tag 选项的值设置为 on。";
?>
</body>
</html>
```

03 为了使代码中的各种嵌入方式都有效，需要打开 PHP 的配置文件 php.ini，将 asp_tags 和 short_open_tag 选项的值都设置为 on。

04 保存对 php.ini 的修改，然后重新启动 Apache。

05 打开浏览器，输入地址 http://localhost/tags.php，查看运行效果，如图 1-8 所示。

图 1-8　tags.php 的运行效果

1.5 程序注释

程序注释是程序中用于解释说明或者描述程序功能的文字。对初学 PHP 的读者来说，养成在代码中添加注释是一个好习惯。一来方便日后自己调试代码；另一方面也方便他人阅读。

PHP 中的注释主要可以分为单行注释和多行注释两种，下面进行详细介绍。

1.5.1 单行注释

在 PHP 中，单行注释与 C++ 中的单行注释相同，因此也可以称为单行 C++ 注释。即，在行前添加注释符“//”。例如下面的代码：

```
<?php
    // 这是 PHP 的单行注释
    echo " 这是一行 PHP 脚本。";
    echo " 今天天气不错哦。";
?>
```

运行后的输出结果如下：

```
这是一行 PHP 脚本。今天天气不错哦。
```

除了注释符“//”，PHP 中还可以使用“#”符号来注释一行。例如，可以将上面的示例重写为如下代码：

```
<?php
    # 这是 PHP 的单行注释
    echo " 这是一行 PHP 脚本。";
    echo " 今天天气不错哦。";
?>
```

单行注释适用于内容不超过一行的情况。因为这种注释很短，因此没有必要区分这种注释的结束。

1.5.2 多行注释

通常有一些详细的功能描述或其他解释说明需要放在 PHP 程序中，而这些说明可能包括多行。此时，便可以使用 PHP 的多行注释，它包含注释的开始和结束标记，被注释的内容以“/*”标记开始，以“*/”标记结束。

例如下面的代码：

```
<?php
    /*
    多行注释
    创建时间：2016-06-19
    版本：0.1.45
    功能：数据库的实体类
    */
    echo " 实体类 ";
?>
```

在运行时，PHP 解析器将直接跳过“/*”和“*/”之间的内容，执行 PHP 代码，输出“实体类”字符串。

提示

多行注释语法对于根据代码生成文档的情况尤其有用，因为这样可以很明确地区分出各个注释，如果使用单行注释语法很难做到如此方便。

1.6　快速搭建 PHP 环境

与手动安装和搭建 PHP 环境的方式相比，使用第三方集成包的最大优点是一步到位，省去繁琐的下载、安装和配置步骤。只需要下载集成了 PHP 环境的软件包，即可拥有开发 PHP 所需的一切环境，如 Web 服务器、数据库、解释器、扩展库等。

目前比较流行的 PHP 软件包有 WampServer 和 phpStudy，下面详细介绍它们的安装。

1.6.1　高手带你做——安装 WampServer

WampServer 的全称是 Windows Apache MySQL PHP Server，是目前为止最完整的 Apache +PHP+MySQL 的整合软件包。

WampServer 的官方网站是 www.wampserver.com，在这里可以下载最新的版本。这里我们下载的是 WampServer 2.2e，其中包括 Apache 2.2.22、MySQL 5.5.24、PHP 5.3.13、XDebug 2.1.2、XDC 1.5、phpMyadmin 3.4.10.1、SQLBuddy 1.3.3 和 webGrind 1.0。

【例 1-5】

下面以 WampServer 2.2e 为例介绍安装过程。

01 双击下载的 exe 安装文件，打开安装程序的欢迎界面，如图 1-9 所示。

02 在欢迎界面中显示了软件包中集成的各个软件及其版本，单击 Next 按钮继续。在进入的界面中选择 I accept the agreement 按钮同意安装协议。

03 单击 Next 按钮，在进入的界面中为软件包指定安装位置，默认为 C:\wamp，如图 1-10 所示。

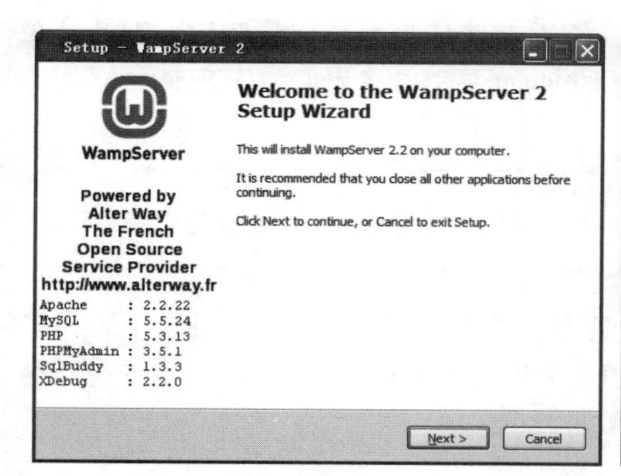

图 1-9　欢迎界面

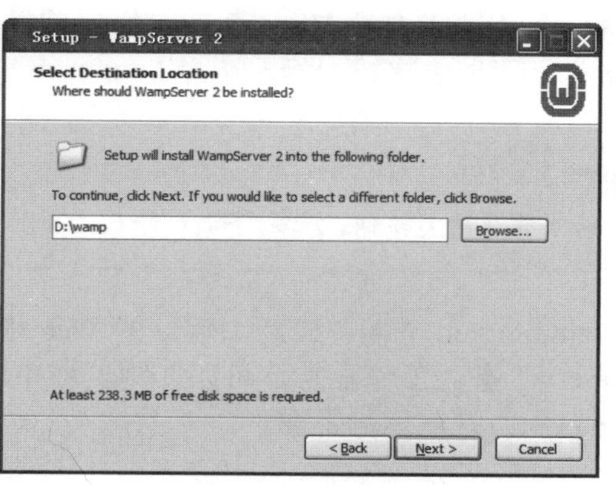

图 1-10　指定安装位置

04 单击 Next 按钮，在进入的界面中设置是否创建桌面快捷图标和快速启动图标。单击 Next 按钮进入确认安装界面，如图 1-11 所示。

05 确认无误后单击 Install 按钮开始安装。在安装结束后会提示用户选择使用的默认浏览器，如果不需要，直接单击【打开】按钮即可，如图 1-12 所示。

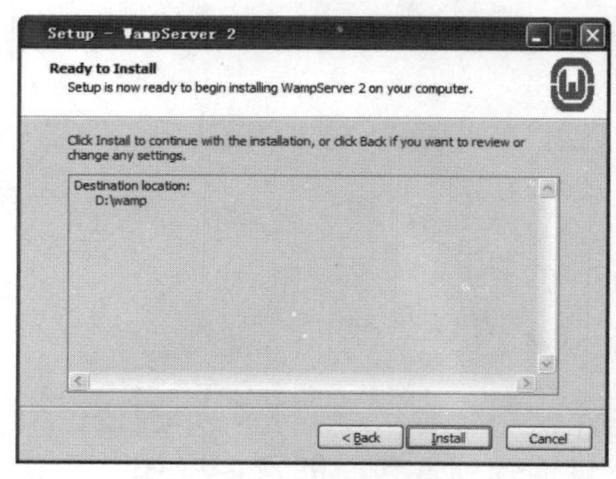

图 1-11 确认安装

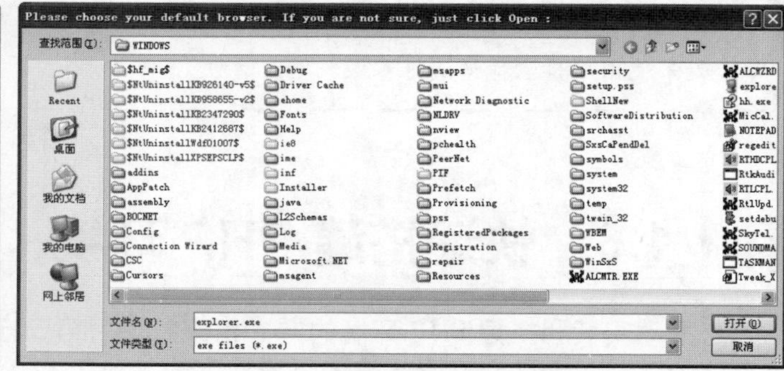

图 1-12 选择浏览器位置

06 安装完成之后，还需要设置 PHP 的邮件参数，一般使用默认值即可，如图 1-13 所示。

07 单击 Next 按钮，在最后一步中单击 Finish 按钮结束安装，如图 1-14 所示。

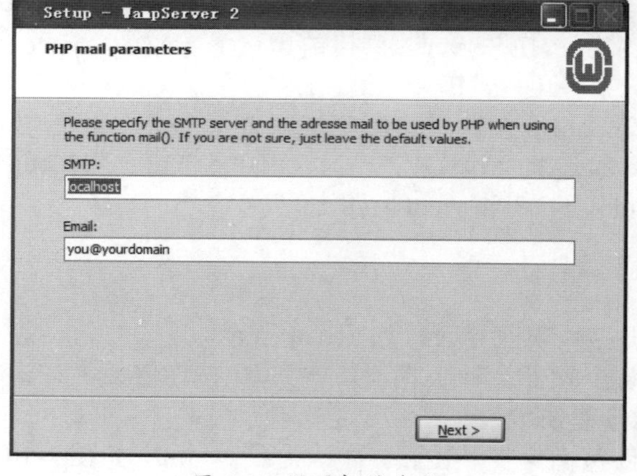

图 1-13 设置邮件参数

图 1-14 结束安装

通过以上步骤完成 WampServer 的安装后，会在系统托盘中看到图标。默认菜单使用英文显示，可以右击该图标，选择 Language → Chinese 菜单命令更改为中文显示。

提示

如果装有同类软件，应先停止或卸载，否则会占端口！应关闭迅雷，或修改迅雷的 BT 端口！

WampServer 安装完成后，默认的 Web 根目录位于安装位置的 www 目录下。为了测试 WampServer 是否工作正常，可以在浏览器中输入 http://localhost 进行验证。如果看到图 1-15 所示的效果，说明运行正确。

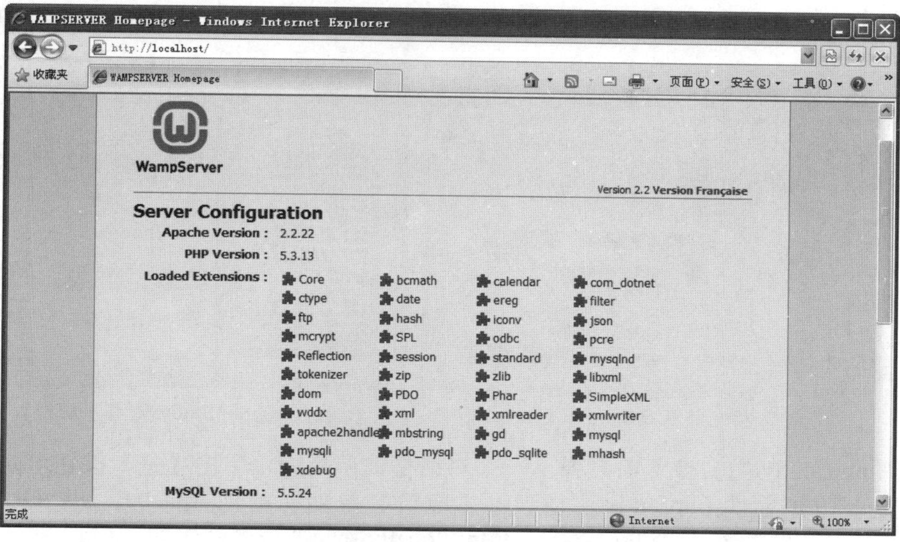

图 1-15　测试 WampServer

提示

WampServer 还有很多参数设置，限于篇幅，这里就不再详述，感兴趣的读者可以自己试一试。

1.6.2　高手带你做——安装 phpStudy

搭建 PHP 其实不算难，只是有点繁琐。自己搭建一次 PHP+MySQL 环境是很费时的。更糟的是，很多新手在配置 PHP 时常常出现这样或那样的问题，如 MySQL 扩展问题、Zend 安装失败问题等。这时，我们需要一个快速、标准且专业的 PHP 软件包。phpStudy 就这样应运而生，可以为用户快速搭建专业的 PHP 环境。

phpStudy 程序包集成了最新的 Apache、Nginx、LightTPD、PHP、MySQL、phpMyAdmin、Zend Optimizer、Zend Loader 等组件。phpStudy 只需要一次性安装，无须配置即可使用，是一款非常方便、好用的 PHP 调试环境。

【例 1-6】

phpStudy 的官方网站是 phpStudy.net，可下载适合当前系统的软件包。软件包分解压版和安装版，这里以 64 位 Windows 7 系统为例，下载的是 x64 安装版，下载页面如图 1-16 所示。

phpStudy & JspStudy

www.phpstudy.net/a.php/208.html

其他版本：

软件	简单说明	各版本的区别	大小	下载
phpStudy	16种组合，超全大合集	Apache+Nginx+LightTPD+IIS php5.2 php5.3 php5.5 php7.0 MySQL phpMyAdmin MySQL-Front 16种组合自由切换，是下面5个版本的合集 同时支持apache/nginx/Lighttpd和IIS7/8/6	35M	解压版 maria版 x64版
phpStudy Lite	新手用，经典wamp组合	Apache+php5.3+php5.4+MySQL (wamp集成包) 没有上面合集复杂的多版本设置，简单适合新手。	15M	解压版
phpStudy for IIS	IIS服务器专用	IIS+php5.2+php5.3+php 5.4+MySQL php一键安装包 for IIS7/8/6 (IIS服务器专用)	21M	解压版
phpStudy for Linux	Linux服务器专用(lamp)	Apache+Nginx+LightTPD+MySQL php5.2+php5.3+php5.4+php5.5一键安装包 支持centos,ubuntu,debian等Linux系统，12种组合	80M	安装版
phpfind	nginx+php组合(wnmp)	Nginx+php5.3+php5.4+MySQL (wnmp集成包) nginx+php组合，适合喜欢用nginx的朋友	14M	解压版

图 1-16　下载 phpStudy

解压下载的 Zip 文件，再双击 phpStudy-x64 应用开始安装。安装版其实也是有解压缩过程的，需要指定一个解压目标文件夹，如图 1-17

PHP 编程

所示。单击【确定】按钮开始安装，安装完成之后会弹出使用手册窗口，如图 1-18 所示。

图 1-17 指定解压目标文件夹

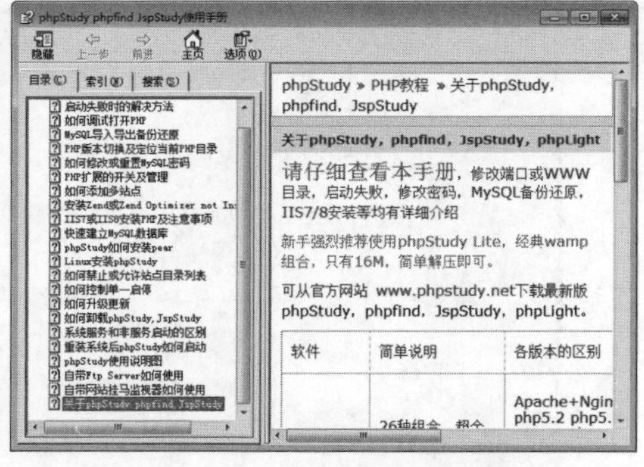

图 1-18 phpStudy 使用手册窗口

在进入 phpStudy 主窗口之前会弹出一个对话框提示用户，单击【是】按钮可防止重复初始化。如图 1-19 所示为 phpStudy 主窗口。主窗口会自动初始化 Apache、MySQL 和 PHP，并启动相关服务。最后在浏览器中输入“http://localhost”进行测试，如果出现图 1-20 所示的页面，就说明配置成功了。

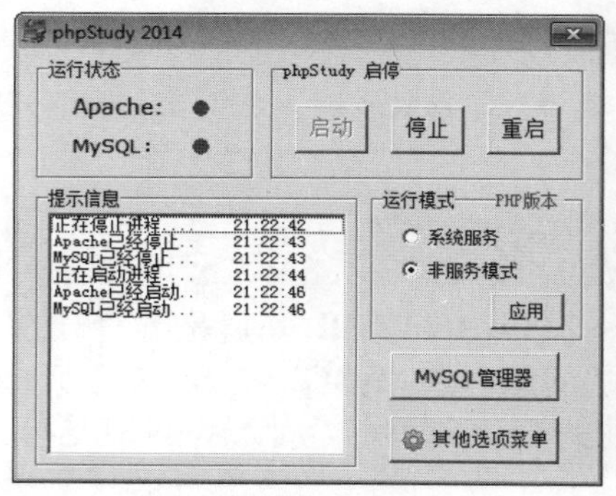

图 1-19 phpStudy 主窗口

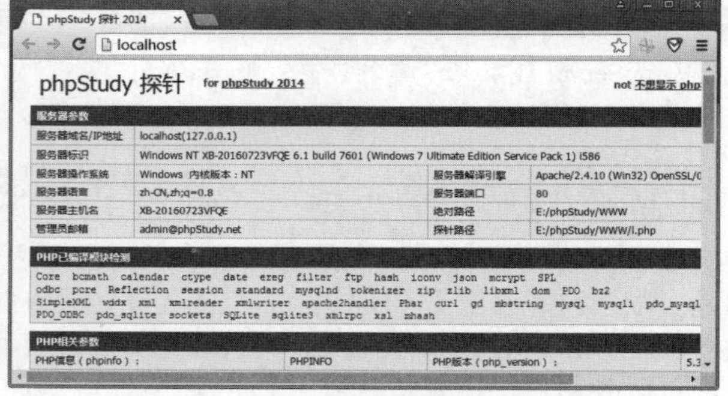

图 1-20 phpStudy 默认首页

在主窗口中单击【PHP 版本】链接，在弹出的对话框中可以自由切换 Web 服务器版本和 PHP 版本，如图 1-21 所示。在主窗口中单击【其他选项菜单】按钮，从弹出菜单中选择【站点域名管理】命令，此时会打开【站点域名设置】对话框，在这里会看到默认的网站主目录是 phpStudy 安装目录下的 WWW 子目录，如图 1-22 所示。当然，在这里也可以对站点进行增加、修改和删除操作，但是操作完成后一定要单击【保存设置并生成配置文件】按钮使修改生效。

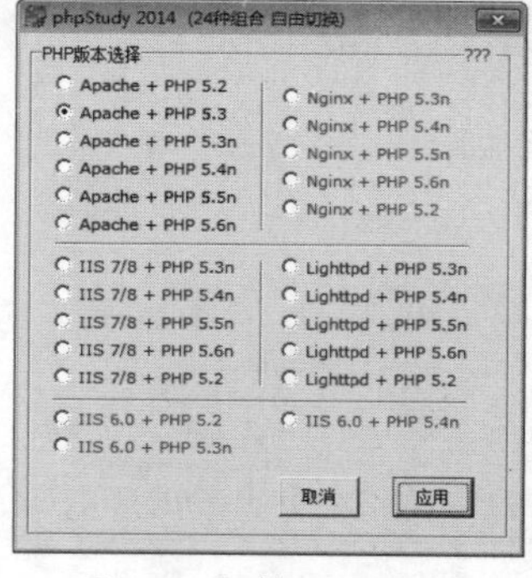

图 1-21 切换 PHP 版本

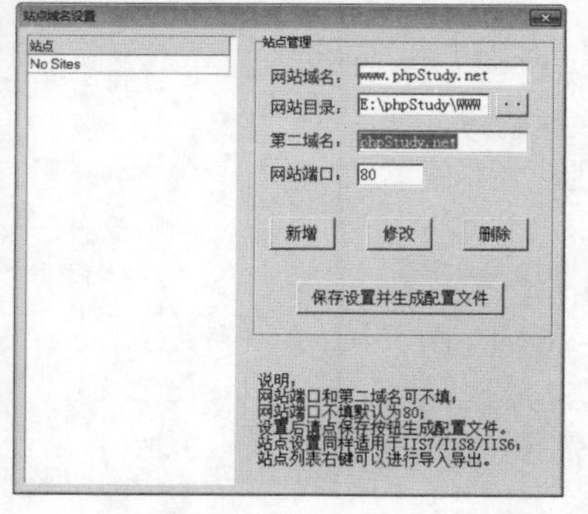

图 1-22 【站点域名设置】对话框

提示

phpStudy 还有很多参数设置，限于篇幅，这里就不再详述，有兴趣的读者可以自己试一试。

1.7　PHP开发工具

编写 PHP 时，一般只需要 Windows 记事本就可以了，但是为了编写调试方式以及进行团队开发，使用正确的工具会使程序员达到事半功倍的效果。因此，在进行 PHP 编程时需要准备两件事：一个合理的开发计划和一个好用的 PHP 开发工具。

支持 PHP 的开发工具有很多，它们各有各的优点与缺点。选择开发工具时，完全取决于个人喜好和习惯。一个好的开发工具应该具备以下优点。

- **语法高亮**　代码中强调不同语句的颜色，使可读性大为改善。
- **错误检测**　在出现简单的语法错误或者语句丢失时，开发工具应该能够及时提示，这样不用等到脚本测试时在浏览器中寻找错误，而是根据提示就可以及时修改。
- **函数定位**　脚本中包含许多函数和方法，直接单击函数，能够立即打开并定位到该函数所在的文件和相应行，在操作之前可以预览函数和方法的内容。
- **代码完成**　当输入一个 PHP 函数或者方法时，开发工具会提示并自动完成后续的代码，这不仅让编程速度更快，而且还可以避免程序员在输入时发生错误。

在众多 PHP 开发工具中，Sublime Text 和 PhpStorm 是最常用的，下面对它们做简单介绍。

1.7.1　Sublime Text

Sublime Text 代码编辑器具有漂亮的用户界面和强大的功能，如代码缩略图、Python 的插件、代码段等。还可自定义键绑定、菜单和工具栏。Sublime Text 的主要功能包括拼写检查、书签、完整的 Python API、Goto 功能、即时项目切换、多选择、多窗口等。Sublime Text 还是一个跨平台的编辑器，同时支持 Windows、Linux、Mac OS X 等操作系统。

Sublime Text 具有如下几个优点：

- 是主流前端开发编辑器。
- 体积较小，运行速度快。
- 文本功能强大。
- 支持编译功能且可在控制台看到输出。
- 内嵌 Python 解释器，支持插件开发，以达到可扩展目的。
- Package Control：ST 支持的大量插件可通过其进行管理。

Sublime Text 的最新版本可以从官方网站 http://www.sublimetext.com/ 下载，下载界面如图 1-23 所示。

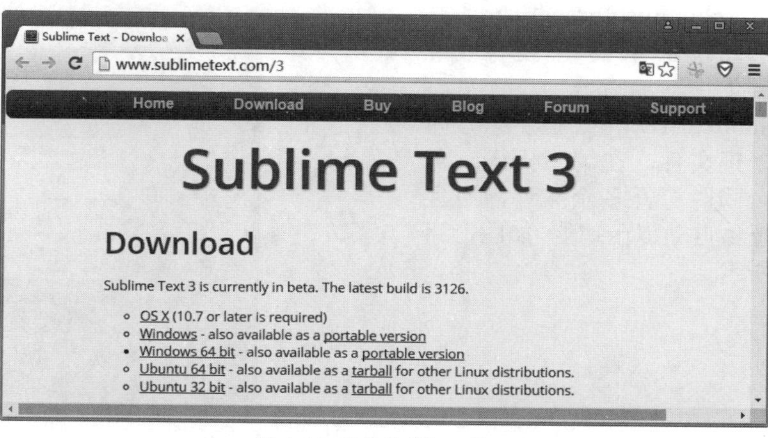

图 1-23 下载 Sublime Text

PHP 编程

【例 1-7】

这里以 Windows 64 位的版本为例，双击下载后的 exe 文件开始安装。首先出现的是 Sublime Text 3 的欢迎界面，如图 1-24 所示。单击 Next 按钮，在进入的界面中为 Sublime Text 3 指定一个安装位置，如图 1-25 所示。

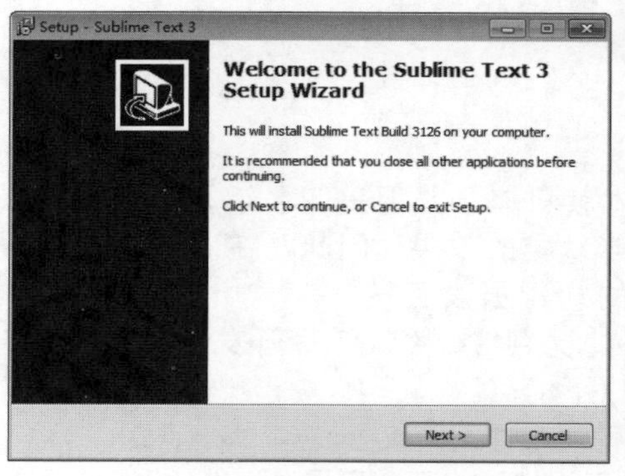

图 1-24 Sublime Text 3 的欢迎界面

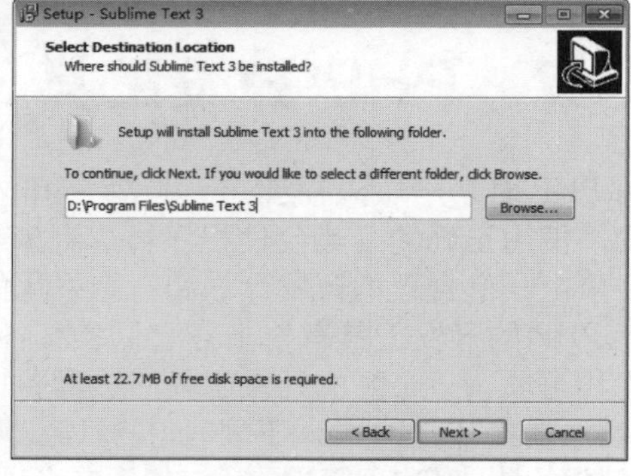

图 1-25 指定安装位置

单击 Next 按钮继续安装，在这里启用 Add to explorer context menu 复选框表示将 Sublime Text 添加到右键快捷菜单中，如图 1-26 所示。然后单击 Next 按钮对安装信息进行确认，单击 Install 按钮开始安装，如图 1-27 所示。完成安装后单击 Finish 按钮关闭对话框。

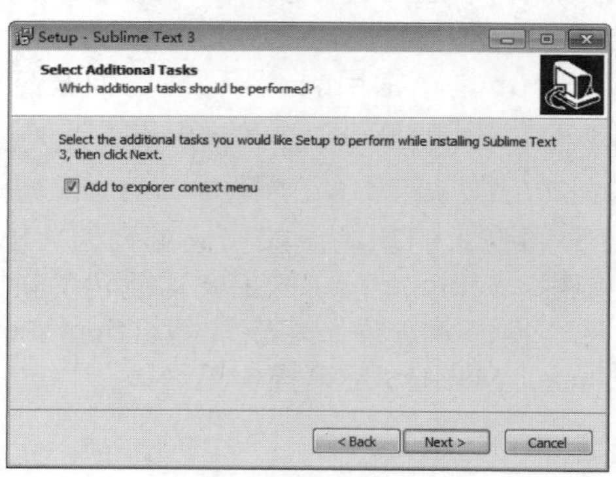

图 1-26 开启此选项

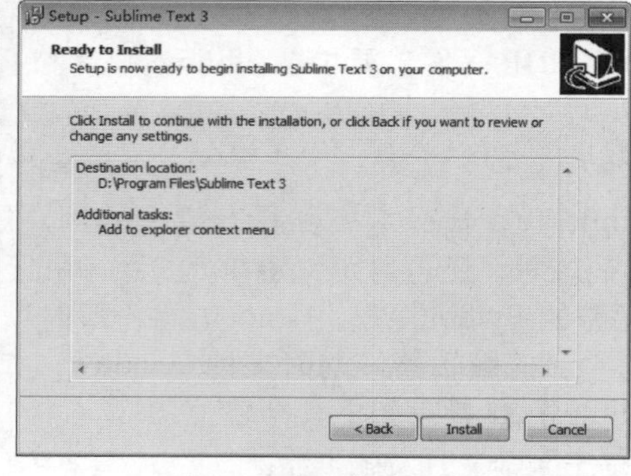

图 1-27 确认安装信息

Sublime Text 的使用方法非常简单，只需要将项目目录拖到编辑器窗口即可。Sublime Text 会自动遍历并管理文件，在编写代码时可以同时打开多个文件，而且提供自动提示功能，如图 1-28 所示。

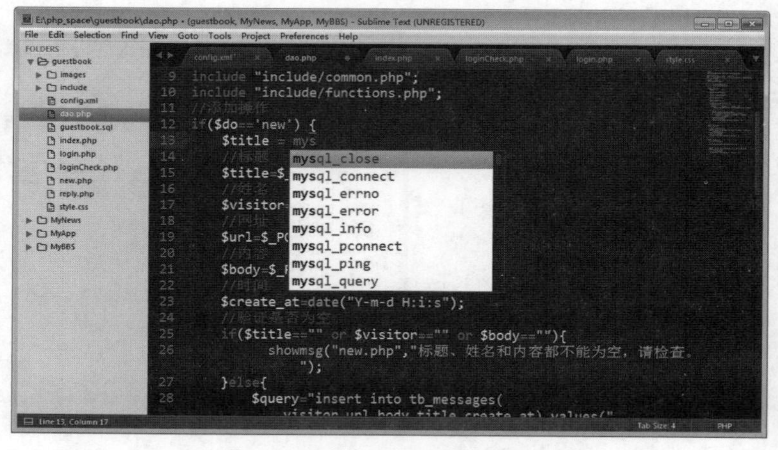

图 1-28 Sublime Text 编辑器界面

提示

Sublime Text 虽然是一款轻量的编辑器，但是功能非常强大。建议读者找一份该工具的快捷键指南，可以更高效地驾驭它。

1.7.2 PhpStorm

PhpStorm 是 JetBrains 公司开发的一款商业的 PHP 集成开发工具。它采用 Java 内核进行开发，支持跨平台，在 Windows、Linux 和 MacOS 下都可以使用。PhpStorm 旨在提高开发效率，可深刻理解用户的编码，提供智能代码补全，快速导航以及即时错误检查。还提供了智能 HTML/CSS/JavaScript/PHP 编辑器、代码质量分析、版本控制集成 (SVN、GIT)、调试和测试等功能。总之，PhpStorm 可以让开发更智能，而不是更困难。

【例 1-8】

PhpStorm 的官方网站是 http://www.jetbrains.com/phpstorm/，从这里可以获取 PhpStorm 的安装程序。下面以 PhpStorm 10 为例介绍安装过程，具体步骤如下。

01 双击 PhpStorm 10 的安装程序文件，首先出现的是 PhpStorm 欢迎界面，如图 1-29 所示。

02 单击 Next 按钮，在进入的界面中为 PhpStorm 指定一个安装位置，如图 1-30 所示。

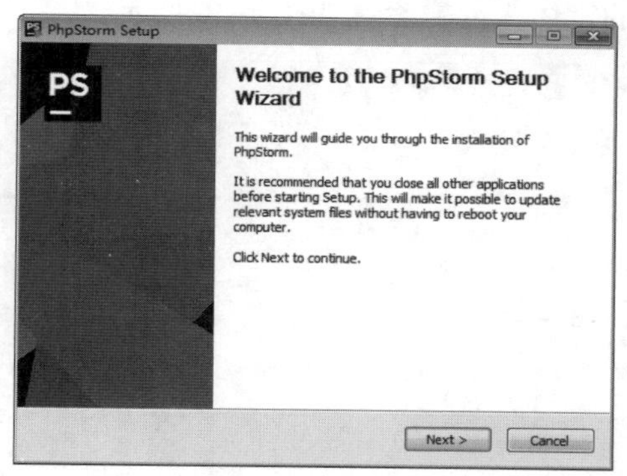

图 1-29 PhpStorm 欢迎界面

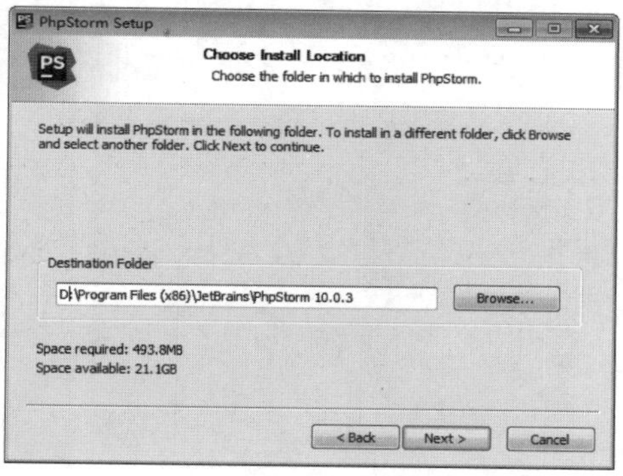

图 1-30 指定安装位置

03 单击 Next 按钮，在进入的界面中选择是否创建桌面快捷方式，以及要关联的文件扩展名，如图 1-31 所示。

04 单击 Next 按钮继续安装，可以指定【开始】菜单中显示的程序名称，如图 1-32 所示。

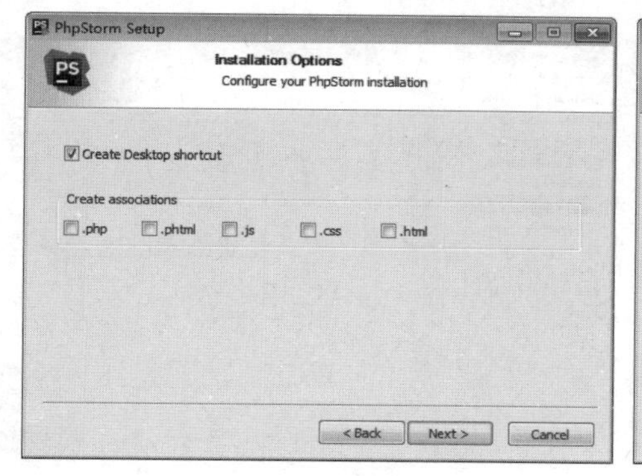

图 1-31 设置选项

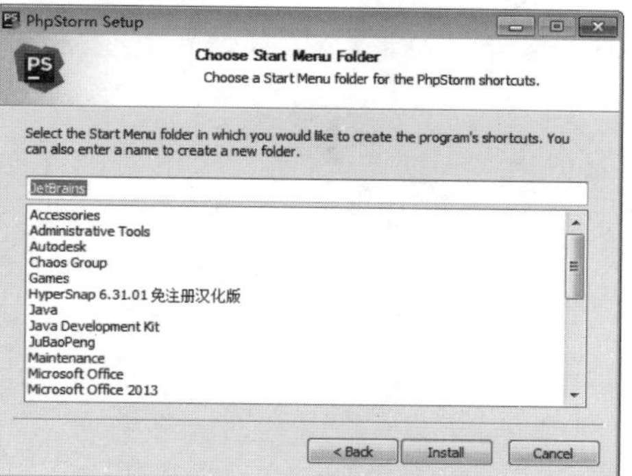

图 1-32 指定程序名称

05 单击 Install 按钮开始安装，安装完成后会看到图 1-33 所示的界面，单击 Finish 按钮结束安装。

06 安装成功后会自动启动 PhpStorm，并提示用户是导入以前的设置，还是开始一个新的环境，如图 1-34 所示。

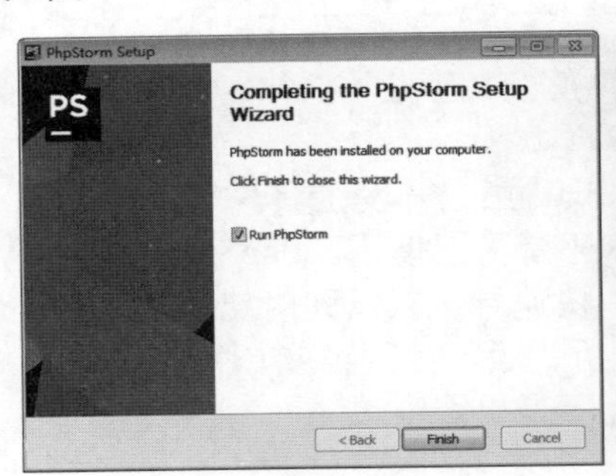

图 1-33 安装完成

图 1-34 环境导入向导

07 单击 OK 按钮之后，会提醒用户输入授权信息，可以是激活码、服务器授权、网站账号或者使用试用版，如图 1-35 所示。

08 授权通过之后，在第一次使用 PhpStorm 之前还需要对配置信息进行初始化。这些配置信息包括键盘风格、IDE 的主题以及编辑器的字体搭配方案，如图 1-36 所示。

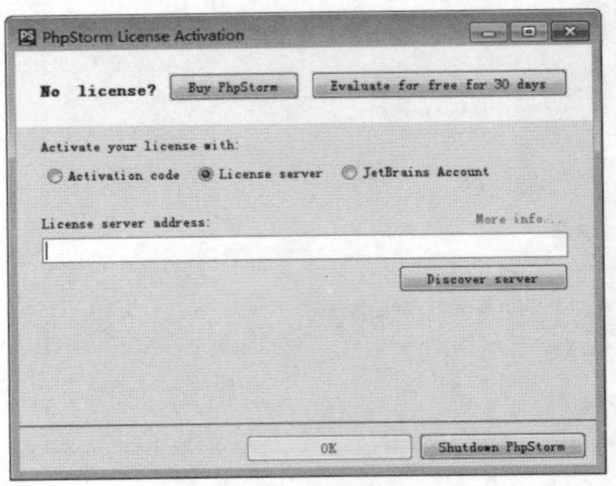

图 1-35 软件授权

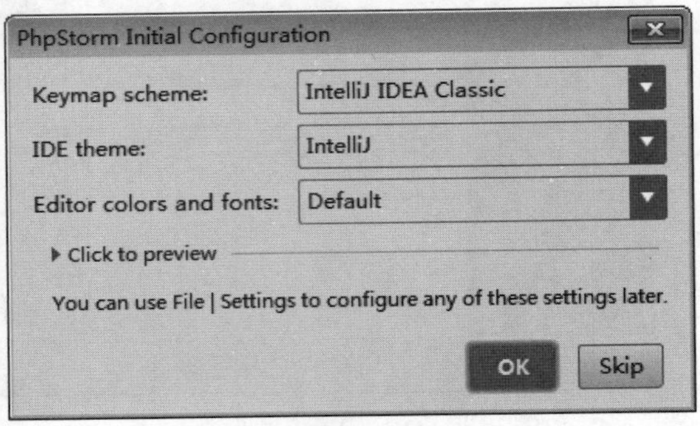

图 1-36 初始化配置

09 在这里使用默认配置，单击 OK 按钮进入 PhpStorm 开发首页，如图 1-37 所示。单击 Create New Project 按钮创建一个新的项目。在弹出的对话框中选择 PHP Empty Project 选项，再设置项目的保存路径，以及使用的 PHP 版本，如图 1-38 所示。

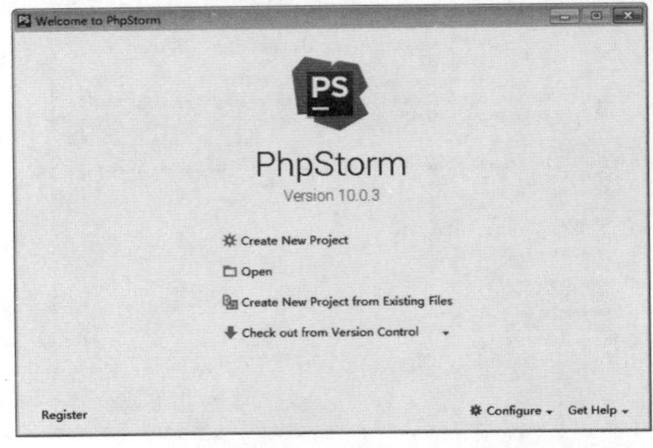

图 1-37 开发首页

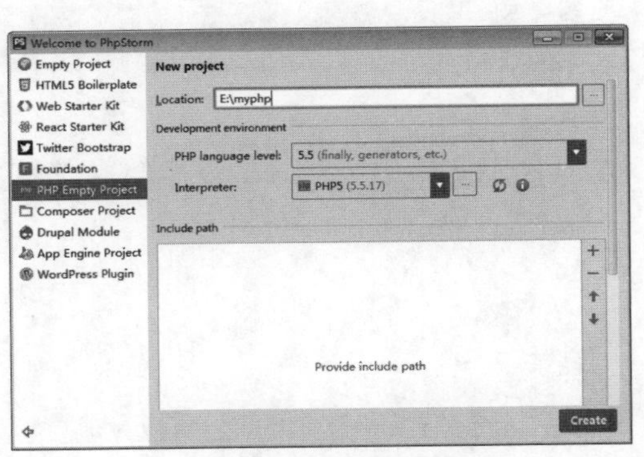

图 1-38 设置项目属性

10 最后单击 Create 按钮进入真正的 IDE 界面，第一次打开时会出现使用方法提示对话框，如图 1-39 所示。

11 单击 Close 按钮关闭对话框。从左侧右击项目名称 myphp 新建一个 PHP 文件，然后在进入的编辑器中便可以开始编码了。如图 1-40 所示为输入代码时的自动提示。

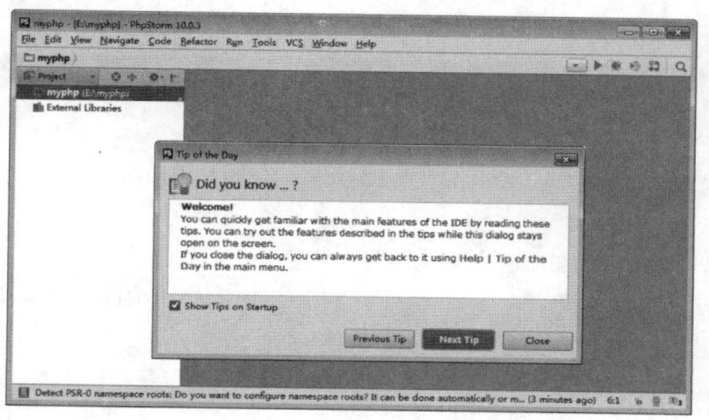

图 1-39　使用方法提示对话框

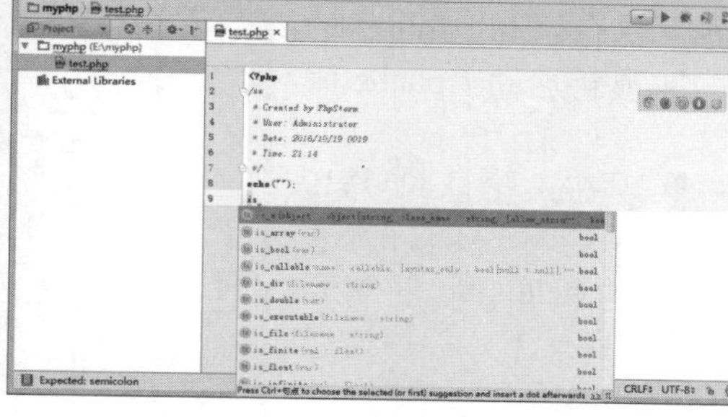

图 1-40　代码自动提示功能

1.8　高手带你做——自定义 Apache 的主目录

熟悉 IIS 的读者应该对虚拟目录不陌生，它可以将本地磁盘上的任何一个目录映射到 IIS 上，并通过一个别名来访问该目录上的内容。

在实际使用 PHP 开发项目时，如果每次都需要将项目文件复制到 Apache 的 htdocs 目录下，不仅繁琐，而且还很容易出错。其实，Apache 也提供了类似 IIS 虚拟目录的功能，这样，开发人员可以将工作目录映射到 Apache，省去每次复制的麻烦，实现即时修改、即时浏览的功能。

【例 1-9】

首先要创建虚拟目录对应的真实目录，假设在本实例中我们开发所使用的目录为 D:\MyPHP，希望用别名 MyPHP 映射到此目录。具体步骤如下。

01 进入 Apache 安装目录下的 conf 子目录，用记事本打开 httpd.conf 文件。

02 httpd.conf 是 Apache 的配置文件，在文件中利用查找功能搜索“<Directory />”关键字。

03 找到后，将光标定位到结束标记“</Directory>”之后。

04 添加如下的一行代码，指定将 D:/MyPHP 目录以别名 MyPHP 映射在 Apache 的根目录下。

```
Alias /MyPHP "D:/MyPHP"
```

提示

在指定路径时使用的是 D:/MyPHP，而不是平时使用的 D:\MyPHP，这是 Apache 配置文件的命名规则，而非错误。

05 使用“<Directory>”节点来指定 D:/MyPHP 目录所拥有的权限，代码如下：

```
<Directory "D:/MyPHP">
 Options Indexes FollowSymLinks
```

PHP 编程

```
    AllowOverride None
    Order allow,deny
    Allow from all
</Directory>
```

06 保存对 httpd.conf 的修改，并重新启动 Apache 服务器。

07 现在来验证 MyPHP 虚拟目录是否可访问。方法是将创建的 hello.php 复制到 D:\MyPHP 目录下，然后通过 http://localhost/MyPHP/hello.php 来访问，如果出现图 1-41 所示的界面，说明正常。

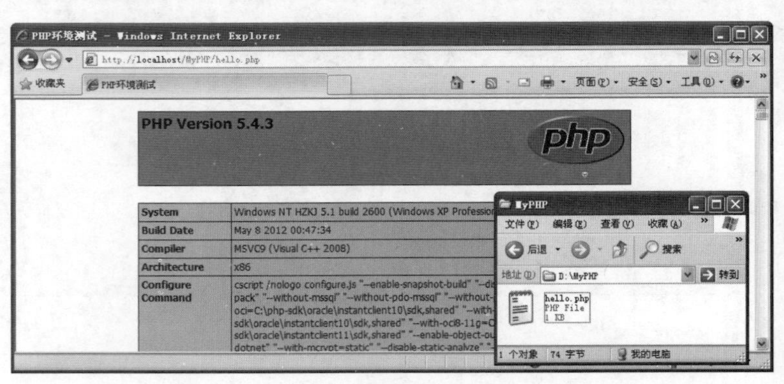

图 1-41 测试 MyPHP 虚拟目录是否可用

1.9 高手带你做——在 IIS 上配置 PHP 环境

我们知道 IIS 是 Windows 上自带的 Web 服务器。但是 IIS 中并没有内置对 PHP 语言的支持，因此如果需要使用 PHP，必须自行安装。PHP 可以安装为 CGI 模式或者 ISAPI 模式，由于 ISAPI 模式具有更高的性能，因此建议大家使用 ISAPI 模式。

【例 1-10】

下面以 ISAPI 模式在 Windows 2003 下的 IIS 6.0 上进行配置为例进行介绍。

首先需要到 PHP 的官方网站下载 PHP 的压缩包并解压，这里为 E:\php 目录。另外，还需要确保 IIS 工作正常，具体安装步骤这里就不再介绍。详细的配置步骤如下。

01 将 E:\php 目录中的 php.ini 复制到 C:\WINDOWS 目录下。

02 将 E:\php 添加到系统环境变量 Path 中，如图 1-42 所示。

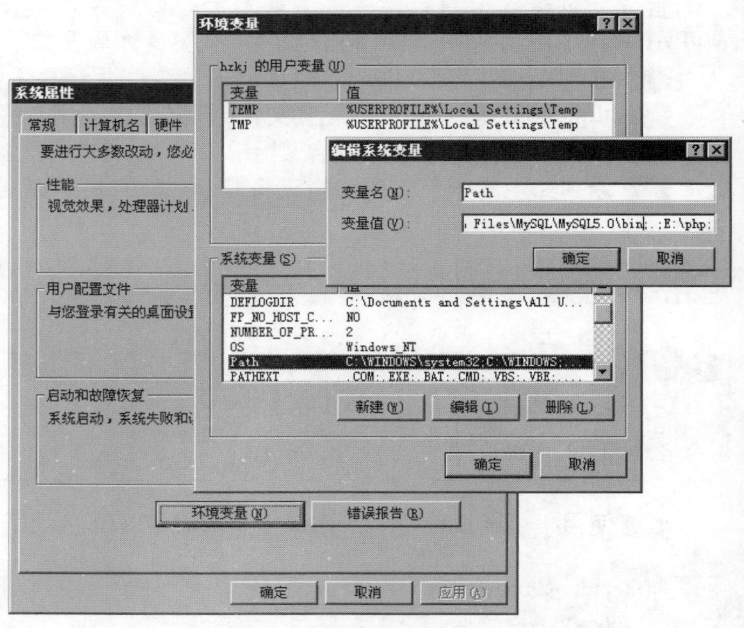

图 1-42 添加环境变量

03 然后用记事本打开 WINDOWS 文件夹下的 php.ini 文件，将“extension_dir =./”改成“extension_dir = "E:\php\ext"”，最后保存即可。

04 接下来开始设置 IIS。在 IIS 的左侧选中【Web 服务扩展】节点并右击，选择【添加一个新的 Web 服务扩展】菜单命令，如图 1-43 所示。

05 接着会出现【新建 Web 服务扩展】对话框，在【扩展名】文本框中输入“.php”。然后单击【添加】按钮，把 E:\php\php5isapi.dll 添加到里面去，再启用【设置扩展状态为允许】复选框，如图 1-44 所示。最后单击【确定】按钮关闭对话框。

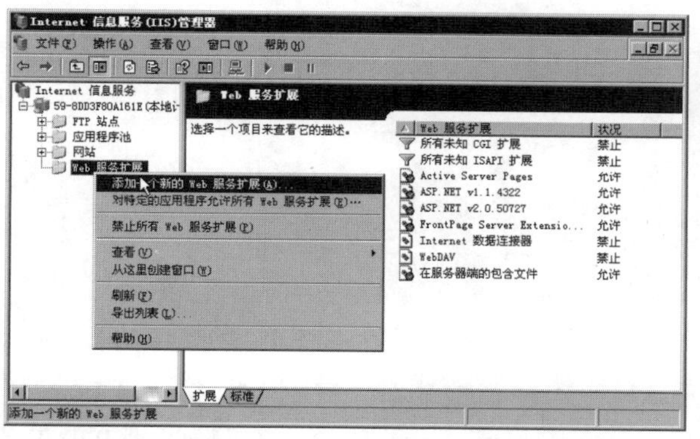

图 1-43 选择【添加一个新的 Web 服务扩展】菜单命令

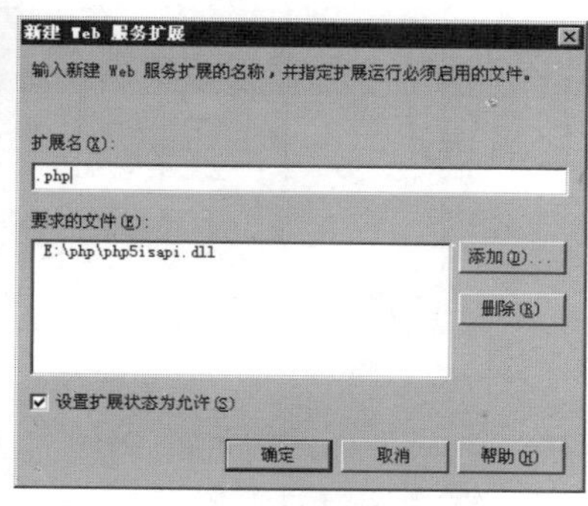

图 1-44 设置扩展

06 以上设置完毕后，我们还要对网站的属性进行设置。在 IIS 中打开站点的【属性】对话框，在【主目录】选项卡中单击【配置】按钮，如图 1-45 所示。

07 在弹出的【应用程序配置】对话框中单击【添加】按钮。然后在弹出对话框的【扩展名】文本框中输入“.php”，在【可执行文件】文本框中输入上面所提到的 E:\php\php5isapi.dll，如图 1-46 所示。最后单击【确定】按钮关闭对话框。

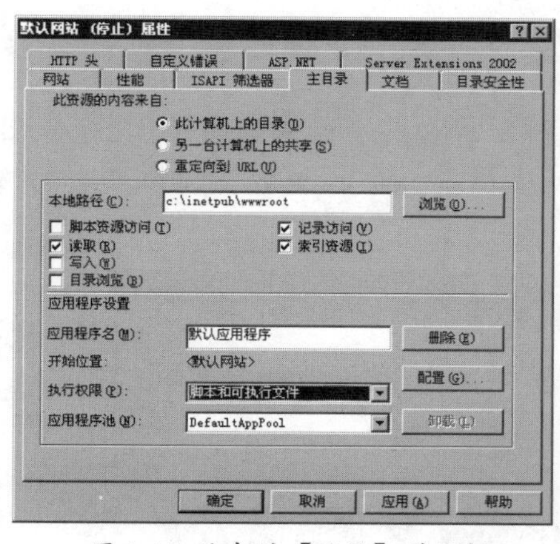

图 1-45 站点的【属性】对话框

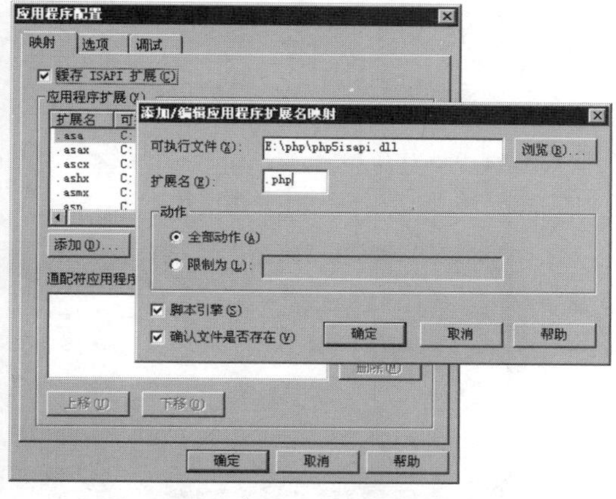

图 1-46 【应用程序配置】对话框

08 经过上面的步骤，配置过程就算完成了。在站点的根目录下创建一个 test.php 文件来测试一下 PHP 的运行环境是否搭建成功。该文件的内容很简单，如下所示：

```
<?php
phpinfo();
?>
```

PHP 编程

09 在浏览器中输入 http://localhost/test.php，如果能打开页面，则说明配置正确，页面效果如图 1-47 所示。

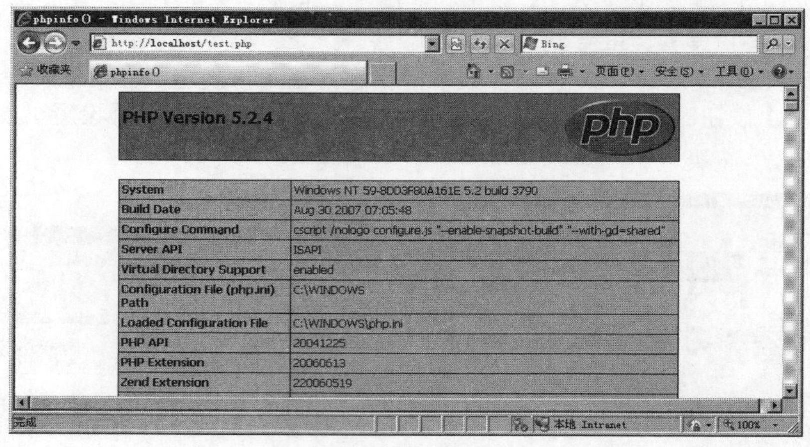

图 1-47 在 IIS 下运行 PHP 测试页面

好了，到此为止，我们的 PHP 运行环境已经搭建成功了。怎么样？相信读者一定觉得很简单吧。当然，这里我们做的只是一些很基本的设置，在 Windows 文件夹下 php.ini 里面还有一些配置，读者可以自己添加。

1.10 成长任务

成长任务 1：安装 Discuz 论坛

Discuz 是一款非常受欢迎的开源 PHP 论坛系统。本次任务要求读者使用 phpStudy 创建一个使用 www.bbs.com 域名的站点，并安装 Discuz 系统。安装完成后输入 http://www.bbs.com 进行测试，成功界面如图 1-48 所示。

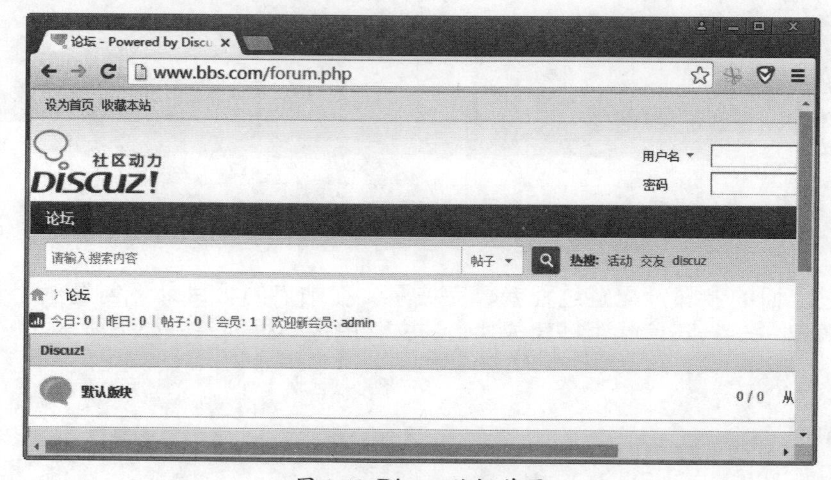

图 1-48 Discuz 论坛首页

第 2 章

PHP 基础语法

要想编写规范、可读性高的 PHP 程序，就必须对 PHP 基本语法有所了解。基本语法是所有编程语言都必须掌握的基础知识，也是整个程序代码不可缺少的重要部分。

一个 PHP 程序通常由数据类型、变量、运算符和控制流程语句 4 部分组成。其中数据类型和运算符不仅定义了语言的规范，还决定了可以执行什么样的操作；变量用来存储指定类型的数据，其值在程序运行期间是可变的；与变量对应的还有一个常量，其值是固定的。

本章详细介绍 PHP 程序中的基本数据类型、变量、常量、运算符、表达式等相关知识，控制流程在下一章介绍。对初学者来说，应该对本章的每个小节进行仔细阅读、思考，这样才能达到事半功倍的效果。

本章学习要点

◎ 掌握常量的定义和引用
◎ 熟悉 const 和 define() 函数的区别
◎ 了解魔术常量
◎ 掌握变量的命名规则
◎ 掌握变量的声明、赋值和销毁
◎ 熟悉可变变量、变量作用域和超级全局变量
◎ 掌握 4 种标量数据类型
◎ 掌握两种复合数据类型
◎ 熟悉两种特殊数据类型
◎ 熟悉数据转换的两种方式
◎ 掌握常用的运算符
◎ 熟悉运算符的优先级
◎ 熟悉 PHP 的输出函数

扫一扫，下载
本章视频文件

 2.1 常量

常量是指在程序的整个运行过程中值保持不变的量。在这里要注意，常量和常量值是不同的概念。常量值是常量的具体和直观的表现形式；常量是形式化的表现。通常在程序中既可以直接使用常量值也可以使用常量。

下面我们来系统地认识一下 PHP 的常量值，以及定义常量的方法。

2.1.1 定义常量

通常将常量作为一个应用程序的配置信息或保存为不变化的值，例如标识位和参数配置信息等。PHP 中通过 define() 函数实现常量的定义，基本语法如下：

```
define("CONSTANT_NAME", 常量值 [,bool case_insensitive])
```

上述语法中包含 3 个参数，具体说明如下。

- **CONSTANT_NAME**　表示常量名称，默认为大小写敏感，一般是一个大写字符串。常量名和其他任何 PHP 标签遵循同样的命名规则，合法的常量名以字母或下划线开始，后面跟着字母、数字或下划线。
- **常量值**　常量的值可以定义为字符串、整型、浮点型或布尔型，不能定义资源类型的常量。如果定义为布尔型，则默认为 true。
- **case_insensitive**　这是一个可选参数，将该参数的值设置为 true 时，表示后面对此常量的引用将不区分大小写。

【例 2-1】

下面在 PHP 脚本中定义一些常量，这些常量有的合法，有的不合法。代码如下：

```
define("APP_URL","www.baidu.com");                 // 合法
define("DB_USER","admin");                         // 合法
define("FOO","something");                         // 合法
define("FOO2"," 中文 ");                                  // 合法
define("2FOO"," 中文 ");                                  // 不合法的变量名
define("_FOO_","something");                       // 合法
```

上述代码中，虽然最后一行自定义的常量是合法的，但是应该避免这样定义。因为 PHP 中的魔术常量是以“_”开头的，或许有一天 PHP 中会定义一个 _FOO_ 魔术常量，这样就会与上述定义产生冲突。

常量的定义非常简单，但是定义常量时还需要注意以下事项：

- 常量前面没有美元符号 ($)。
- 一旦定义常量，就不能重新定义或取消已定义的常量。
- 如果需要根据常量生成一个值，这个值必须存储在另一个变量中。
- 常量是全局的，可以在脚本的任何位置引用。

2.1.2 引用常量

常量定义完成后就可以引用了，引用常量时只需要使用它的名称即可。

【例 2-2】

下面使用 PI 作为计算的常数。首先通过 define() 定义名称为 PI 的常量；接着输出常量 PI 的值；然后将常量的值乘以 100 进行计算；最后输出执行的结果。代码如下：

```
<?php
define("PI", 3.1415926);
echo "PI 的值是： ".PI;
$result = PI * 100;
echo "\n 计算 PI 乘以 100 的值：$result";
?>
```

由于常量在 PHP 中具有全局作用域，包含在函数和类中，因此可以用作一个标识位，进行布尔值验证。

【例 2-3】

下面的示例演示了在布尔表达式中引用常量的值，代码如下：

```
<?php
$error_code = 2;
define("MY_ERROR", 2);                    // 定义常量 MY_ERROR
if($error_code == MY_ERROR){   // 在表达式中使用 MY_ERROR 常量
    echo " 遇到了错误 ";
}
?>
```

2.1.3　const 关键字

define() 函数自定义的常量是全局的，它可以在脚本的任意位置使用。但是，如果要在 PHP 的类中定义一个常量，使用 define() 函数是错误的，这时可以使用 const 关键字。使用 const 修饰的常量与 define() 函数一样，一旦定义就不能在程序的任何地方进行“人为”修改。而且，它定义的常量也需要遵循常量的命名规则。

【例 2-4】

使用 const 关键字定义一个常量，并且在方法中引用该常量。代码如下：

```
<?php
class Test {
    const NAME = 100;              // 在类中定义 NAME 常量
    function classN() {
          echo Test::NAME * 312;
    }
}
$t = new Test ();
$t->classN ();                              // 输出结果：31200
?>
```

上述代码使用 Test::NAME 的方式访问常量，其中 Test 表示类名，NAME 表示定义的常量名。

在 PHP 的类中，const 变量可以使用 parent::YOUCONST 的方式或 className::YOUCONST 的方式在子类中访问，YOUCONST 表示常量名称；const 定义的常量，在子类中可以被覆盖。

const 关键字和 define() 函数都可用于定义常量，但是一般情况下只使用后者，前者在类中使用频繁，两者的区别如下：

- const 用于类成员变量的定义，一经定义，不可修改；define() 函数不可用于类成员变量的定义，而用于全局常量。
- const 可以在类中使用；而 define() 函数则不能。
- const 不能在条件语句中定义常量。
- const 采用一个普通的常量名称；define() 可以采用表达式作为常量名称。
- const 只能接受静态的标识；而 define() 函数可以采用任何表达式。
- const 定义常量时大小写敏感；而 define() 函数可通过参数设置来指定大小写是否敏感。

2.1.4 高手带你做——认识魔术常量

PHP 为运行时的脚本提供了大量的预定义常量，简称系统常量。PHP 除了有预定义变量外，还有比预定义变量更多的预定义常量。它们很多都是由扩展库定义的，只有在加载了这些扩展库时才会出现，或者动态加载后，或者在编译时就已经包括进去了。

魔术常量保存着 PHP 脚本运行时的状态，例如当前脚本名称和运行的行号等内容。PHP 中包含多个魔术常量，其说明如表 2-1 所示。

表 2-1 魔术常量列表

魔术常量名称	说　明
__LINE__	返回运行中 PHP 脚本的当前行号
__FILE__	返回当前执行 PHP 脚本的完整路径和文件名，包含一个绝对路径
__FUNCTION__	函数名称，返回该函数被定义时的名字（大小写敏感）
__CLASS__	类名称，返回该类被定义时的名字（大小写敏感）
__METHOD__	类的成员方法名称，返回该方法被定义时的名称（大小写敏感）
__DIR__	目录，返回当前脚本的目录
__NAMESPACE__	命名空间，返回当前脚本的命名空间

【例 2-5】

在 PHP 脚本中定义名称为 magicContstant 的类，在该类使用 showMagic() 方法打印表 2-1 列出的魔术常量的内容。代码如下：

```
<?php
class magicContstant {
    function showMagic() {
            echo "__LINE__=" . __LINE__ . "\n";             // 当前行号
            echo "__FILE__=" . __FILE__ . "\n";             // 当前文件所在路径
            echo "__FUNCTION__=" . __FUNCTION__ . "\n";     // 当前函数名称
            echo "__CLASS__=" . __CLASS__ . "\n";           // 类名
            echo "__METHOD__=" . __METHOD__ . "\n";         // 方法名
            echo "__DIR__=" . __DIR__ . "\n";               // 目录名
```

```
            echo "__NAMESPACE__=" . __NAMESPACE__ . "\n";    // 命名空间
        }
    }
    $test = new magicContstant ();
    $test->showMagic ();
    ?>
```

执行上述代码后，输出结果如下：

```
__LINE__=4
__FILE__=E:\php_space\ch02\magicContstant.php
__FUNCTION__=showMagic
__CLASS__=magicContstant
__METHOD__=magicContstant::showMagic
__DIR__=E:\php_space\ch02
__NAMESPACE__=
```

2.2　变量

常量和变量是 PHP 程序中最基础的两个元素。常量的值是不能被修改的；相反，变量的值在程序运行期间可以被修改。下面详细介绍 PHP 中变量的声明和赋值方法，以及其作用域的使用。

2.2.1　声明变量

简单地说，变量是指在程序运行过程中随时可以发生变化的量。变量名是用来标识变量的，就如同人的姓名一样，但是，在同一个程序中，变量名如果相同，最后声明的变量值会把以前的同名变量值覆盖。

在 PHP 中声明变量时以美元符号 $ 开头，然后是变量名作为标识，最后以分号 (;) 结束。PHP 变量命名所遵循的具体规则总结如下：

- PHP 变量名之前必须有一个美元符号 $。该符号在技术上说，并不是变量名的一部分，但是只有这样，PHP 解析器才认为这个字符串是一个变量。
- 变量名的长度小于等于 255 个字符，名称可以由字母、数字 0~9 和下划线 (_) 组成。
- 变量名不能以数字开头。例如，$1234 是错误的。
- 变量名严格区分大小写。例如，$color、$Color、$ColoR 和 $COLOR 是 4 个不同的变量。
- 为了避免命名冲突或者混淆，不要使用与函数相同的名称。
- 数值型的变量不要求使用单引号或双引号，如果使用，则会被视为字符串类型的变量。

【例 2-6】

为变量命名时，要说清变量是用来做什么的，必要时可以使用足够长的单词。下面声明了一些变量，这些变量有的合法，有的不合法。代码如下：

```
$_myname;                    // 合法，但是不推荐使用，它与超级全局变量很相似
$url;                        // 合法，推荐使用
$163url;                     // 不合法，变量名不允许以数字开头
$user_name;                  // 合法，推荐使用
$user&name;                  // 不合法，变量名不允许包含 & 符号
$ 用户名 ;                    // 不合法，PHP 5 不允许使用汉字或多字节字符作为变量名
```

上述代码所列出的变量中，有些变量名理论上是允许的，但是在实际开发中却是不规范的。因此，要尽量使用标准的英文来命名变量，而不要随意命名。

2.2.2 变量赋值

变量声明之后，就可以为其赋值，使用等号 (=) 操作符为其赋值。变量赋值有两种方法：值赋值和引用赋值。

1. 值赋值

值赋值是指将表达式的值分配给变量，这是在任何语言中都会使用的一种赋值方式。使用这种方式赋值的代码如下：

```
$userName = " 张泉 ";
$total = 10 * 39;
$name = " 张泉 ";
```


在进行值赋值时，每个变量都拥有表达式赋予它的一个副本，与其他变量没有区别，在内存区域中各自独立。例如，虽然 $userName 变量和 $name 变量的值相同，但是它们是各自属于自己的值，是相互独立的。

如果想让 $userName 的值与 $name 的值指向相同的变量，则可以使用引用赋值。

2. 引用赋值

引用赋值也称为关联赋值，“引用”实际是指两个变量名用了一个相同的内存地址。因此，如果多个变量引用了同一个内容，修改其中任意一个变量，在其余的变量上都会有所反映。

在 PHP 中，实现引用赋值时需要使用 & 符号。& 符号可以放在等于号 (=) 之后完成引用赋值，也可以将它放在所引用变量的前面。

【例 2-7】

下面的示例演示 PHP 中的引用赋值。首先在 PHP 脚本中声明 $str 变量并赋值；接着将该变量的值赋予 $content 变量；然后再次为 $str 和 $content 变量赋值；最后输出两个变量。代码如下：

```
<?php
$str = " 引用赋值的使用方法 ";
$content = $str;                // $str 和 $content 的值相等，都是引用赋值的使用方法
$str = " 我的名字 ";
$content = " 我爱我的家乡 ";
echo $str."\n".$content;
?>
```

执行上述代码时的输出结果如下：

```
我的名字
我爱我的家乡
```

从上述输出结果可以知道，虽然指定 $str 和 $content 变量的值相同，但是重新为它们进行赋值时，两个变量的值都会随着改变，而且不再满足值相等的条件。但是，使用 & 符号就可以使它们同步。

重新更改 PHP 脚本中的代码，将 & 符号放到等于号之后。代码如下：

```
<?php
$str = " 引用赋值的使用方法 ";
$content =& $str;                    // 进行同步
$str = " 我的名字 ";
$content = " 我爱我的家乡 ";
echo $str."\n".$content;
?>
```

更改代码完成后，重新运行脚本查看输出结果，这时可以发现：$str 和 &content 变量的值将会同步更新。

2.2.3 可变变量

可变变量是指一个变量的变量名可以动态地设置和使用，有些资料中会将其称为变量的变量。一个可变变量获取了一个普通变量的值作为这个可变变量的变量名。

【例 2-8】

在 PHP 脚本中首先定义 $country 变量，并赋值为“china”；接着定义变量 $$country，并赋值为“chinese”；最后分别输出 $country 和 $$country 的值。代码如下：

```
<?php
$country = "china";
$$country = "chinese";
echo $country,$$country;
?>
```

由于上述代码第 2 行已经给 $country 变量赋值为“china”，在第 3 行将可变变量 $$country 的值设置为“chinese”。因此，最终的输出结果是 chinachinese.

可以使用其他的方式显示 $china 的内容，第一种方式是使用 ${$country}，第二种方式是直接使用 $china，这种方式更加准确。代码如下：

```
echo "$country ${$country}";
echo "$country $china";
```

重新更改例 2-8 的代码，使用上述代码进行输出。上述两行代码输出的结果都是：china chinese。

PHP 编程

注意

将可变变量用于数组时，必须解决一个模棱两可的问题：当写下 $$a[1] 时，解析器需要知道是要将 $a 作为一个变量，还是将 $$a 作为一个变量并取出该变量中索引为 [1] 的值。对于第一种情况用 ${$a[1]}，第二种情况用 ${$a}[1]。

2.2.4　变量的作用域

无论是按值声明变量还是按引用声明变量，都可以在 PHP 脚本的任何位置声明变量。但是，声明的位置会影响访问变量的范围，这个可访问的范围被称为作用域。PHP 变量有 4 种类型的作用域：局部变量、函数参数、全局变量和静态变量。

1. 局部变量

在函数（包括类的方法）中声明的变量是局部变量，局部变量只能在该函数中引用。如果在函数外被赋值，将会被认为是完全不同的另一个变量。局部变量消除了出现意外副作用的可能性；否则，这些副作用将导致可全局访问的变量被有意或无意地修改。

【例 2-9】

下面通过一段代码演示局部变量的使用。直接向 PHP 脚本中添加以下代码：

```
<?php
$month = 10;
function GetMonth() {
    $month = 12;
    echo "\$month = $month\n";
}
GetMonth ();
echo "\$month = $month\n";
?>
```

上述代码首先声明 $month 变量并为其赋值；接着声明 GetMonth() 函数，在该函数中声明 $month 变量为其赋值并输出，在该函数中声明的 $month 变量就是一个局部变量。修改局部变量的值不会对函数外部的任何值产生影响，同样，修改函数外部 $month 变量的值，也不会对 GetMonth() 函数内的任何变量有所影响。

执行上述代码，结果如下：

```
$month = 12
$month = 10
```

注意

退出声明变量的函数时，局部变量以及相应的值就会撤销。

2. 函数参数

PHP 与其他很多编程语言一样，任何接受参数的函数都必须在函数中声明这些参数。这

些参数接受函数外部的值，但是在退出函数后就无法再访问这些参数。

【例 2-10】

函数参数在函数名后面的括号内声明，它们的声明方式与一般变量的声明很相似。代码如下：

```
function Oper($value) {
    $value = ($value + 1) * 2;
    return $value;
}
```

上述代码中 $value 变量就是一个函数参数，虽然在函数内部可以访问和处理这些函数参数，但是当函数执行结束时，这些参数就会撤销。

注意

例 2-10 只适用于按值传递的参数，而不是按引用传递的参数。按引用传递的参数会受到函数内部修改的影响，这些内容会在后面的相关部分中介绍。

3. 全局变量

全局变量与局部变量相反，它可以在程序的任何地方访问。但是，为了修改一个全局变量，必须在要修改该变量的函数中将其显式地声明为全局变量。声明全局变量时只需要在变量前面加上 GLOBAL 关键字，如果将该关键字放在一个已有的变量前面，则是告诉 PHP 要使用同名的全局变量。

【例 2-11】

下面在 PHP 脚本中声明 GetMonth() 函数，在该函数中声明全局同名变量 $month，并且将变量的值减 1 后输出。代码如下：

```
GetMonth ();
<?php
$month = 10;
function GetMonth() {
    GLOBAL $month;
    $month--;
    echo "\$month = $month\n";                    // 输出结果 9
}
?>
```

除了使用上述方法声明全局变量外，还可以使用 PHP 中的 $GLOBALS 数组将 $month 变量声明为全局变量。重新更改例 2-11 的代码如下：

```
<?php
$month = 10;
function GetMonth() {
    $GLOBALS["month"]--;
```

```
}
GetMonth ();
echo $GLOBALS["month"];
?>
```

4. 静态变量

声明静态变量时需要在变量名前添加 STATIC 关键字。它与声明函数参数的变量不同，函数参数在函数退出时会撤销，而静态变量在函数退出时不会撤销，并且再次调用此函数时还能保留这个值。

【例 2-12】

下面的示例直接在 PHP 脚本中声明函数，并且在函数中声明静态变量并赋值；接着将 $visit 变量的值加 1，并输出结果；最后连续调用该函数 3 次。代码如下：

```
<?php
function GetMonth() {
    STATIC $visit = 0;
    $visit++;
    echo " 访问次数：$visit\n";
}
GetMonth();
GetMonth();
GetMonth();
?>
```

执行上述代码，结果如下：

```
访问次数：1
访问次数：2
访问次数：3
```


从代码和输出结果中可以看出，将 $visit 变量声明为静态时，它会在每次执行函数时都保留前面的值。

静态作用域对于递归函数很有用。递归函数是一个功能强大的编程概念，它是一个可以重复调用自身的函数，直到满足某一个条件为止，这里不再对递归函数进行介绍。

PHP 中的每个变量都有一个针对它的作用域。作用域是指可以在其中访问变量（从而访问它的值）的一个区域。了解变量作用域时，需要注意以下几个事项：

- 在函数内部声明的变量作用域从声明开始一直到函数的尾部始终有效。
- 在函数外部声明的变量作用域从声明开始到声明所在的 PHP 文件末尾一直有效。
- 使用 require() 与 include() 不会影响作用域。
- 如果变量在函数内部，只在函数作用域有效；如果它不在函数内部，则具有全局作用域。
- 使用关键字 GLOBAL 或 $GLOBALS[] 数组可以手动指定一个函数中使用的变量是全局变量。
- 通过参数列表传递给函数的变量，对函数来说是局部变量，除非在传递时带有 & 引用。

- 可以使用 unset() 函数手动删除一个变量，该变量在作用域内也同时被销毁。

2.2.5　变量销毁

在 PHP 中，变量通常不需要专门销毁，系统会自动释放。但是对于性能要求高的系统来说，系统自动释放太慢，达不到高性能的要求。这时要求编写代码以及时销毁一些变量，通常是销毁一些包含大量数据的变量。变量销毁时常用的方法有两种：一是重新赋值；二是使用 unset() 函数。

【例 2-13】

编写一个示例分别演示使用重新赋值和 unset() 函数两种方式销毁变量，PHP 脚本代码如下：

```
<?php
$first = " 中国人 ";
$first = NULL;
$second = " 我爱你 ";
unset($second);
var_dump($first,$second);
?>
```

上述代码的第 2 行声明 $first 变量并赋值为 " 中国人 "；第 3 行重新将 $first 变量的值赋为 NULL，这样就销毁了 $first 变量；第 4 行定义 $second 变量并赋值为 " 我爱你 "，第 5 行则使用 unset() 函数销毁；第 6 行显示变量 $first 和变量 $second 的值。

执行上述代码，显示的值都为 NULL，这说明变量已经被销毁。

2.2.6　高手带你做——超级全局变量

超级全局变量有时会被称为内置对象、全局变量数组或预定义变量，它们是预先定义好的变量，不需要赋值就可以直接使用。使用这些变量可以获取当前用户会话、用户操作环境和本地操作环境等详细信息。

PHP 中提供了 9 个超级全局变量，这些变量的说明如下。

- **$_SERVER** 服务器变量，包含头信息 (header)、路径 (pah) 和脚本位置等组成的数组。
- **$_ENV** 环境变量，包含操作系统类型、软件版本等信息组成的数组。
- **$_COOKIE** HTTP Cookies 变量，通过 HTTP Cookies 传递的变量组成的数组。
- **$_GET** HTTP GET 变量，通过 HTTP GET 方法传递的变量组成的数组。
- **$_POST** HTTP POST 变量，通过 HTTP POST 方法传递已上传文件项目组成的数组。
- **$_FILES** HTTP 文件上传变量，通过 HTTP POST 方法传递的已上传文件项目组成的数组。
- **$_REQUEST** Request 变量，此关联数组包含 $_GET、$_POST 和 $_COOKIE 中的全部内容。
- **$_SESSION** Session 变量，包含当前脚本中 Session 变量的数组。
- **$GLOBALS** 该超级变量数组包含正在执行脚本所有超级全局数组的引用内容。

这些超级全局变量就是所在数组的索引，其值会因系统环境的不同而不同，甚至可能不存在。读者可以通过 var_dump() 函数显示一个或多个表达式的结构信息，包括表达式的类型与值。数组将递归展开值，通过缩进显示其结构。

【例 2-14】

例如，在 PHP 脚本中执行 var_dump($_SERVER) 代码查看输出结果，部分内容如下：

```
array(49) {
 ["1830B7BD-F7A3-4c4d-989B-C004DE465EDE"]=>
 string(11) "3410:651a28"
 ["ALLUSERSPROFILE"]=>
 string(14) "C:\ProgramData"
 ["APPDATA"]=>
 string(38) "C:\Users\Administrator\AppData\Roaming"
 /* 省略输出的其他内容 */
 ["argv"]=>
 array(1) {
  [0]=>
   string(141) "start_debug=1&debug_fastfile=1&use_remote=1&send_sess_end=1&debug_session_
id=1098&debug_start_session=1&debug_port=10137&debug_host=127.0.0.1"
 }
 ["argc"]=>
 int(1)
}
```

2.3 数据类型

数据类型是具有相同特性的一类数据的统称，例如该类数据在内存中占有空间的大小相同，使用的函数相同等。PHP 中支持 8 种原始类型，包括 4 种标量数据类型、两种复合数据类型和两种特殊数据类型。

2.3.1 标量数据类型

标量数据类型能够包含单个值，通常被称为单一数据类型。常用的标量数据类型有 4 种：布尔型 (boolean)、整型 (integer)、浮点型 (float 和 double) 和字符串型 (string)。

1. 布尔型

PHP 中的布尔类型表示真实性，布尔值可以用 0 和 1 来表示，这类似于计算机存储数据的方式；还可以使用 false 和 true 来表示，不区分大小写。0 或 false 表示假，1 或 true 表示真。布尔类型用在回答是或否时最为合适，例如简历上的“是否已婚”、“是否离职”和“是否是党员”等。

【例 2-15】

下面的代码展示了布尔类型的简单应用：

```
<?php
$booMarried = True;
```

```
$result = " 刘丽的当前婚姻状况： " . $booMarried . "<br/>1 表示已婚 ,0 表示未婚。<br/><br/>";
$booParty = 0;
$partyResult = " 刘丽的政治面貌： " . $booParty . "<br/>0 表示不是党员 ,1 表示是党员 ";
header ( "Content-Type:text/html;charset=GBK" );
echo $result;
echo $partyResult;
?>
```

上述代码中，分别首先声明布尔类型的变量；然后声明字符串类型的变量，并且为字符串变量赋值；最后分别将变量的结果输出。输出结果如下：

```
刘丽的当前婚姻状况：1
1 表示已婚 ,0 表示未婚。

刘丽的政治面貌：0
0 表示不是党员 ,1 表示是党员
```

2. 整型

整型就是一个不包含小数部分的数，可以使用十进制、十六进制或八进制符号指定，前面可以加上可选的符号 (- 或者 +)。如果使用八进制符号，数值前必须加上 0(零)；使用十六进制符号，数值前必须加上 0x。

【例 2-16】

下面给出整型的一些常用情况：

```
<?php
$number1 = 1234;      // 十进制数
$number2 = -123;     // 一个负数
$number3 = 0123;      // 八进制数 ( 等于十进制的 83)
$number4 = 0x1A;     // 十六进制数 ( 等于十进制的 26)
?>
```

PHP 编程

整型所支持的最大整数与平台有关，一般都是正负 2^{31}。如果在 PHP 中指定的值超出限制，将自动转换为浮点数。

【例 2-17】

首先在 PHP 脚本中声明 $val 变量，将变量的值在当前值的基础上增加 5 后再输出。代码如下：

```
<?php
$val = 456789456939390397895268;
echo $val + 5;
?>
```

运行上述代码，得到的结果如下：

```
4.5678945693939E+23
```

3. 浮点型

浮点型也叫单精度型、双精度型或实型；浮点数也叫单精度数 (float)、双精度数 (double) 或实数 (real number)。通俗地说，浮点型就是可以指定包含小数部分的数。浮点数通常用于表示货币的值、重量、距离，以及用简单的整数无法满足要求的其他表示。

【例 2-18】

PHP 浮点数可以使用多种方式进行指定，下面的代码给出了一些浮点型例子：

```
$number1 = 1.234;
$number2 = 1.2e3;
$number3 = 7E-10;
```

注意

尽管浮点数通常最大值是 1.8e308 并具有 14 位十进制数字的精度 (64 位 IEEE 格式)，但是它与整型一样，字长也与平台相关。

4. 字符串

字符串是一个字符序列，可以看作是一个连续的组。一个字符串可以存储很多内容，PHP 中没有给字符串的大小强加实现范围。

字符串可以使用 3 种方式进行定义：单引号、双引号和定界符。

(1) 单引号。

指定一个简单字符串的最简单的方法是用单引号括起来。当变量值仅仅是一个纯字符串时，可以使用单引号，例如 'MySring'。

如果字符串中要表示一个单引号，就需要用反斜线 (\) 转义。如果在单引号之前或字符串结尾要表示一个反斜线，则需要用两个反斜线表示。

(2) 双引号。

当字符串需要包含变量时，可以使用双引号或定界符。如果是单纯的字符串，则单引号是优先的选择，当然使用双引号也可以。使用双引号括起的字符串在 PHP 脚本中最为常见，因为它们提供了最大的灵活性，其原因是变量和转义序列都会得到相应的解析。

PHP 可以识别多种特殊的转义字符，如换行符。在表 2-2 中，列出了一些常见的可识别的转义字符。

表 2-2 PHP 可以识别的多种特殊的转义字符

转义序列	说　明
\n	换行符 (LF 或 ASCII 字符 0x0A(10))
\r	回车 (CR 或 ASCII 字符 0x0D(13))
\t	水平制表符 (HT 或 ASCII 字符 0x09(9))
\\	反斜线

（续表）

转义序列	说　明
\$	美元符号
\”	双引号
\[0-7]{1,3}	此正则表达式序列匹配一个用八进制符号表示的字符
\x[0-9A-Fa-f]{1,2}	此正则表达式序列匹配一个用十六进制符号表示的字符

例如，在脚本中执行“echo 'This is a girl\\';”代码时，最后生成的结果如下：

```
This is a girl\
```

使用 echo() 函数执行上述代码时，字符串最后出现的反斜杠必须转义；否则，PHP 解析器会理解为最后一个单引号将被转义。但是如果反斜杠出现在字符串的其他位置，就不需要转义。

(3) 定界符。

定界符为输出大量文本提供了一种便利的方式，它不是使用双引号或单引号来界定字符串，而是采用了两个相同的标识符。为字符串定界的方法是使用定界符语法，它是在 <<< 之后提供一个标识符，然后是字符串，然后是同样的标识符结束字符串。

如果需要处理大量的内容，又不希望使用转义引号，使用定界符最为简便。使用定界符时需要注意如下几点：

- 开始和结束标识符必须相同。读者可以选择自己喜欢的任何开始和结束标识符，但是它们必须相同。唯一的限制是该标识符必须完全由字母、数字和下划线组成，而且必须以下划线或非数字字符开始。
- 开始标识符前面必须有 3 个左尖括号：<<<。
- 定界符与双引号界定的字符遵循相同的解析规则，即变量的转义序列都会得到解析。唯一的区别是：此处的双引号不需要进行转义。
- 结束标识符必须在一行的开始处，而且前面不能有空格或任何其他多余的字符。

【例 2-19】

在新创建的 PHP 文件中添加以下代码：

```
<?php
$title = ' 我在未来等你 ';
$website = 'http://www.sanwen8.cn/subject/1331453/';
$content = " 未来对于我来说还很远很远，就像你还不认识我的时候你身旁的他，我身旁的她，我们都无法猜到后来我们的他和她却已变成六个人的故事。——题记 \n 未来它很近也很远，也许是明天，也许是一辈子。\n 访问地址：$website";
$result = <<<ARTICLE
<p>$title</p>
<p>$website</p>
<p>$content</p>
ARTICLE;
echo $result;
?>
```

上述代码的第 2 行和第 3 行分别定义 $title 变量和 $website 变量，并且为这两个变量进行赋值，其值使用单引号括起来；第 4 行定义 $content 变量并赋值，其值使用双引号括起来，并且还包括一个变量；然后再定义 $result 变量并赋值，其值是用定界符分别括起的 $title、$website 和 $content 变量的值，最后将 $result 变量的值输出。

运行上述代码查看效果，结果如下：

```
<p> 我在未来等你 </p>
<p>http://www.sanwen8.cn/subject/1331453/</p>
<p> 未来对于我来说还很远很远，就像你还不认识我的时候你身旁的他，我身旁的她，我们都无法猜到后来我们的他和她却已变成六个人的故事。——题记
未来它很近也很远，也许是明天，也许是一辈子。
访问地址：http://www.sanwen8.cn/subject/1331453/</p>
```

2.3.2　复合数据类型

复合数据类型允许将多个相同类型的项聚集起来，表示为一个实体。PHP 中的复合数据类型有两个：数组和对象。

1. 数组

数组是把具有相同数据类型的项集合在一起进行处理，并按照特定的方式进行排列和引用。例如，可以在一个数组中放置多个整数值。在 PHP 中，数组中的值按顺序排列，可以通过数组的排列号码 (keys) 加上数组名称来获得。keys 可以是一个简单的数，指示某个值在系列中的位置；也可以与值有某种关联。

【例 2-20】

下面的代码展示了创建一维数组时的两种方法：

```
$season[0] = 'Spring';
$season[1] = 'Summer';
$season[2] = 'Autumn';
$season[3] = 'Winter';

$language["china"] = 'chinese';
$language["US"] = 'english';
```

提示

PHP 中的数组可以是一维数组，也可以是二维数组或多维数组。上面只是简单介绍了数组的应用，关于数组和对象，会在后面的章节中详细介绍。

2. 对象

PHP 支持的另一种复合数据类型是对象，对象是面向对象程序设计中的一个核心概念。

对象是一个具体的概念，创建一个对象前首先要创建一个类，创建类完成后可以使用 new 实例化类的对象，将实例对象保存到一个变量中，然后再访问对象的属性、方式和其他成员等。

例如，每个学校都有老师和同学，以同学为例，每个同学都包含姓名、年龄、出生日期和家庭联系电话等基本信息，包含读书、跑步、听音乐等动作，将这些基本信息和动作放到类中，然后在类中声明变量表示这些信息。这样在使用类时，每使用 new 创建一个类的实例就表示一个学生对象。

【例 2-21】

直接创建 PHP 页面，并在页面脚本中添加如下代码：

```
<?php
class Student {
    private $studentName;                                           //学生变量
    function SayHello($name) {
        $studentName = $name;
        echo $studentName." 对老师说：早上好。";
    }
}
$stu = new Student();
$stu->SayHello(" 王明月 ");
?>
```

上述代码中通过 class 关键字声明一个类，在该类中创建一个表示学生姓名的 $studentName 变量，和一个向老师问好的 SayHello() 方法，并向该方法中传入一个参数。在 SayHello() 中重新为 $studentName 变量赋值，并且输出问好信息。

执行上述代码，输出结果如下：

```
王明月对老师说：早上好。
```

2.3.3　特殊数据类型

特殊数据类型是指那些提供某种特殊用途的类型，它们无法归入其他任何类型中。特殊数据类型包括两类：资源 (resource) 数据类型和空 (null) 数据类型。

1. 资源数据类型

资源是一种特殊变量，保存了到外部资源的一个引用。资源是通过专门的函数来创建和使用的。例如 MySQL 数据库，其资源的创建者是名称为 mysql_connect 的连接函数，当该函数连接到一台 MySQL 数据库后，这时就创建了一个 MySQL 数据库连接句柄资源，直到 mysql_close() 函数调用时，MySQL 连接句柄资源才被销毁。

并非所有的函数都返回资源，只有在 PHP 脚本中负责将资源绑定到变量的函数才会返回资源。资源类型有数十个，表 2-3 列出了部分建立、使用和销毁资源的函数。

表 2-3 资源类型

资源类型名称	建立者	使用者	销毁者	定义
aspellaspell	aspell_new()	aspell_check()、aspell_check_raw() 和 aspell_suggest()	None	Aspell dictionary
bzip2	bzopen()	bzerrno()、bzerror()、bzerrstr()、bzflush()、bzread() 和 bzwrite()	Bzclose()	Bzip2 file
COM	com_load()	com_invoke()、com_propget()、com_get()、com_propput()、com_set() 和 com_propput()	None	COM object reference
curl	curl_copy_handle() curl_init()	curl_copy_handle()、curl_erroo()、curl_error()、curl_exec()、curl_getinfo() 和 curl_setopt()	curl_close()	Curl session
dbm	dbmopen()	dbmexists()、dbmfetch()、dbminsert()、dbmreplace()、dbmdelete()、dbmfirstkey() 和 dbmnextkey()	dbm_close()	Link to DBM database
mysql link	mysql_connect()	mysql_affected_rows()、mysql_change_user()、mysql_create_db()、mysql_data_seek()、mysql_db_name()、mysql_db_query()、mysql_drop_db()、mysql_errno()、mysql_error()、mysql_insert_id()、mysql_list_dbs()、mysql_list_fields()、mysql_list_tables()、mysql_query()、mysql_result()、mysql_select_db()、mysql_tablename()、mysql_get_host_info()、mysql_get_proto_info() 和 mysql_get_server_info()	mysql_close()	Link MySQL database
stream	fopen() 和 tmpfile()	feof()、fflush()、fgetc()、fgetcsv()、fgets()、fgetss()、flock()、fpassthru()、fputs()、fwrite()、fread()、fseek()、ftell()、fstat()、ftruncate()、set_file_buffer() 和 rewind()	fclose()	File handle

2. 空数据类型

空数据类型既不表示空格，也不表示零，而是表示没有值，即“什么也没有”。PHP 中满足以下 3 种情况时，则认为一个值是空值 (null)：

- 没有设置为任何预定义的值，即尚未赋值。
- 明确将值赋予为 null。
- 使用 unset() 函数清除。

2.4　数据类型转换

PHP 中包含多种数据类型，这些数据类型可以通过类型转换改变变量的类型。具体来分，数据类型转换分为两类：强制类型转换和自动类型转换。

2.4.1　强制类型转换

强制类型转换是指将一个变量强制转换为与原类型不相同的另一种类型的变量。强制类型转换需要在代码中明确地声明需要转换的类型。一般情况下，强制转换可以将取值范围大的类型转换为取值范围小的类型。PHP 数据类型强制转换时可以使用 3 种方式，下面简单进行介绍。

1. 在要转换的变量之前加上用括号括起来的目标类型

这种方式是经常使用的一种方式，在变量前插入表 2-4 所列出的转换操作符，就可以实现转换。

表 2-4　类型转换操作符

转换操作符（类型）	转换为
(int) 或 (integer)	整型
(float)、(double) 或 (real)	浮点型
(string)	字符串
(array)	数组
(object)	对象
(bool) 或 (boolean)	布尔型

【例 2-22】

下面在 PHP 脚本中声明两个 double 类型的变量，这两个变量分别表示某个商品原来的价格和打折后的价格。然后将 double 类型转换为 int 类型，最后将转换后的结果输出。代码如下：

```
<?php
$oldPrice = 35.6;
$newPrice = 12.8;
echo $oldPrice." 转换为 int 类型：".(int)$oldPrice."\n";
echo $newPrice." 转换为 int 类型：".(int)$newPrice."\n";
echo " 先相加再转换：".(int)($oldPrice+$newPrice);
?>
```

执行上述例子的代码，输出结果如下：

```
35.6 转换为 int 类型：35
12.8 转换为 int 类型：12
先相加再转换：48
```

从上述结果中可以看到，将 double 类型转换为 int 类型时，double 类型的小数部分会被截断，这时将值强制转换为 int 类型。可以这样理解：double 类型的范围较大，而 int 类型的范围较小，无论小数点后面的小数值是多少，double 类型每次都会向下取整，即不会四舍五入。

任何数据类型都可以转换为对象，其结果是：该类型的变量成为对象的一个属性，该属性的名是 scalar。

【例 2-23】

下面在 PHP 脚本中声明字符串变量，然后将该变量转换为 object 类型，最后将其 scalar 属性输出。代码如下：

```
<?php
$myName="Jack";
$user = (object)$myName;
echo $user->scalar;
?>
```

运行上述代码，最终的输出结果会显示“Jack”。

2. 使用具体类型的转换函数

使用具体类型的转换函数也可以实现强制转换，常用的 4 个函数分别是 intval()、doubleval()、floatval() 和 strval()。其中，intval() 表示将变量强制转换为 int 类型；doubleval() 和 floatval() 则分别表示将变量强制转换为 double 类型和 float 类型；strval() 表示将变量强制转换为字符串。

【例 2-24】

在 PHP 脚本中声明一个 $str 字符串变量并为其赋值，然后再将其用不同的函数进行转换，最后输出结果。代码如下：

```
<?php
$str="123.9abc";
echo " 转换为 int 类型： ".intval($str),"\n 转换为 double 类型： ".doubleval($str),"\n 转换为 float 类型：
".floatval($str),"\n 转换为字符串： ".strval($str);
?>
```

上述代码分别使用不同的函数对声明的 $str 变量进行转换，执行代码，输出结果如下：

```
转换为 int 类型：123
转换为 double 类型：123.9
转换为 float 类型：123.9
转换为字符串：123.9
```

从脚本代码和执行结果可以知道，字符串是以 double 类型开头的，因此，在调用函数转换类型时，就使用到了这个 double 值。

3. 使用通用类型转换函数

PHP 中提供了一系列函数，除了转换函数外，还包含其他与类型相关的函数。有些函数可以用于验证数据类型或者完成类型转换，而 settype() 函数可以将指定的变量转换为指定的类型。基本语法如下：

```
settype(mixed var,string type)
```

上述函数中，var 表示指定的变量；type 表示指定的类型，它有 7 个可取值：array、boolean、float、integer(或 int)、null、object 和 string。如果转换成功，则返回结果为 true；否则返回结果为 false。

【例 2-25】

在 PHP 脚本中声明 $num 变量，使用 settype() 函数将其转换为 int 类型，并保存到变量 $flg 中，最后将结果输出。代码如下：

```
<?php
$num=12.8;
$flg=settype($num,"int");
echo $flg;                                    // 输出 1(true)
?>
```

执行上述代码，输出结果为 1，它表示 true，即执行转换成功。

2.4.2　自动类型转换

PHP 是弱类型的语言，它对于类型的定义非常松散。因此，有时会根据引用变量的环境，将变量自动转换为最适合的类型，这时可以将转换过程称为自动类型转换。它可以直接进行转换，而不必像强制类型转换那样使用函数，或者在变量前添加变量操作符。简单地说，自动类型转换是将范围小的类型转换为范围大的类型。

【例 2-26】

在 PHP 脚本中分别声明 int 类型的 $realprice 变量和 string 类型的 $disprice 变量，然后将这两个变量相减，最后将结果输出。代码如下：

```
<?php
$realprice = 378;
$disprice = "190";
echo $realprice-$disprice;
?>
```

执行上述代码，输出结果是 188。这表明程序在执行时，已经自动将 $disprice 变量的值转换为整型。

试一试

由于 $disprice 变量的值以整数开头，因此在计算时将其转换为整数 190。如果它的值是以别的内容开头，则值转换为 0，这与强制类型转换很相似。另外，如果计算中包含 .、e 或 E 的字符串，这个字符串将作为浮点数进行计算，读者可以动手试一试。

2.4.3 数据类型函数

除了前面用到的 intval()、doubleval() 和 settype() 等函数外，PHP 中还提供了一些与数据类型有关的函数。

1. gettype() 函数

settype() 函数是将指定的变量转换为指定的类型，而 gettype() 函数则是返回所指定的变量的类型，它的可能值有 8 个：array、boolean、float、integer(int)、null、object、unknow 和 string。基本语法如下：

```
gettype(mixed var)
```

【例 2-27】

声明 $result 变量并为其赋值，然后使用 gettype() 函数获取该变量的类型并将结果输出。代码如下：

```
<?php
$result = " 这是一片寂寞的天 ";
echo gettype($result);                              // 输出结果是：string
?>
```

执行上述代码时的输出结果为“string”，它是所声明的 $result 变量的类型。

2. 类型标识符函数

PHP 中提供的类型标识符函数用来确定变量的类型，这些函数包括 is_double()、is_float()、is_integer()、is_int()、is_long()、is_array()、is_object()、is_bool()、is_null()、is_resource()、is_scalar()、is_numberic() 和 is_string()。这些函数完成的是相同的任务，都是用来确定所指定的变量是否满足函数名所指定的特定条件，因此可以将它们归为一组。

使用上述函数时，如果指定的变量满足函数名所指定的特定条件，则返回 true；否则返回 false。以 is_double() 函数为例，基本语法如下：

```
is_double(mixed var)
```

【例 2-28】

声明一个 $result 变量并为其赋值，然后分别使用 is_float()、is_array()、is_null()、is_string() 和 is_resource() 函数判断 $result 变量是否满足条件。代码如下：

```
<?php
$result = " 这是一片寂寞的天 ";
echo " 该变量 \$result 是否为 float 类型：".is_float($result)."\n";
echo " 该变量 \$result 是否为 null：".is_null($result)."\n";
echo " 该变量 \$result 是否为 string 类型：".is_string($result)."\n";
echo " 该变量 \$result 是否为 resource 类型：".is_resource($result);
?>
```

上述代码中，$result 变量之前有一个反斜杠，这是因为 $ 符号一般用于标识变量，因此

必须有一种方法告诉解析器，将这里的 $ 符号视为要输出到屏幕的正常字符，加上反斜杠就可以做到这一点。

执行上述代码，在结果为 false 的情况下，没有返回值，输出结果如下：

```
该变量 $result 是否为 float 类型：
该变量 $result 是否为 null：
该变量 $result 是否为 string 类型：1
该变量 $result 是否为 resource 类型：
```

2.5　运算符

在 PHP 程序中，任何一个可以返回值的语句，都可以看作是表达式。也就是说，表达式是一个短语，能够执行一个动作，并且具有返回值。一个表达式通常由两部分组成：一是操作数；二是运算符。

操作数是在进行表达式计算时需要使用的数值，最基本的表达式形式是常量和变量。运算符就是表达式要执行操作的类型。下面详细介绍 PHP 中的常用运算符。

2.5.1　算术运算符

PHP 的算术运算符是最常用的一种运算符，用于完成各种算术运算。算术运算符与平常使用的数学公式类似，表 2-5 是对算术运算符的介绍。

表 2-5 PHP 算术运算符

运 算 符	名　　称	示　　例	说　　明
+	加法	$a + $b	$a 和 $b 的和
-	减法	$a - $b	$a 和 $b 的差
*	乘法	$a * $b	$a 和 $b 的积
/	除法	$a / $b	$a 和 $b 的商
%	取模	$a % $b	$a 和 $b 的余数

【例 2-29】

对声明的两个变量进行加、减、乘、除和取模运算，并且输出结果。代码如下：

```
<?php
$firstnum = 13.5;
$secondnum = 12;
echo "$firstnum + $secondnum =" . ($firstnum + $secondnum)."\n";        // 等于 25.5
echo "$firstnum - $secondnum =" . ($firstnum - $secondnum)."\n";        // 等于 1.5
echo "$firstnum * $secondnum =" . ($firstnum * $secondnum)."\n";        // 等于 162
echo "$firstnum / $secondnum =" . ($firstnum / $secondnum)."\n";        // 等于 1.125
echo "$firstnum % $secondnum =" . ($firstnum % $secondnum)."\n";        // 等于 1
?>
```

2.5.2 赋值运算符

前面在为变量赋值时是用等号 (=) 来实现的，这个等号就是一个赋值运算符。赋值运算符用于将一个数据值赋给一个变量，表 2-6 列出了 PHP 赋值运算符。

表 2-6 PHP 赋值运算符

运算符	名　称	示　例	说　明
=	等于（赋值）	$a = 8	$a 等于 8
+=	加等于（加法赋值）	$a += 8　($a = $a+8)	$a 等于 $a 加 8
-=	减等于（减法赋值）	$a -= 8　($a = $a-8)	$a 等于 $a 减 8
*=	乘等于（乘法赋值）	$a *= 8　($a = $a*8)	$a 等于 $a 乘以 8
/=	除等于（除法赋值）	$a /= 8　($a = $a/8)	$a 等于 $a 除以 8
%=	取模等于（取模赋值）	$a %= 8　($a = $a%8)	$a 等于 $a 对 8 求余
.=	拼接等于（拼接赋值）	$a .= 8　($a = $a.8)	$a 等于 $a 拼接 8

【例 2-30】

首先声明 $number 变量并为其赋值，然后使用不同的运算符进行加法赋值、减法赋值、乘法赋值、除法赋值、取模赋值和拼接赋值。代码如下：

```
<?php
$number = 105;
echo "$number+=10：".($number+=10)."\n";          // $number 的值是：115
echo "$number-=10：".($number-=10)."\n";          // $number 的值是：105
echo "$number*=10：".($number*=10)."\n";          // $number 的值是：1050
echo "$number/=10：".($number/=10)."\n";          // $number 的值是：105
echo "$number%=10：".($number%=10)."\n";          // $number 的值是：5
echo "$number.=10：".($number.=10)."\n";          // $number 的值是：510
?>
```

上述代码中，首先将 $number 变量的值指定为 105，然后在该值的基础上加 10，这时变量的值是 115，并且将 115 输出。接着 $number 变量在 115 的基础上再减去 10，这时它的值变成了 105，并且将 105 输出。然后再在该值的基础上进行其他运算，这里不再详细说明。

2.5.3 逻辑运算符

逻辑运算符可在运行时将两个变量或表达式比较后的结果转换为布尔值，通常也称为布尔运算符。逻辑运算符在许多 PHP 应用程序中都起到了重要作用。表 2-7 列出了常用的逻辑运算符。

表 2-7 PHP 逻辑运算符

运算符	名　称	示　例	说　明
AND	逻辑与	$a AND $b	如果 $a 和 $b 都为 true，则输出 true
&&	逻辑与	$a && $b	如果 $a 与 $b 都为 true，则输出 true
OR	逻辑或	$a OR $b	如果 $a 或 $b 其中一个为 true，则输出 true
||	逻辑或	$a || $b	如果 $a 或 $b 其中一个为 true，则输出 true
!	逻辑非	!$a	如果 $a 不为 true，则输出 true
XOR	逻辑异或	$a XOR $b	如果 $a 或 $b 其中一个为 true，但不同时为 true，则输出 true

从表 2-7 中可以看出，逻辑与和逻辑或运算符都有两种形式，这是因为在 PHP 中，这两个不同的运算符优先级不一样，符号 && 和 || 高于字母 AND 和 OR。

【例 2-31】

首先声明 3 个不同的变量并赋值，然后对这 3 个变量两两进行比较，只要满足其中一个条件即可。代码如下：

```
<?php
$name = "I LOVE YOU";
$namestr = "i love you";
$lastname = "I Love You";
if($name==namestr || $namestr==$lastname || $name==$lastname){
    echo " 其中一个条件满足 ";
}else{
    echo "3 个条件都不满足 ";                              // 输出此条结果
}
?>
```

2.5.4　比较运算符

比较运算符通过比较两个或多个变量值的结果，提供了一种控制程序流程的方式。当操作数是两个字符串时，相比较的关系是按字典中的字母顺序处理的；当操作数是数字时，按数字大小比较，比较后返回一个布尔值，即 true 或 false。表 2-8 列出了常用的比较运算符，并且对它们进行了说明。

表 2-8 PHP 比较运算符

运算符	名　称	示　例	说　明
==	等于	$num1== $num2	如果 $num1 等于 $num2，返回 true；否则返回 false
===	全等	$num1 === $num2	如果 $num1 等于 $num2，并且它们的类型也相同，返回 true
!=	不等	$num1 != $num2	如果 $num1 不等于 $num2，返回 true
<>	不等	$num1 <> $num2	如果 $num1 不等于 $num2，返回 true
!===	非全等	$num1 !== $num2	如果 $num1 不等于 $num2，或者它们的类型不同，返回 true
<	小于	$num1 < $num2	如果 $num1 小于 $num2，返回 true
>	大于	$num1 > $num2	如果 $num1 大于 $num2，返回 true
<=	小于等于	$num1 <= $num2	如果 $num1 小于或等于 $num2，返回 true
>=	大于等于	$num1 >= $num2	如果 $num1 大于或等于 $num2，返回 true

【例 2-32】

首先声明两个变量并赋值，然后在 if 语句中通过等于 (==) 运算符判断两个变量的值是否相等，并且输出结果。代码如下：

```
<?php
$str1 = "PHP 教程 ";
$str2 = " 教程 PHP";
if($str1 == $str2)
    echo " 字符串相等 ";
else
    echo " 字符串不等 ";                    // 执行时会输出此条信息
?>
```

2.5.5 位运算符

位运算符是将一个整型变量当作一系列二进制 bit(位) 来处理，常在加密处理与用户权限处理时使用。PHP 位运算符如表 2-9 所示。

表 2-9 PHP 位运算符

运算符	名　称	示　例	说　明
&	按位与	$a & $b	将 $a 和 $b 中都为 1 的位设为 1
|	按位同或	$a | $b	将 $a 和 $b 中任何一个为 1 的位设为 1
^	按位异或	$a ^ $b	将 $a 和 $b 中一个为 1 另一个为 0 的位设为 1
~	按位取反	~ $a	将 $a 中为 0 的位设为 1，反之亦然
<<	左移	$a << $b	将 $a 中的位向左移动 $b 次 (每一次移动都表示“乘以 2”)
>>	右移	$a >> $b	将 $a 中的位向右移动 $b 次 (每一次移动都表示“除以 2”)

【例 2-33】

下面的代码演示了表 2-9 中列出的位运算符的基本应用：

```
<?php
echo "7&15=" . (7 & 15)."\n";                // 输出 7
echo "7|15=" . (7 | 15)."\n";                // 输出 15
echo "7^15=" . (7 ^ 15)."\n";                // 输出 8
echo "~15=" . (~ 15)."\n";                   // 输出 -16
?>
```

2.5.6 递增与递减运算符

递增与递减运算符在 PHP 中也经常会用到，它为代码的简洁性提供了一些便利，这是一种简化的方式，可以将变量的当前值加 1 或减 1。递增常用的方式有两种，$a++ 和 ++$a 都是加 1；递减常用的方式也有两种，$a-- 和 --$a 都是减 1。

【例 2-34】

运算符可以放在变量的任意一边，但放的位置不同，会有略微不同的效果。这里首先声明 4 个变量，并且将这 4 个变量都赋值为 10；然后使用递增和递减两种运算符计算，并输出递增和递减后的结果；最后分别输出 4 个变量。代码如下：

```
<?php
$number4 = $number3 = $number2 = $number1 = 10;
echo $number1 ++."<br/>".++$number2."<br/>".$number3--."<br/>".--$number4."\n";
echo "$number1<br/>$number2<br/>$number3<br/>$number4";
?>
```

执行上述代码，输出结果如下：

```
10<br/>11<br/>10<br/>9
11<br/>11<br/>9<br/>9
```

从上述输出结果可以看出，递增和递减运算符的使用顺序对变量的值会产生影响。表 2-10 中列出了递增与递减运算符的规则。

表 2-10　递增与递减运算符的规则

运算符	名　称	返回值	对变量 $var 的影响
$var++	递增	$var	加 1
++$var	递增	$var+1	加 1
$var--	递减	$var	减 1
--$var	递减	$var-1	减 1

将 ++$a 和 --$a 称为前置运算；而 $a++ 和 $-- 称为后置运算。如果仅仅是进行前置运算或后置运算，那么结果是相同的。以 ++ 为例，假设将变量 $a 的值设置为 10，则无论是 ++$a 或是 $a++，执行的结果都是让 $a 递增 1，结果为 11。但是，在有其他运算符的复杂表达式中，前置 ++ 运算过程是先加 1，然后将已经加 1 的变量参与其他运算；而后置 ++ 的运算过程是先用未加 1 的变量参与其他运算，然后再将该变量加 1。这就是例 2-34 中输出结果不同的原因。

提示

虽然递增和递减运算符能加快运算速度，但是在运算上会有小区别，很容易让程序员的代码变得不清晰，造成代码的运行结果不一样，所以在写代码时，尽量不要依赖于前置和后置运算。

2.5.7　错误控制运算符

PHP 的错误控制运算符就只有一个，那就是 @。把它放置在一个 PHP 表达式之前，将忽略该表达式可能产生的任何错误信息。

错误控制运算符的使用示例如下：

```
<?php
   $conn=@mysql_connect("localhost","root","123456");
   echo " 数据库连接已打开 ";
   @mysql_select_db("test");
   echo " 数据库已打开 ";
?>
```

在使用时要注意：@ 运算符只对表达式有效。对新手来说，一个简单的规则就是：如果能从某处得到值，就能在它前面加上 @ 运算符。例如，可以把它放在变量、函数和 include() 调用、常量等之前。不能把它放在函数或类的定义之前，也不能用于条件结构如 if 和 foreach 等。

2.6 高手带你做——认识条件运算符

条件运算符的符号表示为“?:”，使用该运算符时，需要有三个操作数，因此称其为三目运算符。使用条件运算符的一般语法结构为：

```
result = <expression> ? <statement1> : <statement2>;
```

当 expression 为真时，执行 statement1，否则就执行 statement2。注意三元运算符要求返回一个结果。因此，要实现简单的二分支程序，即可使用该条件运算符。

例如，下面是一个使用条件运算符的示例：

```
$x=6;
$y=2;
$z=$x>$y ? $x-$y : $x+$y;
```

在这里要计算 $z 的值，首先要判断 $x>$y 表达的值，如果为 true，$z 的值为 $x-$y；否则 $z 的值为 $x+$y。很明显 $x>$y 表达式结果为 true，所以 $z 的值为 4。

技巧

可以将条件运算符理解为 if else 语句的简化形式，在使用较为简单的表达式时，使用该运算符能够简化程序代码，使程序更加易读。

在使用条件运算符时还应该注意优先级问题，例如对于下面的表达式：

```
$x>$y ? $x-=$y : $x+=$y;
```

在编译时会出现语法错误，因为条件运算符优先于赋值运算符，上面的语句实际等价于：

```
($x>$y ? $x-=$y : $x)+=$y;
```

而运算符“+=”是赋值运算符，左操作数应该是一个变量，因此出现错误。为了避免这类错误，可以使用括号 () 来加以区分。例如，下面是正确的表达式：

```
($x>$y) ? ($x-=$y) : ($x+=$y);
```

【例 2-35】

在程序中声明三个变量 $x、$y、$z，然后使用条件运算符向变量 $y 和变量 $z 赋值。赋值规则是判断 $x 的值是否大于 5，如果是，$y=$x，否则 $y=-$x；再判断 $y 的值是否大于 $x，如果是，$z=$y，否则 $z=5。

实现代码如下：

```
$x = 100;
$y = 0;
$z = 0;
// 判断 x 的值是否大于 5，如果是，y=x，否则 y=-x
$y= $x>5?$x:-$x;
// 判断 y 的值是否大于 x，如果是，z=y，否则 z=5
$z= $y>$x?$y:5;
printf("x=%d \n",$x);
printf("y=%d \n",$y);
printf("z=%d \n",$z);
```

保存程序并运行，运行结果如下：

```
x=100
y=100
z=5
```

在该程序中，设置 $x 的值为 100，然后判断 $x 的值是否大于 5，显然条件成立，因此 $y 的值为 $x，即 $y=100。接着判断 $y 的值是否大于 $x，因为 $y 的值和 $x 的值都为 100，所以该条件是不成立的，则 $z=5。

如果将 $x 变量的值设置为 4，再次运行将看到如下所示的输出结果：

```
x=4
y=-4
z=5
```

2.7　表达式

表达式是 PHP 语言的基础。在 PHP 程序中，任何一个可以返回值的语句，都可以看作表达式。也就是说，表达式是一个短语，能够执行一个动作，并具有返回值。一个表达式通常由两部分构成：一是操作数；二是运算符。

其中，操作数就是在做表达式计算的时候需要使用的数值。最基本的表达式形式是常量和变量。如对于 $num1 = 100，就是将值 100 分配给变量 $num1。100 就是这个表达式的操作数。如果表达式为 $num2 = $num1，则 $num1 就是一个操作数。稍微复杂的表达式例子就是函数，因为函数不会仅仅返回一个静态值，而且会执行计算并返回结果。

例如下面两个表达式：

```
$num1++;
$value = $value1 * $value2;
```

这里，$num1、$value1 和 $value2 分别都是操作数，$value 的值是 $value1 和 $value2 的乘积。

2.8 运算符的优先级

运算符的优先级和结合性是编程语言的重要特性。运算符的优先级确定了以何种顺序计算周围的操作数；运算符的结合性指定了相同优先级运算符的计算顺序。

结合性可以有两个方向，从左到右或从右到左。从左到右的结合性表示组成表达式的各种运算从左向右进行计算；从右到左的结合性表示组成表达式的各种运算从右到左进行计算。表 2-11 中列出了 PHP 支持的运算符的完整列表，表中的运算符是按照优先级从高到低的顺序排列的。

表 2-11 运算符的优先级

优先级	运 算 符	运算方向	作　用
1	new	无	对象初始化
2	()	无	建立表达式的子组
3	[]	右	使用索引
4	! ~ ++ --	右	布尔非、按位取反、自增、自减
5	@	右	错误控制
6	/ * %	左	除法、乘法、取模
7	<< >>	左	左移、右移
8	< <= > >=	左	小于、小于等于、大于、大于等于
9	== != === <>	无	等于、不等于、相同、不相同
10	& ^ |	左	位与、位异或、位或
11	&& ||	左	布尔与、布尔或
12	?:	右	三元运算符
13	= += *= /= .= %= &= |= ^= <<= >>=	右	赋值运算符
14	AND XOR OR	左	布尔与、布尔异或、布尔或
15	,	左	逗号表达式

使用优先级为 2 的小括号可以改变其他运算符的优先级，即如果需要将具有较低优先级的运算符先运算，则可以使用小括号将该运算符和操作符括起来。例如，下面的表达式：

```
($x-$y)*$z/5
```

在这个表达式中，先进行括号内的减法运算，再将结果与 $z 相乘，最后将积除以 5 得出结果。整个表达式的顺序按照从左向右执行，比较容易理解。

再来看一个复杂的表达式，如下所示：

```
--$y|| ++$x && ++$z;
```

在这个表达式中包含了算术运算符和逻辑运算符。根据表 2-11 中列出的优先级，可以确定它的执行顺序如下。

(1) 先计算 $y 的自减运算符，即 --$y。

(2) 再计算 $x 的自增运算符，即 ++$x。

(3) 接着计算 $z 的自增运算符，即 ++$z。

(4) 由于逻辑与比逻辑或的优先级高，这里将 (2) 和 (3) 的结果进行逻辑与运算，即 ++$x&&++$z。

(5) 最后将 (4) 的结果与 (1) 的结果进行逻辑或运算，即 --$y||++$x&&++$z。

如果没有上述对该表达式执行顺序的说明，第一眼看到它时将很难识别优先级。对于这类问题，可以通过添加小括号，使表达的顺序更加清晰，而不用去查优先级表。如下所示为改进后的表达式：

```
(--$y) || ( (++$x) && (++$z) );
```

技巧

记住这么多运算符的优先级是比较困难的，因此读者应该在实际应用中多多练习。

2.9　PHP 输出函数

PHP 提供了多种输出函数可以使用，例如前面所使用的 echo() 函数。下面详细介绍 PHP 输出函数之间的区别和使用方式。

2.9.1　echo() 函数

echo() 函数用来向客户端输出信息，除了可以输出文本信息，还可输出 HTML 标记和变量。echo() 函数没有返回值，其语法定义如下：

```
void echo(string arg1[,…string argN])
```

从上述代码可以看出，echo() 函数可以一次输出多个字符串、HTML 标记或变量。但由于 echo() 函数没有返回值，因此该方法无法用在复杂表达式中，并在使用时需要确保其所输出的文本、HTML 标记和变量的有效性。

echo() 函数在使用时可以用小括号将参数括起来，也可直接添加参数；各个参数之间使用逗号或圆点来分隔。其用法如例 2-36 所示。

【例 2-36】

使用3种格式输出“李白 字太白 号青莲居士 唐朝浪漫主义诗人，被后人誉为诗仙。”文本，要求在“号青莲居士”文字后换行，使用如下 3 种格式。

- 将上述文本分为两个字符串，用一个 echo 函数输出上述文本，使用逗号分隔符。
- 将上述文本分为两个字符串，用一个 echo 函数输出上述文本，使用圆点分隔符。
- 输出上述文本，在 echo() 函数使用中不省略小括号。

依次实现上述 3 种输出格式，步骤如下。

(1) 将需要输出的文本分为“李白 字太白 号青莲居士”和“唐朝浪漫主义诗人，被后人誉为诗仙。”两个字符串，使用逗号来分隔输出，代码如下：

```
<?php
echo " 李白 字太白 号青莲居士 </br>"," 唐朝浪漫主义诗人，被后人誉为诗仙。";
?>
```

PHP 编程

运行上述 PHP 脚本，在控制台的执行效果如下：

```
李白 字太白 号青莲居士
唐朝浪漫主义诗人，被后人誉为诗仙。
```

(2) 使用圆点替换步骤 (1) 中的代码，代码如下：

```
<?php
echo " 李白 字太白 号青莲居士 </br>"." 唐朝浪漫主义诗人，被后人誉为诗仙。";
?>
```

运行上述 PHP 脚本，在控制台的执行效果如下：

```
李白 字太白 号青莲居士
唐朝浪漫主义诗人，被后人誉为诗仙。
```

(3) 为上述代码中的函数添加括号，代码如下：

```
<?php
echo (" 李白 字太白 号青莲居士 </br>"." 唐朝浪漫主义诗人，被后人誉为诗仙。");
?>
```

运行上述 PHP 脚本，在控制台的执行效果如下：

```
李白 字太白 号青莲居士
唐朝浪漫主义诗人，被后人誉为诗仙。
```


【例 2-37】

在前面介绍了变量的声明和赋值。echo 函数还可直接输出变量的值，这里简单使用一个变量，来介绍 echo 函数对变量的输出。

定义一个变量 $num，它的值为 123，定义语句“$num=123;”。使用 echo 函数输出变量的值，代码如下：

```
<?php
$num=123;
echo " 变量的值为：",$num;
?>
```

上述代码的输出结果如下：

```
变量的值为：123
```

上述代码中，echo 函数并没有将 $num 作为一个字符串输出，而是输出该变量的值“123”。

2.9.2 print() 函数

print() 函数的功能和 echo() 函数的功能类似，都可以输出变量和字符串。但 print() 函数是有返回值的，其定义语句如下：

```
int print(string arg)
```

由上述代码可以看出，print() 函数并不支持多个字符串参数。但若需要使用 print() 一次性输出多个字符串，可使用圆点来分隔各个字符串参数，将各个字符串视为一个参数，如例 2-38 所示。

【例 2-38】

使用 print 替换例 2-36 中的步骤 (2)，代码如下：

```
<?php
print " 李白 字太白 号青莲居士 </br>"." 唐朝浪漫主义诗人，被后人誉为诗仙。";
?>
```

上述代码的执行结果如下：

```
李白 字太白 号青莲居士
唐朝浪漫主义诗人，被后人誉为诗仙。
```

print() 有 int 型返回值，通常返回数字 1，若没有成功输出则返回 0；但其返回值在实际应用中不常用。

与 echo() 函数相比，print() 函数的不同之处如下：

- echo() 函数可使用逗号和圆点分隔符输出一个或多个字符串，而 print() 函数只能使用圆点分隔符来输出一个或多个字符串。
- echo() 函数没有返回值，应用简单；若只输出文本内容，其执行效率比 print() 函数高。
- print() 函数返回整型数字表示布尔值，若成功输出则返回 1，否则返回 0。

可以验证 print() 函数与 echo() 函数的返回值，如例 2-39 所示。

【例 2-39】

输出文本“苹果”可使用“print " 苹果 "”语句，分别使用 print 函数与 echo 函数输出该语句的返回值，代码如下：

```
<?php
print print " 苹果 ";
echo"</br>";
echo print " 苹果 ";
?>
```

上述代码的执行结果如下：

```
苹果 1
苹果 1
```

由上述代码可以看出，print " 苹果 " 语句有返回值 1，但通过 print 函数与 echo 函数来输出其返回值的同时，该语句的输出结果被执行出来，形成“苹果 1”的显示结果。

2.9.3 printf() 函数

上述 print() 函数和 echo() 函数均可输出指定的文字、变量和返回值，但其输出结果是没有格式的，只有简单的文字形式。本小节介绍可以格式化输出的 printf() 函数，该函数的定义语句如下：

```
boolean printf(string format[,arg1,arg2,arg++])
```

对上述代码的解释如表 2-12 所示。

表 2-12 printf() 函数的参数

参　数	描　述
format	必需。规定字符串以及如何格式化其中的变量
arg1	必需。规定插到格式化字符串中第一个 % 符号处的参数
arg2	可选。规定插到格式化字符串中第二个 % 符号处的参数
arg++	可选。规定插到格式化字符串中第三、四等 % 符号处的参数

表 2-12 中的 % 符号为格式控制符，该符号是格式说明的起始符号。该符号通常和格式字符结合使用，如格式字符 d 用来输出十进制的整数，而 %d 表示将文本根据十进制整数的实际长度来输出；格式字符 f 用来以小数形式输出数字，而 %f 表示将文本中的整数部分完整输出，并输出 6 个小数部分，小数位数不够以 0 表示。

printf() 函数使用格式控制符和格式字符来控制输出，其用法是：使用格式控制字符替换原文本中的文字作为第一个参数，并在该字符串参数后，指出被替换的文字作为第 2 个参数；若被替换的文字不止一处，则被替换的文字作为不同的参数，根据其在原字符串中的位置排列为第 3、第 4…个参数。

【例 2-40】

同样是输出“火腿 4 元”文本，分别使用 %d 格式和 %f 格式，来输出文本中的数字 4。分别使用数字 4 的 %d 格式和 %f 格式输出“火腿 4 元”文本，代码如下：

```
<?php
printf(" 火腿 %d 元 ","4");
echo"</br>";
printf(" 火腿 %f 元 ","4");
?>
```

上述代码中，分别使用“%d”和“%f”替换原文本中的文字“4”，并将“4”作为第 2 个参数放在函数中，其运行结果如下：

```
火腿 4 元
火腿 4.000000 元
```

由上述代码可以看出，数字 4 分别被作为整数和有着 6 个小数位的浮点数被输出。

2.9.4 格式控制

格式控制可分为两部分：一是用来描述控制格式的符号；二是用来描述数据类型和格式

的字符。如“%d”中%用来描述控制格式（起始符号），而d用来描述数据类型和格式（整型格式）。

格式控制不但可用于printf()函数，还可用于本章2.9.5小节将要介绍的sprintf()函数。格式控制符号及其说明如表2-13所示，描述数据类型和格式的字符如表2-14所示。

表2-13 格式控制符号

格式控制符	说明
%	表示格式说明的起始符号，不可缺少
-	有-表示左对齐输出，如省略表示右对齐输出
0	有0表示指定空位填0，如省略表示指定空位不填
m.n	m指域宽，即对应的输出项在输出设备上所占的字符数。n指精度，用于说明输出的实型数的小数位数。未指定n时，隐含的精度为n=6位
l或h	l对整型指long型，对实型指double型。h用于将整型的格式字符修正为short型

表2-14 格式字符

格式字符	说明
d	用来输出十进制整数。有以下几种用法。 ★ %d 按整型数据的实际长度输出。 ★ %md m为指定的输出字段的宽度。如果数据的位数小于m，则左端补以空格，若大于m，则按实际位数输出。 ★ %ld 输出长整型数据
o	以无符号八进制形式输出整数。对长整型可以用%lo格式输出。同样也可以指定字段宽度，用%mo格式输出
x	以无符号十六进制形式输出整数。对长整型可以用%lx格式输出。同样也可以指定字段宽度，用%mx格式输出
u	以无符号十进制形式输出整数。对长整型可以用%lu格式输出。同样也可以指定字段宽度，用%mu格式输出
c	输出一个字符。例如，%c表示将参数认定为一个整数，显示为对应的ASCII字符
s	用来输出一个字符串，有以下几种用法。 ★ %s：例如printf(%s,CHINA)输出CHINA字符串（不包括双引号）。 ★ %ms：输出的字符串占m列，如字符串本身长度大于m，则突破获m的限制，将字符串全部输出。若串长小于m，则左补空格。 ★ %-ms：如果串长小于m，则在m列范围内，字符串向左靠，右补空格。 ★ %m.ns：输出占m列，但只取字符串中左端n个字符，输出在m列的右侧，左补空格。 ★ %-m.ns：其中m、n含义同上，n个字符输出在m列范围的左侧，右补空格。如果n>m，则自动取n值，即保证n个字符正常输出
f	用来输出实数（包括单、双精度），以小数形式输出。有以下几种用法。 ★ %f：不指定宽度，整数部分全部输出，并输出6位小数。 ★ %m.nf：输出共占m列，其中有n位小数，如数值宽度小于m，左端补空格。 ★ %-m.nf：输出共占m列，其中有n位小数，如数值宽度小于n，右端补空格
e	以指数形式输出实数。可用以下形式。 ★ %e：数字部分（又称尾数）输出6位小数，指数部分占5位或4位。 ★ %m.ne和%-m.ne：m、n和-字符含义与前相同。此处n指数据的数字部分的小数位数，m表示整个输出数据所占的宽度
g	自动选f格式或e格式中较短的一种输出，且不输出无意义的零

【例 2-41】

如果苹果 2.58 元，橘子 2 元，香蕉 2.4 元，请统一文本中的数字，使其保留两位小数，代码如下：

```
printf ( " 苹果 2.58 元、橘子 %4.2f 元、香蕉 %4.2f 元 ", "2", "2.4" );
```

上述代码的执行结果如下：

```
苹果 2.58 元、橘子 2.00 元、香蕉 2.40 元
```

上述代码中，由于苹果的价格符合修改后的条件，因此只需要修改香蕉和橘子的价格，需要保留两位小数，因此使用 %m.nf 格式，其中 n 为 2。

通过对表 2-13 中 m 和 n 的赋值，可设置用来填充空白的数字。如例 2-41 中的橘子价格为 2.00 元，该数值有 3 个数字和一个小数点，占有 4 位，因此可使用 %4.2f 来表示。但若使用 %5.2f 来表示，那么默认使用空格来填充，价格将显示为“空格 2.00”。

在 PHP 中支持使用 0 来填充数值，若将橘子价格使用 %05.2f 来表示，则显示为 02.00。这种情况通常用于格式化多个数值数据，如例 2-42 所示。

【例 2-42】

如果参加本次拔河比赛的学生学号为：1 号、5 号、37 号、106 号和 212 号，请将其中的学生编号统一为 3 位数字，用 0 填充，代码如下：

```
printf ( " 参加本次拔河比赛的学生学号为：%03d 号、%03d 号、%03d 号、106 号和 212 号 ", "1",
"5","37");
```

上述代码的执行结果如下：

```
参加本次拔河比赛的学生学号为：001 号、005 号、037 号、106 号和 212 号
```

2.9.5 sprintf() 函数

sprintf() 函数同样可用于输出数据，但该函数所输出的内容并不在控制台或页面中显示，而是将数据写入一个变量中。sprintf() 函数的用法与 printf() 类似，sprintf() 函数同样可以对文本数据进行格式化，其定义语句如下：

```
string sprintf(format,arg1,arg2,arg++)
```

由上述代码可以看出，sprintf() 函数有一个字符串类型的返回值，该函数对指定的文本数据进行格式化，并以返回值的形式传递出去。通过为变量赋值，可将 sprintf() 函数的返回值传给变量。对上述代码的解释如表 2-15 所示。

表 2-15 sprintf() 函数的参数

参　　数	描　　述
format	必需。转换格式
arg1	必需。规定插到 format 字符串中第一个 % 符号处的参数
arg2	可选。规定插到 format 字符串中第二个 % 符号处的参数
arg++	可选。规定插到 format 字符串中第三、四等 % 符号处的参数

【例 2-43】

定义 3 个变量 $num1、$num2 和 $num3，其中 $num1 值为 47.19，$num2 值为 5，$num3 值为 $num1 与 $num2 的商，计算 $num1 与 $num2 的商并以保留 2 位小数的格式赋予 $num3，输出 $num3，代码如下：

```
<?php
$num1=47.19;
$num2=5;
$num3=$num1/$num2;
echo $num3;
echo"</br>";
$num3=sprintf("%1.2f",$num3);
echo $num3;
?>
```

上述代码首先计算 $num1 与 $num2 的商并赋予变量 $num3，接着将该值进行格式化，再次赋给变量 $num3，分别输出 $num3 变量格式化前后的值，执行效果如下：

```
9.438
9.44
```

由上述结果可以看出，保留两位有效数字的数值，将自动根据后面的数值四舍五入，将 9.438 格式化为 9.44。

2.9.6　高手带你做——考生信息输出

结合前面介绍的 PHP 输出函数，本次案例将会输出一些考生信息，并在合适的地方添加注释。所需要输出的文本如下：

```
本次考试合格的考生名单：
张嘎嘎 考号 010122
段麒麟 考号 010313
梁丝丝 考号 001587
```

【例 2-44】

要求对考号 10122、10313 和 1587 进行格式化输出，分别使用 print() 函数和 printf() 函数来输出。使用 print() 函数输出时，可通过 sprintf() 函数进行格式化。实现上述输出的步骤如下。

(1) 首先使用 print() 函数进行输出，但输出之前需要使用 sprintf() 函数进行格式化，并添加单行注释，代码如下：

```
<?php
// 对考生学号进行格式化
$znum=sprintf("%06d","10122");
$dnum=sprintf("%06d","10313");
$lnum=sprintf("%06d","1587");
?>
```

(2) 使用 print() 函数对修改过的文本进行输出，代码如下：

```
<?php
// 输出考生信息
print " 本次考试合格的考生名单：</br>";
print " 张嘎嘎 考号 ".$znum."</br>";
print " 段麒麟 考号 ".$dnum."</br>";
print " 梁丝丝 考号 ".$lnum."</br>";
?>
```

运行上述代码，其结果如下：

```
本次考试合格的考生名单：
张嘎嘎 考号 010122
段麒麟 考号 010313
梁丝丝 考号 001587
```

(3) 将步骤 (2) 中的代码块注释掉，代码如下：

```
/* print " 本次考试合格的考生名单：</br>";
print " 张嘎嘎 考号 ".$znum."</br>";
print " 段麒麟 考号 ".$dnum."</br>";
print " 梁丝丝 考号 ".$lnum."</br>"; */
```

(4) 使用 printf() 函数输出指定文本，代码如下：

```
<?php
printf ( " 本次考试合格的考生名单：</br>
            张嘎嘎 考号 %06d</br>
            段麒麟 考号 %06d</br>
            梁丝丝 考号 %06d</br>",
            "10122", "10313","1587");
?>
```

(5) 运行上述代码，其执行结果与步骤 (2) 的执行结果一致。

2.10 成长任务

成长任务 1：使用常量保存系统信息

我们知道，常量具有全局作用域，因此可以在系统的任何位置访问。利用这个特性，本次要求读者创建一些常量，保存网上商城系统的全局信息，包括网站标题、网站描述、关键字、URL、管理员用户名、管理员密码、是否开放匿名购物、是否使用验证码、同一 IP 最多注册的数量、允许上传文件最大大小和缓存保存的间隔。

成长任务 2：使用变量保存商品信息

在任务 1 中为购物系统创建了全局信息，本次上机要求读者使用变量来模拟一件商品的信息。具体要求如下：

- 商品名称、描述和规格，使用字符串类型。
- 商品单价、数量、快递费用，使用整型。
- 是否上架，是否促销，使用布尔类型。
- 折扣比例，使用浮点类型。

第3章

流程控制语句

流程是人们生活中不可或缺的一部分，它表示人们每天都在按照一定的步骤做事。比如出门搭车、上班、下班、搭车回家。这其中的步骤是有顺序的。而程序设计也需要有流程控制语句来完成特定的要求，例如根据用户的输入决定程序要进入什么流程，以决定“做什么”和“怎么做”等。

从结构化程序设计角度出发，程序有3种结构：顺序结构、选择结构和循环结构。若是在程序中没有给出特别的执行目标，系统则默认自上而下一行一行地执行该程序，这类程序的结构就称为顺序结构。到目前为止，我们所编写的程序，都是属于顺序结构的。但是事物的发展往往不会遵循早就设想好的轨迹进行，因此，所设计的程序还需要能够在不同的条件下处理不同问题，以及当需要进行一些相同的重复操作时，具有能省时省力地解决问题的能力。

在本章中，我们将对PHP程序中的上述三种流程结构进行学习。对初学者来说，应该对本章的每个小节进行仔细阅读、思考，这样才能达到事半功倍的效果。

本章学习要点

- ◎ 了解什么是算法及其描述方法
- ◎ 掌握PHP中顺序结构的使用
- ◎ 掌握if的单条件、多条件和嵌套用法
- ◎ 掌握switch语句的使用
- ◎ 掌握while和do while的使用
- ◎ 掌握for语句的使用
- ◎ 掌握foreach语句的使用
- ◎ 熟悉return语句的用法
- ◎ 了解break语句和continue语句

扫一扫，下载
本章视频文件

3.1 了解算法

在计算机中，算法是一个程序的“灵魂”，它决定了程序的实现方式、执行速度、解决问题的复杂程度以及“质量”的优劣等。

算法可以理解为由基本运算符和固定运算顺序所构成的完整解决过程，也可以看成是为解决某类问题而设计的精确运算序列。例如，为了计算长方形的面积，而使用的“长 × 宽”公式就是一个典型的算法。

3.1.1 算法的定义

算法用于解决“做什么”和“怎么做”的问题，它在广义上早已融入我们的生活中。

例如，如果要做一道菜，就要先准备原料和配料，然后按照加工步骤开始加工，还要把握原料的多少以及加工的时间。即使是同样的原料，由于制作步骤的不同，也可以做出风味不同的佳肴。又比如，如果要上班应该走哪条路、坐哪个班次的公交，如果起床晚了、下雨天或者堵车应该怎么办等。这两个例子中就包含了算法。下面对它们进行简单说明。

(1) 在做菜的过程中，必须按一定的顺序来进行，配料缺一不可，否则达不到预期的效果。

(2) 在去上班的过程中，我们需要根据情况实时做出各种判断，并最终到达公司。

在日常生活中，由于已养成了习惯，所以人们并没有意识到每件事都需要事先设计出“实现步骤”。例如，学习、做体操和买东西等，事实上都是按照一定的规则进行的，只是人们不必每次都重复考虑它们而已。

因此，可以将算法看作是为解决一个问题而采取的方法和步骤。遇到问题时，只须使用对应的算法即可。例如，一首歌曲的乐谱可以称为该歌曲的算法，因为它指定了演奏该歌的每一个音符，按照它的规定就能演奏出该歌曲。

3.1.2 高手带你做——使用算法求 1 到 4 的和

对同一个问题，可以有不同的解题方法和步骤。有的方法只须采用很少的步骤，而有些方法则需要较多的步骤。一般来说，人们希望采用方法简单、运算步骤较小的方法。因此，为了有效地解决问题，不仅需要保证算法的正确性，还要考虑算法的质量。

【例 3-1】

下面通过一个简单的示例，来说明算法的表示方式和解决思路。例如，要计算 4 的累加，即 1+2+3+4 的结果。

我们先用最简单的方法来实现，具体步骤如下。

① 先计算 1+2 的和，得到结果 3。

②将第 1 步的结果 3 加上 3，得到结果 6。

③将第 2 步计算的结果 6 加上 4 得到最终结果，即 10。

在第 2 章中，我们已经学习了变量以及运算符的使用。下面使用这些知识来解释上面的过程，具体步骤如下。

①创建一个 sum 变量，用来保存每次的求和结果，初始值为 0。

②创建一个 i 变量，用来表示当前的加数，初始值为 1。

③执行 sum=sum+i 语句完成 1 的累加。

④执行 i++ 语句使 i 递增为 2。

⑤执行 sum=sum+i 语句完成 2 的累加。
⑥执行 i++ 语句使 i 递增为 3。
⑦执行 sum=sum+i 语句完成 3 的累加。
⑧执行 i++ 语句使 i 递增为 4。
⑨执行 sum=sum+i 语句完成 4 的累加。
⑩输出 sum 的值，即获得 4 累加的结果。

使用上面的步骤（算法），可以正确计算 4 的累加值。但是它有一个明显的缺点，就是步骤太繁琐。如果要换成计算 100 的累加，步骤会显得非常冗长和不易阅读，万一某个步骤出错，将导致整个结果不正确。因此，这显然不是一个好的算法，我们应该寻找更加通用的实现方法。

仔细观察上面的步骤，会发现“i++”语句和“sum=sum+i”语句出现的次数最多。因此可以使用循环的方法，每循环一次就执行一次“i++”语句和“sum=sum+i”语句，一共循环 4 次。如果是求 100 的累加，就循环 100 次。

使用循环改进后，求 X 累加值的具体步骤如下。

①创建一个 sum 变量，用来保存每次的累加结果，初始值为 0。
②创建一个 i 变量，用来表示当前的加数，初始值为 1。
③执行 sum=sum+i 语句完成计算 i 的累加值。
④执行 i++ 语句使 i 递增一次。
⑤判断 i 是否小于等于（或者不大于）X，如果是则转到第 3 步继续执行；如果不是，则向下执行。
⑥完成计算，输出 sum 的值，即 X 的累加结果。

如上述步骤所示，无论 X 的值是多少，执行的过程都不需要变化，只需要判断 X 值的大小即可。可见使用循环结构可使重复而复杂的问题简单化，并易于实现。

由上面的示例演变过程可以得知，一个好的算法应该具有下列特点。

- **有穷性** 应该在有限的步骤内完成，而且完成这个步骤也应该在一个合理的时间内。
- **可行性** 所有操作都可以通过已有的基本运算在有限的次数内完成。
- **确定性** 算法中的语句应该有确切的含义，不能以相同的输入得到的结果却不同。
- **输入** 可以有零到多个需要用户输入的数据，并对其进行运算。
- **输出** 算法的最终目的是得到结果，因此算法应该有一个或者多个输出结果。

3.1.3　算法描述方式

为了让算法清晰易懂，需要使用一种方式来描述其实现过程。例如，3.1.2 节所用的是自然语言描述方式，即使用人们日常使用的语言来描述解决问题的步骤和方法。除此之外，最常用的描述方式还有流程图、N-S 流程图、伪代码和计算机语言。

1. 自然语言描述方式

所谓自然语言描述方式，是指使用人们日常的语言来描述在算法中解决问题的步骤、过程或者方法，可以是汉语、英语或者其他语言等。

这种方式的优点是简单、通俗易懂，且便于人们对算法的阅读；缺点是步骤比较繁琐，表示的含义不够严谨，且需要根据前后步骤才能判断其准确含义。此外，由于自然语言的描述方式对分支或者循环的描述不够完善，容易产生歧义。因此，它比较适用于解决一些简单的问题，或者结构松散的算法。

2. 流程图描述方式

流程图是一种用图形来表示算法的方式。它通过一些固定的图形和流程线来描述算法的操作过程和程序的执行方向。表 3-1 中列出了这些图形及其表示的含义。

表 3-1 流程图的图形

图　形	含　义	图　形	含　义
	表示程序的输入和输出		表示程序的执行方向
	表示程序的开始和终止		表示两个流程图的连接点
	表示在程序中需要处理的操作		表示程序中需要进行的判断

【例 3-2】

将 3.1.2 节的算法用流程图的方式来描述，即求 4 的累加值。

根据流程图对图形的规定，以及 3.1.2 节描述的算法，最终画出的流程图如图 3-1 所示。

其中的“i<5”是用于判断循环的条件，true 表示满足条件继续循环；false 表示不满足条件，语句向下执行输出 sum 的值。

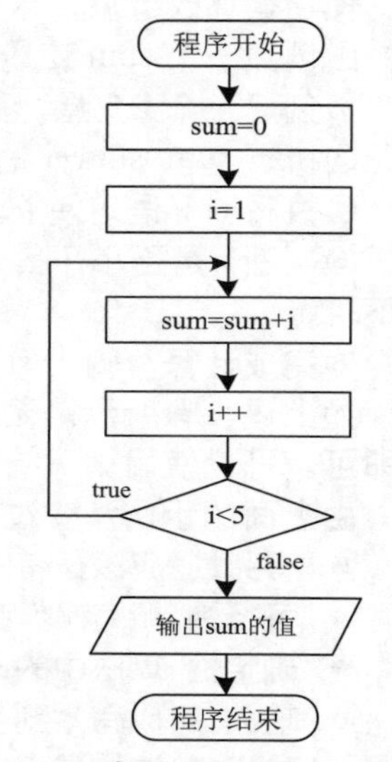

图 3-1 求 4 累加值的流程图

3. N-S 流程图描述方式

N-S 是一种新流程图形式，它完全去掉了流程线，算法的每一步都用一个矩形框来描述，把一个个矩形框按执行的次序连接起来，就是一个完整的算法描述。

N-S 图是一种真正的结构化描述方法，它完全可以取代传统流程图。而且因为没有了流程线，也就不会产生因流程线太乱而导致的错误。如图 3-2 所示为 3 种基本结构用 N-S 流程图的描述方式。

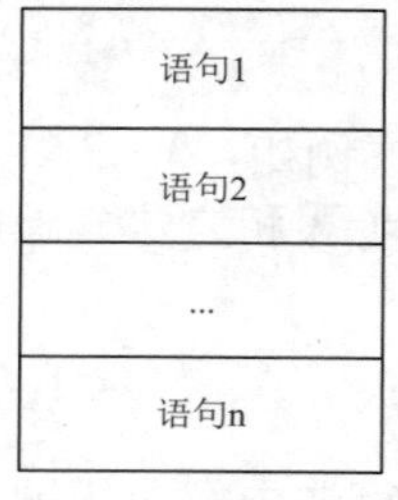

顺序结构

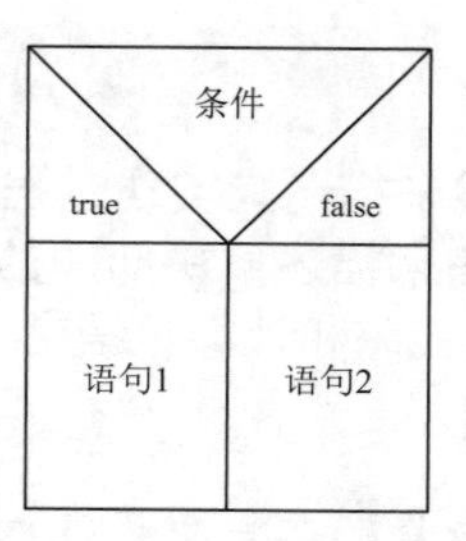

分支结构

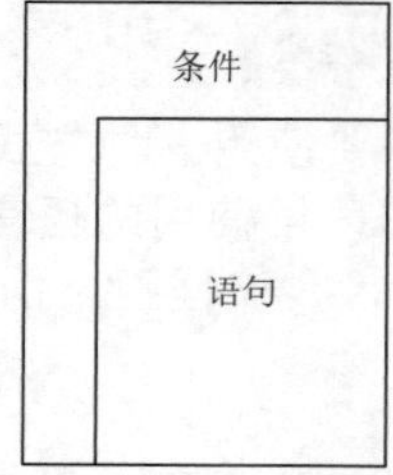

循环结构(while型)

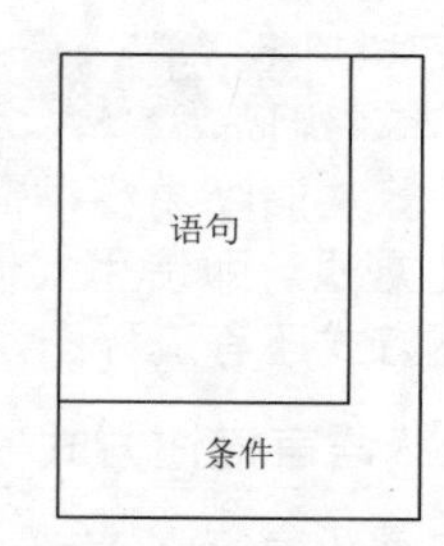

循环结构(do while型)

图 3-2 程序结构的 N-S 图描述方式

使用 N-S 流程图主要有两个优点。

(1) 它强制开发人员按照编程方式进行思考并描述解决过程。因为在 N-S 图中仅仅提供了表示基本结构的符号，此外不再提供任何其他描述方式，这就有效地保证了设计的质量，从而也保证了程序的质量。

(2) 它的描述方式形象、直观，具有良好的可见度。例如，循环的范围、条件语句的范围都是一目了然的。所以容易理解设计意图，为编写代码、检查和维护程序都带来了方便。

提示

N-S 流程图的缺点是：手动修改时特别麻烦，因为修改将导致所有图形都要调整。这也是有些开发人员不使用它的主要原因。

【例 3-3】

将 3.1.2 节的算法用 N-S 流程图的方式来描述，即求 4 的累加值。

根据 N-S 流程图对图形的规定，以及 3.1.2 节描述的算法，最终画出的流程图如图 3-3 所示。

读者可以将图 3-3 与图 3-1 进行对比，会发现由于 N-S 流程图省去了流程线，结构显得更为简单明了，程序由上到下顺序执行即可。如图 3-4 所示为改进的 N-S 流程图。

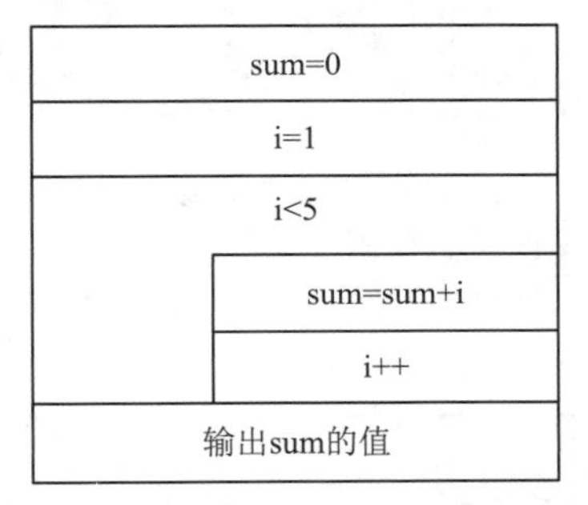

图 3-3　求 5 阶乘的 N-S 流程图

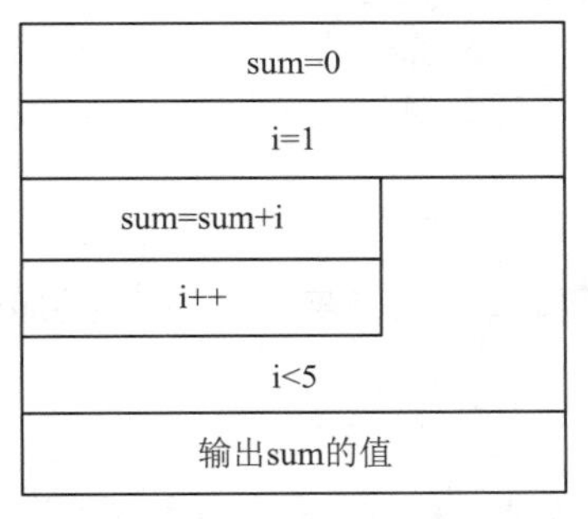

图 3-4　改进的 N-S 流程图

4. 伪代码描述方式

伪代码是指用介于自然语言和计算机语言之间的文字和符号来描述算法的过程。伪代码没有固定的格式，也没有严格的语法规则，既可以是中文，也可以中英文混用，只要能够把意思表达清楚，便于书写和阅读即可。

简单地说，伪代码是为了让人们便于理解代码，使用不依赖于语言、图形和规则的方式描述程序执行的过程。伪代码不需要一定能编译成功和有运行结果。

【例 3-4】

使用伪代码的描述方式求 4 的累加结果。

实现算法如下：

```
程序开始
设 sum=0
设 i=1
当 (i<5)
{
    设 sum=sum+i
    设 i++
}
输出 sum
程序结束
```

从该例子可以看到，伪代码的描述方式比较自由和灵活，可以很容易地表达出开发人员的思想。同时，伪代码的算法修改很方便，例如添加或者删除一行，甚至将后面的一行移到前面等。这些优点是使用流程图描述时所不具备的。但使用伪代码的缺点是没有流程图直观，容易造成层次上的混淆。

5. 计算机语言描述方式

前面介绍了算法的 4 种描述方式，即如

何用不同的图形或者方法来表示问题的解决过程。而如果要得到一个结果，则必须将算法执行一遍。

例如，一个菜谱是一个算法，它记录了炒菜所需要的每一个步骤，而厨师炒菜则是该算法的实现，因为它是按照菜谱（算法）的步骤一步步执行。最终结果就是得到一份佳肴。

再例如，对于求 4 累加结果的算法，如果要得到结果。实现的方式有很多种，可以用算盘和计算器来求结果，或者手动在纸上计算等。

而这里将要介绍的是如何在计算机中，通过一门编程语言（比如 Java 语言）来实现这些算法。它与伪代码最大的不同，是要求必须严格遵循编程语言的语法规则，并且没有语法和逻辑错误。

【例 3-5】

例如，使用 Java 语言来实现求 4 的累加结果。具体代码如下：

```
public class Test05 {

    public static void main(String[] args) {
      int sum,i;
      sum=0;
      i=1;
      do{
       sum=sum+i;
       i++;
      }while(i<5);
      System.out.print("4 的阶乘是："+sum);
    }
}
```

示例中的代码读者只需要了解即可，当然也可用 PHP 语言来编程。在本章后面会详细介绍 PHP 语言的条件语句和循环语句。

通过本节对算法各种描述方式的介绍，最终希望读者明白算法的描述方式有多种，没有哪一种是最好的。因此，在实际使用时，应该考虑一种最合理、最高效、最能够清晰描述算法的方式。

3.2 顺序结构

根据语句的组成，可以将顺序结构中的语句分为表达式语句、空语句和复合语句三大类。下面首先介绍 PHP 中语句的编写方式，然后对这三类语句进行详细介绍。

3.2.1 语句编写方式

在 PHP 中，语句是最小的组成单位，每个语句必须使用分号作为结束符。除此之外，PHP 对语句无任何其他限制，开发人员可以很随意地采用符合自己风格的方式编写语句。

例如，可以将一个语句放在多行中，示例如下：

```
$str="Apple "
    ."Banner "+"Pear "
    ." Orange";
```

由于 PHP 使用分号作为语句的结束符。所以这三行代码会被 PHP 认为是同一条语句，因为这三行中只有一行有分号。但是，我们不推荐使用这种方式来编写语句。

同样，因为使用分号作为分隔符，将多个语句放在一行来编写也是允许的。例如，下面的示例代码也是正确的：

```
$a=0; $b=0; $b=$a+10; $b++;  $c=$a*$b;
print($c);
```

这里面将 5 个语句放在同一行中了。

为了使程序语句排列得更加美观、容易阅读和减少错误，一般使用如下规则格式化源代码：

- 在一行内只写一个语句，并采用空格、空行来保证语句容易阅读。
- 在每个复合语句内使用 Tab 键向右缩进。
- 大括号总是放在单独的一行，便于检查是否匹配。

3.2.2　空语句

所谓空语句 (Empty Statement)，它在程序中什么都不做，是不包含实际性作用的语句。在程序中，空语句主要用来作为空循环体。

空语句的语法格式如下：

```
;                       // 其实就是一个分号
```

执行一个空语句，就是将控制转到该语句的结束点。这样，如果空语句是可到达的，则空语句的结束点也是可到达的。

3.2.3　表达式语句

在很多的高级语言中，有专门的赋值语句。而在 PHP 中将赋值作为一个运算符，因此只有赋值表达式。在赋值表达式后面添加分号就成了独立的语句。

例如，以下是一些表达式的示例语句：

```
3.1415926;
($a+$b)/2;
$x*$y*$z-$y+(20-$x);
```

这些表达式能够被 PHP 编译器识别，但是由于没有对程序进行任何操作，因此无任何意义。

一般表达式语句应该能完成一个操作，例如修改变量的值或者作为函数参数等。具体方法是，在表达式的左侧指定一个变量，来将表达式的值赋予变量；或者将表达式传递给函数等。

例如，如下是修改后的表达式语句：

```
$pi=3.1415926;
output($pi);                          // 将 pi 的值传递到 output() 函数中作为参数
$sum=($a+$b)/2;
printf("%f",$sum);                    // 将 sum 的值传递到 printf() 函数做输出
$temp=$x*$y*$z-$y+(20-$x);            // 将表达式的值保存到 temp 变量中
```

3.2.4　复合语句

复合语句又称为语句块，是很多个语句的组合，从而可以把多个语句视为一个单个语句。复合语句的语法格式如下：

```
{
 statement-list // 语句列表
}
```

可以看到，复合语句由一个括在大括号内的可选 statement-list 组成。statement-list 是由一个或者多个语句组成的列表，如果不存在 statement-list，则称该语句块是空的。

它的执行规则如下：

- 如果语句块是空的，控制转到语句块的结束点。
- 如果语句块不是空的，控制转到语句列表。当控制到达语句列表的结束点时，控制转到语句块的结束点。

【例 3-6】

创建一个语句块，该语句块包含 3 条语句：

```
{
  $width = 10;                                    // 为 $width 变量赋值
  $height = 90;                                   // 为 $height 变量赋值
  $area = $width * $height;                       // 计算 $width 变量和 $height 变量的乘积
}
```

上述代码执行后，$sum 变量的值为 900。上述语句块中，大括号内包含了 3 条语句。第 1 条语句为 $width 变量赋值；第 2 条语句为 $height 变量赋值；第 3 条语句则将 $width 和 $height 相乘，结果保存在 $sum 变量中。

3.3 if 条件语句

分支结构解决了顺序结构不能判断的缺点，可以根据一个条件判断执行哪些语句块。分支结构适合于带有逻辑或关系比较等条件判断的计算。例如，判断是否到下班时间，判断两个数的大小等。

if 语句是使用最多的条件分支结构，它属于选择语句，也可以称为条件语句。下面详细介绍 if 语句的各种形式及其用法。

3.3.1 if 语句的语法

if 选择语句结构是根据条件判断之后再做处理的一种语法结构。在默认情况下，if 语句控制着下方紧跟的一条语句的执行。不过，通过语句块，if 语句也可以控制多个语句。

if 语句的最简单语法格式如下，此时表示“如果满足某种条件，就进行某种处理”。

```
if ( 条件表达式 ) {
    语句块 ;
}
```

其中各项的含义说明如下。

(1) 条件表达式。

条件表达式可以是任意一种逻辑表达式，最后返回的结果必须是一个布尔值。取值可以是一个单纯的布尔变量或常量，也可以是使用关系或布尔运算符的表达式。如果条件为真，那么执行语句块；如果条件为假，则语句块将被绕过而不被执行。

(2) 语句块。

该语句块可以是一条语句，也可以是多条语句。如果仅有一条语句，可省略条件语句中的大括号 {}。

if 条件语句的执行流程如图 3-5 所示。

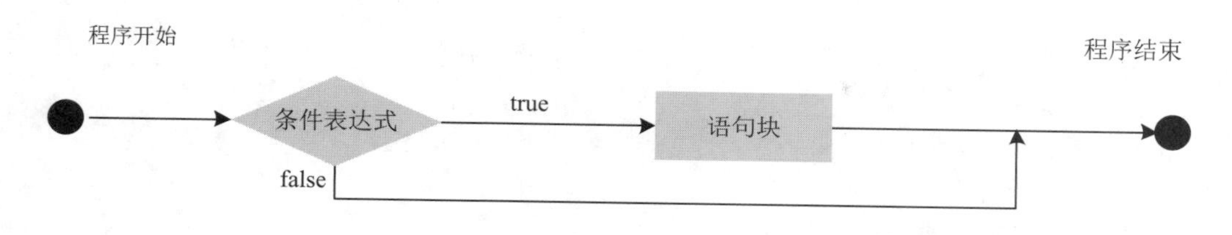

图 3-5 if 条件语句的执行流程

【例 3-7】

编写一个 PHP 程序，允许用户输入一个数值，再判断该数值是否大于 100。使用 if 语句的实现代码如下：

```
$num = 99;                              // 假设输入的数值是 99
if ($num>100)                           //if 判断用户输入的数值是否大于 100
    print(" 输入的数值大于 100");
if ($num==100)                          //if 判断用户输入的数值是否等于 100
    print(" 输入的数值等于 100");
if ($num<100)                           //if 判断用户输入的数值是否小于 100
    print(" 输入的数值小于 100");
```

上面程序假设输入的是 99，因此第三个 if 语句为 true，则会输出“输入的数值小于 100”；如果将 $num 设置为 100，输出为“输入的数值等于 100”；如果大于 100 则会输出“输入的数值大于 100”。

【例 3-8】

假设有 $num1 和 $num2 两个变量，它们的值分别是 50 和 34。下面编写程序，要求使用 if 语句判断 $num1 和 $num2 的大小关系，并输出比较结果。

实现代码如下：

```
$num1=50;
$num2=34;
if ($num1 > $num2)
    print("$num1 大于 $num2");
if ($num1 == $num2)
    print("$num1 等于 $num2");
if ($num1 < $num2)
    print("$num1 小于 $num2");
```

该段选择语句判断了 $num1 值和 $num2 值的大于、等于和小于关系。此处 $num1 为 50，$num2 为 34，所以执行后会输出“$num1 大于 $num2”。

【例 3-9】

在上述两个案例代码中，由于每个 if 语句的语句块中只包含一条语句，所以省略了大括号。而在登录系统中，要求用户名、密码和验证码都必须正确，否则将显示登录失败及错误提示。代码如下：

```
$username = "admin";          // 用户名
$userpass = "123456";         // 密码
$code = "0000";               // 验证码
if ($username != "admin" || $userpass != "123456" || $code != "1234")     // 比较
{
        print(" 登录失败 ");
        print(" 请检查输入的用户名、密码和验证码是否正确 ");
}
```

这里为 if 语句设置了一个复杂的复合表达式来验证登录条件。执行后的输出结果如下：

```
登录失败。
请检查输入的用户名和密码是否正确。
```

3.3.2 双条件 if 语句

单 if 语句仅能在满足条件时使用；而无法执行任何其他操作。而结合 else 语句的 if 可以定义两个操作，此时的 if else 语句表示“如果条件正确则执行一个操作，否则执行另一个操作”。

使用 if else 语句的语法格式如下：

```
if ( 表达式 ) {
    语句块 1;
} else {
    语句块 2;
}
```

在上述语法格式中，如果 if 关键字后面的表达式成立，那么就执行语句块 1，否则，执行语句块 2。其运行流程如图 3-6 所示。

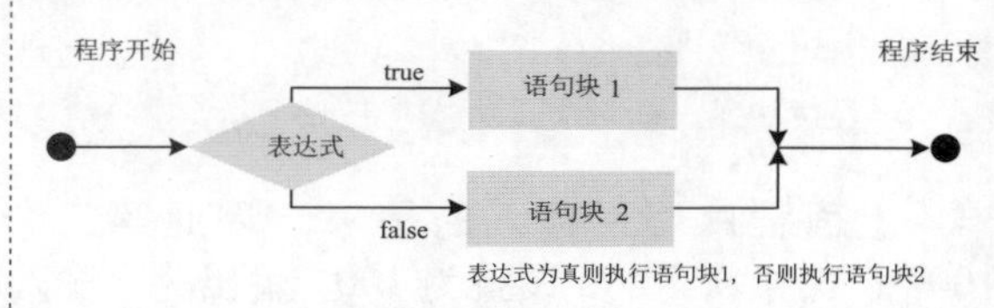

图 3-6 if else 的运行流程

【例 3-10】

在例 3-8 中，为实现比较 $num1 和 $num2 的大小，使用了三个 if 条件语句分别判断大于、等于和小于的情况。下面使用本小节的 if else 双条件语句来实现，具体代码如下：

```
$num1=50;
$num2=34;
if ($num1 == $num2)                          // 如果等于
    print("$num1 等于 $num2");
if ($num1 > $num2)                           // 如果大于
    print("$num1 大于 $num2");
else                                         // 否则就是小于
    print("$num1 小于 $num2");
```

双条件语句减少了代码的编写量，同时也增强了程序的可读性。简化后的结果还是一样，执行后会输出“$num1 大于 $num2”。

3.3.3　多条件 if 语句

if 语句的主要功能是给程序提供一个分支。然而，有时候程序中仅仅一两个分支是远远不够的，这时就需要使用多分支的 if 语句。通常表现为“如果满足某种条件，就进行某种处理，否则如果满足另一种条件才执行另一种处理，这些条件都不满足则执行最后一种条件”。

if else if else 多分支语句的语法格式如下所示：

```
if( 表达式 1){
   语句块 1;
}else if( 表达式 2){
   语句块 2;
}
...
else if( 表达式 n) {
   语句块 n;
}else {
   语句块 n+1;
}
```

在这种语法格式中，使用 if else if else 语句时，依次判断表达式的值，当某个分支的条件表达式的值为 true 时，则执行该分支对应的语句块，然后跳到整个 if 语句之外继续执行程序。如果所有的表达式均为 false，则执行语句块 n+1，然后继续执行后续程序。其执行流程如图 3-7 所示。

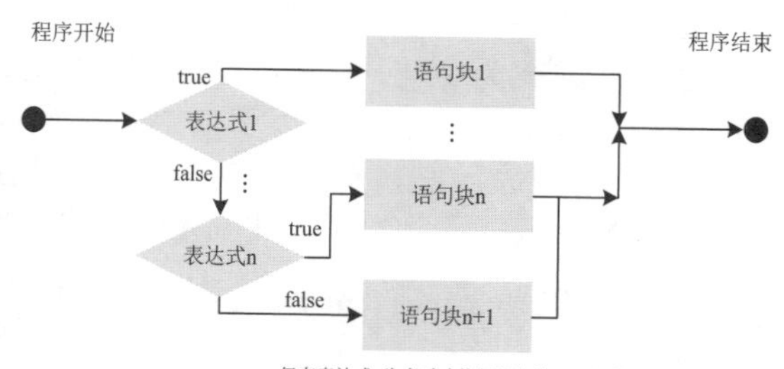

图 3-7　if else if else 语句的执行流程

【例 3-11】

同样以比较 $num1 和 $num2 的大小为例。使用本小节 if else if else 多条件语句的实现代码如下：

```
$num1=50;
$num2=34;
if ($num1 == $num2)                        // 如果等于
   print("$num1 等于 $num2");
else if ($num1 > $num2)                    // 如果大于
   print("$num1 大于 $num2");
else                                       // 否则就是小于
   print("$num1 小于 $num2");
```

如上述代码所示，$num1 和 $num2 不满足 if 语句的“$num1>$num2”条件；接着测试 else if 的“$num1>$num2”条件，满足该条件并输出“num1 大于 num2”。

【例 3-12】

假设某学校对成绩的判断标准是：不低于 90，可以评为优秀；低于 90 但不低于 80，可以评为良好；低于 80 但不低于 60，可以评为中等；否则评为差。

下面使用多条件 if 语句实现输入一个分数，输出对应等级的功能。实现代码如下：

```
$score = 100;                              // 假设输入的数字是 100
if($score>=90){                            // 考试成绩 >=90
   print(" 优秀 "); ❶
}
```

```
else if ($score>=80) {                    // 90> 考试成绩 >=80
    print(" 良好 "); ❷
}
else if ($score>=60) {                    // 80> 考试成绩 >=60
    print(" 中等 "); ❸
}
else {                                    // 考试成绩 <60
    print(" 差 "); ❹
}
```

当考试成绩为 90 分以上时，则执行❶处的语句，下面的三个条件判断语句不会执行；当考试成绩为 80 分以上 90 分以下时，则执行❷处的语句；当考试成绩在 60 到 80 之间，并且包含 60 分的成绩，则执行❸处的语句；如果上述三个条件都不满足，则执行❹处的语句。上述程序中设置成绩为 100，因此满足❶处的语句，输出“优秀”。

3.3.4 高手带你做——嵌套 if 的使用

if 语句用法非常灵活，不仅可以单独使用，还可以在 if 语句里嵌套另一个 if 语句。同样，if else 语句和 if else if else 语句中也可以嵌套另一个 if 结构的语句。它们之间也可以互相嵌套，来完成更深层次的判断。

嵌套 if 的语法格式如下：

```
if( 布尔表达式 1)
{
    if( 布尔表达式 2)
    {
    语句块 1;
    }
    else
    {
    语句块 2;
    }
else
{
    if( 布尔表达式 3)
    {
    语句块 3;
    }
}
```

在上述格式中，应该注意每一条 else 与离它最近且没有其他 else 对应的 if 相搭配，其执行流程如图 3-8 所示。

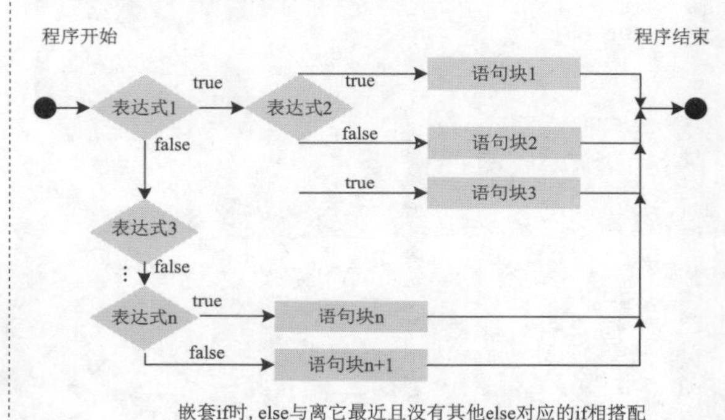

图 3-8 嵌套 if 语句的执行流程

【例 3-13】

假设某航空公司为吸引更多的顾客推出了优惠活动。原来的飞机票价为 3000 元，活动中 4~11 月为旺季，头等舱 9 折，经济舱 8 折，1~3 月、12 月为淡季，头等舱 5 折，经济舱 4 折，求机票的价格。编写 PHP 程序，其实现代码如下：

```
$month=6;
$kind=2;
$result=60000; // 原始价格
// 旺季的票价计算
if($month<=11 && $month>=4){
    if($kind==1){
```

```
            // 旺季头等舱
            $result=$result*0.9;
        }else if($kind==2){
            // 旺季经济舱
            $result=$result*0.8;
        }else{
            print(" 选择种类有误，请重新输入！ ");
        }
    }
    // 淡季的票价计算
    else if(($month>=1 && $month<=3) || $month==12){
        if($kind==1){
            // 淡季头等舱
            $result=$result*0.5;
        }else if($kind==2){
            // 淡季经济舱
            $result=$result*0.4;
        }else {
            print(" 选择种类有误，请重新输入！ ");
        }
    }else{
        print(" 日期选择有误，请重新输入！ ");
    }
    print(" 您选择的机票价格为： ".$result);
```

上面代码使用 $month 变量表示月份，使用 kind 变量表示机票种类。接下来判断变量 $month 和 $kind 的范围。如果变量 $month 在 4~11 之间，$kind 为 1，则执行 $result=$result*0.9，为 2 则执行 $result=$result*0.8；变量 $month 在 1~3 之间、12，$kind 为 1 则执行 $result =$result*0.5，为 2 则执行 $result=$result*0.4。当用户输入有误时，根据错误情况，则给予不同的提示。

上述程序中指定 6 月份选择经济舱出行，运行时会输出“您选择的机票价格为：48000”。而如果 2 月份选择头等舱出行，运行时会输出“您选择的机票价格为：30000”。

3.4　switch 条件语句

if else 语句可以用来描述一个“二岔路口”，我们只能选择其中一条路来继续走。然而生活中，经常会遇到“多岔路口”的情况。switch 语句提供了 if 语句的一个变通形式，可以从多个语句块中选择其中的一个执行。

3.4.1　switch 语句的格式

虽然 if 语句也可以提供多分支选择能力，但 switch 语句能提供一种简洁的方法来处理对应给定表达式的多种情况。

switch 语句的基本语法形式如下：

```
switch( 表达式 )
{
    case 值 1:
        语句块 1;
        break;
    case 值 2:
        语句块 2;
        break;
    ……
    case 值 n:
        语句块 n;
        break;
    default:
        语句块 n+1;
        break;
}
```

其中，switch、case、default、break 都是 PHP 的关键字。

- **switch** 表示“开关”，这个开关就是 switch 关键字后面小括号里的值，小括号里要放一个整型变量或字符型变量。
- **case** 表示“情况，情形”，case 后必须是一个整型和字符型的常量表达式，通常是一个固定的字符、数字，例如 10、‘a’。case 块可以有多个，顺序可以改变，但是每个 case 后的常量值必须各不相同。
- **default** 表示“默认”，即其他情况都不满足。default 后要紧跟冒号，default 块和 case 块的先后顺序可以变动，而不会影响程序执行结果。通常，default 块放在末尾，也可以省略不写。
- **break** 表示“停止”，即跳出当前结构。

switch 语句在其开始处使用一个简单的表达式。表达式的结果将与结构中每个 case 子句的值进行比较。如果匹配，则执行与该 case 关联的语句块。语句块以 case 语句开头，以 break 语句结尾，然后执行 switch 语句后面的语句。如果结果与所有 case 子句均不匹配，则执行 default 后面的语句。其运行流程如图 3-9 所示。

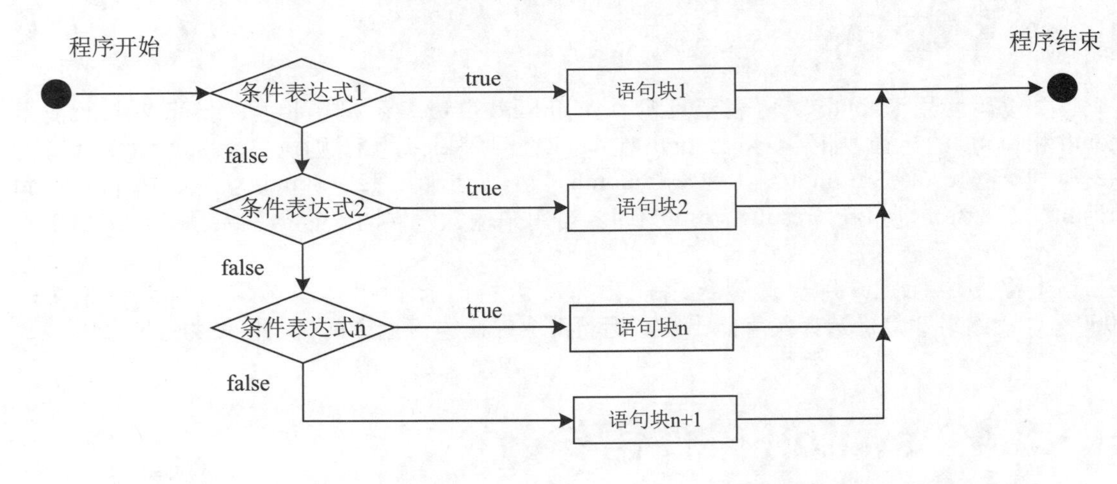

图 3-9 switch 语句的执行流程

【例 3-14】

在节目的抽奖环节里，节目组会根据每位嘉宾的座位号来做抽奖游戏，根据不同的号码来决定奖项的大小。使用 switch 语句编写 PHP 程序来完成奖项分配，其实现代码如下：

```
$num = 888;              // 座位号码
switch ($num) {
case 8:
     print(" 恭喜你，获得了三等奖！ ");
     break;
case 88:
     print(" 恭喜你，获得了二等奖！ ");
     break;
     print(" 恭喜你，获得了一等奖！ ");
     break;
default:
     print(" 谢谢参与 ");
     break;
}
```

当 $num 变量为 888 时，则与第 3 个 case 后的值匹配，执行它后面的语句，打印输出“恭喜你，获得了一等奖！”，然后执行 break 语句，跳出整个 switch 结构。如果输入的号码与 case 中的值都不匹配，则执行 default 后的语句，输出“谢谢参与”。

【例 3-15】

编写一个 PHP 程序，根据当前的星期数字输出对应的汉字。在这里使用包含 break 的 switch 语句来判断当前的星期，实现代码如下：

```
$week = date("w",time());
  // 获取当前时间对应的星期数字
switch ($week) {
     case 0:
          $weekDate=" 星期日 ";
          break;
     case 1:
          $weekDate=" 星期一 ";
          break;
     case 2:
          $weekDate=" 星期二 ";
          break;
     case 3:
          $weekDate=" 星期三 ";
          break;
     case 4:
          $weekDate=" 星期四 ";
          break;
     case 5:
          $weekDate=" 星期五 ";
          break;
     case 6:
          $weekDate=" 星期六 ";
          break;
}
print(" 今天是 ".$weekDate);
```

上述程序首先获取了当前时间，然后调用 date() 函数返回当前的星期值。接着使用 switch 语句判断 $week 的值：0 表示星期日、1 表示星期一、2 表示星期二……以此类推，6 表示星期六。只要 $week 值与 case 值相符合，则程序将执行相应 case 中的语句，并跳出 switch 语句，输出结果。

运行程序，输出的结果如下：

```
今天是星期五
```

3.4.2　if 语句和 switch 语句的区别

if 和 switch 语句都表示条件语句，可以从使用效率和实用性两方面加以区分。

1. 从使用效率上区分

从使用效率上区分时，在对同一个变量的不同值做条件判断时，既可以使用 switch 语句，也可以使用 if 语句。使用 switch 语句的效率更高一些，尤其是判断的分支越多越明显。

2. 从实用性上区分

从语句的实用性角度区分时，switch 语句不如条件语句，if 语句是应用最广泛和最实用的语句。

3. 何时使用 if 语句和 switch 语句

在程序开发的过程中，何时使用 if 语句和 switch 语句，这需要根据实际情况而定，应尽量做到物尽其用。不能因为 switch 语句的效率高就一直使用，也不能因为 if 语句常用就不用 switch 语句。需要根据实际情况，具体问题具体分析，使用最适合的语句。

一般情况下，对于判断条件较少的情形，可以使用 if 条件语句，但是在实现一些多条件的判断中，最好使用 switch 语句。

3.4.3　高手带你做——根据出生日期判断星座

首先我们来了解一下十二星座对应的日期划分范围：

```
白羊：0321 ～ 0420        天秤：0924 ～ 1023
金牛：0421 ～ 0521        天蝎：1024 ～ 1122
双子：0522 ～ 0621        射手：1123 ～ 1221
巨蟹：0622 ～ 0722        摩羯：1222 ～ 0120
狮子：0723 ～ 0823        水瓶：0121 ～ 0219
处女：0824 ～ 0923        双鱼：0220 ～ 0320
```

例如，出生日期为 0609(6 月 9 号)，则对应的是双子座。

【例 3-16】

根据上述描述，在程序中需要存储用户输入的 4 位数字，再根据 4 位数字所处的范围判断，其中前两位是月份，后两位是日期。

在这里使用 switch 语句判断出生的月份，然后根据日期确定星座名称。实现代码如下：

```
$monthday = 521;                // 假设输入的是 521，表示 5 月 21 日
$month = intval($monthday / 100);
$day = $monthday % 100;
$xingzuo = "";
switch ($month) {
case 1:
    $xingzuo = $day < 21 ? " 摩羯座 " : " 水瓶座 ";
    break;
case 2:
    $xingzuo = $day < 20 ? " 水瓶座 " : " 双鱼座 ";
    break;
case 3:
    $xingzuo = $day < 21 ? " 双鱼座 " : " 白羊座 ";
    break;
case 4:
    $xingzuo = $day < 21 ? " 白羊座 " : " 金牛座 ";
    break;
case 5:
    $xingzuo = $day < 22 ? " 金牛座 " : " 双子座 ";
    break;
```

```
case 6:
    $xingzuo = $day < 22 ? " 双子座 " : " 巨蟹座 ";
    break;
case 7:
    $xingzuo = $day < 23 ? " 巨蟹座 " : " 狮子座 ";
    break;
case 8:
    $xingzuo = $day < 24 ? " 狮子座 " : " 处女座 ";
    break;
case 9:
    $xingzuo = $day < 24 ? " 处女座 " : " 天秤座 ";
    break;
case 10:
    $xingzuo = $day < 24 ? " 天秤座 " : " 天蝎座 ";
    break;
case 11:
    $xingzuo = $day < 23 ? " 天蝎座 " : " 射手座 ";
    break;
case 12:
    $xingzuo = $day < 22 ? " 射手座 " : " 摩羯座 ";
    break;
}
print(" 您的星座是： " . $xingzuo);
```

上述代码中，首先声明变量 $monthday，保存用户输入的信息，然后用 $month 和 $day 变量分别表示月份和日期。接下来 switch 语句根据月份判断执行 case 子句中的代码，在每个 case 子句中，使用三元运算符根据日期判断所属的星座。本例中，出生日期 521 对应的输出是“您的星座是：金牛座”。

3.5　循环语句

循环也是程序中的重要流程结构之一，适用于需要重复执行一段代码直到满足特定条件为止的情形。所有流行的编程语言中都必定有循环语句。PHP 中采用的循环语句与 C 语言中的循环语句比较相似，主要有 while、do while、for 和 foreach。

3.5.1　while 语句

while 循环语句可以在一定条件下重复执行一段代码。该语句需要判断一个测试条件，如果该条件为真，则执行循环语句 (循环语句可以是一条或多条)，否则跳出循环。while 循环语句的语法结构如下：

```
while( 条件表达式 )
{
```

```
    语句块；
}
```

其中，语句块中的代码可以是一条或者多条，而条件表达式需要一个有效的 boolean 表达式，决定了是否执行循环体。当条件表达式的值为 true 时，就执行大括号中的语句块。执行完毕后，再次检查表达式是否为 true，如果还为 true，则再次执行大括号中的代码，否则就跳出循环，执行 while 循环之后的代码。图 3-10 表示了 while 循环语句的执行流程。

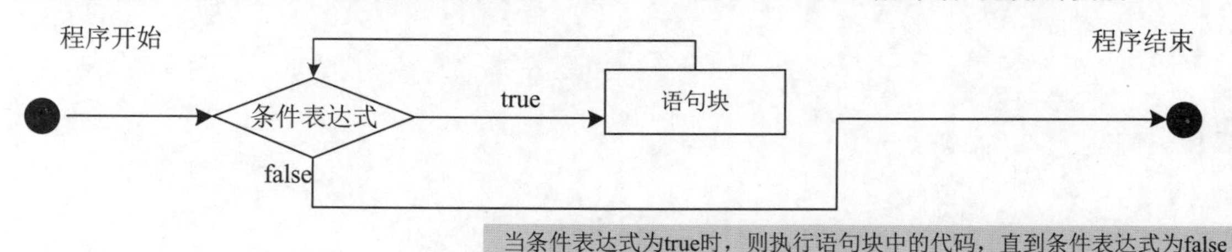

图 3-10 while 循环语句的执行流程

【例 3-17】

使用 while 语句循环输出 10 的阶乘，其具体代码如下：

```
$i = 1;
$n = 1;
while ($i <= 10) {
        $n = $n * $i;
        $i++;
}
print("10 的阶乘结果为：" . $n);
echo "<hr/>";
```

在上述代码中，定义了两个变量 $i 和 $n，循环每执行一次 $i 值就加 1，判断 $i 的值是否大于 10，并利用 $n=$n*$i 语句来实现阶乘。当 $i 的值大于 10 之后，循环便不再执行，退出循环。运行程序，执行的结果如下：

```
10 的阶乘结果为：3628800
```

3.5.2 do while 语句

do-while 循环语句也是 PHP 中运用广泛的循环语句，是由循环条件和循环体组成的，但它与 while 语句略有不同。do-while 循环语句的特点是：先执行循环体，然后判断循环条件是否成立。do-while 语句的语法格式如下：

```
do
{
    语句块；
}while( 条件表达式 );
```

以上语句的执行过程是，首先执行一次循环操作，然后再判断 while 后面的条件表达式是否为 true，如果循环条件满足，循环继续执行，否则退出循环。while 语句后必须以分号表示循环结束。其运行流程如图 3-11 所示。

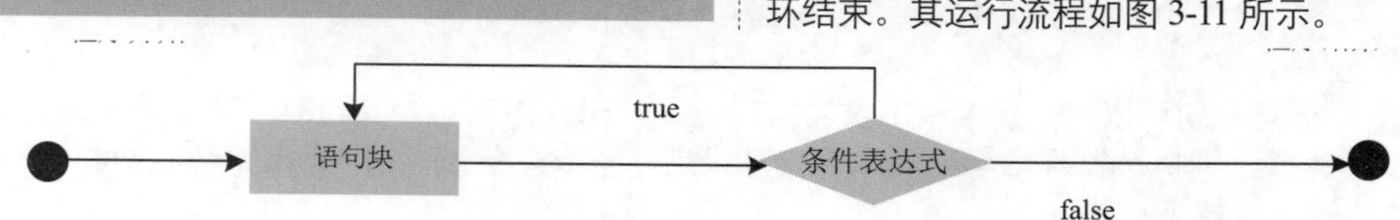

图 3-11 do-while 循环语句的执行流程

注意

do while 语句与 while 语句唯一的区别在于，不管表达式的结果为真还是为假，循环语句至少执行一次。因此 do while 循环适合于至少执行一次循环体的情况。

【例 3-18】

编写一个程序，实现计算从 1 到 10 的阶乘结果。使用 do while 循环的实现代码如下：

```
$number = 1;
$result = 1;
do {
    $result *= $number;
    $number++;
} while ($number <= 10);
print("10 的阶乘结果：" . $result);
```

程序运行后输出结果“10 的阶乘结果：3628800”。

【例 3-19】

在一个图书系统的推荐图书列表中保存了 50 条信息，现在需要让它每行显示 10 条，分 10 行进行显示。下面使用 do while 循环语句来实现这个效果，其具体代码如下：

```
$bookIndex = 1;
do
{
    echo($bookIndex . "    ");
    if ($bookIndex % 10 == 0) echo "\r\n";
    $bookIndex++;
}
```

上述代码中，声明一个变量 $bookIndex，用来保存图书的索引，该变量赋值为 1，表示从第 1 本开始。在 do while 循环体内，首先输出了 $bookIndex 的值。然后判断 $bookIndex 是否能被 10 整除，如果可以，则说明当前行已经输出 10 条了，接着 echo "\r\n" 语句输出了一个换行符。之后让 $bookIndex 累加 1，相当于更新当前的索引。最后在 while 表达式中判断是否超出循环的范围，即 50 条以内。运行程序，执行的结果如下：

```
1  2  3  4  5  6  7  8  9  10
11 12 13 14 15 16 17 18 19 20
21 22 23 24 25 26 27 28 29 30
31 32 33 34 35 36 37 38 39 40
41 42 43 44 45 46 47 48 49 50
```

提示

while 循环和 do-while 循环的相同之处：都是循环结构，使用 while(循环条件) 表示循环条件，使用大括号将循环操作括起来。

不同之处：

- 语法不同——与 while 循环相比，do-while 循环将 while 关键字和循环条件放在后面，而且前面多了 do 关键字，后面多了一个分号。
- 执行次序不同——while 循环先判断，再执行。do-while 循环先执行，再判断。
- 一开始循环条件就不满足的情况下，while 循环一次都不会执行，而 do-while 循环则不管什么情况下都至少执行一次。

3.5.3　for 语句

for 语句是一种在程序执行前就要先判断条件表达式是否为真的循环语句。假如条件表达式的结果为假，那么其循环语句根本就不会去执行。for 语句通常使用在知道循环次数的循环中。

for 循环语句的语法格式如下：

```
for( 条件表达式 1; 条件表达式 2; 条件表达式 3)
{
    语句块 ;
}
```

for 循环中的 3 个条件表达式的含义如表 3-2 所示。

表 3-2 for 循环中 3 个表达式的含义

表达式	形　式	功　能	举　例
条件表达式 1	赋值语句	循环结构的初始部分，为循环变量赋初值	int i=1
条件表达式 2	条件语句	循环结构的循环条件	i>40
条件表达式 3	迭代语句，通常使用 ++ 或 -- 运算符	循环结构的迭代部分，通常用来修改循环变量的值	i++

for 关键字后面括号中的 3 个条件表达式必须用“;”隔开。for 循环中的这 3 个部分以及大括号中的循环体使循环结果必需的 4 个组成部分完美地结合在一起，非常简明。

for 循环语句执行的过程为：首先执行条件表达式 1 进行初始化，然后判断条件表达式 2 的值是否为 true，如果为 true，则执行循环体语句；否则直接退出循环；最后执行表达式 3，改变循环变量的值，至此完成一次循环；接下来进行下一次循环，直到条件表达式 2 的值为 false，才结束循环。其运行流程如图 3-12 所示。

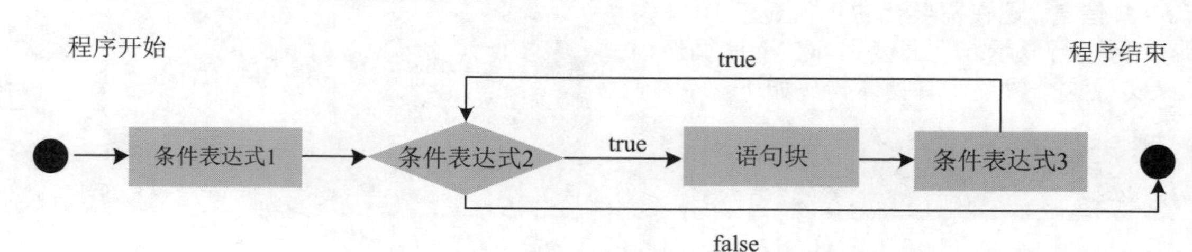

图 3-12 for 循环的执行流程

例如，同样是计算从 1 到 5 的阶乘结果，使用 for 循环的实现代码如下：

```
$result = 1;
for ($number = 1; $number <= 5; $number++) {
        $result *= $number;
}
print("5 阶乘结果是：" .$result);            // 输出 "5 阶乘结果是：120"
```

上述语句的含义可以理解为，将 $number 变量的值从 1 开始，每次递增 1，直到大于 5 时终止循环。在循环过程中，将 $number 的值与当前 $result 的值进行相乘。

for 语句中的 3 个表达式并不是必须存在的，它们可以部分为空，也可以全为空。下面对这些情况依次进行介绍。

1. 表达式 1 为空

for 语句表达式 1 的作用可以在程序的其他位置给出，所以当表达式 1 为空时，for 语句后面括号内其他表达式执行的顺序不变。

例如，使用 for 语句的这种形式计算从 1 到 100 之间所有奇数的和：

```
$result = 0;
$number = 1;                    // 相当于 for 语句的第 1 个表达式
for (; $number < 101; $number++) {
    if ($number % 2 != 0)// 如果不能整除 2，说明是奇数，则进行累加
        $result += $number;
}
print("100 以内所有奇数和为：" . $result);
```

执行后的输出为“100 以内所有奇数和为：2500”。

2. 表达式 2 为空

当 for 语句中表达式 2 为空时，将没有循环的终止条件。此时 for 语句会认为表达式 2 的值为真，循环将无限制地执行下去。因此，为了使循环达到某种条件时退出，需要在语句块中进行逻辑判断，并使用 break 语句来跳出循环，否则将产生死循环。

同样是计算从 1 到 100 之间所有奇数的和，使用这种方式的代码如下：

```
$result = 0;
for ($number = 1; ; $number++) {
        if($number>100)break;           // 相当于 for 语句的表达式 2，满足时就退出 for 循环
        if ($number % 2 != 0)           // 如果不能整除 2，说明是奇数，则进行累加
                $result += $number;
}
print("100 以内所有奇数和为：" . $result);
```

3. 表达式 3 为空

当 for 语句中表达式 3 为空时，也就没有设置控制的表达式，即每次循环之后无法改变变量的值，此时也无法保证循环正常结束。

同样是计算从 1 到 100 之间所有奇数的和，使用这种方式的代码如下：

```
$result = 0;
for ($number = 1; $number < 101; ) {
        if ($number % 2 != 0)           // 如果不能整除 2，说明是奇数，则进行累加
                $result += $number;
        $number++;                      // 相当于 for 语句的表达式 3，每次递增 1
}
print("100 以内所有奇数和为：" . $result);
```

如果没有循环体语句，$number 变量的值为 1，永远小于 101，因此将无法结束循环，形成无限循环。而在上面代码中，将 $number 的递增语句放在 for 循环体内，效果与完整 for 语句功能相同。

4. 三个表达式都为空

在 for 循环语句中，无论缺少哪部分表达式，都可以在程序的其他位置补充，从而保持 for 循环语句的完整性，使循环正常进行。当 for 语句中循环体全为空时，没有循环初值，不判断循环条件，循环变量不增值，此时无条件执行循环体，形成无限循环，或者死循环。对于这种情况，读者在使用时应该尽量避免。

例如，计算从 1 到 100 之间所有奇数的和，使用这种方式的代码如下：

```
$result = 0;
$number = 1;                                    // 相当于 for 语句的表达式 1
for (;;) {
        if ($number > 100)
                break;                          // 相当于 for 语句的表达式 2
        if ($number % 2 != 0)                   // 如果不能整除 2，说明是奇数，则进行累加
                $result += $number;
        $number++;                              // 相当于 for 语句的表达式 3
}
print("100 以内所有奇数和为：  " . $result);
```

3.5.4 高手带你做——九九乘法口诀表

for 语句和 if 语句相似，同样可以实现嵌套。例如，我们要实现输出九九乘法口诀表，就必须使用 for 语句的嵌套形式。

【例 3-20】

编写嵌套的 for 语句，实现代码如下：

```
print(" 乘法口诀表：\n");
for($i=1;$i<=9;$i++){
     for($j=1;$j<=$i;$j++){
          print($j."*".$i."=".$j*$i."\t");
     }
     echo("\n");
}
```

在上述代码中，首先声明两个变量，分别是 $i 和 $j，接着使用了两个 for 循环语句，其中外层 for 语句用来控制输出行数，而内层 for 语句用来控制输出列数并由其所在的行数控制。执行程序，运行结果如下：

```
乘法口诀表：
1*1=1
1*2=2        2*2=4
1*3=3        2*3=6    3*3=9
1*4=4        2*4=8    3*4=12   4*4=16
1*5=5        2*5=10   3*5=15   4*5=20   5*5=25
```

```
1*6=6    2*6=12  3*6=18  4*6=24  5*6=30  6*6=36
1*7=7    2*7=14  3*7=21  4*7=28  5*7=35  6*7=42  7*7=49
1*8=8    2*8=16  3*8=24  4*8=32  5*8=40  6*8=48  7*8=56  8*8=64
1*9=9    2*9=18  3*9=27  4*9=36  5*9=45  6*9=54  7*9=63  8*9=72  9*9=81
```

3.5.5　foreach 语句

foreach 循环语句是 PHP 5 的新特征之一，在遍历数组、集合方面，foreach 为开发者提供了极大的方便。foreach 循环语句是 for 语句的特殊简化版本，主要用于执行遍历功能的循环。

foreach 循环语句的语法格式如下：

```
foreach ( 集合 as 变量名 ){
    语句块；
}
```

其中，变量名表示集合中的每一个元素，集合是被遍历的集合对象或数组。每次执行一次循环语句，循环变量就读取集合中的一个元素。其执行流程如图 3-13 所示。

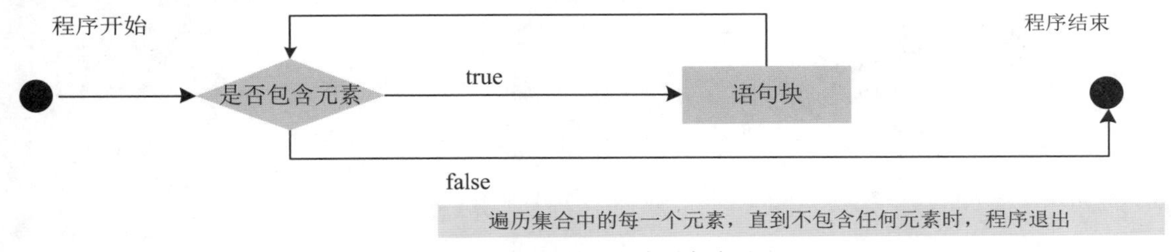

图 3-13　foreach 循环语句的执行流程

【例 3-21】

假设在 $keys 数组中保存了很多关键字短语。现在要求遍历该数组，并输出所有关键字。使用 foreach 语句的实现代码如下：

```
<?php
$keys=array("php","perl","python","apache","mysql");        // 创建数组，并指定包含的元素
echo " 热门关键字：";
foreach($keys as $key)                                       // 使用 $key 变量遍历数组
{
    echo "$key ";                                            // 输出 $key 变量的值
}
?>
```

在这个例子中，$keys 数组包含了 5 个元素。当使用 foreach 语句遍历时，PHP 将依次取出每个元素并赋予 $key 变量，直到所有元素都使用过。在循环时将 $key 变量的值输出，对于本例，共循环 5 次，因此输出 5 个值。运行后，输出结果如下：

```
热门关键字：php perl python apache mysql
```

foreach 循环语句的第二种形式适合处理包含键和值的数组。语法如下：

```
foreach ( 数组变量 as 键变量 => 值变量 ){
    语句块 ;
}
```

【例 3-22】

假设在 $carts 数组中保存了用户选择的商品信息 (包括编号和名称)，其中编号为键，名称为键值。现在要求遍历该数组，并输出所有商品的编号和名称。使用 foreach 语句的实现代码如下：

```
<?php
$carts=array(
      "10"=>" 商务男士专用钱包 ",
      "11"=>" 夏日混搭经典衬衫 ",
      "15"=>" 雷电无线鼠标 + 键盘套装 ",
      "28"=>" 热销太阳镜 [ 包邮 ]",
);                                                          // 保存商品信息的数组
echo " 当前购物车中有如下宝贝：<br/>";
foreach ($carts as $id=>$name)                              // 遍历数组
{
    echo " 宝贝编号：$id      宝贝名称：$name <br/>";        // 输出键名和键值
}
?>
```

在使用 foreach 语句的这种形式时，PHP 会自动查找数组并使用指定的变量替换键名和键值。在本例中，$id 保存的是数组中的键名，$name 保存的是数组中的键值。运行后，输出结果如下：

```
当前购物车中有如下宝贝：
宝贝编号：10    宝贝名称：商务男士专用钱包
宝贝编号：11    宝贝名称：夏日混搭经典衬衫
宝贝编号：15    宝贝名称：雷电无线鼠标 + 键盘套装
宝贝编号：28    宝贝名称：热销太阳镜 [ 包邮 ]
```

3.6 其他语句

除了选择语句、循环语句外，还有一些用来完善程序流程的控制与执行的跳转语句，跳转语句包括强制性退出循环的 break 语句、强制循环迭代的 continue 语句、函数返回值的 return 语句。本节将重点介绍这 3 种语句的使用。

3.6.1　return 语句

return 语句用于终止函数的执行或退出类的方法，并把控制权返回该方法的调用者。如果这个方法带有返回类型，return 语句就必须返回这个类型的值。如果这个方法没有返回值，可以使用没有表达式的 return 语句。

return 语句的一般语法格式如下：

```
return 与方法相同类型的变量；
```

如果一个方法使用了 return 语句并且后面跟有该方法返回类型的值，那么调用此方法后，所得到的结果为该方法返回的值。

【例 3-23】

例如，要计算两个数的和，而这两个数是放在变量中可以变动的，但是求和的功能是不变的。这时就可以定义一个函数，只要在需要求和时，调用该函数即可，该函数将计算之后的结果返回。代码如下：

```
$num1=100;                          // 假设用户输入的操作数 1 是 100
$num2=503;                          // 假设用户输入的操作数 2 是 503
print(" 第一个数：".$num1."\n");
print(" 第二个数：".$num2."\n");
$d=sum($num1, $num2);
print($num1 ."+". $num2. "=". $d);

/**
* 创建 sum() 函数，返回两数之和
* @param i  操作数 1
* @param j  操作数 2
* @return   两个操作数之和
*/
function sum( $i, $j){
    $sum = $i + $j;
    return $sum;
}
```

$num1 和 $num2 表示用户输入的两个数，之后程序调用 sum() 函数。该函数有两个参数，分别表示用户输入的操作数 1 和操作数 2。在调用该方法时，只需要将用户输入的两个数值传递过去即可。然后程序会执行 sum() 函数，对这两个数求和，并使用 return 语句将计算得出的结果返回。变量 $d 为 sum() 函数返回的值，即计算后的结果。

运行后的结果如下：

```
第一个数：100
第二个数：503
100+503=603
```

3.6.2 break 语句

在 PHP 中，break 语句主要有两种作用，分别是：在 switch 语句中终止一个语句序列、使用 break 语句直接强行退出循环。

1. 在 switch 语句中终止一个语句序列

在 switch 语句中终止一个语句序列就是在每个 case 子句块的最后添加“break;”，这个功能的实现在本章中已经介绍过，这里不再讲述。

2. 使用 break 语句直接强行退出循环

可以使用 break 语句直接强行退出循环，忽略循环体中的任何其他语句和循环的条件测试。在循环中遇到 break 语句时，循环被终止，在循环后面的语句位置重新开始。

【例 3-24】

break 语句能用于任何 PHP 循环中，包括人们有意设置的无限循环。在一系列嵌套循环中使用 break 语句时，它将仅仅终止最里面的循环。例如：

```
// 外循环，循环 5 次
for ($i = 0; $i < 5; $i++) {
  echo(" 外循环第 ".($i+1)." 次循环：");
  // 内循环，设计为循环 10 次
  for($j=0;$j<10;$j++){
    // 判断 j 是否等于 3，如果是，则终止循环
    if ($j==3) {
    break;
    }
    echo(" 内循环的第 ".($j+1)." 次循环：");
  }
  echo("<br/>");
}
```

该程序的运行结果如下：

```
外循环第 1 次循环：内循环的第 1 次循环：内循环的第 2 次循环：内循环的第 3 次循环：
外循环第 2 次循环：内循环的第 1 次循环：内循环的第 2 次循环：内循环的第 3 次循环：
外循环第 3 次循环：内循环的第 1 次循环：内循环的第 2 次循环：内循环的第 3 次循环：
外循环第 4 次循环：内循环的第 1 次循环：内循环的第 2 次循环：内循环的第 3 次循环：
外循环第 5 次循环：内循环的第 1 次循环：内循环的第 2 次循环：内循环的第 3 次循环：
```

从程序运行结果来看，在内部循环中的 break 语句仅仅终止了所在的内部循环，所以内部循环只有 3 次；而外部循环没有受到任何影响。

注意

一个循环中可以有一个以上的 break 语句，但是过多的 break 语句会破坏代码结构。

【例 3-25】

假设在一个数组中保存了若干学生的成绩，现在要统计总成绩，如果遇到分数为零的则结束统计。使用 break 语句的实现代码如下：

```
// 成绩数组
$data = [97,81,64,79,80,50,100,0,73,90];
// 成绩个数
$num = count($data);
// 总成绩
$sum = 0;

for($i=0 ; $i<$num; $i++){
    // 从数组中取出一个成绩
    $score = $data[$i];
    // 如果成绩小于等于 0 就终止
    if($score<=0)
        break;
    echo(" 正在统计 ".$score."<br/>");
    // 累加求和
    $sum+=$score;
}
echo(" 总成绩为： ".$sum);
```

运行程序，当从数组中获取的成绩等于 0 时，则运行 break 退出整个 for 循环，结束统计工作。运行后的输出结果如下：

```
正在统计 97
正在统计 81
正在统计 64
正在统计 79
正在统计 80
正在统计 50
正在统计 100
总成绩为：551
```

3.6.3 continue 语句

continue 语句是跳过循环体中剩余的语句而强制执行下一次循环。其作用为结束本次循环，即跳过循环体中下面尚未执行的语句，接着进行下一次是否执行循环的判定。continue 语句类似于 break 语句，但它只能出现在循环体中。

它与 break 语句的区别在于：continue 并不是中断循环语句，而是中止当前迭代的循环，进入下一次的迭代。简单地说，continue 就是忽略循环语句的当次循环。

注意

continue 语句只能用在 while 语句、for 语句或者 foreach 语句的循环体之中，在这之外的任何地方使用它都会引起语法错误。

【例 3-26】

假设在一个数组中保存了若干学生的成绩，现在要统计总成绩，如果遇到分数小于 60 的则忽略不统计。最终要求输出统计的有效个数、总成绩和平均成绩。

使用 continue 语句的实现代码如下：

```
// 成绩数组
$data = [97,81,44,79,80,50,100,0,73,90];
// 成绩个数
$num = count($data);
// 总成绩
$sum = 0;
// 有效成绩个数
```

```
$c = 0;

for($i=0 ; $i<$num; $i++){
   // 从数组中取出一个成绩
   $score = $data[$i];
   // 如果成绩小于等于 0 就终止
   if($score<60)
      continue;
   echo(" 正在统计 ".$score."<br/>");
   // 累加求和
   $sum+=$score;
   // 个数自增
   $c++;
}
echo(" 共统计了 ".$c." 个有效成绩 <br/>");
echo(" 总成绩为：".$sum."，平均成绩为：".round($sum/$c,2));
```

运行后的输出结果如下：

```
正在统计 97
正在统计 81
正在统计 79
正在统计 80
正在统计 100
正在统计 73
正在统计 90
共统计了 7 个有效成绩
总成绩为：600，平均成绩为：85.71
```

3.6.4 goto 语句

goto 语句可以用来跳转到程序中的某一指定位置。该目标位置可以用目标名称加上冒号来标记。PHP 中的 goto 有一定限制，只能在同一个文件和作用域中跳转，也就是说，你无法跳出一个函数或类方法，也无法跳入到另一个函数。你也无法跳入到任何循环或者 switch 结构中。常见的用法是用来跳出循环或者 switch，可以代替多层的 break。

goto 语句的用法很简单：只需在 goto 后面带上目标位置的标志，在目标位置上用目标名加冒号标记。下面的示例演示了 goto 的用法：

```
<?php
goto a;
echo'Foo';// 此句被略过

a:
echo 'Bar';
// 上面的例子输出结果为： Bar;

for($i=0,$j=50; $i<100; $i++) {
 while($j--) {
   if($j==17) goto end;
 }
```

```
}
echo "i = $i";
end:
echo 'j hit 17';
// 上面的例子输出结果为： j hit 17
?>
```

3.7　高手带你做——判断闰年

所谓闰年，是指2月有29天的那一年。闰年同时满足以下条件：

- 年份能被4整除。
- 年份若是100的整数倍，须能被400整除，否则是平年。

例如：1900年能被4整除，但是因为其是100的整数倍，却不能被400整除，所以是平年；而2000年就是闰年；1904和2004、2008等直接能被4整除且不能被100整除，都是闰年；2014是平年。

【例3-27】

下面综合本章学习的这些知识来编写一个判断闰年的案例，其主要功能如下：

- 判断用户输入的年份是否是闰年。
- 根据年份和月份判断输出某年某月的天数。

实现步骤如下。

01 新建一个PHP文件。假设要判断的年份是2014，月份是2，其实现代码如下：

```
$year = 2014;
print(" 要判断的年份 :".$year."\n");
$month = 2;
print(" 要判断的月份 :".$month."\n");
```

PHP 编程

02 根据用设定的年份，判断该年份是闰年还是平年，其实现代码如下：

```
$isRen=false;
if( ($year%4==0 && $year%100!=0) || ($year%400==0) ){
    print($year." 是闰年 "."\n");
    $isRen=true;
}
else{
    print($year." 是平年 "."\n");
    $isRen=false;
}
```

03 根据用户设定的月份，判断该月的天数，其实现代码如下：

```
$day=0;
switch($month){
    case 1:
    case 3:
    case 5:
    case 7:
    case 8:
    case 10:
    case 12:
        $day=31;
        break;
    case 4:
    case 6:
    case 9:
    case 11:
        $day=30;
        break;
    default:
        if($isRen){
            $day=29;
        }else{
            $day=28;
        }
        break;
}
print($year."年".$month."月共有".$day."天");
```

04 该代码的执行结果如下：

```
要判断的年份 :2014
要判断的月份 :2
2014 是平年
2014 年 2 月共有 28 天
```

3.8 高手带你做——输出杨辉三角形

在本节之前，已经简单介绍过 PHP 语言中的流程控制语句，如条件语句、循环语句和跳转语句等。本节利用前面的知识打印一个指定行数的杨辉三角形。

杨辉三角形由数字进行排列，可以把它看作是一个数字表，其基本特性是两侧数值均为 1，其他位置的数值是其正上方的数值与左上角数值之和。打印杨辉三角时，需要使用到 for 循环语句，如下例子是打印出包含 7 行内容的杨辉三角形：

```
打印杨辉三角形的行数：7
      1
     1 1
    1 2 1
   1 3 3 1
  1 4 6 4 1
 1 5 10 10 5 1
1 6 15 20 15 6 1
```

【例 3-28】

打印杨辉三角形的实现思路是：每一行前面都是空格，而每行空格的个数需要根据总行数来确定，这可以通过找规律归纳出来。关键是数值的实现，每一行的数值(除了第一列和最后一列)都是上一行两个数值之和，因此可以通过上一行来获取。

实现步骤如下。

01 创建一个 PHP 文件。然后声明一个 num() 函数，在 num() 函数中传入两个参数，即 $x 和 $y。其中，$x 表示行，$y 表示列。num() 函数用于计算第 x 行第 y 列的数值。代码如下：

```
function num($x, $y){
    if($y==1 || $y==$x){
        return 1;
    }
    $c = num($x-1,$y-1)+num($x-1,$y);
    return $c;
}
```

02 创建名称为 calculate 的函数，在该函数中传入一个 int 类型的参数，该参数表示打印杨辉三角形的行数。代码如下：

```
function calculate($row){
    for($i=1; $i<= $row; $i++){
        for($j=1; $j<=$row-$i; $j++){
            print(" ");
        }
        for($j=1; $j<= $i; $j++){                //打印空格后面的字符，从第 1 列开始往后打印
            print(num($i,$j) ." ");
        }
        print("\n");
    }
}
```

03 在这里假设要打印 7 行。首先创建一个变量 $row 保存数字 7，再将该变量作为参数传入到调用的 calculate() 函数中。代码如下：

```
$row = 7;     // 假设要打印 7 行
print(" 打印杨辉三角形的行数：".$row."\n");
calculate($row);
```

04 运行代码进行测试。

3.9　成长任务

成长任务 1：画流程图

例如，在一个购物车中有 20 件商品，要求找出价格在 40 以上的商品名称和商品价格，并用流程图表示解决过程。

为了描述方便，这里统一使用字母 P 表示商品名称，用字母 i 表示第几个商品，P1 就表示第 1 个商品名称，Pi 表示第 i 个商品的名称；统一使用字母 J 表示商品价格，J1 表示第 1 个商品价格，Ji 表示第 i 个商品的价格。

实现思路是：先查看第 1 件商品 P1 的价格 J1，如果 J1 大于或者等于 40，就将 J1(价格) 和 P1(名称) 输出，然后再检查第 2 件商品 P2 的价格 J2……如此反复检查，直到 i 大于 20 时为止。

根据流程图对图形的规定，以及上面描述的实现思路，最终画出流程图。

成长任务 2：输出等腰梯形

循环嵌套的功能很强大，本任务要求使用一种符号，如 '@'、'#'、'*' 或 '$' 等，输出一个等腰梯形，在梯形的中间垂直轴线使用另一种符号，实现如下所示的效果：

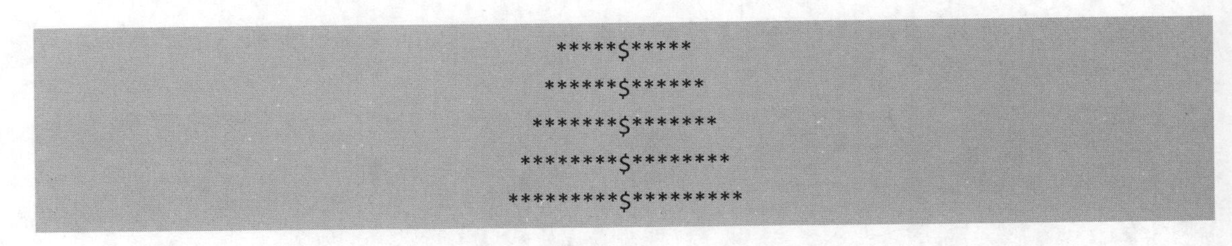

```
     *****$*****
    ******$******
   *******$*******
  ********$********
 *********$*********
```

成长任务 3：输出水仙花数

编写一个程序输出 1000 之内的所有水仙花数。

水仙花数的定义是指一个 n 位数 (n ⩾ 3)，它的每个位上的数字的 n 次幂之和等于它本身。(例如：$1^3 + 5^3 + 3^3 = 153$)

第 4 章

PHP 函数

在实际开发过程中，经常要反复重复某种操作或者处理，如数据查询、字符操作等，如果每个模块的操作都要重新输入一次代码，不仅令开发人员头痛不已，而且对于代码的后期维护及运行效果也有着较大的影响。为此，PHP 提供了函数功能，使用函数进行封装可以重复调用，既简单又高效。本章详细介绍 PHP 中的函数定义和调用，以及 PHP 常用的数学函数、日期和时间类函数。

本章学习要点

◎　掌握自定义函数的创建和调用
◎　掌握自定义函数的参数传递方式
◎　熟悉自定义函数的返回值
◎　掌握变量函数的使用
◎　掌握嵌套函数的使用
◎　熟悉递归函数的使用
◎　熟悉 PHP 中的变量处理函数
◎　熟悉 PHP 中的数学函数
◎　掌握常用的日期和时间函数
◎　熟悉 4 个文件引用函数

扫一扫，下载
本章视频文件

 4.1 用户函数

函数是完成一个特定功能的代码集合，按照类型，可以分为系统函数和用户函数两种。例如，在前面多次使用到的 print() 和 echo() 都是系统函数。系统函数由 PHP 提供，只能适用于解决某些特定问题，无法根据实际需求进行调整。

4.1.1 函数定义的语法结构

在 PHP 中允许用户使用 function 关键字创建一个自定义函数，语法格式如下：

```
function 函数名称 ( 参数 1, 参数 2, …)
{
   // 函数内的代码
}
```

PHP 对函数名称的限制比较少，函数名称可以是以字母或下划线开头后跟字母、下划线或数字的任何字符串，而且不区分大小写，因此 Add 和 add 是指同一个函数。在括号内是函数的参数，多个参数之间用逗号分隔，没有参数时括号也不能省略。最后的大括号内是函数体，在函数体内使用 return 语句可以指定函数的返回值。

【例 4-1】

在创建一个函数之前，首先应该为它指定一个有意义的名称，该名称应能很好地提示函数的功能。例如，在开发一个论坛系统时，有一个名为 forum 的模块包含版块管理的函数，其中有一个查看版块是否隐藏的函数，可以使用 forum_is_hidden 或者 forumIsHidden 作为名称，当然也可以是 is_forum_hidden。

根据上面介绍的函数定义语法，创建一个名为 Sum() 的函数，它实现计算两个数的和，并将结果返回，代码如下所示：

```
<?php
function Sum($number1,$number2)                //Sum() 函数需要两个参数
{
    $Result=$number1+$number2;
    return $Result;                            // 使用 return 指定返回值为两数之和
}
?>
```

在上述代码中，Sum() 函数有两个参数 $number1 和 $number2，将这两个参数相加后保存到 $Result 变量中。最后使用 return 语句将 $Result 的值返回，即两数之和。

【例 4-2】

在传统的 HTML 中，如果需要让字体显示为带下划线的粗斜体，那么至少需要用到 U 标记、B 标记和 I 标记。当然，如果网站中只有一处需要这样显示，可以直接使用这些标记。但是，如果在网站中有很多地方需要以这种方式显示，最简单的方法就是定义一个函数来实现输出。

下面是实现上述功能的函数定义。

```
<?php
function format_Html($text)                        // 带有一个参数的 format_Html() 函数
{
    $text = "<u><i><b>$text</b></i></u>";          // 应用加粗、加斜和粗体标记
    echo $text ;                                   // 输出格式化后的字符串
}
?>
```

4.1.2　使用函数

用户函数在创建之后，便可以像系统函数一样使用了，即通过指定函数名称来调用，如果该函数需要参数，需要在小括号内指定参数的值，但是必须注意参数的类型应与定义时一致。

【例 4-3】

创建一个 PHP 页面，编写程序，使用上小节定义的 Sum() 函数和 format_Html() 函数。

01 创建一个 PHP 页面，并添加上小节 Sum() 函数和 format_Html() 函数的定义代码。

02 在页面的合适位置添加如下的函数调用代码：

```
<tr>
 <td><? echo format_Html(" 药用口罩 ")?></td>
 <td><? echo Sum(40,70)?></td>
 <td><? echo Sum(0.5,0.04)?></td>
 <td><a class="xy_bj" > 编辑 </a>  |  <a class="xy_sc"> 删除 </a></td>
</tr>
```

03 浏览 PHP 页面，查看运行效果，如图 4-1 所示。

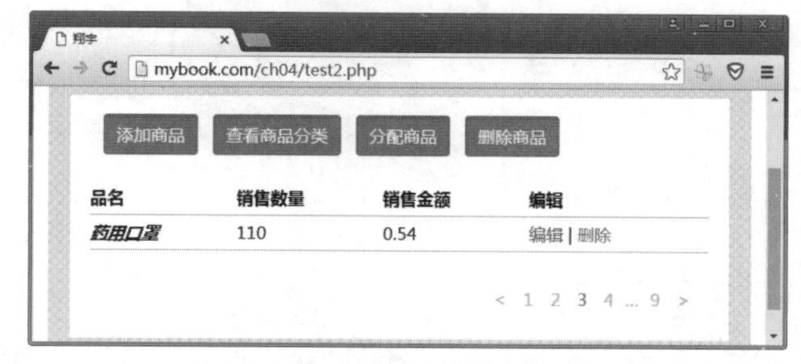

图 4-1　调用自定义函数的运行效果

注意

在调用用户自定义函数时，必须保证在调用之前函数已经存在，即函数应该先定义再调用，否则将无法运行。

4.1.3　函数的返回值

如果需要在程序中使用函数执行的结果，就需要在函数内使用 return 语句指定一个返回

值。例如，在前面的 Sum() 函数中使用 return 语句返回求和的结果，该语句只能用到函数内。在函数内可以有多个 return 语句，但是每次只能有一个 return 语句被执行。

【例 4-4】

例如，编写一个函数返回两个数中的较大数，代码如下：

```
<?php
function MaxNumber($number1,$number2)                    // 求最大数函数
{
    if($number1>$number2)
        return $number1;                                 // 返回第一个参数
    else
        return $number2;                                 // 返回第二个参数
}
echo "MaxNumber(5,6) 的返回值是：".MaxNumber(5,6);      // 输出 "MaxNumber(5,6) 的返回值是：6"
echo "MaxNumber(8,7) 的返回值是：".MaxNumber(8,7);      // 输出 "MaxNumber(8,7) 的返回值是：8"
?>
```

【例 4-5】

使用 return 语句可以为函数返回任何类型的数据。例如，下面的代码演示如何使用函数返回的数组并遍历输出：

```
<?php
function getDataAry()
{
    $resAry=array(95,87,79,80,62,74,90,92);              // 创建一个数组
    return $resAry;                                      // 返回该数组
}
$ary=getDataAry();                                       // 保存 getDataAry() 函数返回的数组
foreach ($ary as $i)                                     // 遍历数组
    echo $i.",";                                         // 输出所有数
?>
```


4.1.4 按值传递参数

PHP 支持的参数传递方式有：按值传递、按引用传递、默认值传递和可变参数列表传递。按值传递是 PHP 默认的参数传递方式，这种传递方式将把函数外部变量的值创建一个副本，然后赋给函数内部的局部变量。在函数处理完成后，该外部变量的值不发生改变，除非在函数内部声明该外部变量作用域为全局。

【例 4-6】

下面创建一个 PassByValue() 函数演示按值传递前后参数值的变化：

```
<?php
function PassByValue($number,$str)                       // 按值传递参数
```

```
{
    $number+=1;                                    // 第一个参数增加 1
    $str.=" World";                                // 第二个参数附加 World 字符串
    echo " 函数内 \$number=", $number, "，  \$str=",$str,"<br>";        // 输出两个参数的结果
}
$number= 3;                                        // 创建一个整数作为第一个参数
$str="hello";                                      // 创建一个字符串作为第二个参数
PassByValue($number,$str);                         // 调用 PassByValue() 函数
echo " 函数外 \$number=", $number, "，  \$str=",$str,"<br>"; // 输出调用后两个参数的值
?>
```

在上述代码中 PassByValue() 函数的外部定义了两个变量，分别为 $number 和 $str，在 PassByValue() 函数的内部，对这两个变量重新进行了赋值，然后输出这两个变量的值。另外，在调用 PassByValue() 函数后，再次将这两个变量进行输出，从而来观察这两个变量的值有没有发生变化。

输出结果如下所示：

```
函数内 $number=4，  $str=hello World
函数外 $number=3，  $str=hello
```

从上述结果中可以看出，在 PassByValue() 函数中，这两个变量的值发生了变化。但是在调用函数后，这两个变量又恢复为它们的初始值。

提示

对于 PHP 的按值传递参数来说，在函数范围内对这些值的任何改变在函数外部都会被忽略。

4.1.5　按引用传递参数

在按引用传递参数方式下，实参的内存地址被传递到形参中，在函数内部对形参的任何修改都会影响到实参，因为它们被存储到同一个内存地址。函数返回后，实参的值将会发生变化。引用传递参数的形参和实参都是针对同一个块地址修改的。如果希望一个函数参数通过引用被传递，需要在函数定义的参数名前面添加符号 & 来实现。

例如，将按值传递参数的例 4-6 修改为按引用方式传递参数，只需要在 PassByValue() 函数的两个参数前面分别添加符号 &。修改后的函数如下：

```
function PassByValue(&$number,&$str)               // 按引用传递参数
{
    $number+=1;                                    // 第一个参数增加 100
    $str.=" World";                                // 第二个参数附加 World 字符串
    echo " 函数内 \$number=", $number, "，  \$str=",$str,"<br>";        // 输出两个参数的结果
}
```

再次运行，将看到如下的输出：

```
函数内 $number=4，  $str=hello World
函数外 $number=4，  $str=hello World
```

从中可以看出，在函数内，两个变量的值发生了变化，并且这种变化的结果将影响到函数调用结束后外面的值。

提示

使用通过引用传递参数的方式时，在函数内对这些值的任何改变，在函数之外也能反映出这些修改。

4.1.6 默认值传递参数

除了按值传递参数和按引用传递参数的方式外，一个函数还可以使用预先定义好的默认参数。在未指定参数的情况下，函数使用默认值作为函数的参数；在提供了参数的情况下，函数使用指定的参数。

【例 4-7】

创建一个用于为指定文本设置字体颜色的 setFontColor() 函数。该函数有两个参数，第一个参数指定文本，第二个参数指定字体颜色，其中的第二个参数具有默认值，代码如下所示：

```
<?php
function setFontColor($str,$color="red")              // 创建带默认值的参数
{
    echo "<font color='".$color."'>".$str."</font><br/>";
}

setFontColor(" 教程 ");                                // 使用参数的默认值
setFontColor(" 热门商品 ","black");                    // 修改参数的默认值
?>
```

在上述代码中，调用 setFontColor() 函数时，可以传递两个参数，也可以传递一个参数。如果只传递一个参数，则第二个参数使用创建函数时定义的默认值。执行后的输出结果如下所示：

```
<font color='red'> 教程 </font><br/>
<font color='black'> 热门商品 </font><br/>
```

在使用 PHP 的默认参数时需要注意，默认值必须是常量表达式，不能是变量。如果函数有多个参数，可以为多个参数指定默认值。但是，带默认值的参数只能位于参数列表的最后，即一个默认值参数的右边不能出现没有指定默认值的参数。

例如，下面的示例代码就是错误的：

```
function setPoint($x,$y=0,$z)              // 错误
{
    echo "{".$x.",".$y.",".$z."}";;
}
setPoint (5,7);
```

在上述代码中，如果使用 setPoint(5,7) 调用 setPoint() 函数时，将会出现二义性错误。因为无法确定 7 应该传递给 $y 还是 $z。我们可以将上述代码调整为如下正确形式：

```
function setPoint($x,$z,$y=0)                    // 正确：将带默认值的参数放在最后
{
    echo "{".$x.",".$y.",".$z."}";
}
```

4.1.7　可变参数列表

在 PHP 中还有一种特殊的参数传递方式——可变参数列表，即参数的数量是不确定的。这种方式需要借助于 3 个特殊的函数获取传入的参数。如表 4-1 所示。

表 4-1　可选参数函数

名　　称	格　　式	说　　明
func_num_args()	func_num_args(void)	返回自定义的函数中传入的参数个数
func_get_arg()	func_get_arg($arg_num)	取得第 $arg_num+1 个参数的值
func_get_args()	func_get_args(void)	返回一个包含所有参数的数组

【例 4-8】

创建一个函数可以实现对调用时传递的任意数量的数值进行排序，并以降序形式输出。

根据前面介绍的函数知识，由于无法确定参数的个数，使用可选参数列表是最适合的。这种方式并不需要特别的语法，参数列表仍按函数定义的方式传递给函数，并按通常的方式使用这些参数。

最终的实现代码如下所示：

```
<?php
function sortNumbers()                                           // 排序函数
{
    $count=func_num_args();                              // 获取实际传递的参数个数
    $ary=func_get_args();                                        // 获取所有参数列表的数组
    rsort($ary);                                                         // 对数组进行排序
    echo " 本次排序的共有 $count 个数值，结果如下：\n";
    foreach ($ary as $n) {
        echo " $n";                                                   // 输出排序后的数值
    }
    echo "\n";
}
sortNumbers(30,15,92,6,2,715,0.4,822,3,166,9,6);   // 对 12 个数值排序
sortNumbers(9,206,44,1,58,0.57);                             // 对 6 个数值排序
?>
```

上述代码运行后的输出如下：

PHP 编程

```
本次排序的共有 12 个数值，结果如下：
822 715 166 92 30 15 9 6 6 3 2 0.4
本次排序的共有 6 个数值，结果如下：
206 58 44 9 1 0.57
```

在上面创建了一个 sortNumbers() 函数，该函数在定义时没有参数。在函数内使用 func_num_args() 函数获得实际调用时参数的数量并保存到 $count 变量中。接下来使用 func_get_args() 函数获得所有传递的参数，并以数组的形式保存到 $ary 变量中，然后对 $ary 进行降序排列，最后输出。

4.1.8 变量、常量与函数

在函数中定义的变量通常被称为局部变量，在变量调用结束后，这个变量的值不能再保留。在函数内部可以使用 STATIC 关键字将变量定义为静态的，如果在函数中使用静态变量，当函数执行结束后，第二次调用时，在函数中就可以取得原来用过的值，也就是说，系统保存了原来执行后静态变量的结果。

提示

变量和函数放在不同的地方会有不一样的生存期（即作用域），第 2 章已经介绍过了变量的 4 种作用域以及注意事项。

【例 4-9】

在 PHP 脚本中声明 userTest() 函数，在函数内部分别声明 $firstnum 局部变量和 $secondnum 静态变量，然后将这两个变量都加 1，最后输出两个变量的值。在函数外部调用 3 次 userTest() 函数。代码如下：

```
<?php
function userTest() {
    $firstnum = 1000;                  // 函数内的普通变量
    STATIC $secondnum = 0;             // 函数内的静态变量
    $firstnum ++;
    $secondnum ++;
    echo "\$firstnum=" . $firstnum . ",\$secondnum=" . $secondnum . "\n";
}
userTest ();
userTest ();
userTest ();
?>
```

执行上述代码，结果如下：

```
$firstnum=1001,$secondnum=1
$firstnum=1001,$secondnum=2
$firstnum=1001,$secondnum=3
```

除了变量外，函数内部还可以使用常量。常量可以直接访问，也可以使用 const 进行定义。

【例 4-10】

在 PHP 中声明名称为 COUNT 的常量，然后在 outputInfo() 函数中获取常量的值，并且将值赋予 $count 变量。在 for 流程控制语句中循环遍历信息，并且将信息输出。代码如下：

```
<?php
define ( "COUNT", 5 );
function outputInfo() {
    $count = COUNT;
    for($i = 1; $i <= $count; $i ++) {
        echo " 输出 " . $i . " 行信息 \n";
    }
}
outputInfo();
?>
```

4.1.9　高手带你做——判断函数是否存在

在开发大型项目时，通常都是多人协作的团队开发，这时候就要避免自定义函数名称重复的情况。在 PHP 中可以使用 function_exists() 函数判断指定的用户函数是否已经存在。

例如，下面的代码在调用 userLogin() 函数之前首先判断该函数是否存在，如果已经存在，则直接调用，否则先创建：

```
<?php
if(!function_exists("userLogin"))                    // 判断 userLogin() 函数是否存在
{
    function userLogin($u)      {                     // 如果不存在则创建
        echo " 用户 $u 登录成功 ";
    }
}
userLogin("zht");                                     // 调用 userLogin() 函数
?>
```

还可以使用 create_function() 函数创建一个临时函数，这个函数名称由 PHP 动态生成，从而避免名称相同的情况。

例如，下面的代码使用 create_function() 函数创建动态函数实现前面 userLogin() 函数的功能。

```
<?php
$userLogin=create_function('$u', 'echo " 用户 $u 登录成功 ";');
echo $userLogin("zht");                              // 输出 " 用户 zht 登录成功 "
?>
```

4.2　高手带你做——函数高级应用

学到此处，读者就已经掌握了使用自定义函数的全部内容。但是，PHP 还提供了很多高级的应用，下面将会从递归函数、嵌套函数和变量函数 3 个方面进行介绍。

4.2.1 递归函数

递归函数是指在一个函数的函数体内调用函数本身。在递归函数中，主调函数又是被调函数，递归函数反复调用其自身，每调用一次进入新的一层。例如，要遍历一个目录的内容，目录中包含有多个子目录，子目录中又包含有下级目录。

【例 4-11】

编写一个递归函数，实现计算 1+2+3+…+N 的和，要求 N 作为函数的参数。函数的代码如下所示：

```
<?php
function sum($number)                                    // 递归函数
{
    if($number!=0)                                       // 判断是否停止递归
    {
        return $number+sum($number-1);                   // 在返回值中调用本函数
    }
}
echo "100 的求和结果：".sum(100);                          // 输出 "100 的求和结果：5050"
?>
```

从上述代码可以看到，递归函数只需少量的程序即可描述出解题过程所需要的多次重复计算，大大地减少了程序的代码量。但是，要注意必须为递归函数设置停止条件，否则将造成死循环。

4.2.2 嵌套函数

所谓嵌套函数，是指在一个函数体中又定义了一个函数，两个函数形成了嵌套关系。此时，只有外部函数被调用后，内部函数才能使用。

【例 4-12】

例如，下面的示例演示了嵌套函数的使用：

```
<?php
function start(){                                        // 外部函数
    echo " 正在开机 ...\n";
    function boot() {                                    // 内部函数
        echo " 正在加载引导程序 ...\n";
    }
    function welcome($user)     {                        // 内部函数
        echo " 欢迎 [ $user ] 使用本系统。\n";
    }
}
start();                          // 调用外部函数 start()，此时两个内部函数均变得可用
boot();
welcome("admin");
?>
```

上述代码共定义了 3 个函数，start() 是外部函数，其中包含了 boot() 和 welcome() 两个内部函数。因此，为了使用 boot() 和 welcome() 函数，必须先调用 start() 函数，否则将提示函数未定义。运行后的输出如下：

```
正在开机 ...
正在加载引导程序 ...
欢迎 [ admin ] 使用本系统。
```

4.2.3 变量函数

在编写程序代码时，如果要处理一个比较复杂的问题，可能会在程序中创建多个函数。为了调用每个函数，需要记住每个函数的名称和相应的功能。一般情况下，要做到函数的名称见文知义，即看到函数名就知道完成什么样的功能。然后在不同的环境下调用这些函数。

在 PHP 中，还可以通过一种更为简短的方式实现同样的功能，那就是变量函数。变量函数是指这个函数的名称也要在执行前计算，这意味着函数名称直到执行时才确定。就像普通的变量一样，变量函数前面有个美元符号 $。

【例 4-13】

例如，下面的代码演示了变量函数的创建和使用：

```php
<?php
function HelloWorld(){                      // 定义一个名称为 HelloWorld 的函数
    echo "HelloWorld 函数的输出内容 \n";
}
function HelloPHP(){                        // 定义一个名称为 HelloPHP 的函数
    echo "HelloPHP 函数的输出内容 ";
}
$str="Hello";                               // 创建一个 $str 变量，并赋值为 Hello
$function1=$str."World";                    //$function1 变量的值为 HelloWorld
$function2=$str."PHP";                      //$function2 变量的值为 HelloPHP
$function1();                               // 调用 HelloWorld() 函数
$function2();                               // 调用 HelloPHP() 函数
?>
```

在例 4-13 中创建了两个函数 HelloWorld() 和 HelloPHP()，这两个函数分别输出一个字符串信息。使用语句“$function1=$str."World";”把创建的 HelloWorld() 函数和变量连接起来，然后调用该函数时，就可以直接以变量的名称调用该函数了。

运行的输出结果如下：

```
HelloWorld 函数的输出内容
HelloPHP 函数的输出内容
```

提示

变量函数与普通函数调用时的最大区别就在于 $，普通函数在调用时不需要加 $，而调用变量函数时，在该变量之前必须要有 $。

 4.3 变量处理函数

变量处理函数用于对变量进行处理，例如判断变量类型，转换变量类型和销毁变量等。前面已经介绍过一些与变量处理有关的函数，表 4-2 对常用的 PHP 变量处理函数进行了总结说明。

表 4-2 PHP 中常用的变量处理函数

函数名称	说　明
doubleval()	把变量转换为双精度浮点数
empty()	判断变量是否为空
gettype()	获取变量的类型
intval()	把变量转换为整数
is_array()	判断变量是否为数组
is_double()	判断变量是否为双精度浮点数
is_float()	判断变量是否为浮点数
is_int()、is_integer() 和 is_long()	判断变量是否为整数
is_object()	判断变量是否为对象
is_real()	判断变量是否为实数
is_string()	判断变量是否为字符串
isset()	判断变量是否已经设置
settype()	设置变量类型
strval()	将变量转换成字符串类型
unset()	销毁变量

【例 4-14】

使用 empty() 函数时，需要向该函数传入一个参数值，如果传入的是非空或者非零的值，则返回值为 false。换句话说，“”、0、“0”、NULL、FALSE、array() 以及没有任何属性的对象都将被认为是空的。代码如下：

```
<?php
$str1 = "0";
$str2 = NULL;
$str3 = "Hello";
echo empty($str1)?" 空 ":" 非空 ";                    // 输出结果是：空
echo empty($str2)?" 空 ":" 非空 ";                    // 输出结果是：空
echo empty($str3)?" 空 ":" 非空 ";                    // 输出结果是：非空
?>
```

 4.4 数学函数

PHP 中提供了多种类型的内置函数，例如文件函数、数据库函数和数学函数等。数学

函数是标准数据库中的一个类别，这些函数仅能处理计算机中 integer 和 float 范围的值。用户可以把数学函数作为一个对象来看待，因为它不但具有一些常量，还具有方法。常量使用 M_E 表示指数、M_PI 表示圆周率等。PHP 中常用的数学函数及其说明如表 4-3 所示。

表 4-3 PHP 中常用的数学函数

函数名称	说　明	函数名称	说　明
abs()	绝对值	min()	找出最小值
asin()	反正弦	pow()	指数表达式
ceil()	向上舍入为最接近的整数	rand()	产生一个随机整数
decbin()	十进制转换为二进制	round()	对浮点数进行四舍五入
floor()	舍去法取整	sin()	正弦
max()	找出最大值	sqrt()	平方根

【例 4-15】

用不同的数学函数演示其用法，并且将结果输出。代码如下：

```
<?php
echo " 获取 -12 的绝对值： ".abs(-12)."\n";                          // 输出结果是： 12
echo " 使用 decbin() 函数将十进制转换为二进制： ".decbin(12)."\n";    // 输出结果是： 1100
echo " 使用 rand() 函数产生一个随机整数： ".rand(1,100)."\n";
echo " 使用 round() 函数求取一个整数： ".round(5.5)."\n";             // 输出结果是： 6
echo " 使用 floor() 函数求取一个整数： ".floor(5.5)."\n";             // 输出结果是： 5
echo " 使用 max() 函数找出一个最大值： ".max(3,91,23)."\n";           // 输出结果是： 91
echo " 使用 sqrt() 函数求取 81 的平方根： ".sqrt(81)."\n";            // 输出结果是： 9
?>
```

4.5 日期和时间函数

PHP 中存在一类日期和时间函数，可以使用这些函数得到 PHP 所运行服务器的当前日期和时间，并且可以使用这些函数将日期和时间以多种不同的方式格式化输出。

PHP 中提供了 7 个与日期和时间相关的函数，说明如表 4-4 所示。

表 4-4 PHP 中常用的日期和时间函数

函数名称	说　明
checkdate()	主要用于检测日期是否合法，经常在用于计算或保存日期到数据库之前使用
getdate()	以数组的方式返回当前日期与时间
date()	将整数时间标签转变为所需的字符串格式
strtotime()	将英文日期 / 时间字符串转换成 Unix 时间标签
microtime()	将 Unix 时间标签格式化成适用于当前环境的日期字符串
gmdate()	将 Unix 时间标签格式化成日期字符串
time()	返回当前的 Unix 时间戳

4.5.1 checkdate() 函数

在日期用于计算或保存在数据库中之前，可用此函数检查日期是否有效。如果应用的值构成一个有效日期，则返回值为 true；否则返回 false。例如，对于错误日期“2013 年 2 月 31 日”来说，它的返回值为 false。

checkdate() 函数的语法如下：

```
bool checkdate ( int $month , int $day , int $year )
```

上述语法中 $month 表示月份；$day 表示日；$year 表示年份。它们构成一个日期，这个日期有效，则返回 true；如果日期不合法，则返回 false。

【例 4-16】

演示 checkdate() 函数的基本用法，代码如下：

```
<?php
echo checkdate(3, 31, 2013)? " 有效 ":" 无效 ";        // 返回 true，输出 " 有效 "
echo checkdate(4, 31, 2013)? " 有效 ":" 无效 ";        // 返回 false，输出 " 无效 "
echo checkdate(13, 1, 2013)? " 有效 ":" 无效 ";        // 返回 false，输出 " 无效 "
?>
```

4.5.2 getdate() 函数

getdate() 函数用于获取当前的日期和时间。一般情况下，使用该函数来获得一系列离散的、容易分离的日期 / 时间值。函数的基本语法如下：

```
array getdate ([ int $timestamp ] )
```

$timestamp 是一个可选参数，如果不指定该参数，则使用系统当前的本地时间。getdate() 函数以结合数组的方式返回日期和时间，数组中的每个元素代表日期 / 时间值中的一个特定组成部分，向函数提交可选的时间标签自变量，以获取与时间标签对应的日期 / 时间值。表 4-5 列出了返回数组中的键名关联值。

表 4-5 getdate() 函数返回数组中的键名关联值

键 名 称	说 明
seconds	秒的数字表示。值在 0 到 59 之间
minutes	分钟的数字表示。值在 0 到 59 之间
hours	小时的数字表示。值在 0 到 23 之间
mday	月份中第几天的数字表示。值在 1 到 31 之间
wday	星期中第几天的数字表示。值在 0 到 6 之间，0 表示星期天，6 表示星期六
mon	月份的数字表示。值在 1 到 12 之间
year	4 位数字表示的完整年份。例如 2013
yday	一年中第几天的数字表示
weekday	星期几的完整文本表示。例如，星期日是 Sunday
month	月份的完整文本表示。例如，1 月份是 January
0	从 Unix 纪元开始至今的秒数

【例 4-17】

首先通过 getdate() 函数获取系统的当前日期和时间，并将返回的结果保存到 $nowtime 变量中；然后分别获取年、月、日、时、分、秒和星期等信息，并将这些内容输出。代码如下：

```
<?php
$nowtime = getdate();
echo " 当前日期是： ".$nowtime["year"]." 年 ".$nowtime["mon"]." 月 ".$nowtime["mday"]." 日 \n";
echo " 当前时间是： ".$nowtime["hours"]." 点 ".$nowtime["minutes"]." 分 ".$nowtime["seconds"]." 秒 \n";
echo " 今天是： ".$nowtime["weekday"].", 是 ".$nowtime["year"]." 年的第 ".$nowtime["yday"]." 天 \n";
if($nowtime["yday"]>180){
    echo " 已经过了大半年了，赶紧工作吧 ";
}else{
    echo " 新的一年刚刚开始，加油！ ";
}
?>
```

执行上述代码，输出结果如下：

```
当前日期是：2016 年 10 月 25 日
当前时间是：23 点 32 分 28 秒
今天是：Tuesday, 是 2016 年的第 298 天
已经过了大半年了，赶紧工作吧
```

4.5.3　date() 函数

date() 函数可以用在一系列的修正值中，将整数时间标签转变为所需的字符串格式。简单地说，就是用于格式化一个本地日期和时间，它经常会在网页中用到。date() 函数的基本语法如下：

```
date ($format [,$timestamp ] )
```

date() 函数返回 $timestamp 整数根据指定的格式字符串 $format 产生的新的字符串。其中 $timestamp 是一个表示时间戳的可选参数，如果没有给出时间戳则使用系统当前日期和时间。

【例 4-18】

在 date() 函数中分别传入参数值，指定格式化字符串的样式，并且输出格式化后的结果。代码如下：

```
<?php
echo 'date("F j, Y, g:i a") 结果为： '.date("F j, Y, g:i a")."\n";
echo 'date("m.d.y") 结果为： '.date("m.d.y")."\n";
echo 'date("j, n, Y") 结果为： '.date("j, n, Y")."\n";
echo 'date("Ymd") 结果为： '.date("Ymd")."\n";
$today = date('h-i-s, j-m-y, it is w Day z ');
echo "date('h-i-s, j-m-y, it is w Day z ') 结果为： ".$today."\n";
```

```
echo 'date("D M j G:i:s T Y") 结果为：'.date("D M j G:i:s T Y")."\n";
echo 'date("H:i:s") 结果为：'.date("H:i:s");
?>
```

执行例 4-18 中的代码，输出结果如下：

```
date("F j, Y, g:i a") 结果为：October 18, 2013, 1:44 pm
date("m.d.y") 结果为：10.18.13
date("j, n, Y") 结果为：18, 10, 2013
date("Ymd") 结果为：20131018
date('h-i-s, j-m-y, it is w Day z ') 结果为：01-44-46, 18-10-13, 4431 4446 5 Fripm13 290
date("D M j G:i:s T Y") 结果为：Fri Oct 18 13:44:46 CST 2013
date("H:i:s") 结果为：13:44:46
```

上面的示例为 date() 函数的 $format 参数指定不同的格式化效果，在表 4-6 中，列出了 $format 参数的格式化说明。

表 4-6 $format 参数的格式化说明

格式化参数	说　明
d	月份中的第几天，有前导零的 2 位数字。值在 01 到 31 之间
D	以文本表示星期中的第几天，3 个字母。例如第 1 天表示为 Mon
j	月份中的第几天，没有前导零。值在 1 到 31 之间
l	L 的小写字母，表示星期几的完整文本格式。例如星期日表示为 Sunday
N	数字表示的星期中的第几天。值在 1 到 7 之间，1 表示星期一
S	每月天数后面的英文后缀，2 个字符，可以与 j 一起使用。值是 st、nd、rd 或 th
w	数字表示星期中的第几天。值在 0 到 6 之间，0 表示星期天
z	年份中的第几天
W	年份中的第几周，每周从星期一开始
F	表示月份的完整的文本格式，例如 1 月份表示为 January
m	数字表示的月份，有前导零。值在 01 到 12 之间
M	3 个字母缩写表示的月份。例如 1 月份表示为 Jan
n	数字表示的月份，没有前导零。值在 1 到 12 之间
t	给定月份所应有的天数。例如 1 月份应有 31 天
L	是否为闰年。如果是闰年则为 1；否则为 0
o	年份数字。例如 2013
Y	4 位数字完整表示的年份。例如 2013
y	两位数字表示的年份。例如 13
a	小写的上午和下午值。例如 am 或 pm
A	大写的上午和下午值。例如 AM 或 PM
g	小时，12 小时格式，没有前导零。值在 1 到 12 之间
G	小时，24 小时格式，没有前导零。值在 0 到 23 之间

（续表）

格式化参数	说　明
h	小时，12 小时格式，有前导零。值在 00 到 12 之间
H	小时，24 小时格式，有前导零。值在 00 到 23 之间
i	分钟数，有前导零。值在 00 到 59 之间
s	秒数，有前导零。值在 00 到 59 之间
e	时区标识。例如 UTC
I	是否为夏令时。如果是则为 1；否则为 0
O	与格林尼治时间相差的小时数。例如 +0200
Z	时差偏移量的秒数。值在 -43200 到 43200 之间
c	ISO 8601 格式的日期
r	RFC 822 格式的日期
U	从 January 1 1970 00:00:00 开始至今的秒数。与 time() 函数相同

4.5.4　strtotime() 函数

strtotime() 函数可以将任意英文文本的日期时间描述解析为 Unix 时间戳。基本语法如下：

```
int strtotime ( string $time [, int $now] )
```

上述语法中 $time 表示被解析的字符串，$now 用来计算返回值的时间戳。strtotime() 函数预期接受一个包含美国英文日期格式的字符串并尝试将其解析为 Unix 时间戳（自 January 1 1970 00:00:00 GMT 起的秒数），其值相对于 $now 给出的时间，如果没有提供此参数，则用系统当前时间。

【例 4-19】

strtotime() 函数执行成功时返回时间戳，否则返回 false。下面的代码演示了该函数的使用方法：

```
<?php
echo strtotime("now"), "\n";
echo strtotime("10 September 2000"), "\n";
echo strtotime("+1 day"), "\n";
echo strtotime("+1 week"), "\n";
echo strtotime("+1 week 2 days 4 hours 2 seconds"), "\n";
echo strtotime("next Thursday"), "\n";
echo strtotime("last Monday"), "\n";
?>
```

strtotime() 函数可以和 date() 函数结合使用，将 strtotime() 函数返回的时间戳作为参数传递到 date() 函数中。代码如下：

```
echo date("d-M-Y",strtotime("+1 week"));                    // 输出：25-Oct-2013
```

PHP 编程

4.5.5 microtime() 函数

microtime() 函数返回当前 Unix 时间戳和微秒数。基本语法如下：

```
mixed microtime ( [bool $get_as_float] )
```

上述语法中 $get_as_float 是一个可选参数，如果它的值为 true，该函数将返回一个浮点数。如果调用时不带可选参数，则本函数将以“msec sec”的格式返回一个字符串。其中 msec 是微秒部分，sec 是自 Unix 纪元起到现在的秒数，这两部分都是以秒为单位返回的。

【例 4-20】

下面首先通过 microtime() 函数获取开始时间，接着通过 for 语句遍历 20 次循环，然后通过 microtime() 函数获取结束时间，最后计算结束时间和开始时间的差。代码如下：

```
<?php
$starttime = microtime ();                              // 获取开始时间
for($i = 1; $i < 20; $i ++) {                           // 执行代码
    echo "\$i=" . $i . "<br/>";
}
echo "\n";
$endtime = microtime ();                                // 获取结束时间
echo " 执行时间： " . ($endtime - $starttime);
?>
```

4.5.6 gmdate() 函数

gmdate() 函数用于格式化一个 GMT/UTC 的日期和时间，它所实现的功能与 date() 函数一样，唯一不同的是该函数返回的时间是格林尼治标准时 (GMT)。基本语法如下：

```
string gmdate ( string $format [, int $timestamp ] )
```

例如，当在同一个时区运行以下程序代码时，输出的结果会有所不同：

```
<?php
echo date("M d Y H:i:s", mktime (0,0,0,1,1,2013))."\n";
echo gmdate("M d Y H:i:s", mktime (0,0,0,1,1,2013));
?>
```

4.5.7 time() 函数

time() 函数返回当前的 Unix 时间戳，即返回从 Unix 纪元 (格林尼治时间 1970 年 1 月 1 日 00:00:00) 到当前时间的秒数。基本语法如下：

```
int time ( void )
```

例如，如果读者要获取 30 天以后的日期，可以使用以下代码：

```
$time = time() + 30*24*3600;
$date = date("Y-m-d H:m:s", $time);
```

【例 4-21】

下面的代码演示了 time() 函数的使用：

```
<?php
$nextWeek = time () + (7 * 24 * 3600 );
echo " 当 前 日 期 :" . date ( "Y-m-d" ) . "\n";
echo "7 天后日期 :" . date ( "Y-m-d", $nextWeek ) . "\n";
?>
```

4.6　实战——模拟实现用户系统登录功能

在本节之前，已经详细介绍了 PHP 中的变量处理函数、数学函数、日期和时间函数以及自定义函数的使用。本章实战将综合应用前面介绍的知识点，实现用户系统登录的功能。

【例 4-22】

实现用户系统登录功能的具体步骤如下。

01 创建 index.php 页面，接着向页面的脚本中添加 checkLogin() 函数，该函数用于判断用户名和用户密码是否为 admin。代码如下：

```
<?php
function checkLogin($name, $pass) {
    if ($name == "admin" && $pass == "admin") {
        return true;
    } else {
        return false;
    }
}
// 省略其他代码
?>
```

从上述代码可以看出，checkLogin() 函数需要传入两个参数，其中 $name 表示用户名，$pass 表示用户密码。在函数内部判断用户名和密码是否等于 admin，如果是，则返回 true，否则返回 false。

02 继续在 PHP 脚本中添加 lastoper() 函数，并且向该函数中传入用户名和密码。代码如下：

```
function lastoper($name, $pass) {
    function getInfo() {
        $user [] = " 张佳佳 ";
        $user [] = " 女 ";
        $user [] = " 广东省 广州市 人民路 118 号 ";
        $user [] = "15512345678";
        return $user;
    }
    list ( $realname, $sex, $address, $phone ) = getInfo ();
    $result = checkLogin ( $name, $pass );
    if ($result) {
        echo " 欢迎进入用户管理系统 \n";
        echo "==============================\n";
        echo " 恭喜您，用户 $name 登录成功。当前的登录时间是：" . date ( "F j, Y, g:i a" ) . "\n\n";
        echo " 您的详细信息是：\n";
        echo " 真实姓名：$realname\t 性别：$sex\t 联系地址：$address\t 联系电话：$phone\n\n";
        echo " 您还可以执行以下操作：\n1. 查看用户权限 \n2. 设置用户权限 \n3. 操作用户 \n4. 系统
设置 \n5. 退出系统 \n6. 更多功能 ";
```

```
    } else {
        echo " 很抱歉，用户名或密码登录失败。请重新修改您的用户名和密码进行登录 ";
    }
}
```

在上述代码中，首先在 lastoper() 函数内部声明嵌套函数 getInfo()，该函数返回一个数组对象；接着使用 list() 从数组中方便地获取值；然后调用 checkLogin() 函数并将结果保存到 $result 变量中，最后对 $result 变量的值进行判断。

如果 $result 变量的值为 true，则使用 echo() 函数输出一系列与用户相关的信息，并且使用 date() 函数显示系统的当前日期和时间；如果 $result 变量的值为 false，则直接输出错误提示。

03 在脚本中添加代码进行测试，通过 $name 和 $pass 变量声明用户名和用户密码，最后将两个变量作为参数传入到调用的 lastoper() 函数中。代码如下：

```
$name = "admin";
$pass = "admin";
lastoper($name, $pass);
```

04 所有的内容完成后，运行页面测试脚本，输出结果如下：

```
欢迎进入用户管理系统
===============================
恭喜您，用户 admin 登录成功。当前的登录时间是：October 21, 2016, 5:07 pm

您的详细信息是：
真实姓名：张佳佳    性别：女联系地址：广东省 广州市 人民路 118 号       联系电话：15512345678

您还可以执行以下操作：
1. 查看用户权限
2. 设置用户权限
3. 操作用户
4. 系统设置
5. 退出系统
6. 更多功能
```

4.7 引用文件的函数

在程序编写中，往往有些共同的东西要被很多程序引用。例如数据库连接的账号、程序定义的常量、网页头部的导航栏和网页尾部的版权声明等。

我们可以把这些共用的东西单独写在一个文件里面，然后在需要的地方使用文件引用函数包含进来。显而易见，在程序中引用文件可以大大提高程序开发速度，并可以降低程序的难度，更利于程序修改。

PHP 提供了 4 个文件引用函数，分别是 include、require、require_once 和 include_once。

4.7.1　include() 函数

include() 函数可获得指定文件中的所有文本，并把文本复制到使用 include() 函数的文件中。该函数的语法格式如下所示：

```
bool include(string $filename)
```

这里的 $filename 表示要包含的文件名，如果文件已经被包含则返回 true。当一个文件被包含时，其中所包含的代码继承了 include 所在行的变量范围。从该处开始，调用文件在该行处可用的任何变量在被调用的文件中也都可用。而且所有在包含文件中定义的函数和类都具有全局作用域。

寻找包含文件的顺序是：先在当前工作目录相对的 include_path 下寻找，然后是当前运行脚本所在目录相对的 include_path 下寻找。例如，文件中有一句 include "file1.php"，则寻找 file1.php 的顺序是先 /www/，然后是 /www/include/。如果文件名以“./”或者“../”开始，则只在当前工作目录相对的 include_path 下寻找。

【例 4-23】

在设计某个网站时，考虑到网站风格的统一性以及后期的可维护性，决定总体将页面分为 3 个部分，从上到下依次为页眉导航部分、页中内容显示部分和页脚版权显示部分。

由于每个页面的页眉和页脚是相同的，可以将它们单独放在一个页面中，然后引入到整体页面中，实现一处修改，全站更新的效果。具体步骤如下。

01 创建一个 header.php 作为网站的页眉，并添加有关网站导航的布局代码，本例中的代码如下所示：

```
<header class="xy_h">
    <div class="btn-group">
      <div class="xy_user" data-toggle="dropdown" aria-haspopup="true" aria-expanded="false">
        <img src="images/yh_p1.jpg" alt="" /> 你好，用户 1 <span class="caret"></span>
      </div>
      <ul class="dropdown-menu">
        <li><a href="#" class="clearfix"><i class="fa fa-cog"></i> 修改密码 </a></li>
        <li><a href="#" class="clearfix"><i class="fa fa-share-square-o"></i> 退出 </a></li>
      </ul>
    </div>
    <a href="#" class="xy_logo"><img src="images/xy_logo.png" alt="" /></a>
</header>
```

02 创建一个 footer.php 作为网站的页脚，并添加有关网站版本显示的布局代码。本例中的代码如下所示：

```
<footer>
  <p class="xy_footer_p1"><span>POWERED by TGtech</span> 北京糖果网络科技有限公司 </p>
</footer>
```

03 将上述 header.php 和 footer.php 保存到同一目录中。然后，在该目录中创建一个 index.php 文件作为页面内容显示部分，并在这里使用 include() 函数引入 header.php 和 footer.php 文件。这部分代码如下所示：

```
<?php include("header.php"); ?>
  <div class="xy_box">
    <div class="xy_c2">
      <a class="xy_c2a clearfix" data-toggle="modal" data-target="#myModal1">
        <p class="xy_c2_p1"><i class="fa fa-users"></i></p>
        <p class="xy_c2_p2"> 账号管理 /<br><span>Account Management</span></p>
      </a>
      <a class="xy_c2a bg2 clearfix" data-toggle="modal" data-target="#myModal2">
        <p class="xy_c2_p1"><i class="fa fa-pencil-square-o"></i></p>
        <p class="xy_c2_p2"> 新建项目 /<br><span>Account Management</span></p>
      </a>
      <a class="xy_c2a bg3 clearfix" data-toggle="modal" data-target="#myModal4">
        <p class="xy_c2_p1"><i class="fa fa-list"></i></p>
        <p class="xy_c2_p2"> 项目管理 /<br><span>Account Management</span></p>
      </a>
    </div>
  </div>
<?php include("foot.php"); ?>
```

04 这里由于三个文件在同一目录中，所以 include() 函数包含时不用指定目录。在浏览器中从 index.php 运行查看效果，如图 4-2 所示。

图 4-2 include 示例的运行效果

4.7.2 require() 函数

require() 和 include() 除了处理失败的方式不同外，在各个方面都完全一样。include() 产生一个警告，而 require() 则导致一个致命错误。也就是说，如果想在丢失文件时停止处理页面，应该使用 require()，include() 则会继续执行脚本。

【例 4-24】

假设，现在使用 include() 引用了不存在文件 wrongFile.php，代码如下所示：

```
<html>
<body>
<?php
include("wrongFile.php");                    // 产生一个警告
echo "Hello World!";                         // 此句会执行
?>
</body>
</html>
```

运行后，在页面中会得到类似下面这样的错误消息：

```
错误消息：
Warning: include(wrongFile.php) [function.include]: failed to open stream: No such file or directory in PHPDocument2 on line 4

Warning: include() [function.include]: Failed opening 'wrongFile.php' for inclusion (include_path='d:\MyPHP') in PHPDocument2 on line 4
Hello World!
```

从上面的结果可以看到，虽然产生了错误，但是 echo 语句依然被执行了。这是因为警告不会中止脚本的执行。

现在，让我们使用 require() 函数运行相同的例子，代码如下所示：

```
<html>
<body>
<?php
require("wrongFile.php");                    // 产生一个致命错误
echo "Hello World!";                         // 此句不会执行
?>
</body>
</html>
```

运行后，在页面中会得到类似下面这样的错误消息：

```
Warning: require(wrongFile.php) [function.require]: failed to open stream: No such file or directory in PHPDocument2 on line 4

Fatal error: require() [functiNon.require]: Failed opening required 'wrongFile.php' (include_path=' d:\MyPHP') in PHPDocument2 on line 4
```

由于在致命错误发生后终止了脚本的执行，因此 echo 语句不会执行。

技巧

正因为在文件不存在或被重命名后脚本不会继续执行，因此我们推荐使用 require() 而不是 include()。

4.7.3 include_once() 函数和 require_once() 函数

include_once() 函数和 require_once() 函数分别对应 include() 函数和 require() 函数。它们主要用于需要包含多个文件时，可以有效地避免把同一段代码包含进去而出现函数或变量重复定义的错误。

提示

require() 和 include() 除了处理失败的方式不同外，在各个方面都完全一样。include() 产生一个警告，而 require() 则导致一个致命错误。也就是说，如果想在丢失文件时停止处理页面，应该使用 require()。include() 则会继续执行脚本。

【例 4-25】

为了使读者更加深刻地理解 require_once() 函数和 include_once() 函数与 require() 函数和 include() 函数的区别，下面创建一个案例来演示。具体步骤如下。

01 创建一个 dbConfig.php 文件，添加如下代码到文件内：

```
<?php
$dbAdapter="mysql";
$dbHost="localhost";
$dbName="blog";
$dbUser="root";
$dbPass="root";
function TestDB(){
    global $dbAdapter;
    if($dbAdapter=="mysql")
    {
        echo " 注意：仅支持 MySQL 5.0 以上版本。<br/>";
    }
}
TestDB();
?>
```

02 在同一目录下创建一个 dbTest.php 文件，它的代码如下所示：

```
<?php require "dbConfig.php" ; ?>
<?php
function Open($host)
```

```
{
    echo " 正在连接 $host";
}
?>
```

可以看到，在 dbTest.php 文件中使用 require 函数引入了 dbConfig.php 文件。

03 再创建一个 PHP 页面，在这里使用 require 函数引入上面创建的两个 PHP 文件，并输出其中的信息，代码如下所示：

```
<h1> 测试数据库连接 </h1>
<?php require "dbTest.php" ; ?>
<?php require "dbConfig.php" ; ?>
<h3> 数据库连接信息 </h3>
<ul>
<li> 驱动类型：<?echo $dbAdapter?></li>
<li> 主机名称：<?echo $dbHost?></li>
<li> 用 户 名：<?echo $dbUser?></li>
<li> 用户密码：<?echo $dbPass?></li>
<li> 数据库名称：<?echo $dbName?></li>
</ul>
<?php
Open($dbHost);
?>
```

04 将文件保存为 error_require.php，在浏览器中运行，会看到如图 4-3 所示的效果。

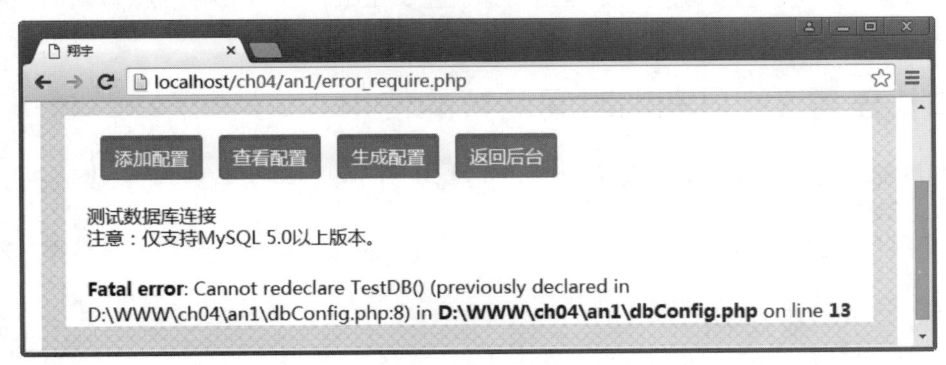

图 4-3　error_require.php 的运行效果

如图 4-3 所示，由于在 dbTest.php 文件中已经引入了 dbConfig.php 文件。因此当运行到 error_require.php 文件的 require "dbTest.php" 语句时，dbTest.php 文件和 dbConfig.php 文件已经都引入了。所以，再往下运行到 require "dbConfig.php" 语句时，会提示在 dbConfig.php 文件中声明的 TestDB() 函数已经存在，无法重新定义。

05 为了避免多次引用同一个文件导致的错误，可以使用 require_once() 来解决。具体方法是，把 error_require.php 文件和 dbTest.php 文件中的 require 函数换为 require_once 函数。然后将 error_require.php 文件重命名为 require_once.php。

06 通过浏览 require_once.php 文件查看此时的运行效果，如图 4-4 所示。

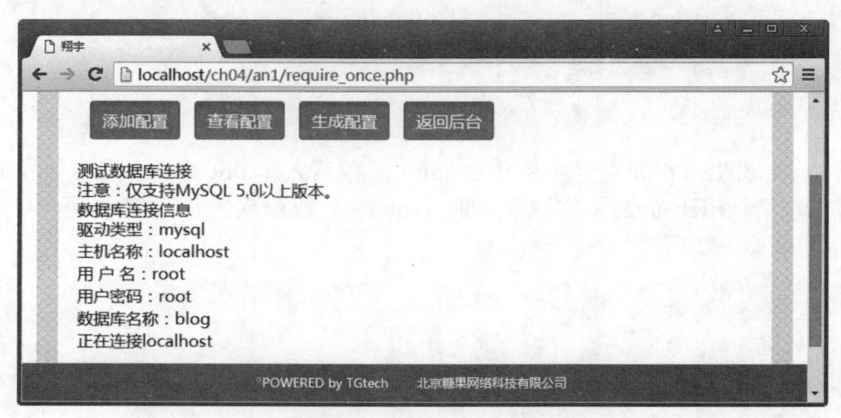

图 4-4 require_once.php 的运行效果

从图 4-4 中可以看到，此时正确运行并输出了在 dbTest.php 文件和 dbConfig.php 文件中定义的输出。

4.8 成长任务

成长任务 1：编写自定义函数

编写一个按值传递参数的函数，该函数接收一个参数，并且必须是整数，函数的返回值也必须是整型。这个函数实现的结果是对传递的整数由最低位向最高位依次输出。例如，如果向函数中传递参数 8956，则会输出 6598。

成长任务 2：日期和时间函数的使用

假设系统的当前日期和时间是 2016 年 10 月 21 日 18 时 25 分 30 秒，读者需要按照下面的要求进行操作。

(1) 调用合适的函数将当前时间以“年 - 月 - 日”的格式输出，最终输出结果：2016-10-21。

(2) 计算 7 天以后的日期。

(3) 计算 30 天以后的日期。

(4) 使用 getdate() 函数获取当前系统的准确日期和时间，然后分别获取小时、分钟和秒钟的数字表示信息，月份的完整文本表示信息，以及 4 位数字表示的完整年份。

第 5 章

面向对象编程

最早的程序开发使用的是结构化程序设计语言，但是随着时间的推移，软件的规模逐渐增大，使用结构化语言出现了各种弊端，导致开发周期拖延，产品的质量也不尽如人意。这一切都表明结构化语言不再适合当前的软件开发。于是，程序设计者们将另一种开发思想引入程序设计过程中，那就是面向对象开发思想。

PHP 5 引入了新的对象模型 (Object Model)，并且完全重写了 PHP 处理对象的方式，以支持更多的面向对象特性。

本章首先向读者简单叙述面向对象的概念。然后重点对 PHP 中的实现进行介绍，包括创建类、构造函数、类常量、类的方法、PHP 作用域关键字以及继承的实现等。

本章学习要点

◎ 理解什么是对象
◎ 了解面向对象的抽象、封装、继承和多态
◎ 掌握类的定义和实例化
◎ 掌握构造函数的使用
◎ 掌握常量、属性和方法的定义和方法
◎ 理解 abstract、final 和 protected 关键字的作用域
◎ 掌握 private、public 和 static 关键字的作用
◎ 掌握类和构造函数继承的使用

扫一扫，下载
本章视频文件

5.1 面向对象简介

面向对象简称 OO(Object Oriented)，从 20 世纪 80 年代以后，有了面向对象分析 (OOA)、面向对象设计 (OOD)、面向对象程序设计 (OOP) 等新的系统开发方式模型的研究，把现实世界中的对象抽象地体现在编程世界中，一个对象就代表了某个具体的操作，而一个个的对象最终组成了完整的程序设计，这些对象可以是独立存在的，也可以是从别的对象继承过来的，对象之间通过相互作用传递信息，实现程序开发。

5.1.1 对象的概念

学习面向对象，首先要理解什么是对象。对象是对事物的抽象表示。在面向对象的术语中，一切皆是对象，一个对象就代表一个具体的功能操作，我们不需要了解这个对象是如何实现某个操作的，只需要知道该对象可以完成哪些操作即可。

对象总是具有下列特点。

(1) 万物皆为对象。

例如一本书、一个纸箱、一支笔、一台音响等，这些都是具体的对象。

(2) 对象都是唯一的。

世界上没有两个相同的指纹，在面向对象中也是如此，任何对象都是唯一的。

(3) 对象具有属性和行为。

例如汽车具有品牌、排量、重量、长度、生产日期等属性，还具有发动、行驶、倒车、自动导航等行为。

(4) 对象具有状态。

状态是指某一时刻对象的各个属性的取值。因为对象的属性并不是一直不变的，例如一台汽车的速度和行驶公里数等属性。

(5) 对象都属于某个类别。

每个对象都是某个类别的实例。例如宝马汽车和奥迪汽车都是汽车的实例，都是属于汽车类；学生李华和学生陈丽都是学生的实例，都属于学生类。同一个类的所有实例都具有相同的属性，只不过属性的取值不一定相同。例如宝马汽车和奥迪汽车都有外观、车身尺寸、发动机型号等属性，但是这些属性的值不一定相同。

5.1.2 抽象性

“物以类聚，人以群分”是指把众多的事物进行归纳和分类，这也是人们在认识客观世界时经常采用的思维方法。而这里分类所依据的原则就是抽象。

抽象 (Abstract) 就是忽略事物中与当前目标无关的非本质特征，更充分地注意与当前目标有关的本质特征，从而找出事物的共性，并把具有共性的事物划为一类，得到一个抽象的概念。

例如，在设计一个学生管理系统的过程中，考察学生李华这个对象时，就只关心他的学号、班级、成绩等，而忽略他的身高、体重等信息。因此，抽象性是对事物的抽象概括和描述，实现了客观世界向计算机世界的转化。将客观事物抽象成对象及类是比较难的过程，也是面向对象方法的第一步。例如，将学生抽象成对象及类的过程如图 5-1 所示。

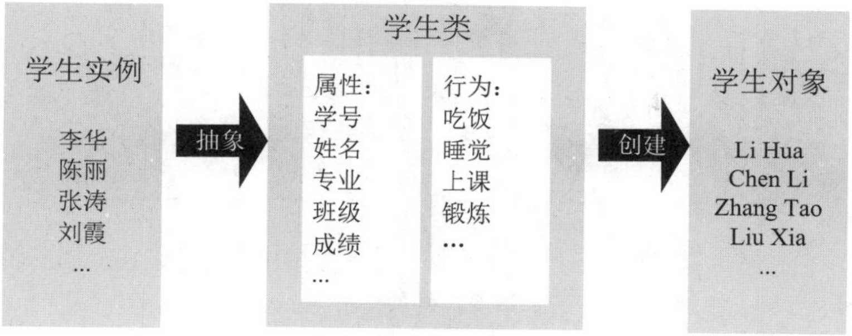

学生实例		学生类		学生对象
李华 陈丽 张涛 刘霞 …	抽象 →	属性： 学号 姓名 专业 班级 成绩 … ／ 行为： 吃饭 睡觉 上课 锻炼 …	创建 →	Li Hua Chen Li Zhang Tao Liu Xia …

图 5-1　抽象过程示意

5.1.3　封装性

封装 (Encapsulation) 是指把对象的属性和行为结合成一个独立的单位，并尽可能隐藏对象的内部细节。例如图 5-1 中的学生类就实现了封装。

通常来说封装有两个含义：一是把对象的全部属性和行为结合在一起，形成一个不可分割的独立单位，对象的属性值 (除了公有的属性值) 只能由这个对象的行为来读取和修改；二是尽可能隐藏对象的内部细节，对外形成一道屏障，与外部的联系只能通过外部接口实现。

封装的信息隐蔽作用反映了事物的相对独立性，可以只关心它对外所提供的接口，即能做什么，而不注意其内部细节，即怎么提供这些服务。例如，对于一台冰箱，我们不需要知道它具体的实现细节，怎样使用电能控制温度的冷藏与保鲜。我们只要知道怎么打开冰箱，怎么调整温度，怎样存储食品即可。

封装的结果是使对象以外的部分不能随意存取对象的内部属性，从而有效地避免了外部错误对它的影响，大大减小了查错和排错的难度。另一方面，当对象内部进行修改时，由于它只通过少量的外部接口对外提供服务，因此同样减小了内部修改对外部的影响。

封装机制将对象的使用者与设计者分开，使用者不必知道对象行为实现的细节，只需要用设计者提供的外部接口让对象去做。封装的结果实际上隐蔽了复杂性，并提高了代码重用性，从而降低了软件开发的难度。

注意

如果一味地强调封装，则对象的任何属性都不允许外部直接存取，会增加许多没有其他意义、只负责读或写的行为。这为编程工作增加了负担，增加了运行开销，并且使得程序显得臃肿。为了避免这一点，在语言的具体实现过程中应使对象有不同程度的可见性，与客观世界的具体情况相符合。

5.1.4　继承性

客观事物既有共性，也有特性。如果只考虑事物的共性，而不考虑事物的特性，就不能反映出客观世界中事物之间的层次关系，不能完整地、正确地对客观世界进行抽象描述。运用抽象的原则就是舍弃对象的特性，提取其共性，从而得到适合一个对象集的类。

如果在这个类的基础上，再考虑抽象过程中被舍弃的一部分对象的特性，则可形成一个新的类。这个新类具有前一个类的全部特征，是前一个类的子集，形成一种层次结构，即继承结构，如图 5-2 所示。

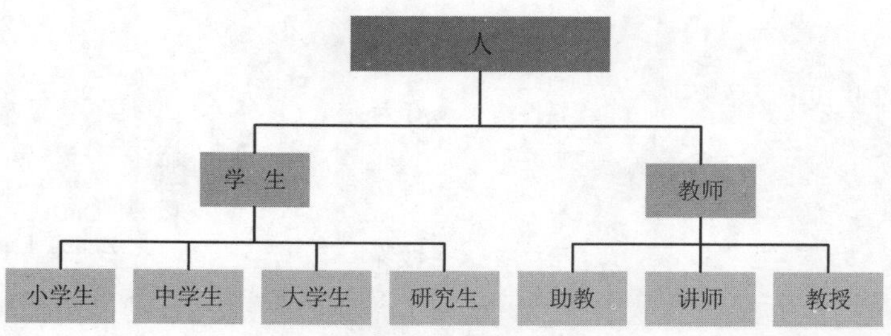

图 5-2 类的继承

继承 (Inheritance) 是一种连接类与类的层次模型。继承性是指特殊类的对象拥有其一般类的属性和行为。继承意味着“自动地拥有”，即特殊类中不必重新定义已在一般类中定义过的属性和行为，而是自动地、隐含地拥有其一般类的属性和行为。当这个特殊类又被它更下层的特殊类继承时，它继承来的及自己定义的属性和行为又被下一层的特殊类继承下去。因此，继承是传递的，体现了大自然中特殊与一般的关系。

在软件开发过程中，继承性实现了软件模块的可重用性、独立性，缩短了开发周期，提高了软件开发的效率，同时，使软件易于维护和修改。这是因为要修改或增加某一属性或行为，只须在相应的类中进行改动，而它派生的所有类都自动地、隐含地做了相应的改动。

由此可见，继承是对客观世界的直接反映，通过类的继承，能够实现对问题的深入抽象描述，反映出人类认识问题的发展过程。

5.1.5 多态性

面向对象设计借鉴了客观世界的多态性，体现在不同的对象收到相同的消息时可以产生多种不同的行为方式。

例如，在一般类“几何图形”中定义了一个行为“绘图”，但并不确定执行时到底画一个什么图形。特殊类“椭圆”和“多边形”都继承了几何图形类的绘图行为，但其功能却不同，一个是要画出一个椭圆，另一个是要画出一个多边形。这样，一个绘图的消息发出后，椭圆、多边形等类的对象接收到这个消息后，将各自执行不同的绘图函数，如图 5-3 所示，这就是多态性的表现。

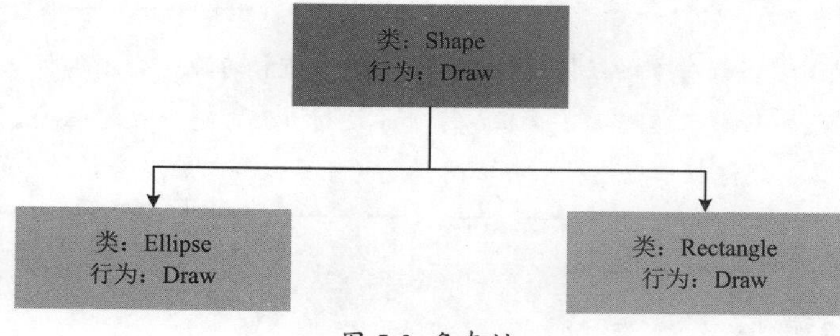

图 5-3 多态性

具体地说，多态性 (Polymorphism) 是指类中同一函数名对应多个具有相似功能的不同函数，可以使用相同的调用方式来调用这些具有不同功能的同名函数。

提示

继承性和多态性的结合，可以生成一系列虽类似但却独一无二的对象。由于继承性，这些对象共享许多相似的特征；由于多态性，针对相同的消息，不同对象可以有独特的表现方式，实现特性化设计。

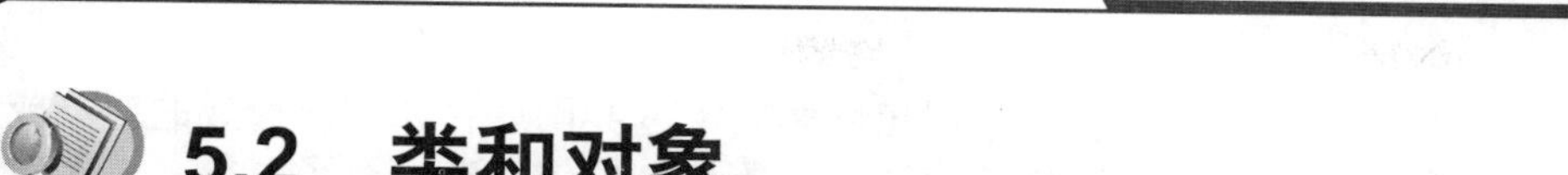

5.2　类和对象

类是抽象的，它是具有相同行为和特点的多个对象的集合；对象是具体的，是类实例化后的结果。本节将开始介绍 PHP 中的类和对象，包括类和对象的关系、类的定义和使用、构造函数和析构函数等内容。

5.2.1　高手带你做——认识类和对象

具有相同特性（数据元素）和行为（功能）的对象的抽象就是类，因此对象的抽象是类，类的具体化就是对象，也可以说类的实例是对象。

让我们来看看人类所具有的一些特征，这个特征包括属性（一些参数，数值）以及方法（一些行为，他能干什么）。每个人都有身高、体重、年龄、血型等属性。人会劳动、会直立行走、会用自己的头脑去发明创造等。人之所以能区别于其他类型的动物，是因为每个人都具有人这个群体的属性与方法。“人类”只是一个抽象的概念，它仅仅是一个概念，它不是存在的实体。但是，所有具备“人类”这个群体的属性和方法的对象都叫人。这个对象“人”是实际存在的实体。每个人都是人这个群体的一个对象。老虎为什么不是人？因为它不具备人这个群体的属性和方法，老虎不会直立行走，不会使用工具等。所以说老虎不是人。也就是说，类是概念模型，定义对象的所有特性和所需的操作，对象是真实的模型，是一个具体的实体。由此可见，类描述了一组有相同特性（属性）和相同行为（方法）的一组对象的集合。

对象或实体所拥有的特征在类中表示时称为类的属性。例如，每一个人都具有姓名、年龄和体重，这是所有人共有的特征。但是每一个对象的属性值又各不相同，例如，小明和小红都具有体重这个属性，但是他们的体重值是不同的。

对象执行的操作称为类的方法。比如，人类的对象都具有的行为是“吃饭”，因此，吃饭就是类的一个方法。

综上所述，类是描述实体的“模板”和“原型”，它定义了属于这个类的对象所应该具有的状态和行为。比如，一个学生在上课。正在上课的学生作为类，它定义了如下信息：

- 姓名。
- 上课。

使用该类定义的不同姓名的人是上课学生类的对象，他们可能是小明、小红、小丽等。在 PHP 面向对象编程中，用自定义的类模型可以创建该类的一个实例，也就是对象。

类是实体对象的概念模型，因此通常是笼统的、不具体的。表 5-1 给出了类和对象的更多示例。

表 5-1　类和对象的示例

类	对　象
人	正在做清洁的环卫工人小刘
	教室里的学生张丽
汽车	一辆黄色的宝马跑车
	一辆白色的林肯轿车
动物	一个叫“猫咪”的小花猫
	一个叫“欢欢”的贵宾犬

类是构造面向对象程序的基本单位，是抽取出同类对象的共同属性和方法形成的对象或实体的“模板”。而对象是现实世界中实体的描述，对象要创建才存在，有了对象，才能对对象进行操作。类是对象的模板，对象是类的实例。

在使用对象前，需要先创建该对象，创建和使用一个对象有以下几个步骤。

01 编写类的代码。

使用 PHP 的类声明语句编写类，类声明包含类的所有属性和方法。

02 将要使用的对象的类文件包含到当前脚本中。

类的声明可以写在当前脚本中，但是较为常见的是将一个类保存在单独的文件中，要用这个类时调用 include() 或者 require() 将类文件引用包含进来。

03 在脚本中创建一个对象。

引用类文件后，开发人员可以使用 new 关键字创建一个基于该类的对象，也称为实例。

04 使用新对象。

创建一个新的对象后，开发人员可以用它来执行一些行为，调用类中相关的成员方法，并实现自己所需要的功能逻辑。

5.2.2 定义类

在 PHP 中，定义类的方法非常简单，语法格式如下：

```
class class_name
{
    // 这里是类中定义的属性和行为等
}
```

其中，class_name 表示要创建的类名称，一般首字母应该大写。在大括号中是类的具体定义，可以在其中编写类的字段、属性和方法等成员。

【例 5-1】

创建一个新的类，就是创建一个新的数据类型。实例化一个类，就是得到类的一个对象。因此，对象就是一组变量和相关方法的集合，其中变量表明对象的状态、属性，方法表明对象所具有的行为。定义一个类的步骤如下。

01 声明类。编写类的最外层框架，例如声明一个名称为 Person 的类：

```
class Person{
    // 类的主体
}
```

02 编写类的属性。在类中的数据和方法统称为类成员。其中，类的属性就是类的数据成员。通过在类的主体中定义变量来描述类所具有的特征（属性），这里声明的变量称为类的成员变量。

03 编写类的方法。类的方法描述了类所具有的行为，是类的方法成员。可以简单地把方法理解为独立完成某个功能的单元模块。

下面来继续完善一个简单的Person 类：

```
class Person
{
    private $name;                          // 姓名
    private $age;                           // 年龄
    public function tell(){                 // 定义说话的方法
        printf($this->name." 今年 ".$this->age." 岁！ ");
    }
}
```

上述代码在 Person 类中首先定义了两个属性，分别为 name 和 age，然后定义了一个名称为 tell() 的方法。

5.2.3　实例化类

我们知道，对象是类实例化后的结果。在 PHP 中定义好类之后，便可以使用 new 关键字实例化一个类的对象。其语法格式如下所示：

```
$object_name = new class_name();
```

$object_name 表示要创建的对象名称，class_name 是类的名称，跟在类名后面的括号是必需的。

【例 5-2】

根据实例化的语法，创建两个 Person 类的实例，并将对象名称分别命名为 $xiaoming 和 $lili。实现语句如下：

```
$xiaoming = new Person();               // 创建 Person 类的实例，名为 $xiaoming
$lili = new Person();                   // 创建 Person 类的实例，名为 $lili
```

提示

当对象创建完成之后，就可以直接调用类中方法和字段了。一个类可以有多个对象。

5.3　类的成员

上一节学习了如何创建一个类、实例化类。本节将详细介绍类成员的使用，即定义在类大括号中的内容。PHP 中的类成员主要可以分为常量、字段、属性和方法。

5.3.1　常量

在 PHP 的类中使用 const 关键字定义常量。这种方式定义的常量名称前面不需要加 $ 修饰符，而且常量名称一般都大写。定义语法格式如下所示：

```
const NAME = VALUE;
```

这里的 NAME 表示常量的名称，VALUE 表示常量的值。这里的 VALUE 不可以是一个变量、类的成员、数学表达式或函数调用的结果，必须是一个常量表达式。

类常量的访问方式与其他普通变量不同，不能使用对象的实例来访问。如果是在类中访问常量应该使用“self:: 常量名”，在外部访问类中的变量则使用“类名 :: 常量名”。

【例 5-3】

下面创建一个案例，使用面向对象的方式来实现计算圆的面积。圆的面积计算公式为：

$$A= 半径 \times 半径 \times 圆周率$$

圆周率又是一个固定的值，因此可以很容易实现。

首先，创建一个表示圆的类 Circle，然后在类中通过常量指定圆周率 PI 的值，再创建一个方法来计算结果。具体实现代码如下所示：

```
<?php
class Circle                                    // 创建一个 Circle 类表示圆
{
    const PI=3.1415926;                         // 常量 PI 表示圆周率
    public function Area($r)
    {
        return self::PI * $r * $r;              // 返回面积
    }
}
$s = new Circle();
echo "PI 的值为：".Circle::PI."\n";            // 访问 Circle 类中的常量 PI
echo " 所求圆面积 A 是：".$s->Area(10);
?>
```

上述代码中，Circle 类中使用 self::PI 来使用常量 PI，而在类外部必须使用 Circle::PI 来使用常量 PI。执行后，输出结果如下：

```
PI 的值为：3.1415926
所求圆面积 A 是：314.15926
```

5.3.2 字段

字段用来描述类具有哪些属性，也就是对象所具有的属性，用来表示实体的某一种状态。通常我们都是在类的开始位置声明字段，并为字段赋初值。

在 PHP 中创建一个字段和创建一个变量的方法基本相同，只不过创建的位置不同。因此，在弱类型的 PHP 中，字段也可以不声明而直接创建并赋值，不过不推荐这样使用。

【例 5-4】

创建一个表示学生的 Student 类，然后添加 5 个字段，分别表示学生的姓名、性别、年龄、身高和体重。Student 类的定义如下所示：

```
<?php
class Student{
```

```
    public $name;                                      //姓名
    var $sex=true;                                     //性别
    public $age=22;                                    //年龄
    var $height;                                       //身高
    var $weight;                                       //体重
}
?>
```

上述代码在 $name 和 $age 字段前面都使用了修饰符指定字段的作用范围。并且在类定义时让 $sex 字段的初始值为 true，$age 的初始值为 22。

要引用类中的一个字段，应该使用“->”操作符。字段只属于某一个对象，所以使用字段时还需要指明该字段是属于哪个对象。使用字段的完整语法格式如下：

```
$object_name->field;  //$object_name 是对象实例名称，field 是要引用字段的名称
```

【例 5-5】

根据上面学生类 Student 的定义，创建一个名为 $xia 的对象，并输出学生的性别和年龄信息。实现代码如下所示：

```
<?php
class Student{
    public $name;                              //姓名
    var $sex=true;                             //性别
    public $age=22;                            //年龄
    var $height;                               //身高
    var $weight;                               //体重
}
$xia=new Student();                            //实例化 $xia 对象
echo "大家好，新手报到。\n";
$sex=$xia->sex?"女":"男";                      //获取 $sex 字段的值，并转换为字符串"男"或"女"
echo "性别：$sex\n";                           //输出性别
echo "年龄：$xia->age";                        //输出年龄
echo "\n 结束";
?>
```

由于在 Student 类中将性别 $sex 字段定义为布尔型，所以在使用 $xia->sex 获取该字段的值之后进行了转换，并将转换后的字符串保存在 $sex 变量中。对于 $age 字段的年龄信息则可以直接输出，运行后的结果如下所示：

```
大家好，新手报到。
性别：女
年龄：22
结束
```

【例 5-6】

创建一个 Book 类来保存图书信息，包括编号、书名、价格、作者和出版社。然后，创建一个该类的对象进行测试并输出结果。

实现这个功能有很多种方法，这里我们使用刚学过的字段来实现，具体代码如下：

```
<?php
class Book {
  private $id;                                    // 私有字段，表示编号
  var $name=" 无 ";                               // 书名字段
  public $price=0;                                // 价格字段
  var $author=" 无 ";                             // 作者字段
  public $pub=" 无 ";                             // 出版社字段
  function __construct($bookid)
  {
    $this->id=$bookid;
  }
  function toAll()                                // 输出图书信息
  {
    printf("《 %s 》",$this->name);
    echo " 具体信息如下：\n";
    echo " 书号：$this->id \n";
    echo " 作者：$this->author\n";
    echo " 价格：$this->price \n";
    echo " 出版社：$this->pub \n";
  }
}
$php=new Book("11640020” );                       // 创建 Book 类的对象 $php
$php->name="PHP 一百例 ";                         // 对 $name 字段进行赋值
$php->price=39.8;                                 // 对 $price 字段进行赋值
$php->author=" 张浩太 ";                          // 对 $author 字段进行赋值
$php->pub=" 清华大学出版社 ";                     // 对 $pub 字段进行赋值
$php->toAll();                                    // 输出信息
?>
```

上述代码中，在 Book 类中定义了 5 个字段，还包含一个构造函数以及一个用于输出信息的 toAll() 函数。在 toAll() 函数中为了引用本类中的字段，需要在前面使用“$this->”前缀。执行结果如下所示：

```
《 PHP 一百例 》具体信息如下：
书号：11640020
作者：张浩太
价格：39.8
出版社：清华大学出版社
```

5.3.3　属性

由于 PHP 5 中没有提供属性处理功能，因此需要我们自己实现这一功能。实现方式主要有两种，第 1 种是通过在类中重载 __set() 方法和 __get() 方法来实现对属性的处理。第 2 种则是使用类似 setName() 和 getName() 的公共方法来获取和设置属性的值。

1. __set() 方法

__set() 方法用于为隐藏的字段赋值，并且还可以在为类字段赋值之前添加一些验证数据的代码。语法格式如下所示：

```
boolean __set([String property_name,][mixed value_to_assign])
```

这里包括两个参数，分别表示要设置的属性名和相应属性值。如果执行成功，将返回 true，否则将返回 false。

2. __get() 方法

__get() 方法用于获取类变量的值，它的语法格式如下所示：

```
boolean __get([string property_name])
```

可以看到，该方法只有一个参数，表示要获取的变量名称。如果方法执行成功，将返回 true，否则将返回 false。

【例 5-7】

下面创建一个示例，说明如何使用 __set() 方法和 __get() 方法来对属性进行操作。实现代码如下所示：

```
<?php
class Rectangle {
    private $Width;                                              // 私有属性 $ Width
    public $Height;                                              // 公有属性 $ Height
    //__set() 方法设置属性
    function __set($property_name, $value) {
        echo " 自动调用 __set() 方法为属性 $property_name 赋值 \n";
        $this->$property_name = $value;
    }
    //__get() 方法获取属性
    function __get($property_name) {
        echo " 自动调用 __get() 方法获取属性 $property_name 的值 \n";
        return isset($this->$property_name) ? $this->$property_name : null;
    }

}
$rect=new Rectangle();
$rect->Width=23;
// 直接为私有属性赋值的操作，此时会自动调用 __set() 方法进行赋值
```

```
$rect->Height =40;
// 直接获取私有属性的值，此时会自动调用 __get() 方法，返回属性的值
echo " 矩形的高为： ".$rect->Height."， 宽为： ".$rect->Width;
?>
```

上述代码创建了一个类 Rectangle，其中包含了私有属性 $Width 和公有属性 $Height。另外，还编写了 __set() 方法和 __get() 方法重载代码。执行后，输出结果如下所示：

```
自动调用 __set() 方法为属性 Width 赋值
自动调用 __get() 方法获取属性 Width 的值
矩形的高为：40，宽为：23
```

注意

__set() 和 __get() 前面是两个下划线，而不是一个。如果格式不正确，方法将不能执行。

3. 自定义属性获取和设置方法

使用 __set() 方法和 __get() 方法的缺点是无法处理大型且比较复杂的对象属性。因此，PHP 提供了一种由开发人员自定义属性的获取和设置方法。

【例 5-8】

仍然以 Rectangle 类为例，下面演示如何为私有属性读取和设置值。代码如下所示：

```
<?php
class Rectangle{
    private $Width=0;                              // 私有属性 $Width
    public $Height=0;                              // 公有属性 $Height
    function getWidth()                            // 获取私有属性 $Width 的值
    {
        return $this->Width;
    }
    function setWidth($value)                      // 为私有属性 $Width 赋值
    {
        $this->Width=$value;
    }
}
$rect=new Rectangle();
echo " 矩形的高为： ".$rect->Height."， 宽为： ".$rect->getWidth();
$rect->Height=20;
$rect->setWidth(50);
echo "\n 矩形的新高为： ".$rect->Height."， 新宽为： ".$rect->getWidth();
?>
```

上述代码创建了一个 Rectangle 类，声明了一个私有属性 $Width，并为该属性创建了自

定义的获取和设置的方法，分别是 getWidth() 和 setWidth()。

运行后的输出结果如下所示：

```
矩形的高为：0，宽为：0
矩形的新高为：20，新宽为：50
```

5.3.4　方法

PHP 类的方法 (Method) 与函数比较相似，只不过方法是用来定义类的行为。类中的方法可以完成指定的功能，并具有返回值；同样也可以接受输入参数，并对该数值做出校验，再返回结果。

在类中创建方法的语法格式与函数的创建相同，只不过类中的方法都必须使用一些关键字进行定义。声明方法的语法格式为：

```
scope function method_name(){
    //方法体
}
```

在上述代码中，scope 表示方法的作用域范围，可选值有 public、protected 和 private，如果没有设置这些关键字，默认为 public。method_name 表示方法的名称，大括号中的方法体表示该方法执行的语句。

【例 5-9】

对于一个计算器来说，执行计算功能应该是最基本的。因此，可以将计算作为计算器的行为，而在面向对象中使用方法来表示对象的行为。

下面就创建一个用于执行计算的计算器类，具体代码如下所示：

```
<?php
class Calculator {                                  //定义计算器类
    function calc($number1,$number2,$op)            //定义执行计算的方法
    {
        if($this->check($op))                       //判断操作符是否有效
        {
            switch($op)                             //执行相应的计算
            {
                case "+":
                    $result=$number1+$number2;
                    break;
                case "-":
                    $result=$number1-$number2;
                    break;
                case "*":
                    $result=$number1-$number2;
                    break;
```

```
                    case "/":
                        $result=$number1/$number2;
                        break;
                }
                echo(" 操作数 1：$number1 \n");
                echo(" 操作数 2：$number2 \n");
                echo(" 操作符：$op \n");
                printf("%d %s %d=%.2f \n",$number1,$op,$number2,$result);
            }
            else{
                echo " 出错：操作符必须是 '+,-,*,/' 之一。\n";
            }
        }
        private function check($op)                              // 定义操作符检测方法
        {
            return (($op=="+")||($op=="-")||($op=="*")||($op=="/"));
        }
    }
    ?>
```

在 Calculator 类中定义了两个方法，calc() 方法前面没有指定关键字，默认使用 public 进行修饰；check() 方法使用 private 关键字进行修饰，并返回一个布尔型。其中 calc() 方法用于执行计算并输出结果，check() 方法用于检查计算时的操作符是否有效。

创建一个方法之后，就可以通过“对象名 -> 方法名 ()”格式调用类的公共方法了。Calculator 类的测试代码如下：

```
$c=new Calculator();
$c->calc(33, 2, "+");                                    // 调用 calc() 方法
$c->calc(33, 2, "%");
```

注意，check() 方法是私有方法，不能直接调用。执行后，输出结果如下：

```
操作数 1：33
操作数 2：2
操作符：+
33 + 2=35.00
出错：操作符必须是 '+,-,*,/' 之一。
```

5.4 构造函数和析构函数

构造函数在创建类的实例化对象时自动执行，在这里可以对成员进行初始化，或者执行

一些特殊操作。与它对应的还有一个析构函数，析构函数在实例化对象销毁时自动执行。它通常用于执行一些清理资源的工作，例如释放内存、删除变量和关闭数据库连接等。

5.4.1　构造函数

PHP 中，构造函数的名称被统一命名为 __construct()(__ 是两个下划线)。也就是说，如果在一个类中声明一个命名为 __construct() 的函数，那么该函数将被当成是一个构造函数，并且在建立对象实例时被执行。

构造函数的语法格式如下所示：

```
function __construct([arg1, arg2 , ... , argn]){
    // 构造函数体
}
```

就像其他任何函数一样，构造函数可以有参数或者默认值。

注意

在每个类中最多只允许有一个构造函数。

例如，在创建的 Student 类中定义构造函数 __construct()，在构造函数中对成员进行初始化设置。代码如下：

```
<?php
class Student{
    private $Name;
    private $Age;
    function __construct()
    {
        $this->Name=" 李霞 ";
        $this->Age=18;
    }
    public function toString()
    {
        echo $this->Name." 今年 ".$this->Age." 岁。";
    }
}
$stu=new Student();
$stu->toString();
?>
```

运行后，在页面中将显示“李霞今年 18 岁。”，因为在执行“$stu=new Student();”语句创建 $stu 对象时将会自动调用构造函数，在构造函数中对 $Name 字段和 $Age 字段进行了赋值操作。

5.4.2 高手带你做——查看个人信息

每个员工都会有他的档案，主管可以查看在职员工的档案。使用 PHP 创建一个员工实体类，然后通过构造方法创建一个名为“王洁”的员工，最后打印出员工档案信息。

【例 5-10】

示例步骤如下。

01 创建 Employee 类，在该类中定义个人基本信息属性，并定义一个带有参数的构造函数，代码如下：

```
class Employee
{
    private $name;              // 姓名
    private $age;               // 年龄
    private $sex;             // 性别
    private $birthday;              // 出生日期
    private $constellation;             // 星座

    public function __construct($_name, $_age, $_sex, $_birthday, $_constellation)
    {
        $this->name = $_name;
        $this->age = $_age;
        $this->sex = $_sex;
        $this->birthday = $_birthday;
        $this->constellation = $_constellation;
    }

    public function intro()
    {
        return " 姓名： " . $this->name . "\n 年龄： " . $this->age . "\n 性别： " . $this->sex . "\n 出生日期： " .
$this->birthday . "\n 星座： " . $this->constellation;
    }

}
```

在 Employee 类中，首先声明了 5 个成员变量（属性），然后定义了 Employee 类的构造函数，该构造函数中需要传递 5 个参数，并将传递的这 5 个参数值赋给该类中的 5 个成员变量。接着创建了 intro() 方法，返回个人基本信息内容。

02 创建员工类 Employee 的实例，在 Employee 类的构造函数中对其属性进行初始化，并调用 intro() 方法，输出个人基本信息。代码如下：

```
$wang = new Employee(" 王洁 ", 21, " 女 ", "2016-02-21", " 狮子座 ");
$intro = $wang->intro();
printf($intro);
```

运行上述代码，打印出的个人基本信息如下所示：

```
姓名：王洁
年龄：21
性别：女
出生日期：2016-02-21
星座：狮子座
```

5.4.3　析构函数

同构造函数一样，析构函数也有一个统一的命名，即 __destruct()(__ 是双下划线)。析构函数允许在使用一个对象之后执行任意代码来清除内存。默认时仅仅释放对象属性所占用的内存并删除对象相关的资源。

注意

与构造函数不同的是，析构函数 __destruct() 不接受任何参数。

下面通过一个例子讲解构造函数和析构函数的使用。在该例子中，计算从类中实例化对象的个数。Counter 类在构造函数中增值，在析构函数中减值。实例代码如下所示：

```php
<?php
  class Counter
  {
    private static $count = 0;
    function __construct()                     // 构造函数
    {
      self::$count++;                          // 实例化时自动执行
    }
    function __destruct()                      // 析构函数
    {
      self::$count--;                          // 释放时自动执行
    }
    function getCount()                        // 创建一个方法
    {
      return self::$count;
    }
  }
  $num = new Counter();                        // 建立第一个实例
  echo $num ->getCount()."<br/>";              // 输出 1
  $num1 = new Counter();                       // 建立第二个实例
  echo $num1 ->getCount()."<br/>";             // 输出 2
  $num1 = NULL;                                // 销毁实例
  echo $num ->getCount();                      // 输出 1
?>
```

执行后输出结果如下：

```
1
2
1
```

5.5 作用域关键字

在前面使用的 public 和 private 就是作用域关键字，他们用来修饰类中的方法和字段，每一个都对应一种作用域范围。

PHP 中的作用域关键字有 6 个，分别是：abstract、final、private、protected、public 和 static，下面予以详细介绍。

5.5.1 abstract 关键字

PHP 5 支持抽象类和抽象方法。抽象类不能直接被实例化，必须先继承该抽象类，然后再实例化子类。任何一个类，如果它里面至少有一个方法是被声明为抽象的，那么这个类就必须被声明为抽象的。如果类方法被声明为抽象的，那么其中就不能包括具体的功能实现。

继承一个抽象类的时候，子类必须实现抽象类中的所有抽象方法；另外，这些方法的可见性必须和抽象类中一样。如果抽象类中某个抽象方法被声明为 protected，那么子类中实现的方法就应该声明为 protected 或者 public，而不能定义为 private。

abstract 关键字就是用来定义抽象方法和类。抽象方法的语法格式如下：

```
abstract function method_name();
```

如果一个类使用 abstract 声明为抽象类，那么该类中的方法都是抽象方法。例如，下面的代码使用 abstract 声明了一个抽象类 AbstractClass 和 3 个抽象方法：

```
<?php
abstract class AbstractClass                                    // 抽象类
{
    abstract function Method1();                          // 抽象方法
    abstract function Method2();                          // 抽象方法
    abstract function Method();                           // 抽象方法
}
?>
```

提示

抽象类不能够实例化，它的作用类似于接口，就是产生子类的同时给子类一些特定的属性和方法。

5.5.2　final 关键字

final 是 PHP 5 新增的作用域关键字，可以用在类的前面或者方法的前面。在一个方法的前面加上 final 关键字时，表示该方法不可以被重写，即在该类的子类中只允许调用，不允许重新设置该方法的功能。如果一个类声明了 final，那该类不能被继承。

下面的代码演示了如何使用 final 关键字声明方法，以及访问其定义的方法：

```
<?php
class Cat
{
  final function say()                          // 使用 final 关键字
  {
    echo " 我是可爱喵 ";
  }
}
Cat::say();                                              // 直接访问
$cat=new Cat();
echo "\nWho are you?\n";
echo $cat->say();                                        // 通过对象访问
?>
```

执行后，输出结果如下：

```
我是可爱喵
Who are you?
我是可爱喵
```

5.5.3　private 关键字

private 表示私有的，通过 private 关键字修饰的字段和方法只能在类的内部使用，不能通过类的实例化对象调用，也不能通过类的子类调用。如果某些方法是作为另外一些方法的辅助，可以将该方法声明为私有。

private 的使用方式与 public 的使用方式相同，两者只是作用域范围的不同。在 PHP 中访问 private 修饰的成员时必须使用 $this 关键字。

【例 5-11】

对于人来说，姓名、性别和出生日期是不能修改的，但是，我们的年龄会发生变化。为此，可以创建一个表示人的 People 类，然后将姓名、性别和出生日期声明为私有的，不能修改，只能在类实例化时指定一次。而将年龄作为公共字段。

具体实现代码如下：

```
<?php
class People
{
```

```
    private $sex;                                   // 私有字段，不可直接访问
    private $birthday;                              // 私有字段，不可直接访问
    private $name;                                  // 私有字段，不可直接访问
    public $age=0;                                  // 公共字段，表示年龄
    function __construct($sex,$birthday,$name)
    {
        $this->sex=$sex;                            // 调用私有字段
        $this->birthday=$birthday;
        $this->name=$name;
    }
    function toAll()
    {
        echo " 大家好，我叫： $this->name ， 今年 $this->age 岁。\n";
        echo " 我是一个快乐的 $this->sex 。\n";
        echo " 生日是： $this->birthday 。\n";
    }

}

// 测试 People 类
$guo=new People(" 男生 ","1 月 5 日 "," 国强 ");   // 调用构造函数为私有字段赋值
$guo->age=10;                                       // 调用公共字段
$guo->toAll();
?>
```

执行后，输出结果如下：

```
大家好，我叫： 国强 ， 今年 10 岁。
我是一个快乐的 男生 。
生日是： 1 月 5 日 。
```

如果使用实例化对象调用 private 关键字修饰的方法或者字段，将导致错误。

5.5.4 protected 关键字

protected 表示受保护的，只能在类本身和子类中使用。使用 protected 关键字修饰字段和方法具有保护作用，通常用来帮助类或子类完成内部计算。如果试图从类外部调用 protected 的成员，将会出现致命性错误。

下面的示例代码演示了如何访问 protected 修饰的方法：

```
<?php
class Train
{
    protected $start=" 北京西 ";
```

```
    protected $end=" 广州 ";
    protected function tos()
    {
        echo " 本次列车从 $this->start 开往 $this->end ";
    }
    function status()
    {
        $this->tos();
        echo "\n 当前到站：武汉站。";
    }
}
$t=new Train();
$t->status();
?>
```

执行后，输出结果如下：

```
本次列车从 北京西 开往 广州
当前到站：武汉站。
```

5.5.5　public 关键字

public 关键字修饰的字段或者方法表示它是公共的，即在 PHP 的任何位置都可以通过对象名来访问该字段和方法。同时，public 也是字段和方法的默认修饰符。

例如，在 School 类中有两个字段，分别是使用 public 声明的 $Name 字段和默认声明的 $CreateDate 字段。该类还包含两个方法，分别是使用 public 声明的 intr() 方法和默认声明的 words() 方法。School 类的具体代码如下所示：

```
<?php
class School
{
    public $Name=" 北京大学 ";
    var $CreateDate="1912 年 9 月 25 日 ";
    public function intr()
    {
        echo " 主要院系： 文学院，教育科学学院，物理与电子学院，信息工程学院，艺术学院 \n";
    }
    function words()
    {
        echo " 校训：明德，新民，止于至善 \n";
    }
}
?>
```

现在，我们要访问 School 并调用它的所有成员（两个字段和两个方法）。实现代码如下：

```
<?php
echo " 通过实例访问 public 方法，输出结果如下：\n";
$s = new School();
echo "$s->Name 创办于 $s->CreateDate \n";
$s->words();
$s->intr();
echo "\n 直接访问 public 方法，输出结果如下：\n";
School::intr();
School::words();
?>
```

注意，使用 public 的字段不能通过类名直接访问，而方法可以。执行后，输出结果如下：

```
通过实例访问 public 方法，输出结果如下：
北京大学创办于 1912 年 9 月 25 日
校训：明德，新民，止于至善
主要院系： 文学院，教育科学学院，物理与电子学院，信息工程学院，艺术学院

直接访问 public 方法，输出结果如下：
主要院系： 文学院，教育科学学院，物理与电子学院，信息工程学院，艺术学院
校训：明德，新民，止于至善
```

5.5.6 static 关键字

static 关键字用来声明静态成员，可以用在方法或者字段前面。静态成员包括静态方法和静态属性。使用 static 关键字声明的静态成员具有如下特性：

- 静态属性不能通过操作符“->”进行访问。
- 由于静态方法可以调用非对象实例，所以 $this 关键字不可以在声明为静态的方法中使用。
- 一个类的静态成员会被该类所有的实例化对象共享，任何一个实例化对象对静态成员的修改都会映射到静态成员中。根据这个性质，可以把静态成员看作一个全局变量。
- 静态成员与实例化对象无关，只与类有关。它们用来实现类要封装的功能和数据，但不包括特定对象的功能和数据。
- 静态属性是包含在类中要封装的数据，可以由所有类的实例化对象共享。实际上，除了属于一个固定类并限制访问方式外，类的静态属性非常类似于函数的全局变量。
- 静态方法实现类需要封装的功能，与特定的对象无关。静态方法类似于全局函数。静态方法可以完全访问类的属性，也可以由对象的实例来访问。

下面的示例代码演示了静态变量和静态方法的调用：

```
<?php
class User
{
    static $times=0;                                              // 静态变量
```

```
    function __construct() {self::$times++;}                    // 在构造函数修改静态变量的值
    static function log()                                       // 静态方法
    {                                                           // 访问静态变量
        echo " 这是第 ".self::$times." 次登录系统 \n";
    }
}
echo " 初始值：".User::$times." 次 \n";                          // 使用类名访问静态变量
User::log();                                                    // 使用类名访问静态方法
$u=new User();
$u->log();
echo " 当前值：".$u::$times." 次 \n";                            // 使用实例访问静态变量
$x=new User();
$y=new User();
$y::log();                                                      // 使用实例访问静态方法
?>
```

执行后，输出结果如下：

```
初始值：0 次
这是第 0 次登录系统
这是第 1 次登录系统
当前值：1 次
这是第 3 次登录系统
```

5.6　继承

继承是代码复用的一种形式，即在具有包含关系的类中，从属类继承主类的全部属性和方法，从而减少了代码冗余，提高了程序运行效率。通常，我们将继承类称为派生类或子类，被继承类称为基类或父类。

例如，一个矩形 (Rectangle 类) 属于四边形 (Quadrilateral 类)，正方形、平行四边形和梯形同样都属于四边形。从类的角度来解释，可以说成 Rectangle 类是从 Quadrilateral 类继承而来的，其中 Quadrilateral 类是基类，Rectangle 类是派生类。

5.6.1　类继承

在 PHP 中，类继承通过使用 extends 关键字来实现，并且类继承必须是单向继承，也就是说，一个类只能有一个基类，但一个类可以被多个子类继承，继承的语法格式如下所示：

```
class class1 extends class2          //class1 类继承 class2 类，class1 是子类，class2 类是父类
{
  // 类成员
}
```

在上述代码中，class1 表示子类，extends 表示类的继承关键字，class2 表示父类。

【例 5-12】

按照面向对象中类封装的思想，可以将“人”和“学生”分别设计成两个不同的类。而它们又都有一些共同的属性，例如姓名和年龄。学生类只是在人类的基础上增加了表示自己的属性，例如所在学校。

在实现时，如果对这两个类单独设计，不但增加了代码量，还浪费时间和精力。那么该如何处理不同类之间重复代码的问题呢？答案就是使用类的继承特性。

对于本实例，我们可以首先定义一个表示人类的 Person，将它作为父类。代码如下所示：

```
<?php
class Person{
    var $Name;                                              // 姓名
    var $Age;                                               // 年龄
    function getInfo(){
        echo " 姓名：" . $this->Name . "，年龄：" .$this->Age;
    }
}
?>
```

上述代码中的 $Name 表示姓名，$Age 表示年龄，其中的 getInfo() 方法将这两个信息输出。

接下来，再创建一个表示学生的 Student 类，为了使它也具有人类的属性，这里需要让它继承自 Person 类。代码如下所示：

```
<?php
class Student extends Person {
    var $School;                                            // 学校
}
?>
```

可以看到，在继承时使用 extends 关键字，后面跟随的是父类名称。在 Student 类中有一个字段 $School，它表示学生的学校信息。

现在 Student 类继承了 Person 类，同时它也具有访问 $Name 字段、$Age 字段和 getInfo() 方法的权限。编写代码进行测试，如下所示：

```
<?php
$stu=new Student();                         // 创建一个学生
$stu->Name=" 李霞 ";                         // 指定学生姓名
$stu->Age=22;                               // 指定学生年龄
$stu->School=" 清华大学 ";                   // 指定学生的学校
$stu->getInfo();                            // 调用父类的 getInfo() 方法输出基本信息
echo "\n 来自 ".$stu->School;                // 输出学校信息
?>
```

执行后，输出结果如下：

```
姓名：李霞，年龄：22
来自清华大学
```

注意

子类不但可以拥有父类的成员，如方法和字段，还可以拥有自己本身新增的方法，但是子类不能拥有父类的私有成员。

5.6.2　构造函数继承

子类可以从基类中继承所有公共成员，当然这也包括构造函数。在子类中运用基类中的构造函数与运用其他成员不同，不同之处在于，子类既可以显式调用基类中的构造函数，也可以隐式调用基类中的构造函数。

如果父类中有构造函数，并且子类中没有构造函数，那么子类在实例化时自动执行父类的构造函数。例如，下面的示例代码演示了这一特性：

```php
<?php
class Father
{
    function __construct()
    {
        echo " 该构造函数在基类 Father 中 \n";
    }
}
class Son extends Father
{
    function Write()
    {
        echo " 该方法为子类方法 ";
    }
}
echo " 查看当实例化子类时是否调用父类构造函数 :\n";
$s = new Son();
$s->Write();
?>
```

在代码中，首先创建了一个基类 Father，并且在该类中创建一个构造函数。然后为该类创建了一个子类 Son，在子类中无构造函数。最后实例化子类，查看子类是否调用父类中的构造函数。

执行后，输出结果如下：

```
查看当实例化子类时是否调用父类构造函数 :
该构造函数在基类 Father 中
该方法为子类方法
```

一个类可以调用另外一个类的构造函数，即使这两个类不是基类与子类关系也可以。非继承关系调用构造函数称为显式调用。如果一个子类继承了一个父类，子类只需要使用关键字 parent 就可以直接调用父类构造函数，称为隐式调用。

【例 5-13】

下面的示例分别演示如何显式与隐式调用父类的构造函数，代码如下所示：

```
<?php
class Father {
    function __construct()
    {
        echo "Father 类的构造函数被调用 \n";
    }
}
class Son extends Father {
    function __construct()
    {
        echo " 显式调用基类构造函数： ";
        Father::__construct();
        echo " 隐式调用基类构造函数： ";
        parent::__construct();
        echo "Son 类的构造函数被调用 ";
    }
}
echo " 实例化父类 Father，执行过程如下所示 :\n";
$obj = new Father();
echo "\n”;
echo " 实例化子类 Son，执行过程如下所示 :\n";
$obj = new Son();
?>
```

代码比较简单，这里就不再解释。执行后，输出结果如下：

```
实例化父类 Father，执行过程如下所示 :
Father 类的构造函数被调用

实例化子类 Son，执行过程如下所示 :
显式调用基类构造函数：Father 类的构造函数被调用
隐式调用基类构造函数：Father 类的构造函数被调用
Son 类的构造函数被调用
```

5.6.3 高手带你做——实现图书分类显示

在图书管理系统中，需要对图书进行分类管理，还需要将热销图书摆放到系统首页货架上。因此抽象出一个图书模板类，包含图书的一些基本信息，然后再定义一个子类继承图书

模板类，并为子类添加一个特有属性，即图书类别属性，这样就可以对图书进行分类管理了，还可以展示新书推荐。最后还定义了一个热销图书类，该类也继承图书模板类，并重写父类的一个显示图书的方法，将热销图书放到首页货架上，这样一切操作清晰明了，这就是灵活使用继承的好处。下面来看看实例的具体实现。

【例 5-14】

新建一个 book.php 文件，在文件中首先定义一个图书模板类，包含了图书名称、价格、数量和折扣等基本信息：

```
/* 父类 */
class BookObject{
    public $object_name;              // 图书名称
    public $object_price;             // 图书价格
    public $object_num;               // 图书数量
    public $object_agio;              // 图书折扣
    function __construct($name,$price,$num,$agio){   // 构造函数
        $this -> object_name = $name;
        $this -> object_price = $price;
        $this -> object_num = $num;
        $this -> object_agio = $agio;
    }
    function showMe(){           // 输出函数
        echo ' 显示图书信息 ';
    }
}
```

定义一个 Book 类，继承 BookObject 类，为该类添加一个新属性，并重写 showMe() 方法，代码如下所示：

```
/* 子类 Book */
class Book extends BookObject{               //BookObject 的子类
    public $book_type;                 // 类别
    function __construct($type,$num){            // 声明构造方法
        $this -> book_type = $type;
        $this -> object_num = $num;
    }
    function showMe(){                 // 重写父类中的 showMe 方法
        return ' 本次新进 '.$this -> book_type.' 图书 '.$this->object_num.' 本 <br>';
    }
}
```

定义一个热卖图书类 Elec，继承 BookObject，该类重写父类的 showMe() 方法，代码如下所示：

```
/* 子类 Elec */
class Elec extends BookObject{              //BookObject 的另一个子类
    function showMe(){                  // 重写父类中的 showMe 方法
        return ' 热卖图书：'.$this -> object_name.'<br> 原价：'
        .$this -> object_price.'<br> 特价：'.$this -> object_price * $this -> object_agio;
    }
}
```

创建 Book 对象和 Elec 对象，并分别调用 showMe() 方法，显示新进图书与热销图书。代码如下所示：

```
$c_book = new Book(' 计算机类 ',1000);          // 声明一个 Book 子类对象
$h_elec = new Elec('PHP 函数参考大全 ',98,3,0.8);  // 声明一个 Elec 子类对象
echo $c_book->showMe()."<br>";              // 输出 Book 子类的 showMe() 方法
echo $h_elec->showMe();                 // 输出 Elec 子类的是 showMe() 方法
```

运行页面，输出结果如下所示：

```
本次新进计算机类图书 1000 本


热卖图书：PHP 函数参考大全
原价：98
特价：78.4
```

5.7　PHP 实现接口

在前面已经介绍过，继承性只能实现类与类之间的单继承，通过类的继承可以实现一个父子关系的描述。但是，如果要实现多重继承，就要使用接口，接口提供了多重继承的功能实现。

5.7.1　接口概述

使用接口可以定义某种服务的一般规范，声明所需的函数和常量，但是不定义实现过程，仅仅是一个函数和常量的声明。为了更好地理解接口的概念，可以考虑常见的汽车例子，可以认为所有的汽车都提供了一些相同的功能 (例如，用户可以驾驶、可以控制汽车的速度，而且汽车提供发动机和方向盘等)，这些功能组成了汽车的接口。在了解汽车的功能后，制造商便可以以不同的方式来实现这些接口，定义接口完成后，通过不同的制造商实现后，一辆汽车也就诞生了。

接口和抽象类都可以包含方法，但是它们之间也存在着区别，下面从两个方面进行介绍。

(1) 定义不同。

抽象类表示该类中可能已经有一些方法的具体定义，但是接口就仅仅只能定义各个方法的界面，成员方法中不能有具体的实现代码。

(2) 用法不同。

抽象类是通过子类继承的，当父类已有实际功能的方法时，该方法在子类中可以不必实现，直接引用父类的方法即可，子类也可以重写该父类中的方法。但是，在实现一个接口的时候，一定要实现接口中定义的所有方法，而不可遗漏任何一个。

技巧

在实现接口时可以编写一个抽象类来实现接口中的某些子类所需要的通用方法，接着编写各个子类时，即可继承该抽象类来使用，省去在每个子类中都要实现通用方法的困扰。

5.7.2　定义接口

在 PHP 中通过 interface 关键字定义接口，在接口中，所有的方法都必须声明为 public，并且定义的所有方法都是空的。基本形式如下：

```
interface InterfaceName
{
    const name;
    function methodName();
}
```

【例 5-15】

通过 interface 关键字创建一个接口，并向该接口中添加 4 个完全没有实现的方法。代码如下：

```
<?php
interface IUserOper {
    public function addUser($user);                        //添加用户
    public function deleteUser($id);                       //根据用户 id 删除用户
    public function modifyUser($id, $user);                //根据用户 id 修改用户详情
    public function userList();                            //获取用户详细信息
}
?>
```

接口的定义和使用都非常简单，但是，在定义接口时还需要注意以下几点：

- 为了区分接口和类，定义接口时一般会以字母“I”开头。
- 在接口中定义方法时，所有的方法都是公有的，而且必须为空。
- 在接口中定义方法时，方法最后不能以大括号结尾，而是以分号 (;) 结尾。
- 接口不需要添加任何访问限制关键字，它的内部成员方法也无须增加。
- 在接口中可以定义常量，接口常量与类常量的使用完全相同，但是不能被子类或子接口所覆盖。

5.7.3　实现接口

定义接口完成后，需要通过类的继承实现该接口。接口的继承类需要通过 implements 关

键字来继承接口中所有的方法，如果继承子类中没有实现接口中的所有方法，那么会向用户提示错误信息。

【例 5-16】

创建 testuseroper 类，实现例 5-15 所创建的 IUserOper 接口的所有方法。代码如下：

```
class testuseroper implements IUserOper {
    public function addUser($user) {
        echo " 添加用户 ";
    }
    public function deleteUser($id) { // 根据用户 id 删除用户
        echo " 删除用户 ";
    }
    public function modifyUser($id, $user) { // 根据用户 id 修改用户详情
        echo " 修改用户信息 ";
    }
    public function userList() { // 获取用户详细信息
        echo " 用户列表操作 ";
    }
}
```

接口最大的特点就是可以从其他接口继承，这个语法类似于一个类，但是接口允许进行多重实现。一个子类可以同时继承接口和其他类，也可以同时继承多个接口，多个接口之间通过逗号 (,) 进行分隔。

【例 5-17】

下面分别创建父类、子类和接口，其中子类继承父类，而且实现两个接口。操作步骤如下。

01 在 PHP 脚本中创建 animalinfo 类，该类包含一个私有字段和两个公有属性，属性用来获取和设置名称。代码如下：

```
<?php
class animalinfo {
    private $name;                                          // 名称字段
    public function getName() {
        return $this->name;
    }
    public function setName($name) {
        $this->name = $name;
    }
}
/* 省略其他代码 */
?>
```

02 在上述代码的基础上创建两个接口，分别在这两个接口中定义未实现的方法。代码如下：

```
interface IAnimal {
    function eat($food);
}
interface IManmal {
    function breastfeeding($food);
    function checkgender($gender);
}
```

03 创建 dog 类，该类继承 animalinfo 类并实现 IAnimal 接口和 IManmal 接口中没有实现的方法，并且在 checkgender() 方法中设置和获取小狗的名字。代码如下：

```
class dog extends animalinfo implements IAnimal, IManmal {
    public $gender = "male” ;
    function eat($food) {
        if ($food == "cookie") {
            echo " 味道还不错 <br/>";
        } else {
            echo " 除了饼干，其他东西我都不喜欢吃 .<br/>";
        }
    }
    function breastfeeding($food) {
        if ($food != "cookie” ) {
            echo " 不想吃别的东西 <br/>";
        } else {
            echo " 强烈建议母乳喂养 <br/>";
        }
    }
    function checkgender($gender) {
        parent::setName ( " 哈根达斯 " );
        $name = parent::getName ();
        if ($this->gender == $gender) {
            echo $name . " 可是个男性啊 <br/>";
        } else {
            echo $name . " 我是一个女性 <br/>";
        }
    }
}
```

04 向页面中添加测试类，实例化 dog 类的对象并调用相关的方法。代码如下：

```
$dog = new dog ();
$dog->eat ( "cookie" );
$dog->breastfeeding ( "cookie" );
$dog->checkgender ( "male" ); // 性别
```

05 运行页面，查看页面效果即可。

5.8 成长任务

成长任务 1：实现员工类和管理员类

为了加深读者对 PHP 面向对象编程的理解，本次上机要求读者利用本章学习的知识创建员工类和管理员类。

管理员的信息包括管理员的编号、姓名、联系电话、电子邮件、联系地址及邮政编码等。员工信息应包括员工的编号、姓名、性别、年龄、所在部门、职位、工资、联系电话、联系地址、邮政编码等。

成长任务 2：实现灯类和灯管类

编写两个具有继承关系的类 Light 和 TubeLight，打印出灯的相关信息，具体的要求如下。

(1) 编写 Light 类，该类是对灯的描述，该类具有两个成员变量 (watts：私有，用于存储灯的瓦数；indicator：私有，用于存储灯的开或关的状态)、1 个构造方法 (Light(watts)) 和 3 个成员方法 (switchOn()：开灯，即把灯的状态设置为开；switchOff()：关灯；printInfo()：输出灯的瓦数信息和开关状态)。

(2) 编写 TubeLight 类，该类是对管状灯的描述，它继承于 Light 类，并具有两个成员变量 (tubeLength：私有，用于存储灯管的长度；color：私有，用于存储灯光的颜色)、1 个构造方法 (TubeLight(watts, tubeLength, color)) 和 1 个成员方法 (printInfo()：打印输出灯的相关信息，包括瓦数、开关状态、灯管长度以及灯管颜色)。

(3) 编写测试类 LightTest，要求创建一个管状灯的实例对象，该灯的瓦数为 32、长度为 50，白色灯光、状态为开，打印输出该灯的相关信息。

第6章 数组的应用

在程序设计中，为了处理方便，会把具有相同类型的若干变量按有序的形式组织起来。这些按序排列的同类数据元素的集合，称为数组。

PHP 中的数组应用非常广泛，例如使用数组存储一个网站的流量数据和用户的列表信息等。为此，PHP 提供了大量的函数以支持对数组的操作，像定义数组、遍历数组、合并数组以及排序等。本章将详细介绍 PHP 中对数组的各种操作。

本章学习要点

◎ 熟悉数组的概念和基本分类
◎ 掌握如何创建、访问和追加数组
◎ 掌握如何修改和删除数组
◎ 掌握如何遍历数组
◎ 掌握对数组进行排序的几种方法
◎ 掌握如何实现数组的联合与合并
◎ 掌握如何实现数组的拆分与替换
◎ 熟悉随机获取数组元素的 array_rand() 函数
◎ 熟悉判断数组类型为关联数组的方法
◎ 掌握 array_unique() 函数的使用
◎ 了解与数组相关的其他操作

扫一扫，下载
本章视频文件

6.1 认识数组

数组，顾名思义就是数据的组合。它是复杂的变量，用来存储一组变量的名字和值。在现实生活中，往往会把具有相似性的事物放在一起。例如，把学习用的书本放在书架上，写字的笔放在笔架里，以及餐具放在厨房的橱柜里等。

PHP 中的数组实际上是一个有序图，是一个哈希表映射 (Hash Map) 的实现，是一种把值 (Value) 映射到键名 (Key) 的容器。如果一个数组的键名全都是数字，那么也可将其键名称为索引 (Index) 或下标。

PHP 在数据结构方面做了非常多的优化工作，可以将很多类型当成数组来使用，如列表、散列表、字典、集合、队列和栈。图 6-1 所示为 PHP 数组的结构。

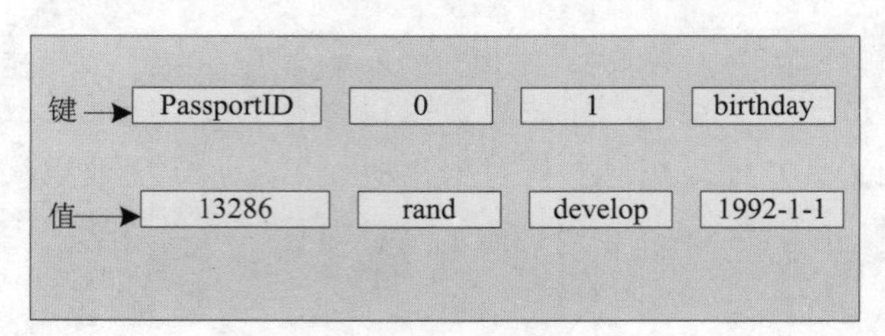

图 6-1 PHP 数组的结构

1. 根据数据类型分类

在 PHP 中，数组的键名可以是任意一个整型数值，也可以是一个字符或字符串，而不像其他语言中只可以是数值。无论什么样的数组键名都会有一个值与其相对应，即一个键名 / 值对。PHP 数组的底层实现是一个哈希表映射，因此有时也会称为哈希数组。

根据数组键名数据类型的不同，常把 PHP 数组分为数字索引数组和关联数组两种。

(1) 数字索引数组。

以数字作为键名类型的称为数字索引数组 (Indexed Array)。PHP 数字索引数组默认索引值是从数字 0 开始的，并不需要特别指定，PHP 会自动为索引数组的键名赋予一个值，然后从这个值开始自动增量，当然也可以指定从某个位置开始保存数据。

(2) 关联数组。

以字符串或字符串 / 数字混合为键名的数组称为关联数组 (Associative Array)。关联数组的键名可以是数值和字符串的混合形式，而不像数字索引数组的键名只能为数字。在一个数组中，只要键名中有一个不是数字，那么这个数组就叫作关联数组。

2. 根据数组维度分类

不管是数字索引数组还是关联数组，根据数组的维度，可以把它们分为一维数组、二维数组和多维数组，超过二维的数组都统称为多维数组。

(1) 一维数组。

一维数组是最普通的数组，它只保存一列内容。本章的大部分内容都是以一维数组为例进行介绍的。

(2) 二维数组。

一维数组都是单一的键名 / 值对，在有些场合中，可能想要在一个键名中保存更多的值，这时可以使用二维数组或多维数组。二维数组本质上是以数组作为数组元素的数组。例如在二维数组 A[m][n] 中，这是一个 m 行、n 列的二维数组。

(3) 多维数组。

在 PHP 中可以创建更多维的数组，例如 4 维数组、5 维数组甚至更多维的数组。不过，在一个 Web 系统中，很少使用三维以上的数组，这是因为，随着数目的增加，数组的操作复杂度也会随之增加。

从严格意义上来说，二维数组应该算是多维数组，3 维或更多维的数组的结果与二维数组是一致的，都是包含数组的数组。

6.2　基本操作

与变量不同，PHP 提供多种方法和函数对数组进行操作，这使得对数组的访问、创建和修改等变得非常容易。本节详细介绍 PHP 数组最基本的操作，包括数组的创建、输出数组内容和数组测试方法等。

6.2.1　通过赋值创建数组

通过赋值方式创建数组是最简单的方式。这种方式实际上就是创建一个数组变量，然后使用赋值运算符直接给变量赋值，语法形式如下：

```
$arrayName[<key>] = value;
```

其中，arrayName 表示数组变量名，value 表示元素的值，中括号中的 key 表示元素的键。PHP 对数组的键有如下要求：

- 如果没有指定键，则使用默认键，默认键从 0 开始，依次累加。
- 如果指定了键，则该元素使用指定的键。
- 如果使用数字或数字型的字符串作为键，则后面的键将以此键为基础开始累加。如果数字是带小数的，按其整数位计算。

【例 6-1】

使用不带键的赋值方式创建一个数组，代码如下所示：

```
<?php
$waters[]=" 纯净水 ";
$waters[]=" 矿泉水 ";
$waters[]=" 苏打水 ";
$waters[]=" 营养水 ";
?>
```

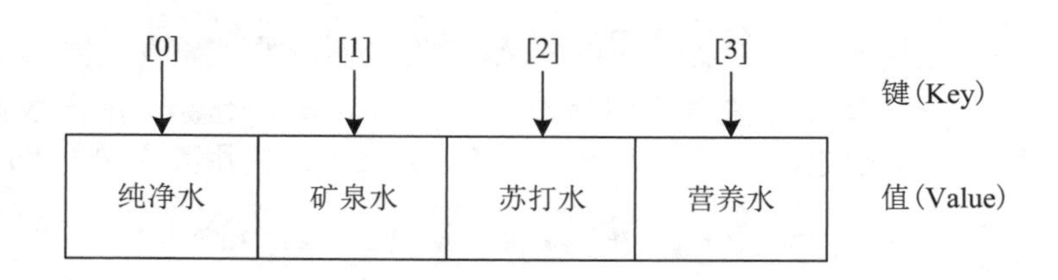

图 6-2　$waters 数组的结构

上述代码执行后，创建一个包含 4 个元素的 $waters 数组，元素键分别为 0、1、2 和 3。如图 6-2 所示为此时 $waters 数组的结构。

提示

在数组中的键，用来唯一标识元素，它有时也被称为索引或者下标。

【例 6-2】

使用指定键的赋值方式创建一个数组，键可以使用数字或者字符串，甚至混合两种的形式。下面是创建数组的代码：

```
<?php
$teas[6]=" 龙井 ";                    // 使用数字
$teas["9"]=" 碧螺春 ";                // 使用数字
$teas["anxi"]=" 铁观音 ";             // 使用字符串
$teas[]=" 银针 ";                     // 使用默认方式指定键
$teas['mj']=" 毛尖 ";                 // 使用字符串
$teas['y8']=" 普洱 ";                 // 使用字母 + 数字的组合
?>
```

上述代码执行后会创建一个名为 $teas 的数组，它包含了 6 个元素，图 6-3 所示为此时的数组结构。

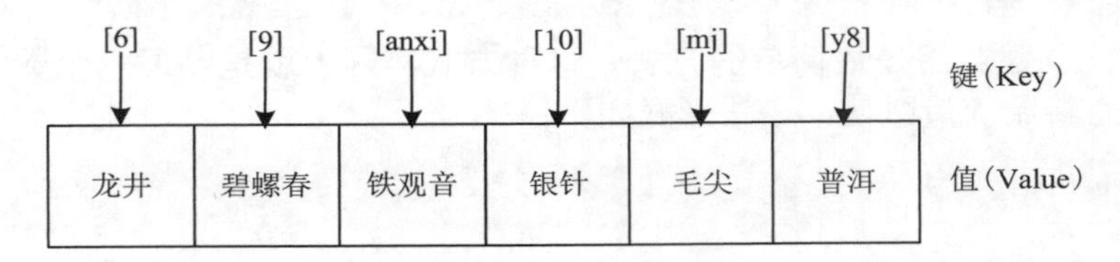

图 6-3 $teas 数组的结构

提示

由于指定的键不具有规律性，因此，非特殊情况下，推荐使用不指定键的方式进行赋值，这样便于使用循环语句来遍历数组。

6.2.2 使用 array() 函数创建数组

除了通过赋值方式创建数组外，还可以使用 array() 函数创建 PHP 数组。array() 函数接收要成为数组的元素作为参数，多个元素之间使用英文逗号 (,) 分隔，语法形式如下：

```
$arrayName = array(value1 [, value2] [, ...]);
```

可以看到，在使用 array() 函数创建数组时，变量名后面不要有 []。

【例 6-3】

使用 array() 函数定义两个数组，分别保存 5 个学生的成绩和姓名。实现代码如下：

```
<?php
$scores=array(100,68,79,81,95);                              // 成绩数组
$students=array("xiake","aling","jing","kohen","aceuy");     // 姓名数组
?>
```

【例 6-4】

使用 array() 函数创建数组时，同样也可以指定键，指定格式为 key => value 形式。例如，使用这种方式重写例 6-2 的 $teas 数组，代码如下所示：

```
<?php
    $teas=array(
        6=>" 龙井 ","9"=>" 碧螺春 ","anxi"=>" 铁观音 "," 银针 ", 'mj'=>" 毛尖 ", 'y8'=>" 普洱 "
    );                                          // 使用 array() 创建数组时指定键
?>
```

该例中，同样混合使用了不指定键与指定键的形式。

6.2.3　创建多维数组

前面我们介绍的都是一维数组，即看作是一行表格，每个元素是一个单元格。多维数组并不复杂，可以将它看作是由多个一维数组组成的表格，即以多行多列的形式存在。

二维数组就是最简单的多维数组，它指维度为 2 的数组。与普通数组一样，创建多维数组也有两种方式，如下代码演示了如何通过赋值方式创建一个二维数组：

```
$one[]="zhang";                         // 第 1 行 1 列
$one[]=59;                              // 第 1 行 2 列
$two[]="liu";                   // 第 2 行 1 列
$two[]=84;                      // 第 2 行 2 列
$ary[]=$one;
$ary[]=$two;
```

上述代码执行后，将创建三个数组，其中 $ary 数组包含两个元素，第 1 个元素是 $one 数组，第 2 个元素是 $two 数组。所以 $ary 是一个二维数组，如图 6-4 所示。

键：0, 0 值：zhang	键：0, 1 值：59
键：1, 0 值：liu	键：1, 1 值：84

图 6-4 $ary 二维数组

使用 array() 函数创建二维数组的方法非常简单，只需使用多个该函数的嵌套形式即可。例如下面的示例代码：

```
$cities=array(
            array(" 青岛 "," 济南 "," 日照 "," 威海 "," 烟台 "),
            array(" 长沙 "," 益阳 "," 岳阳 "),
            array(" 安阳 "," 新乡 "," 郑州 ")
            );
```

执行后，$cities 是一个包含 3 个数组元素的二维数组。

【例 6-5】

例如，根据张丽手机联系簿中的用户，将其分为 4 类：亲人、朋友、同事和同学。如果要查找某一个用户的电话，通过定位到一个类别，就可以找到正确的电话号码。因此，分类存储数据，效率要高得多。

将上述的描述使用二维数组表示出来，为了使读者更加清楚地了解数组结构，表 6-1 以表格的形式体现了二维数组的结构。

表 6-1 手机联系簿的二维数组结构

	键名 (Key)	值 (Value)	
		键名 (Key)	值 (Value)
$peopleList 数组	love	father	15093156985
		mother	15138529651
		brother	15996521104
	friend	shuangs	18736958521
		yan	15024178892
	colleagues	chenyi	18796582256
	classmates	liyang	13215896256
		xiangxiang	15996358741

根据表 6-1 的内容，通过多种方式创建二维数组，二维数组的创建和使用与一维数组很相似。下面的代码直接通过赋值的方式创建一个关联型的二维数组：

```
<?php
$peopleList = array ();
$peopleList ["love"] ["father"] = "15093156985";
$peopleList ["love"] ["mother"] = "15138529651";
$peopleList ["love"] ["brother"] = "15996521104";
$peopleList ["friend"] [0] = "18736958521";
$peopleList ["friend"] [1] = "15024178892";
$peopleList ["colleagues"] ["chenyi"] = "18796582256";
$peopleList ["classmates"] [] = "13215896256";
$peopleList ["classmates"] [] = "15996358741";
?>
```

除上述方式外，还可使用数组声明语句来创建二维数组。下面的代码等效于上面的代码：

```
<?php
$peopleList = array (
        "love" => array ("father" => "15093156985","mother" => "15138529651","brother" => "15996521104" ),
        "friend" => array ("shuangs" => "18736958521","yan" => "15138529651" ),
        "colleagues" => array ("shuangs" => "18736958521" ),
        "classmates" => array ("liyang" => "13215896256","xiangxiang" => "15996358741" )
);
?>
```

【例 6-6】

首先声明一个三维数组，然后使用 for 语句遍历三维数组中的内容，并输出结果。代码如下：

```
<?php
$peopleList = array (
   array (
      array ("10001"," 陈梓 "," 北京市 "),
      array ("10002"," 任霞 "," 上海市 "),
      array ("10003"," 王丹 "," 广州市 ")
   ),
   array (
      array ("20001"," 池晓 "," 石家庄市 "),
      array ("20002"," 江希 "," 常州市 "),
      array ("20003"," 顾珊 "," 郑州市 ")
   )
);
for ($row=0;$row<2;$row++){                          // 遍历数组内容
   for($col=0;$col<3;$col++){
      for($col1=0;$col1<3;$col1++){
         echo $peopleList[$row][$col][$col1]."<br/>";
      }
   }
}
?>
```

6.2.4　输出数组内容

要输出一个数组的内容，最简单的方法就是使用 print_r() 函数，该函数将会按照内置格式显示数组的键和值。语法形式如下：

```
bool print_r ( mixed $arrayname [, bool $return ] )
```

其中，参数 $arrayname 是数组的名称，第 2 个参数设置为 true 时将返回数组内容，而不是输出。

【例 6-7】

假设在 $books 数组中保存了若干图书信息，要求输出它的内容，包括数组的键和值。根据所学的知识，可以使用 print_r() 函数来实现，最终代码如下所示：

```
<?php
$books=array(" 热销图书列表 ",
            'php'=>array("PHP 一百例 ",34,"PHP 最佳教程 ",46),
            2=>array(98,40),
            "p"=>" 清华大学出版社 ",
            "08 月 30 日统计 ",
```

```
                "HNZZ110114054"
);
print_r ($books);                                    // 输出 $books 数组的内容
?>
```

在上述代码中，$books 数组的 php 键又是一个数组，从而形成了嵌套数组。在输出时会一同显示出来，结果如下所示：

```
Array
(
    [0] => 热销图书列表
    [php] => Array
        (
            [0] => PHP 一百例
            [1] => 34
            [2] => PHP 最佳教程
            [3] => 46
        )
    [2] => Array
        (
            [0] => 98
            [1] => 40
        )
    [p] => 清华大学出版社
    [3] => 08 月 30 日统计
    [4] => HNZZ110114054
)
```

6.2.5 测试数组

使用 is_array() 函数可以测试一个变量是否为数组，语法形式如下：

```
bool is_array(mixed $variable)
```

如果 $variable 是数组类型（即使数组中一个元素也没有）则返回 true，否则返回 false。

【例 6-8】

在程序中，为了保证能正常执行，首先需要判断某个变量是否为数组，如果不是，则先转换再继续。代码如下所示：

```
<?php
$colors=" 红 , 黑 , 白 , 黄 , 蓝 , 绿 ";                        // 定义一个字符串变量
if(!is_array($colors))                                        // 如果不是数组
{
    echo "\$colors 不是数组，正在转换 ...";
    $colors=array();                                          // 创建一个空数组
    if(is_array($colors)) echo "\n 转换成功，继续执行 ";       // 再次判断
}
?>
```

在上述代码中，首先定义了一个字符串变量 $colors，然后在 if 语句中调用 is_array() 测试 $colors 是否为数组。如果不是，则创建一个空数组并赋给该变量，然后再次判断并输出提示。运行结果如下：

```
$colors 不是数组，正在转换 ...
转换成功，继续执行
```

6.3　遍历数组

在 PHP 中，数组按照键的不同可以分为顺序数组与非顺序数组。所谓顺序数组，是指数组中所有的键是连续不间断的整数；而非顺序数组则是指数组中的键不完全是整数，或者不是连续的整数。下面针对这两种数组介绍遍历方法。

6.3.1　foreach 语句遍历

如果是遍历无顺序的数组，由于数组中的键没有规律可循，所以应该使用 foreach 循环语句，形式如下：

```
foreach($array as $key => $value) {
    // 循环体
}
```

其中，$array 表示数组，$key 表示键，$value 表示值。

【例 6-9】

假设有一个积分数组使用用户名作为键，分数作为值。现在要求输出每个用户的积分，使用 foreach 遍历的代码如下：

```
<?php
$scores=array("somboy"=>500,xiake=>415,hou=>840,"mary"=>540);        // 创建数组
foreach ($scores as $name=>$s) {                                     // 遍历数组
    echo "$name 的积分是 $s \n";                                      // 输出用户名和积分
}
?>
```

执行结果如下所示：

```
somboy 的积分是 500
xiake 的积分是 415
hou 的积分是 840
mary 的积分是 540
```

对于顺序数组，也可以使用 foreach 循环语句遍历。例如下面的代码：

```
<?php
$keys=array(5=>"php","asp","perl","jsp","python");          // 创建使用整数有序键的数组
foreach ($keys as $id=>$keyname) {                                   // 遍历数组
    echo "$keyname 的索引是 $id \n";                          // 输出键值和键名
}
?>
```

6.3.2 for 语句遍历

对于顺序数组，只要知道数组的第一个键值和数组的总长度就可以使用循环语句遍历它。

顺序数组中的第一个键默认值是 0，但是可以被用户设置为任何整数。所以为了确定第一个键到底是多少，可以使用 key() 函数。key() 函数的语法形式如下：

```
mixed key ( array &$array )
```

它可以返回目标数组 $array 中位于当前指针位置的键，第一次调用时自然返回位于第一个位置的键。但是使用时注意 key() 函数不会移动指针。对于数组的长度，可以使用 count() 函数统计。

【例 6-10】

每个商品都有自己的编号。为了方便管理，在进货时会对它分配一个内部的编号，这些编号是连续的。假设，有一个数组保存了进货后为商品分配的编号和名称，现在要遍历输出它们。

由于数组的键具有连续性，且第 1 个键的值是未知的，因此这里需要借助于 key() 函数和 count() 函数实现。代码如下所示：

```
<?php
$drinks=array(
    1024=>" 和其正 "," 冰红茶 "," 鲜橙多 "," 可乐 "," 雪碧 "," 绿茶 "
);                                                  // 定义商品信息的数组
$min = key($drinks);                                // 获取第一个键
$length = count($drinks);                           // 获取键的数量
$max = $min + $length - 1;                          // 计算键的最大值
for($i = $min; $i <= $max; $i ++){
    echo " 编号：$i , 名称：$drinks[$i] \n";              // 循环输出
}
?>
```

上述代码为了不使用默认值 0 作为第一个键，选择使用了 1024，然后使用 key() 函数获取这个键。循环数组时，需要根据数组的键值访问数组元素，其中最小的键值便是第一个键，而最大的键值则需要根据第一个键与数组的总长度进行计算，公式如下：

最小键值 = 第一个键

最大键值 = 第一个键 + 数组长度 – 1

执行结果如下所示：

```
编号：1024 , 名称：和其正
编号：1025 , 名称：冰红茶
编号：1026 , 名称：鲜橙多
编号：1027 , 名称：可乐
编号：1028 , 名称：雪碧
编号：1029 , 名称：绿茶
```

6.3.3　each() 函数遍历

除了使用 foreach 和 for 语句来遍历数组外，还可以使用 PHP 的数组函数 each() 来进行遍历。each() 函数的语法如下：

```
array each ( array &$array )
```

执行后，该函数返回数组的当前“键 - 值”对，并将指针向下移动一个位置；移动到最后一个元素时返回 false。返回的数组包含 4 个键，键 0 和 key 包含键名，而键 1 和 value 包含相应的数据。

下面演示了使用 each() 函数获取数组第 1 个元素的代码：

```
<?php
    $fruits=array('cm'=>" 草莓 ", 'xc'=>" 鲜橙 ",'sl'=>" 石榴 ",'xg'=>" 西瓜 ",'gj'=>" 柑橘 ",'lz'=>" 荔枝 ");
    $fruit=each($fruits);                                   // 调用 each() 函数获取一个元素
    print_r($fruit);                                        // 输出 each() 函数的返回结果
?>
```

上述代码调用 each() 函数从 $fruits 数组中取一个元素。由于该函数的返回值也是一个数组，所以使用 print_r() 语句输出数组内容，结果如下：

```
Array
(
   [1] => 草莓
   [value] => 草莓
   [0] => cm
   [key] => cm
)
```

从结果中可以看到，在 each() 返回的数组中包含 4 个元素，其中键 0 和 key 包含键名，而键 1 和 value 包含相应的数据。

如果再次调用 each() 函数，将会输出 $fruits 数组的第二个元素。根据这个特性，再结合 while 语句，可以很容易地遍历数组。如下所示为 $fruits 数组的遍历代码：

```
$fruits=array('cm'=>" 草莓 ", 'xc'=>" 鲜橙 ",'sl'=>" 石榴 ",'xg'=>" 西瓜 ",'gj'=>" 柑橘 ",'lz'=>" 荔枝 ");
while($item=each($fruits))
{
    echo " 水果名称：$item[value] , 简称： $item[key] \n";
}
```

执行时，每次都从 $fruits 数组中取一个元素保存到 $item 中，当读取完成后返回 false 结束循环。执行后的输出结果如下：

```
水果名称：草莓 , 简称： cm
水果名称：鲜橙 , 简称： xc
```

```
水果名称：石榴，简称： sl
水果名称：西瓜，简称： xg
水果名称：柑橘，简称： gj
水果名称：荔枝，简称： lz
```

each() 函数还可以跟 list() 函数一块使用，实现数组的遍历。例如下面的代码：

```
while(list($key,$value)=each($fruits))
{
    echo " 水果名称：$value，简称： $key \n";
}
```

6.3.4 遍历数组的函数

除了前面用到的 each() 函数以外，PHP 中还提供了很多遍历数组时可以使用到的函数，这些函数如表 6-2 所示。

表 6-2 遍历数组时可以使用的函数

函　数	说　明
reset()	该函数用来将数组的指针设置回数组的开始位置。如果需要在一个脚本中多次查看或处理一个数组，就经常使用这个函数，另外，这个函数还经常在排序结束时使用
current()	该函数返回位于数组当前指针位置的数组值。它与 next()、prev() 和 end() 函数不同，current() 不移动指针
end()	该函数将指针移向数组的最后一个位置，并返回最后一个元素
next()	该函数返回紧接着放在当前数组指针的下一个位置的数组值
prev()	该函数返回位于当前指针前一个位置的数组值，如果指针本来就位于数组的第一个位置，则返回 false
array_reverse()	该函数将数组中元素的顺序逆置。如果设置其可选参数为 true，则保持键映射。否则，重新摆放后的各个值将对应于先前该位置上的相应键
array_flip()	该函数将使数组中的键及其相应值互换角色

6.4 简单计算

通过遍历数组可以将元素进行输出。在本节将介绍针对数组元素常用的计算操作，如计算元素总数、出现的次数等。

6.4.1 计算元素总数

数组在经过初始化和多次操作之后，其中的元素数量可能会发生变化。为了获取数组中元素的数量，可以使用 count() 函数。该函数的语法形式如下：

```
int count ( mixed $var [, int $mode ] )
```

$mode 是可选参数，用于设置是否进行递归计数，如果设置其值为 1，则进行递归计数；如果不设置该参数，或者设置其值为 0，则不进行递归计数。

【例 6-11】

假设在一个数组中保存了若干城市名称，要统计出城市的数量。编写代码并使用 count() 函数，如下所示：

```
<?php
$names=array(" 苏州 "," 杭州 "," 郑州 "," 常州 ",
  "mm"=>array(" 南阳 "," 益阳 "," 洛阳 "),
  'b'=>array(" 北京 ")
);
$numbers=count($names);                              // 统计个数，不启用递归
echo " 当前共有 $numbers 个城市 ";
?>
```

执行结果如下所示：

```
当前共有 6 个城市
```

从输出结果中可以看到，在使用 count() 函数时默认没有启用递归。此时，如果数组元素是一个数组，那么将会忽略。所以 mm 数组中的元素不计数，输出 6。

在上面的代码中添加如下两行代码，重新统计个数，这里启用递归计数：

```
<?php
$result2=count($names,1);                                        // 统计个数，启用递归
echo "\ncount(\$names,1) 的结果为：$result2";
?>
```

执行结果如下所示：

```
count($names,1) 的结果为：10
```

可以看到，这样输出时会将 mm 数组和 b 数组中的元素也统计在内。所以，最终输出 10。

6.4.2　计算元素出现的频率

在 PHP 中，数组元素是允许重复的，使用 array_count_values() 函数可以计算每个元素出现的频率。函数的语法形式如下：

```
array array_count_values ( array $input )
```

该函数返回一个包含“键 - 值”对的数组，其中，键表示 $input 数组中元素的值，而值则是该元素在数组中出现的次数。

【例 6-12】

假设在 $keys 数组中保存了用户最近搜索的 10 个关键字，现在要统计每个关键字出现的次数。这里统计元素在数组中出现的频率要用到 array_count_values() 函数，实现代码如下所示：

```
<?php
// 关键字数组
$keys=array(2016," 电影 ",2016," 安卓 "," 科技 "," 计算机 "," 安卓 "," 计算机 ",2016);
$result=array_count_values ($keys);                    // 统计 $keys 数组中的元素出现频率
while(list($key,$value)=each($result))
{
    echo " 关键字 [$key] 一共搜索 $value 次 \n";
}
?>
```

执行结果如下所示：

```
关键字 [2016] 一共搜索 3 次
关键字 [ 电影 ] 一共搜索 1 次
关键字 [ 安卓 ] 一共搜索 2 次
关键字 [ 科技 ] 一共搜索 1 次
关键字 [ 计算机 ] 一共搜索 2 次
```

6.4.3 计算出现的所有元素

前面学习了如何计算元素出现的频率，那么，如果要去除重复的元素，应该怎么办呢？可以使用 array_unique() 函数实现数组中元素的唯一性，语法形式如下：

```
array array_unique(array $input_array)
```

该函数返回一个由 $input_array 数组中唯一值所组成的数组。

同样以上小节的关键字数组为例，要去除重复出现的关键字，实现代码如下所示：

```
<?php
// 关键字数组
$keys=array(2016," 电影 ",2016," 安卓 "," 科技 "," 计算机 "," 安卓 "," 计算机 ",2016);
$result=array_unique($keys);                    // 去除重复的元素
echo " 热门关键字有：";
foreach ($result as $key) {
    echo " $key";
}
?>
```

执行结果如下所示：

```
热门关键字有： 2016 电影 安卓 科技 计算机
```

6.5 元素操作

在 PHP 中，针对数组元素的操作主要有增加、删除、定位和提取。PHP 为这些操作提供了很多内置函数，本节予以详细介绍。

6.5.1　增加元素

要向数组中增加一个元素，最简单的操作就是直接赋值，这在创建数组时已经介绍过。例如，下面的 3 行代码都实现了向 $students 数组中添加一个元素：

```
$colors[]=" 红色 ";                    // 使用默认键添加元素
$colors['red']=" 红色 ";               // 使用字符串键添加元素
$colors[2]=" 红色 ";                   // 使用数字键添加元素
```

除了上面的 3 种方式，PHP 还提供了 3 个用于实现增加数组元素的函数。

1. array_push() 函数

array_push() 函数可以向目标数组的末尾添加一到多个元素，其语法形式如下：

```
int array_push(array $target_array, mixed $variable [, mixed $variable …])
```

该函数返回添加元素后数组的新长度。

【例 6-13】

假设在创建 $courses 数组时定义了一学期的主修课程，然后选修课确定之后也需要添加到该数组中。最终输出本学期的课程数量以及课程名称。实现代码如下：

```
<?php
$courses=array(" 语文 "," 数学 "," 英语 ");                          // 初始化课程数组
echo " 本学期的主修课有 ".count($courses)." 门 \n";                  // 输出当前元素数量
array_push($courses, " 体育 "," 美术 "," 课外实践 "," 自然 ");        // 增加 4 个元素
echo " 加上选修课，本学期课共有 ".count($courses)." 门 \n";
echo " 分别是：";
foreach ($courses as $c) {
    echo " $c";                                                     // 输出元素值
}
?>
```

执行结果如下所示：

```
本学期的主修课有 3 门
加上选修课，本学期课共有 7 门
分别是：语文 数学 英语 体育 美术 课外实践 自然
```

2. array_unshift() 函数

array_unshift() 函数的功能与 array_push() 函数相反，它可以将一个或多个元素添加到数组的开始位置。其语法形式如下：

```
int array_unshift(array target_array, mixed variable [, mixed variable …])
```

该函数同样返回添加元素后数组的新长度。例如，使用 array_unshift() 替换例 6-13 中的 array_push()，将得到如下输出：

```
本学期的主修课有 3 门
加上选修课，本学期课共有 7 门
分别是： 体育 美术 课外实践 自然 语文 数学 英语
```

下面的代码演示 array_unshift() 函数向数组中增加元素的使用方法：

```
<?php
$letters=array("A","B","C");
array_unshift($letters,"K","G","T");                    // 向数组中添加元素
print_r($letters);                                      // 输出数组的内容
?>
```

执行结果如下所示：

```
Array
(
  [0] => K
  [1] => G
  [2] => T
  [3] => A
  [4] => B
  [5] => C
)
```

3. array_pad() 函数

array_pad() 函数可以向目标数组中填充指定元素，直到数组的长度达到指定大小为止，其语法形式如下：

```
array array_pad(array $target_array, integer $length, mixed $pad_value)
```

如果 $length 参数为正值，则表示将指定元素填充到数组的右侧；否则，为负时，表示将元素填充到数组的左侧。

提示

如果 $length 参数的绝对值小于等于数组的当前长度，则不做执行操作。

例如，下面的代码使用 array_pad() 函数分别向 $letters 数组的左侧和右侧进行填充：

```
<?php
$letters=array("D","M");
$new_letters = array_pad($letters, 4, "*");          // 在 array_pad() 函数中使用正值
print_r($new_letters);
$new_letters = array_pad($letters, -4, "*");         // 在 array_pad() 函数中使用负值
print_r($new_letters);
?>
```

执行结果如下所示：

```
Array
(
    [0] => D
    [1] => M
    [2] => *
    [3] => *
)
Array
(
    [0] => *
    [1] => *
    [2] => D
    [3] => M
)
```

6.5.2　删除元素

删除元素最常用的是 array_pop() 函数和 array_shift() 函数。它们分别用于从数组末尾删除一个元素和从数组开头删除一个元素。

1. array_pop() 函数

array_pop() 函数可以从目标数组中取出最后一个元素，其语法形式如下：

```
mixed array_pop(array $target_array)
```

删除元素后会将 $target_array 数组的长度减 1，并返回取出的元素。如果 $target_array 为空或者不是数组，将返回 NULL。

【例 6-14】

下面的代码使用 array_pop() 函数从 $books 数组的末尾取出一个元素，然后输出该元素和数组的内容：

```
<?php
$books=array(" 西游记 "," 三国演义 "," 水浒传 "," 红楼梦 ");
$book= array_pop($books);                         // 取出 $books 数组中的最后一个元素
echo " 从 \$books 数组中删除了 [".$book."] 元素 ";     // 输出取出的元素
print_r($books);
?>
```

执行结果如下所示：

```
从 $books 数组中删除了 [ 红楼梦 ] 元素
Array
(
    [0] => 西游记
    [1] => 三国演义
    [2] => 水浒传
)
```

2. array_shift() 函数

array_shift() 函数的功能与 array_pop() 函数相反，它可以从目标数组中取出第一个元素，其语法形式如下：

```
mixed array_shift(array $target_array)
```

例如，使用 array_shift() 替换例 6-14 中的 array_pop() 函数，将看到如下的输出：

```
从 $books 数组中删除了 [ 西游记 ] 元素
Array
(
    [0] => 三国演义
    [1] => 水浒传
    [2] => 红楼梦
)
```

PHP 编程

在使用 array_shift() 函数时要注意，取出第一个元素后，数组中数字类型的键将自动进行重新调整，非数字类型的键不受影响。同样，如果参数为空或者不是数组，将返回 NULL。

例如，下面的代码演示了使用 array_shift() 函数前后带数字键数组的变化：

```
<?php
$cities=array(100=>" 安阳 ", 'zz'=>" 郑州 "," 开封 ", 'ly' =>" 洛阳 "," 新乡 ");
print_r($cities);                                  // 输出原始数组
$city= array_shift($cities);                       // 删除一个元素
echo " 从 \$cities 数组中删除了元素：$city \n";
print_r($cities);                                  // 输出删除元素后的数组
?>
```

执行结果如下所示。

```
Array
(
  [100] => 安阳
  [zz] => 郑州
  [101] => 开封
  [ly] => 洛阳
  [102] => 新乡
)
从 $cities 数组中删除了元素：安阳
Array
(
  [zz] => 郑州
  [0] => 开封
  [ly] => 洛阳
  [1] => 新乡
)
```

6.5.3　定位元素

所谓定位元素，是指对数组中的元素进行有效的搜索、筛选和查找，并最终返回符合条件的元素。在 PHP 中，实现定位元素的函数主要有 array_keys()、in_array()、array_search() 和 array_values()。

1. array_keys() 函数

array_keys() 函数可以返回数组中所有由键所组成的数组，语法形式如下：

```
array array_keys (array $target_array [, mixed $search_value])
```

通过 $search_value 可选参数可以指定搜索值，此时将只返回与该值相等的元素。

【例 6-15】

假设有一个保存用户积分的数组 $scores，现在要从中获取积分为 100 的元素并组成一个新数组。实现代码如下所示：

```
<?php
$scores = array('murphy' => 92,'lelei' => 90, 'chengj' => 100, 100, 'forever' => 89);
$result1 = array_keys($scores);                                  // 返回带键的数组
print_r($result1);                                               // 输出结果
$result2 = array_keys($scores, 100);                             // 返回带键，且值为 100 的数组
print_r($result2);                                               // 输出结果
?>
```

执行结果如下所示：

```
Array
(
    [0] => murphy
    [1] => lelei
    [2] => chengj
    [3] => 0
    [4] => forever
)
Array
(
    [0] => chengj
    [1] => 0
)
```

第一次使用 array_keys() 函数时没有指定要搜索的值，此时返回了 $scores 数组中所有元素的键。而第二次使用 array_keys() 函数时指定搜索值为 100，所以只返回了 $score 数组中值为 100 元素的键。

2. in_array() 函数

in_array() 函数可以在目标数组中查找指定值对应的元素，语法形式如下：

```
bool in_array(mixed $needle, array $haystack [, bool $strict])
```

执行时会先在 $haystack 数组中搜索 $needle(区分大小写)，如果找到，则返回 true，否则返回 false。下面的代码演示了 in_array() 函数搜索字符串的用法：

```
<?php
$words=array("hello","OK","world","good");
echo " 在 \$words 数组中查找是否包含 hello：";          // 查找 hello 字符串，区分大小写
var_dump(in_array( "hello",$words));                  // 返回 true
echo " 在 \$words 数组中查找是否包含 ok：";             // 查找 ok 字符串，区分大小写
var_dump(in_array( "ok",$words));                     // 返回 false
?>
```

由于 in_array() 函数区分大小写，所以上面第 2 个查询会失败。最终执行结果如下所示：

```
在 $words 数组中查找是否包含 hello：bool(true)
在 $words 数组中查找是否包含 ok：bool(false)
```

in_array() 函数的第 3 个参数 $strict 用于设置是否在搜索时考虑数据类型，如果不设置此参数，则默认不考虑数据类型，如果设置其为 1 或 true，则考虑数据类型。下面的代码演示了 in_array() 函数搜索时区分数据类型的用法：

```
<?php
$scores=array(100,81,69,71,'81.8',92.5);
echo " 查找 \$scores 数组中是否含有 92.5：\n";
if (in_array(92.5, $scores, true)) {                    // 区分数据类型和大小写
  echo " 找到 92.5 了。\n ";
}
echo "\n 查找 \$scores 数组中是否含有 100：\n";
if (in_array('100', $scores, true)) {                   // 区分数据类型和大小写
  echo " 找到 100 了。";                                 // 此句不会输出，因为类型不一致
}
?>
```

在第 2 个查询中，由于设置 in_array() 函数的第 3 个参数为 true，此时将对类型进行判断，所以 '100'=100 结果为 false，不会输出“找到 100 了。”。

最终执行结果如下所示：

```
查找 $scores 数组中是否含有 92.5：
找到 92.5 了。
查找 $scores 数组中是否含有 100：
```

3. array_search() 函数

array_search() 函数可以在目标数组中查找指定值并返回它的键，语法形式如下：

```
mixed array_search (mixed $needle, array $haystack [, bool $strict] )
```

如果在 $haystack 数组中找到了值 $needle，则返回其键，否则返回 false。可选参数 $strict 同样用于设置是否在搜索时考虑数据类型。使用时要注意，如果多个键对应相同的值，只返回第一个键。

现在要从保存会员积分的 $scores 数组中查找积分为 100 的会员信息。实现代码如下：

```
<?php
$scores = array('murphy' => 92,'lelei' => 90, 'chengj' => 100, 100, 'forever' => 89);
$name = array_search(100, $scores);          // 查找 $scores 数组中是否包含 100 这个值
echo " 积分为 100 的会员有：".$name;
?>
```

在代码定义的 $scores 数组中，虽然 100 不只出现一次，但 array_search() 函数仅会返回

第一个满足的键，即 chengj。执行结果如下所示：

```
积分为 100 的会员有：chengj
```

4. array_values() 函数

array_values() 函数通常用于为数组重新建立索引，它可以返回数组中的所有值，并自动为返回的数组提供数值索引。该函数的语法形式如下：

```
array array_values(array $target_array)
```

这里同样有一个保存会员积分的数组 $scores，但是它使用的键没有规律，有的是字符串，有的是整数。现在想输出它包含的元素，可以使用 array_values() 函数将元素的值放到一个新数组中再遍历。实现代码如下：

```
<?php
$scores = array('murphy' => 92,'lelei' => 90, 'chengj' => 100, 151=> 100, 'forever' => 89);
print_r($scores);
$new_scores= array_values($scores);                    // 将所有值保存到 $new_scores 数组
print_r($new_scores);
?>
```

执行结果如下所示：

```
Array
(
    [murphy] => 92
    [lelei] => 90
    [chengj] => 100
    [151] => 100
    [forever] => 89
)
```

```
Array
(
    [0] => 92
    [1] => 90
    [2] => 100
    [3] => 100
    [4] => 89
)
```

技巧

使用 array_values() 函数返回的新数组有利于对数组进行操作，例如遍历和排序。

6.5.4　提取元素

PHP 提供了 4 个函数用于从多个数组中提取其他数组中没有的元素和提取共有的元素。它们分别是 array_diff()、array_diff_assoc()、array_intersect() 和 array_intersect_assoc()。

1. array_diff() 函数

array_diff() 函数用于从某个数组中提取其他指定数组中不包含的元素，其语法形式如下：

```
array array_diff(array $input_array1, array $input_array2 [, ..., array $input_arrayN])
```

该函数以 $input_array1 为基础数组，返回 $input_array1 中不被其他数组所包含的元素。

【例 6-16】

假设有两个数组分别记录了两天内最活跃的 5 个会员名称。现在要从中找出在第 1 天出现，但没有出现在第 2 天的会员。

这就需要使用 array_diff() 函数从数组中提取不重复的元素，实现代码如下：

```
<?php
$users1=array("mary","xiaoqiang","laoshu","java163","murphy");          // 会员数组 1
$users2=array("laoshu","notok","murphy","isbest","java163");            // 会员数组 2
$result = array_diff($users1, $users2);                                 // 提取不相同的会员
print_r($result);
?>
```

执行结果如下所示：

```
Array
(
  [0] => mary
  [1] => xiaoqiang
)
```

2. array_diff_assoc() 函数

array_diff_assoc() 函数的作用与 array_diff() 函数相同，不同的是，它在比较时使用的是“键-值”对，而不只是值，其语法形式如下：

```
array array_diff(array $input_array1, array $input_array2 [, ..., array $input_arrayN])
```

【例 6-17】

对例 6-16 的两个数组进行修改，使用会员名作键，编号作为值。要从中找出在第 1 天出现，但没有出现在第 2 天的会员。下面的代码演示了使用 array_diff_assoc() 函数的实现：

```
<?php
$users1=array("mary"=>30,"xiaoqiang"=>27,"laoshu"=>39,"java163"=>21,"murphy"=>25);   // 会员数组 1
$users2=array("laoshu"=>39,"notok"=>4,"murphy"=>25,"isbest"=>52,"java163"=>21);      // 会员数组 2
$result = array_diff_assoc($users1, $users2);                                        // 提取不同的元素
print_r($result);                                                                    // 输出结果
?>
```

执行结果如下所示：

```
Array
(
  [mary] => 30
  [xiaoqiang] => 27
)
```

3. array_intersect() 函数

array_intersect() 函数用于提取多个数组中都包含的元素，并将这些元素合并成一个数组，其语法形式如下：

```
array array_intersect(array $input_array1, array $input_array2 [, ..., array $input_arrayN])
```

【例 6-18】

以例 6-16 的数组为基础，现在要找出同时出现在这两天的会员名称。使用 array_intersect() 函数的实现代码如下：

```
<?php
$users1=array("mary","xiaoqiang","laoshu","java163","murphy");          //会员数组 1
$users2=array("laoshu","notok","murphy","isbest","java163");            //会员数组 2
$result = array_intersect($users1, $users2);                             //提取相同的会员
print_r($result);
?>
```

执行结果如下所示：

```
Array
(
   [2] => laoshu
   [3] => java163
   [4] => murphy
)
```

4. array_intersect_assoc() 函数

array_intersect_assoc() 函数与 array_intersect() 函数作用相同，不同的是，它在比较元素是否相同时，比较的不仅仅是值，而是“键 - 值”对。其语法形式如下：

```
array array_intersect_assoc(array $input_array1, array $input_array2 [, ..., array $input_arrayN])
```

【例 6-19】

对例 6-16 的两个数组进行修改，使用会员名作为键，编号作为值。现在要找出同时出现在这两天的会员名称。使用 array_intersect_assoc() 函数的实现代码如下：

```
<?php
$users1=array("mary"=>30,"xiaoqiang"=>27,"laoshu"=>39,"java163"=>21,"murphy"=>25);   //会员数组 1
$users2=array("laoshu"=>39,"notok"=>4,"murphy"=>25,"isbest"=>52,"java163"=>21);      //会员数组 2
$result = array_intersect_assoc ($users1, $users2);                                   //提取相同的会员
print_r($result);                                                                     //输出结果
?>
```

执行结果如下所示：

```
Array
(
  [laoshu] => 39
  [java163] => 21
  [murphy] => 25
)
```

6.6 数组排序

PHP 支持的数组排序方式很多，像按键排序、按值排序、关联排序或者自定义排序等。本节将详细介绍这些排序的实现方式。

6.6.1 按值排序

我们熟悉的很多排序算法都属于按值排序，例如冒泡排序、插入排序和选择排序等。即把数组中所有元素的值作为排序依据，然后按照升序或者降序进行排列。

PHP 提供了 4 个函数实现数组的按值排序，分别是 sort()、natsort()、natcasesort() 和 rsort()，下面予以详细介绍。

1. sort() 函数

sort() 函数可以对目标数组进行排序，其排序方式是按元素值由低到高排列，其语法形式如下：

```
bool sort ( array &$array [, int $sort_flags ] )
```

排序成功后返回 true，否则返回 false。$sort_flags 可选参数有如下值。

- **SORT_NUMBERIC** 按数值排序，有利于对整数或浮点数排序。
- **SORT_REGULAR** 按自然顺序进行排序。
- **SORT_STRING** 按相应的 ASCII 值进行排序，适用于字符串元素。

下面的代码演示了如何对整型和字符串数组使用 sort() 函数进行排序：

```
<?php
$scores = array(64,78,51,86,90);                                    // 整型数组 $scores
sort($scores);                                                      // 对 $scores 进行排序
print_r($scores);                                                   // 输出结果
$words = array('Apache', 'Web', 'Parent', 'Happy', 'Down');         // 字符串数组 $words
sort($words,SORT_STRING);                                           // 对 $words 进行排序
print_r($words);                                                    // 输出结果
?>
```

执行结果如下所示：

```
Array
(
  [0] => 51
  [1] => 64
  [2] => 78
  [3] => 86
  [4] => 90
)
```

```
Array
(
    [0] => Apache
    [1] => Down
    [2] => Happy
    [3] => Parent
    [4] => Web
)
```

注意

对含有混合类型值的数组使用 sort() 排序可能会产生不可预知的结果。

2. rsort() 函数

rsort() 函数的功能与 sort() 函数相类似，只不过 rsort() 函数以相反的顺序对数组元素进行排序，其语法形式如下：

```
bool rsort ( array &$array [, int $sort_flags ] )
```

各个参数的含义均与 sort() 函数相同，这里就不再介绍。

【例 6-20】

例如，对 sort() 函数中的实例使用 rsort() 函数进行降序排列，将看到如下执行结果：

```
Array
(
    [0] => 90
    [1] => 86
    [2] => 78
    [3] => 64
    [4] => 51
)
```

```
Array
(
    [0] => Web
    [1] => Parent
    [2] => Happy
    [3] => Down
    [4] => Apache
)
```

3. natsort() 函数

在学习 natsort() 函数之前，我们首先来看一个数组排序代码，如下所示：

```
$pics=array("picture24","picture1","picture12","picture2");
sort($pics,SORT_STRING);                    // 对 $pics 按字符串进行排序
print_r($pics);                             // 输出排序后的数组
```

最后的排序结果如下：

```
Array
(
    [0] => picture1
    [1] => picture12
    [2] => picture2
    [3] => picture24
)
```

也就是说，字符串中的数字并没有按我们想象中的那样排序。这时，我们就可以使用 natsort() 函数来解决这样的问题。natsort() 函数的语法形式如下：

```
void natsort(array $target_array)
```

现在将上面示例中的“sort($pics,SORT_

PHP 编程

STRING);”替换为“natsort($pics);”重新排序，执行后的结果如下所示：

```
Array
(
  [1] => picture1
  [3] => picture2
  [2] => picture12
  [0] => picture24
)
```

4. natcasesort() 函数

natcasesort() 函数在功能上与 natsort() 函数差不多，只是 natcasesort() 函数在排序时不区分大小写，其语法形式如下：

```
bool natcasesort ( array &$array )
```

【例 6-21】

例如，下面的代码说明了使用 natcasesort () 函数和 natsort() 函数在排序后结果的差异：

```
<?php
$files=array("file2.txt","File18.jpg","FILE5.gif","file14.bmp","FILE4.png");
natsort($files);                                        // 使用 natsort() 函数排序
echo " 使用 natsort() 函数排序后的结果：\n";
print_r($files);
echo "natcasesort() 函数排序后的结果：\n";
natcasesort($files);                                    // 使用 natcasesort() 函数排序
print_r($files);
?>
```

执行结果如下所示：

```
使用 natsort() 函数排序后的结果：
Array
(
  [4] => FILE4.png
  [2] => FILE5.gif
  [1] => File18.jpg
  [0] => file2.txt
  [3] => file14.bmp
)
```

```
natcasesort() 函数排序后的结果：
Array
(
  [0] => file2.txt
  [4] => FILE4.png
  [2] => FILE5.gif
  [3] => file14.bmp
  [1] => File18.jpg
)
```

6.6.2 按键排序

数组的按键排序要比按值排序简单，主要通过 ksort() 函数和 krsort() 函数来实现。

1. ksort() 函数

ksort() 函数可以按键对数组进行排序，其语法形式如下：

```
bool ksort ( array &$array [, int $sort_flags ] )
```

$array 表示要排序的数组，可选参数 $sort_flags 与 sort() 函数中的作用相同，这里就不再介绍了。

【例 6-22】

假设，在会员数组中使用编号作为键，会员名称作为值。现在要按会员编号进行排序，使用 ksort() 函数的实现代码如下：

```
<?php
$users=array(30=>"mary",27=>"xiaoqiang",39=>"laoshu",21=>"java163",25=>"murphy");
ksort($users);                              // 对 $users 数组按键排序
print_r($users);                            // 输出排序后的内容
?>
```

排序结果如下所示：

```
Array
(
    [21] => java163
    [25] => murphy
    [27] => xiaoqiang
    [30] => mary
    [39] => laoshu
)
```

2. krsort() 函数

krsort() 函数在功能上与 ksort() 函数相同，只不过 krsort() 函数以相反的顺序对数组进行排序，其语法形式如下：

```
bool krsort ( array &$array [, int $sort_flags ] )
```

【例 6-23】

例如，同样是前面创建的会员数组 $users，现在使用 krsort() 函数对它按键进行降序排列，将看到如下排序结果：

```
Array
(
    [39] => laoshu
    [30] => mary
    [27] => xiaoqiang
    [25] => murphy
    [21] => java163
)
```

6.6.3 关联排序

前面介绍的 sort() 函数可以按值对数组排序，但是排序后元素的键被重新生成，有时候这种行为会影响应用程序。不过，PHP 中也提供了排序保持“键 - 值”对的函数。

1. asort() 函数

使用 sort() 函数排序数组时，数组中对应各值的键会重新生成。例如，下面是用 sort() 函数排序的示例代码：

```
<?php
// 创建带键的数组
$scores = array('murphy' => 92,'lelei' => 90, 'chengj' => 85,"zhht"=> 100, 'forever' => 89);
sort($scores);                              // 使用 sort() 函数排序
print_r($scores);                           // 输出排序结果
?>
```

其执行结果如下所示：

```
Array
(
    [0] => 85
    [1] => 89
    [2] => 90
    [3] => 92
    [4] => 100
)
```

对比结果中的“键-值”对与代码中 $scores 数组的“键-值”对，会发现“键-值”对没有被作为一个整体进行排序，而是另外生成数值类型的默认键。而有时候，我们希望在值被排序的同时，其键也跟随其一起移动。

使用 asort() 函数即可实现这一需求，asort() 函数的语法形式如下：

```
bool asort ( array &$array [, int $sort_flags ] )
```

函数中的参数与 sort() 函数相同，这里就不再介绍。下面使用 asort() 函数对前面的 $scores 数组进行排序，排序的结果如下所示：

```
Array
(
    [chengj] => 85
    [forever] => 89
    [lelei] => 90
    [murphy] => 92
    [zhht] => 100
)
```

从上述结果中可以看到，asort() 函数在实现数组升序排列的同时保留了值的键。

2. arsort() 函数

arsort() 函数在功能上与 asort() 函数相同，只不过 arsort() 函数以相反的顺序对数组进行排序，其语法形式如下：

```
bool arsort ( array &$array [, int $sort_flags ] )
```

函数中的参数与 sort() 函数相同，这里就不再介绍了。

例如，下面使用 arsort() 函数对前面的 $scores 数组进行降序排列，代码如下所示：

```
<?php
$scores = array('murphy' => 92,'lelei' => 90, 'chengj' => 85,"zhht"=> 100, 'forever' => 89);
arsort($scores);                                                    // 使用 arsort() 函数排序
print_r($scores);
?>
```

执行结果如下所示：

```
Array
(
    [zhht] => 100
    [murphy] => 92
    [lelei] => 90
    [forever] => 89
    [chengj] => 85
)
```

从上述结果中可以看到，与使用 asort() 函数的结果刚好相反，它在实现数组降序排列的同时，保留了值的键。

6.6.4　高手带你做——级联排序

所谓级联排序，是指以一个主数组为依据，同时对多个数组进行排序。PHP 使用 array_multisort() 函数实现级联排序，语法形式如下：

```
bool array_multisort(array $array [, mixed $org1 [, mixed $org2]] [, array $arg ...]])
```

在该函数中，除第一个参数必须是一个数组外，其他参数可以是数组或者是下面两种排序标志。

排序顺序标志。

- **SORT_ASC** 按照上升顺序排序。
- **SORT_DESC** 按照下降顺序排序。

排序类型标志：

- **SORT_REGULAR** 将元素按照通常方法比较。
- **SORT_NUMERIC** 将元素按照数值比较。
- **SORT_STRING** 将元素按照字符串比较。

array_multisort() 函数主要用于多个数组之间的级联排序，其中第一个数组为主要数组，后面的数组中的元素与第一个数组中的元素一一对应。这样，当第一个数组中的元素位置发生变化后，后面的数组中的元素也跟着变换位置。

【例 6-24】

例如，下面的代码创建了 3 个数组 $letters、$words 和 $cities。然后，使用 array_multisort() 函数以 $letters 数组中的元素为依据做排列，并同时关联到其他两个数组：

```
<?php
$letters=array("A","C","D","B");                                    // 创建一个数组，以它作为排序依据
$words=array("apache","car","days","book");                          // 创建一个关联数组
$cities=array(" 北京 "," 上海 "," 广州 "," 深圳 ");                     // 创建一个关联数组
array_multisort($letters, SORT_DESC,SORT_STRING, $words, $cities);   // 按 $letters 数组进行排列
echo "\$letters 排序后的结果是：\n";
print_r($letters);                                                   // 输出排序后 $letters 数组的内容
echo "\$words 排序后的结果是：\n";
print_r($words);                                                     // 输出排序后 $words 数组的内容
echo "\$cities 排序后的结果是：\n";
print_r($cities);                                                    // 输出排序后 $cities 数组的内容
?>
```

该示例中，第一个数组 $letters 中有 4 个字符串，后面两个数组中也都有 4 个元素，这样就与 $letters 数组中的元素一一对应。接下来使用 array_multisort() 函数对第一个数组进行降序排到，并将排序关联 $words 和 $cities 数组中。

最终的执行结果如下所示：

```
$letters 排序后的结果是：
Array
(
```

```
    [0] => D
    [1] => C
    [2] => B
    [3] => A
)
$words 排序后的结果是：
Array
(
    [0] => days
    [1] => car
    [2] => book
    [3] => apache
)
$cities 排序后的结果是：
Array
(
    [0] => 广州
    [1] => 上海
    [2] => 深圳
    [3] => 北京
)
```

注意

如果使用 array_multisort() 函数对多个数组进行级联排序，则必须保证多个数组中的元素个数一样，否则该函数不会执行任何操作。

6.6.5　高手带你做——按先奇后偶的降序排列数组

虽然 PHP 提供了众多的排序方式和排序函数，但是在实际应用时仍然可能无法满足我们的排序要求。例如，希望对数组按字符串长度排序，按日期格式排序，或者按数字的奇偶性排序等。

PHP 提供了一个名为 usort() 的函数，允许用户编写自定义比较算法对数组进行排序。该函数的语法形式如下：

```
bool usort ( array &$array , callback $cmp_function )
```

其中，$array 参数是要排序的数据，$cmp_function 参数是自定义排序函数的名称。$cmp_function 函数必须在第一个参数被认为小于、等于或大于第二个参数时分别返回一个小于、等于或大于零的整数。

【例 6-25】

假设我们知道一个数组里面保存的全部是整数。现在要求对整数进行排序并输出，排序规则是先奇数后偶数，然后按数字从大到小降序排列。

由于 PHP 没有提供类似的排序函数。要实现这个效果，就需要我们自定义一个函数，再通过 usort() 函数进行调用。实现代码如下所示：

```
<?php
function Compare ($str1, $str2){                    // 自定义排序函数
    if(($str1 %2==0)&&($str2%2==0))                 // 第 1 个数和第 2 个数都是偶数
    {
        if($str1>$str2) return -1;
        else return 1;
    }
```

```
    if($str1%2==0) return 1;                          // 判断第 1 个数是否偶数
    if($str2%2==0) return  -1;                        // 判断第 2 个数是否偶数
    return ($str2 > $str1) ? 1:-1 ;                   // 判断两个数的大小关系
}
$scores = array(64,78,51,83,97,60,87,91,100,17,62);   // 创建数组
usort($scores, 'Compare');                            // 调用自定义排序函数
echo " 排序后的数组为：\n";
foreach ($scores as $score) echo "$score ";           // 输出排序后数组的内容
?>
```

上述代码中，自定义了一个 Compare() 函数，在该函数中对两个参数的奇偶性和大小进行判断，并返回 1 或者 -1。然后在 usort() 函数中调用该函数对 $scores 数组进行排序，排序后的结果如下所示：

```
排序后的数组为：
97 91 87 83 51 17 100 78 64 62 60
```

从结果中可以看到，Compare() 函数正确地对 $scores 数组中的元素实现了预期的排序。

6.7　其他操作

PHP 中提供了一系列对数组进行扩充和缩减的功能函数，这些函数包括前面使用到的 array_push()、array_pop() 以及 array_shift() 函数。它们相当于实现数组结构中队列的操作，例如先进先出、后进后出等功能。

下面将介绍对数组的其他操作功能，例如随机获取元素、联合数组、合并数组、拆分数组、替换数据以及判断数组的类型等。

6.7.1　高手带你做——随机获取元素

PHP 中提供了一个 array_rand() 函数，该函数从数组中随机抽取一个或者多个元素。当程序员想从数组中取出一个或者多个随机的元素时，使用它相当有用。基本形式如下：

```
mixed array_rand ( array input [, int num_req] )
```

在上述形式中，array_rand() 函数接受 input 作为输入数组和一个可选的 num_req 参数，该参数指定程序想要取出多少个元素。如果没有指定，默认值为 1。

如果只取出一个元素 (即没有指定抽取的元素个数)，array_rand() 函数返回一个随机元素的键名 (Key)，无论是数字索引数组还是关联数组；否则就会返回一个包含随机值 (Value) 的数组。

【例 6-26】

在 PHP 脚本中首先声明 $novelsList 数组；接着调用自定义的 foreachList() 函数输出该数组的元素内容；然后调用 array_rand() 函数从数组中随机抽取两个元素；最后根据“数组名 [随机数组名 [索引]]”获取随机的元素值。代码如下：

```
<?php
$novelsList = array ( " 爱与痛的边缘 "," 梦里花落知多少 "," 左耳 "," 告别薇安 "," 蔷薇岛屿 "," 面包树上的女人 " );
foreachList ( $novelsList );                                    // 输出书名列表
$newrand = array_rand ( $novelsList, 2 );
echo "\n 随机取出的图书 1：" . $novelsList [$newrand [0]] . "\n 随机取出的图书 2：" . $novelsList [$newrand [1]];
function foreachList($array) {
    foreach ( $array as $key => $value ) {
        echo "$value\t";
    }
}
?>
```

执行上述代码，查看随机生成的结果，如下所示：

```
爱与痛的边缘          梦里花落知多少    左耳      告别薇安 蔷薇岛屿 面包树上的女人
随机取出的图书 1：爱与痛的边缘
随机取出的图书 2：左耳
```

6.7.2　联合数组

联合数组是指将两个数组联合起来，其中一个数组的值作为元素的键名，另一个数组的值作为元素的值。PHP 中可以使用 array_combine() 函数实现数组联合的功能，该函数返回一个新的数组。基本形式如下：

```
array array_combine ( array keys, array values )
```

在上述形式中，使用来自 keys 数组的值作为键名，来自 values 数组的值作为相应的值。如果两个数组的元素数不同或者数组为空，则会返回 false。

【例 6-27】

在 PHP 中声明 $novelsIsbn 数组，它用于表示图书的编号；声明表示书名列表的 $novelsList 数组；然后将这两个数组通过 array_combine() 函数联合起来；最后分别输出原来的键名和值，以及新的键名和值。代码如下：

```
<?php
$novelsIsbn = array ( "10001", "10002", "10003", "10004", "10005", "10006" );
$novelsList = array ( " 爱与痛的边缘 "," 梦里花落知多少 "," 左耳 "," 告别薇安 "," 蔷薇岛屿 "," 面包树上的女人 " );
$newarray = array_combine ( $novelsIsbn, $novelsList );
echo " 联合前的键名和值：\n";
foreach ( $novelsList as $key => $value ) {
    echo $key . "=" . $value . "\t";
}
echo "\n 联合后的键名和值：\n";
foreach ( $newarray as $key => $value ) {
    echo $key . "=" . $value . "\t";
}
?>
```

执行上述代码后，数组输出结果如下所示：

```
联合前的键名和值：
0= 爱与痛的边缘    1= 梦里花落知多少    2= 左耳   3= 告别薇安    4= 蔷薇岛屿
5= 面包树上的女人
联合后的键名和值：
10001= 爱与痛的边缘10002= 梦里花落知多少    10003= 左耳    10004= 告别薇安
10005= 蔷薇岛屿    10006= 面包树上的女人
```

6.7.3　合并数组

PHP 中合并数组有 3 种方式：第 1 种方式是使用加号 (+) 进行合并，第 2 种方式是使用 array_merge() 函数进行合并；第 3 种方式则是使用 array_merge_recursive() 函数进行合并。

1. 使用加号 (+) 进行合并

使用加号操作符 (+) 是合并数组最简单的一种方式，对两个或多个数组合并时，键名和值都保持原样，是原封不动进行合并的。如果两个数组中的键名一样，那么以第 1 个数组 (+ 号前面的数组) 中的值为主，即第 2 个数组 (+ 号后面的数组) 中的值会自动忽略。

【例 6-28】

在 PHP 脚本中分别声明 $vegetables 数组和 $fruit 数组，并且使用“+”号将两个数组连接起来，将得到的新数组保存到 $newarray 中，最后输出数组的值。代码如下：

```
<?php
$vegetables = array ( " 土豆 " => "apotatoes", "tomato", " 洋葱 " => "onion" );
$fruit = array ( "apple", "banana", "orange" );
$newarray = $vegetables + $fruit;
foreach ( $newarray as $key => $value ) {
    echo $key . "=" . $value . "<br/>";
}
?>
```

执行上述示例中的代码，查看结果，结果如下：

```
土豆 =apotatoes<br/>0=tomato<br/> 洋葱 =onion<br/>1=banana<br/>2=orange<br/>
```

程序员可以重新更改上述代码，主要更改内容如下：

```
$newarray = $fruit + $vegetables;
```

重新运行上述示例的代码，查看结果，结果如下：

```
0=apple<br/>1=banana<br/>2=orange<br/> 土豆 =apotatoes<br/> 洋葱 =onion<br/>
```

将上述结果与第一次输出的结果比较，发现每次输出时都以 + 号之前的数组为主，首先输出 $fruit 数组中元素的键名和值，如果 $vegetables 数组中的键名与 $fruit 数组中的键名一样，则会自动忽略。

PHP
编
程

2. array_merge() 函数

array_merge() 函数用于合并一个或多个数组，一个数组中的值附加在前一个数组的后面，并返回一个新的数组。基本形式如下：

```
array array_merge ( array array1 [, array array2 [, array ...]] )
```

使用 array_merge() 函数合并数组时，如果输入的数组中有相同的字符串键名，则后面数组的键名的对应值将覆盖前一个值。然而，如果数组包含数字键名，后面的值将不会覆盖原来的值，而是附加到后面。如果只给了一个数组并且该数组是数字索引的，则键名会以连续方式重新索引。

【例 6-29】

重新更改例 6-28 中的代码，使用 array_merge() 函数将 $vegetables 数组和 $fruit 数组合并起来。主要代码如下：

```
$newarray = array_merge ( $vegetables, $fruit );
```

执行示例中的完整代码，观察结果，输出结果如下：

```
土豆 =apotatoes<br/>0=tomato<br/> 洋葱 =onion<br/>1=apple<br/>2=banana<br/>3=orange<br/>
```

3. array_merge_recursive() 函数

array_merge_recursive() 函数递归地合并一个或者多个数组的元素，一个数组中的值附加在前一个数组的后面，并返回一个新的数组。基本形式如下：

```
array array_merge_recursive ( array array1 [, array ...] )
```

使用 array_merge_recursive() 时，如果输入的数组中有相同的字符串键名，则这些值会被合并到一个数组中去，这将递归下去，因此如果一个值本身是一个数组，本函数将按照相应的条目把它合并为另一个数组。但是，如果数组具有相同的数字键名，后一个值将不会覆盖原来的值，而是附加到后面。

【例 6-30】

重新在上个示例基础上进行更改，分别向 $vegetables 数组和 $fruit 数组中添加新的元素；然后通过 array_merge_recursive() 函数将这两个数组进行合并；最后通过 print_r() 函数查看新的数组。代码如下：

```
<?php
$vegetables = array ( " 土豆 " => "apotatoes", "tomato", " 洋葱 " => "onion", "foot" => "garlic" );
$fruit = array ( "apple", "banana", "orange", "foot" => "pear" );
$newarray = array_merge_recursive ( $vegetables, $fruit );
print_r($newarray);
?>
```

执行上述代码，观察结果，从输出结果中可以看到，array_merge_recursive() 函数将重复的 food 元素扩展成了一个二维数组。结果如下：

```
Array
(
  [ 土豆 ] => apotatoes
  [0] => tomato
  [ 洋葱 ] => onion
  [foot] => Array
    (
      [0] => garlic
      [1] => pear
    )
  [1] => apple
  [2] => banana
  [3] => orange
)
```

6.7.4　拆分数组

PHP 中提供的 array_slice() 函数返回根据 offset 和 length 参数所指定的 array 数组中的一段序列。基本形式如下：

```
array array_slice ( array array, int offset [, int length [, bool preserve_keys]] )
```

在上述形式中，preserve_keys 默认将重置数组的键，可以通过将其值设置为 true 改变其行为。offset 参数和 length 参数的取值都有多种情况，说明如下。

(1) offset 参数的取值。

如果 offset 非负，则序列将从 array 中的此偏移量开始；如果 offset 为负，则序列将从 array 中距离末端这么远的地方开始。

(2) length 参数的取值。

如果给出了 length 并且为正，则序列中将具有这么多的元素；如果给出了 length 并且为负，则序列将终止在距离数组末端这么远的地方；如果省略，则序列将从 offset 开始一直到 array 的末端。

【例 6-31】

首先在 PHP 脚本中创建 $novelsList 数组；然后调用 array_slice() 函数并为其指定不同的参数值；最后输出拆分后的键名和值。代码如下：

```
<?php
$novelsList = array ( " 爱与痛的边缘 " , " 梦里花落知多少 " , " 左耳 " , " 告别薇安 " , " 蔷薇岛屿 ");
$output1 = array_slice ( $novelsList, 2, 3, true );          // 取第 2 个以后的 3 个元素
$output2 = array_slice ( $novelsList, - 2, 1 );              // 从倒数第 2 个开始，并且取 1 个元素
$output3 = array_slice ( $novelsList, 0, 4 );                // 从数组开始取 4 个元素
getinfo ( $output1 );
echo "\n========================================\n";
getinfo ( $output2 );
echo "\n========================================\n";
getinfo ( $output3 );
function getinfo($array) {
    foreach ( $array as $key => $value ) {
        echo "" . $key . "=" . $value . "<br/>";
    }
}
?>
```

执行上述代码，观察输出结果，结果如下：

```
2= 左耳 <br/>3= 告别薇安 <br/>4= 蔷薇岛屿 <br/>
========================================
0= 告别薇安 <br/>
========================================
0= 爱与痛的边缘 <br/>1= 梦里花落知多少 <br/>2= 左耳 <br/>3= 告别薇安 <br/>
```

在上述代码中，将 array_slice() 函数的最后一个参数值设置为 false，这时不会重置数组中元素的键名，默认情况下为 false。

6.7.5 替换数组

PHP 中提供了 array_splice() 函数，它把数组中的一部分去掉并用其他值取代。基本形式如下：

```
array_splicearray array_splice ( array &input, int offset [, int length [, array replacement]] )
```

在上述形式中，array_splice() 函数返回一个包含有被移除元素的数组，它把 input 数组中由 offset 和 length 指定的元素去掉，input 中的数字键名不会被保留。

- **offset 参数** 如果 offset 为正，则从 input 数组中该值指定的偏移量开始移除。如果 offset 为负，则从 input 末尾倒数该值指定的偏移量开始移除。
- **length 参数** 如果省略 length 参数，则移除数组中从 offset 到结尾的所有部分。如果指定了 length 且为正值，则移除这么多的元素；如果指定了 length 且为负值，则移除从 offset 到数组末尾倒数 length 为止中间所有的元素。
- **replacement 参数** 它是一个可选参数，如果设置了该参数的值则用 replacement 数组中的元素取代。如果不指定该参数的值，则表示移除数组中指定的元素。

技巧

当指定 replacement 参数要移除从 offset 到数组末尾所有元素时，可以使用 count() 函数作为 length 的值。

在表 6-3 中列出了一些与 array_splice() 函数等价的表达式。

表 6-3 array_splice() 函数的等价表达式

函　　数	等价表达式
array_push($input, $x, $y)	array_splice($input, count($input), 0, array($x, $y))
array_pop($input)	array_splice($input, -1)
array_shift($input)	array_splice($input, 0, 1)
array_unshift($input, $x, $y)	array_splice($input, 0, 0, array($x, $y))
$input[$x] = $y // 对于键名和偏移量等值的数组	array_splice($input, $x, 1, $y)

【例 6-32】

下面的代码演示了 array_splice() 函数的使用，使用该函数将 $novelsList 数组中第 2 个元素之后的 3 个元素使用 $newarray 数组中的元素替换。部分代码如下：

```
<?php
$novelsList = array ( " 爱与痛的边缘 "," 梦里花落知多少 "," 左耳 "," 告别薇安 "," 蔷薇岛屿 " );
getinfo ( $novelsList );
echo "\n========================================\n";
$newarray = array ( " 幻城 "," 朝花夕拾 " );
$replcearray = array_splice ( $novelsList, 2, 3, $newarray );
echo "\n========================================\n";
getinfo ( $novelsList );
/* 省略 getinfo() 函数的内容 */
?>
```

执行示例代码，观察结果，替换前后的结果如下：

```
0= 爱与痛的边缘 <br/>1= 梦里花落知多少 <br/>2= 左耳 <br/>3= 告别薇安 <br/>4= 蔷薇岛屿 <br/>
========================================
0= 爱与痛的边缘 <br/>1= 梦里花落知多少 <br/>2= 幻城 <br/>3= 朝花夕拾 <br/>
```

注意

虽然 array_splice() 函数通常用于替换数组中的元素，但是，从某种意义上来讲，该函数不仅实现了替换数组的功能，还实现了追加数组元素和删除数组元素的功能。

6.7.6　判断数组的类型

有时候，程序员需要对数组的类型进行判断，判断数组是否属于关联数组或数字索引数组，根据其类型是关联数组还是索引数组做不同的处理。PHP 中提供了 is_array() 函数，该函数检测变量是否为数组，然后进一步根据 is_int() 函数判断元素的键名是否为整型，从而判断数组是关联数组还是数字索引数组。

【例 6-33】

本例首先自定义函数判断数组类型，然后调用自定义函数进行测试，最后输出提示结果。实现的步骤如下。

01 创建一个新的 PHP 页面，在 PHP 脚本中定义 isAssocArray() 函数，该函数判断当前数组是否为关联数组。函数代码如下：

```
<?php
function isAssocArray($array) {
    if (! is_array ( $array )) {                    // 判断是否为数组，如果不是
        return false;
    }
    $keys = array_keys ( $array );                  // 返回数组的所有键名
    $tries = count ( $array );
    for($i = 0; $i < $tries; $i ++) {
        if (! is_int ( $keys [$i] )) {              // 根据键名是否是数字
            return true;
```

PHP 编程

```
            }
        }
        return false;
    }
    /* 省略其他代码 */
    ?>
```

上述代码的 isAssocArray() 函数中，首先通过 is_array() 函数判断是否为数组，如果不是则返回 false；然后调用 array_keys() 函数返回数组的所有的键名，紧接着调用 count() 函数获取所有的键名；最后通过 for 循环语句遍历，在该语句中调用 is_int() 函数判断键名是否为整型，如果不是则返回 true。

02 继续在 PHP 脚本中创建 $array_one 数组和 $array_two 数组。代码如下：

```
$array_one = array ( "www.baidu.com", "www.google.com" );
$array_two = array ( "baidu" => "www.baidu.com", "google" => "www.google.com" );
```

03 分别调用 isAssocArray() 函数判断 $array_one 数组和 $array_two 数组是否为关联数组。如果不是，则输出提示；如果是，则调用 getinfo() 函数遍历输出数组中元素的键名和值。

代码如下：

```
if (isAssocArray ( $array_one )) {
    getinfo($array_one);
} else {
    echo "\$array_one 不是关联数组，进入到 else 语句 ";
}
echo "\n====================================\n";
if (isAssocArray ( $array_two )) {
    getinfo($array_two);
} else {
    echo "\$array_two 不是关联数组，进入到 else 语句 ";
}
/* 省略 getinfo() 函数的代码 */
```

04 执行上述代码后的输出结果如下：

```
$array_one 不是关联数组，进入到 else 语句
====================================
baidu=www.baidu.com<br/>google=www.google.com<br/>
```

6.7.7 查找键名是否存在

PHP 中提供了 array_key_exists() 函数用于查找和检测在数组中是否有指定的键名。基本形式如下：

```
bool array_key_exists ( mixed key, array search )
```

在上述形式中，array_key_exists() 函数在指定的 key 存在于数组中时返回 true。key 可以是任何能作为数组索引的值，而且 array_key_exists() 函数也可用于对象。

【例 6-34】

在 PHP 脚本中声明 $citys 数组，然后通过 array_key_exits() 函数判断数组中是否存在键名 zhejiang。如果存在，则输出对应的值；否则输出提示信息。代码如下：

```
<?php
$citys = array ( "henan" => " 郑州 ", "hunan" => " 长沙 ", "zhejiang" => " 杭州 ", "fujian" => " 福州 " );
if (array_key_exists ( "zhejiang", $citys )) {
    echo "zhejiang 的省会是：" . $citys ["zhejiang"];
} else {
    echo "\$citys 数组中不存在 zhejiang 键名。";
}
?>
```

执行上述代码观察结果，输出结果如下：

```
zhejiang 的省会是：杭州
```

试一试

PHP 中提供了 isset() 函数用于检测变量是否设置，该函数对于数组中为 NULL 的值不会返回 true，而 array_key_exists() 则会返回 true。读者可以分别使用这两个函数对数组进行测试，具体结果这里不再给出。

6.7.8　查找值是否存在

前面介绍了通过 array_key_exists() 函数按数组的键名进行查找，如果程序员不知道数组的键名，再想直接查找数组中是否有相关的值应该怎么办呢？很简单，PHP 提供的一系列与数组相关的函数中就包括这样的一个函数：in_array() 函数。

in_array() 函数检查数组中是否存在某个值。基本形式如下：

```
bool in_array ( mixed needle, array haystack [, bool strict] )
```

在上述形式中，in_array() 函数自动在 haystack 中搜索 needle 项，如果找到则返回 true，否则返回 false。strict 是一个可选参数，当它的值为 true 时，表示 in_array() 函数还会检查 needle 的类型是否与 haystack 中的相同。另外，在 in_array() 函数中，如果 needle 是一个字符串，则比较是区分大小写的。

【例 6-35】

在 PHP 脚本中声明 $infos 数组，然后分别调用 in_array() 函数判断数组中是否存在值为 100、hello 和 Hello 的元素，根据判断输出结果。代码如下：

```
<?php
$infos = array ( 100, 100, 98, 96, 95, 95, "hello" );
```

```
if (in_array ( "100", $infos )) {
    echo "\$infos 数组的值中存在 100";
}
echo "\n==========================================\n";
if (in_array ( "100", $infos, true )) {
    echo "\$infos 数组的值中存在 100";
} else {
    echo "\$infos 数组的值中不存在 100";
}
echo "\n==========================================\n";
if (in_array ( "hello", $infos )) {
    echo "\$infos 中存在 hello 值 ";
}
echo "\n==========================================\n";
if (! in_array ( "Hello", $infos )) {
    echo "\$infos 中不存在 Hello 值 ";
}
?>
```

执行上述代码，观察结果，输出结果如下：

```
$infos 数组的值中存在 100
==========================================
$infos 数组的值中不存在 100
==========================================
$infos 中存在 hello 值
==========================================
$infos 中不存在 Hello 值
```

从上面的输出结果可以看出，$infos 数组中包含值 100，并且该值是整数。如果 in_array() 不指定第 3 个参数，默认值为 false，这时会输出“$infos 数组的值中存在 100”的提示。如果将函数的第 3 个参数的值设置为 true，因为函数中指定查找的 100 是字符串类型的，而数组中的 100 是整型的，因此输出“$infos 数组的值中不存在 100”的提示。而且在使用 in_array() 函数时，查找的字符串是区分大小写的，这一点从“hello”与“Hello”的查找就可以看出来。

6.7.9　去除重复元素值

当数组中出现重复的内容时，如果程序员不想要这些重复的数组，那么可以利用 array_unique() 函数清理重复的值。基本形式如下：

```
array array_unique ( array array )
```

在上述形式中，array_unique() 函数接受 array 作为输入并返回没有重复值的新数组，但是键名保留不变。使用 array_unique() 函数时，该函数首先将值作为字符串排序，然后对每个值只保留第一个遇到的键名，接着忽略所有后面的键名。但是，这并不意味着在未排序的 array 中同一个值的第一个出现的键名会被保留。

注意

当且仅当 (string)$elem1 === (string)$elem2 时两个元素被认为相同。就是说，当字符串的元素内容一样时，第一个元素将被保留。

【例 6-36】

在 PHP 脚本中声明 $countries 数组，然后分别使用 array_unique() 函数清理数组中的重复元素。代码如下：

```
<?php
$countries = array ( "USA" => "English", "China" => "Chinese", "UK" => "English", "Spain" => "Spanish",
"Mexico" => "Spanish", "Canada" => "English" );
$language = array_unique ( $countries ); // 清理值重复的数组元素
getinfo ( $language );
echo "\n=========================================\n";
$language = array_unique ( array_values ( $countries ) );        // 按索引值显式清理重复数组后的元素
getinfo ( $language );
echo "\n=========================================\n";
$language = array_values ( array_unique ( $countries ) );        // 重新索引排序
getinfo ( $language );
/* 省略 getinfo() 函数 */
?>
```

上述代码中，第 1 次使用 array_unique() 函数时，直接清理值重复的数组元素；第 2 次使用 array_unique() 函数时，按索引值显式清理重复数组后的元素；第 3 次使用 array_unique() 函数时，会结合 array_values() 函数重新索引排序。输出结果如下：

```
USA=English<br/>China=Chinese<br/>Spain=Spanish<br/>
=========================================
0=English<br/>1=Chinese<br/>3=Spanish<br/>
=========================================
0=English<br/>1=Chinese<br/>2=Spanish<br/>
```

6.7.10　高手带你做——数组键名和值调换

PHP 中提供了 array_flip() 函数，该函数将使数组的键名与其相应值调换，即键名变成了值，而值变成了键名，这个数组可以是数字索引数组，也可以是关联数组。

【例 6-37】

下面的示例代码演示了 array_flip() 函数的使用。直接向 PHP 脚本中添加以下代码：

```
<?php
$city = array(" 郑州 "," 长沙 "," 湖北 "=>" 武汉 "," 石家庄 "," 南昌 ");            // 创建关联数组
getinfo ( $city );
```

```
echo "\n========================================\n";
$newarray = array_flip($city);
getinfo ( $newarray );
/* 省略 getinfo() 函数 */
?>
```

重新执行上述代码，观察结果，输出结果如下：

```
0= 郑州 <br/>1= 长沙 <br/> 湖北 = 武汉 <br/>2= 石家庄 <br/>3= 南昌 <br/>
========================================
郑州 =0<br/> 长沙 =1<br/> 武汉 = 湖北 <br/> 石家庄 =2<br/> 南昌 =3<br/>
```

通过观察上述输出结果，可以发现，原来数组的键名和值已经发生了调换。

6.8 成长任务

成长任务 1：一维数组的基本操作

在 PHP 脚本中首先创建表示学生编号的 $stuNo 数组，该数组中包含 5 个元素；接着创建表示学生成绩的 $stuScore 数组，该数组中也包含 5 个元素；最后按照以下要求对数组进行操作。

(1) 通过 array_push() 函数向 $stuScore 数组中添加两个元素。

(2) 通过 array_unshift() 函数向 $stuNo 数组中添加两个元素。

(3) 通过自定义函数的方式对 $stuScore 数组中的元素进行排序，元素的值从高到低进行排列。

(4) 将 $stuNo 数组和 $stuScore 数组进行联合，$stuNo 数组中的元素作为键名，$suScore 数组中的元素作为值。联合后会返回的一个新的数组，该数组是 $newarray。

(5) 判断 $newarray 数组是数字索引数组还是关联数组。若是关联数组，通过 foreach 语句输出键名和值；否则通过 for 语句输出键名和值。

(6) 分别将 $stuNo 数组、$stuScore 数组以及联合后的 $newarray 数组中的键名和值进行调换。

成长任务 2：编写冒泡排序

本次任务要求读者不借用任何函数，实现一个整型数组的冒泡排序。冒泡排序算法的规则是：搜索整个数组，比较相邻元素，如果两者的相对大小次序不对，则交换它们，其结果是最大值“像水泡一样”移动到数组的最后一个位置上，这也是它在最终完成排序的数组中合适的位置。然后再次搜索数组，将第二大的值移动至倒数第二个位置上，重复该过程，直至将所有元素移动到正确的位置上。

第7章 字符串应用

在任何一种编程语言中都有字符串的功能，对字符串的处理是否完美，很大程度上反映出一种语言的成功与否。本章详细介绍PHP支持的字符串操作，包括对字符串进行大小写统一、替换、截取、填充、编码、解码等。

通过本章的学习，希望读者掌握PHP字符串的各种操作，达到举一反三的目的，为了解和学习其他的技术奠定良好的基础。

本章学习要点

◎ 掌握字符串的定义
◎ 掌握字符串的连接
◎ 掌握字符串的基本操作
◎ 了解字符串编码类型
◎ 掌握字符串编码的转换
◎ 理解字符串加密技术
◎ 熟练使用字符串的加密和解密

扫一扫，下载
本章视频文件

7.1 字符串简介

在 PHP 中，一个字符串由一系列字符组成，字符可以是大写和小写英文字母、汉字、数字，以及 *、# 等特殊符号。因此，一个字符就是一个字节。这就是说，一个字节只能有 256 种不同的变化。

在处理 PHP 字符串的时候，可以把字符串作为数组来处理。例如，下面的代码创建了一个包含“hello php”字符串的变量 $str：

```
$str="hello php";
```

由于字符串的每个字符都是连续的，所以也可以把字符串作为数组来处理。如图 7-1 所示为两者之间的转换示意图。

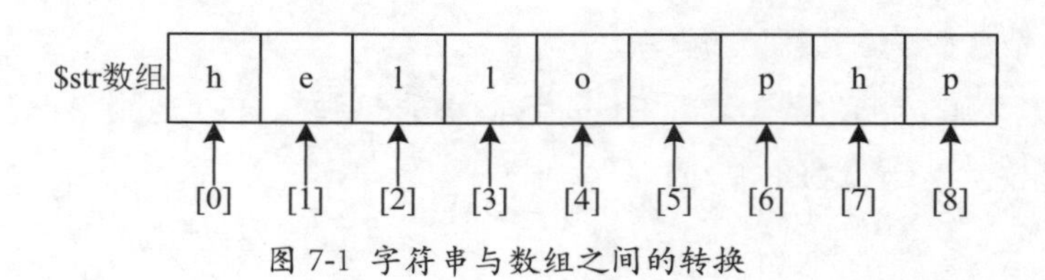

图 7-1 字符串与数组之间的转换

【例 7-1】

创建一个案例，演示字符串的标准处理方式和数组处理方式，示例代码如下：

```
<?php
$str="PHP is very simple";          // 创建一个字符串变量 $str，赋值为 PHP is very simple
echo $str;                          // 输出：PHP is very simple
echo $str[0];                       // 输出 $str 的第 1 个字符，结果为：P
echo $str[4];                       // 输出 $str 的第 5 个字符，结果为：i
echo $str[7];                       // 输出 $str 的第 8 个字符，结果为：v
?>
```


可以看到，在上述代码中使用数组的输出结果与使用字符串的输出结果是一样的。在这里使用中括号来表示字符串的数组形式输出，可能会与数组产生二义性，因为数组也是使用中括号的。因此，在 PHP 中建议使用大括号 {} 代替这里的中括号 []，以消除语法上的二义性，即使用 $str{0} 替换 $str[0]。

提示

PHP 对于字符串的长度没有限制。因为字符串长度的限制只与运行 PHP 程序的计算机内存大小有关，与 PHP 本身无关。

7.2 定义字符串

对字符串进行操作之前，必须保证已存在一个字符串。PHP 常用三种方式来定义一个字符，本节予以详细介绍。

7.2.1　使用单引号

定义一个字符串最简单的方法是用单引号 (') 把它包围起来。例如，下面是一些使用单引号定义字符串的示例：

```
<?php
echo '一年之计在于春，一天之计在于晨';          // 输出：一年之计在于春，一天之计在于晨
echo 'I am a teacher.';                          // 输出：I am a teacher.
echo '1000.111222';                              // 输出：1000.111222
echo 'true';                                     // 输出：true
echo '<h1>hi</h1>';                              // 输出：<h1>hi</h1>
?>
```

使用这种方式，如果想要输出一个单引号，需在它的前面加个反斜线 (\)。如果在单引号前或在字符串的结尾处想要输出反斜线，需输入两个反斜线 (\)。而如果在任何其他字符前加了反斜线，反斜线将会被直接输出。

例如，下面这些字符串定义方式都是正确的：

```
<?php
echo '这是一个使用单引号定义的普通字符串 \n';  // 标准的字符串形式
echo '用这种方式还可以换行哦，下面都是正确的。
我的电脑、我的文档、我的音乐、我的图片
北京、上海、广州、重庆
';                                               // 使用单引号定义的多行字符串
echo 'Let\'s say that it\'s true.';              // 输出：Let's say that it's true.
echo '"Yes," said Ford.';                        // 输出："Yes," said Ford.
echo '床 / 沙发 / 衣柜 / 宜家 / 办公家具';        // 输出：床 / 沙发 / 衣柜 / 宜家 / 办公家具
echo '早教 \ 玩具 \ 戏水';                        // 反斜线会输出，结果为：早教 \ 玩具 \ 戏水
echo '$Name="taeer"';                            // 字符串中的语句也不会执行和解析
?>
```

7.2.2　使用双引号

如果是使用双引号 (") 包围字符串，PHP 将对一些特殊的字符 (如双引号、反斜线、美元符号) 进行解析。用这种方式定义的字符串最重要的特征是变量会被执行。

【例 7-2】

使用双引号定义字符串，保存商铺的促销信息，包括今日促销商品信息和限时特价信息，要求今日促销商品中间使用“\t”转义字符隔开，限时特价信息使用变量表示。代码如下：

```
echo "今日促销商品：</br>";
echo "抱枕 \t 坐垫 \t 床单 \t 记忆枕 </br>";
$cuxiao="可爱系列被单套装将于 11 月 11 日特价一天 ";
```

```
echo " 限时特价：</br>$cuxiao</br>";
echo "\$cuxiao 变量为促销信息 ";
```

上述代码中，最后两行的字符串中都包含变量名，但上面的代码需要输出变量的值，而下面的代码需要输出变量名称，因此最后一行使用转义字符“\”将变量名称原样输出，其显示结果如下：

```
今日促销商品：
抱枕 坐垫 床单 记忆枕
限时特价：
可爱系列被单套装将于 11 月 11 日特价一天
$cuxiao 变量为促销信息
```

7.2.3 使用定界符

使用定界符定义字符串的方式是：在字符串前添加符号“<<<”和标识符；在字符串的结束位置另起一行使用标识符结尾。使用定界符时需要注意以下几点：

- 字符串不需要使用引号（包括单引号和双引号）来引用。
- 字符串前后的标识符要保持一致，标识符由用户自定义。
- 定义的规律遵循变量的定义规则。
- 字符串中的部分特殊字符不需要使用转义字符。

【例 7-3】

定义两个字符串，分别表示苹果和橘子的信息，使用定界符标识符 apple 和 orange 来实现，代码如下：

```
echo <<<apple
苹果 </br>
苹果的果实是球形的，味甜或略酸，品种繁多，是常见水果，具有丰富的营养成分，有食疗、辅助治疗等功能。</br>
apple;
echo <<<orange
橘子 </br>
橘子俗称 " 桔 "，是很古老的多年生芸香科植物，华夏大地是橘树主要发源地之一。</br>
橘子色彩鲜艳、酸甜可口，是秋冬季常见的美味佳果。富含维生素 C。
orange;
```

上述代码中，橘子信息中有引号括起来的“桔”字样，该字样虽然有着引号，但仍然可以原样输出，其执行结果如下：

```
苹果
苹果的果实是球形的，味甜或略酸，品种繁多，是常见水果，具有丰富的营养成分，有食疗、辅助治疗等功能。
橘子
橘子俗称 " 桔 "，是很古老的多年生芸香科植物，华夏大地是橘树主要发源地之一。
橘子色彩鲜艳、酸甜可口，是秋冬季常见的美味佳果。富含维生素 C。
```

注意

字符串结束时所使用的标识符必须在一行的开始位置。而且标识符的命名也要遵守一定的规则：只能包含字母、数字和下划线，并且不能用数字和下划线作为开头。

7.3　高手带你做——连接多个字符串

字符串连接是将两个或多个字符串连接成为一个字符串，如将字符串“你好”和“PHP”连接成“你好 PHP”。PHP 提供了如下两个字符串连接运算符。

- **连接运算符“.”**　返回其左右参数连接后的字符串。
- **连接赋值运算符“.=”**　将右边的参数附加到左边的参数后面。

【例 7-4】

定义变量 $shangpin1 和变量 $shangpin2，值分别为“促销商品：</br>”和“玫瑰抱枕”。定义变量 $shangpin，值为变量 $shangpin1 和变量 $shangpin2 的连接，再输出变量 $shangpin。代码如下：

```
$shangpin1=" 促销商品：</br>";
$shangpin2=" 玫瑰抱枕 ";
$shangpin=$shangpin1.$shangpin2;
echo $shangpin;
```

上述代码的执行结果如下所示：

```
促销商品：
玫瑰抱枕
```

定义变量 $shangpin，值为“促销商品：</br>”，为该变量连接一个字符串“玫瑰抱枕”，输出该变量。代码如下：

```
$shangpin="</br> 促销商品：</br>";
$shangpin.=" 珊瑚绒毛毯 ";
echo $shangpin;
```

上述代码的执行结果如下：

```
促销商品：
珊瑚绒毛毯
```

7.4　统计字符串

在众多的操作之中，对字符串进行统计操作是最简单，也是最常用的。PHP 为此提供了三个函数，分别是 strlen()、count_chars() 和 str_word_count()。

7.4.1 统计字符串的长度

PHP 的 strlen() 函数用于统计字符串的长度，其语法格式为：

```
int strlen ( string $string )
```

该函数返回值为整型，表示字符串 $string 的长度。若返回值为 0，表示该字符串为空。

【例 7-5】

在会员系统中对会员的密码有一个规则，即密码长度必须大于 6 位且小于 12 位。因为密码太短容易被破解，太长的话不容易记住。

这就需要根据给出的密码判断长度是否在范围之内，并给出相应的提示。使用 strlen() 函数的实现代码如下：

```
<?php
function CheckPasswordLength($pass){
    if(strlen($pass)>=6 && strlen($pass)<=12)
        echo " 密码符合策略。";
    elseif(strlen($pass)>12 )
        echo " 不符合密码策略。密码超过最大长度 12 位。";
    else
        echo " 不符合密码策略。过于简单的密码不安全。";
}
CheckPasswordLength(" 1 2 ");                          // 不符合密码策略。过于简单的密码不安全
CheckPasswordLength("1 3 5 7");                        // 密码符合策略
CheckPasswordLength("hello everybody . are you .");  // 不符合密码策略。密码超过最大长度 12 位
?>
```

上述代码创建了一个 CheckPasswordLength() 函数，用于判断指定的 $pass 是否符合规则，并输出提示信息。在函数中使用 strlen() 函数获取字符串 $pass 的长度并进行比较，然后给出结果。在这里要注意，字符串中的空格同样也被计算在内。

7.4.2 统计字符的出现频率

使用 count_chars() 函数可以统计一个字符串中的字符出现频率，它的语法格式如下：

```
mixed count_chars ( string $string [, int $mode ] )
```

其中，$mode 是可选参数，用于指定不同的计数模式，其默认值为 0，可选值如下。

- **0** 返回一个关联数组，由所有字符作为键，该字符在原字符串中出现的次数作为值。
- **1** 与 0 相同，但只返回出现次数大于零的字符。
- **2** 与 0 相同，但只返回出现次数等于零的字符。
- **3** 返回一个字符串，其中包含原字符串中能找到的所有字符，每个字符只显示一次。
- **4** 返回一个字符串，其中包含原字符串中未使用的所有字符。

例如，下面的代码演示如何使用 count_chars() 获取一个字符串中的字符总数：

```
<?php
$words="woo haa yeah";
foreach (count_chars($words, 1) as $key=>$value) {
    echo " 字符 \"".chr($key)."\" 共出现了 ".$value." 次 \n";
}
?>
```

执行结果如下：

```
字符 " " 共出现了 2 次
字符 "a" 共出现了 3 次
字符 "e" 共出现了 1 次
字符 "h" 共出现了 2 次
字符 "o" 共出现了 2 次
字符 "w" 共出现了 1 次
字符 "y" 共出现了 1 次
```

7.4.3　统计单词数量

- str_word_count() 函数用于统计一个字符串的单词数，它的语法格式如下：

```
mixed str_word_count ( string $string [, int $format = 0 [, string $charlist ]] )
```

该函数的 $format 可选参数用于指定计数形式，其默认值为 0，可选值如下。

- **0**　返回字符串中单词的总数。
- **1**　返回由字符串中所有单词组成的数组。
- **2**　返回一个关联数组，其中单词的所在位置为键，单词本身为值。

$charlist 参数可以指定附加的字符串列表，其中的字符将被视为单词的一部分。例如，下面的代码演示如何使用 str_word_count() 获取一个字符串中的单词总数：

```
<?php
$words="He was 25 years old";
$result=str_word_count($words);
echo "\$words 中共有单词： $result 个 ";
print_r(str_word_count($words, 1));
print_r(str_word_count($words, 2));
print_r(str_word_count($words, 1, '25')); // 将 25 也作为一个单词
?>
```

执行结果如下：

```
$words 中共有单词： 4 个
Array
(
  [0] => He
```

```
    [1] => was
    [2] => years
    [3] => old
)
Array
(
    [0] => He
    [3] => was
    [10] => years
    [16] => old
)
Array
(
    [0] => He
    [1] => was
    [2] => 25
    [3] => years
    [4] => old
)
```

7.5 操作字符串内容

针对字符串的统计操作不会对字符串的原始内容进行任何处理。下面介绍一些操作字符串内容的函数，如将所有小写替换为大写、去除首尾的特殊字符以及比较两个字符串的大小等。

7.5.1 大小写替换

字符串的大小写替换主要可分为如下几种情况，PHP 为每种情况都提供了处理函数：

- 将字符串中的所有字符都转换成小写，可用 strtolower() 函数。
- 将字符串中的所有字符都转换成大写，可用 strtoupper() 函数。
- 将字符串的第一个字符转换成大写，可用 ucfirst() 函数。
- 将字符串中的所有单词的第一个字符都转换成大写，可用 ucwords() 函数。

1. strtolower() 函数

strtolower() 函数可以将字符串 $str 中的所有字符全部转换成小写，非字母的字符不受影响。语法格式如下：

```
string strtolower ( string $str )
```

例如，下面的代码演示了如何使用 strtolower() 函数：

```
<?php
$str1="Where Are You From \n";                          // 定义原始字符串
echo strtolower($str1);                                 // 转换并输出 $str1 的小写结果
$str2="SELECT * FROM DATABASE WHERE ROW>0 AND F=1 \n";
Echo strtolower($str2);                                 // 转换并输出 $str2 的小写结果
$str3=" 你好吗。How Are You.";
echo strtolower($str3);                                 // 转换并输出 $str3 的小写结果
?>
```

执行结果如下：

```
where are you from
select * from database where row>0 and f=1
你好吗。how are you.
```

2. strtoupper() 函数

strtoupper() 函数的功能与 strtolower() 函数相反，它可以将字符串 $string 中的所有字符全部转换成大写，而非字母的字符不受影响。语法格式如下：

```
string strtoupper ( string $string )
```

例如，下面的代码演示了如何使用 strtoupper() 函数：

```
<?php
$str1="show ads that relate to the content on your website \n ";              // 定义原始字符串
echo strtoupper($str1);                              // 转换并输出 $str1 的大写结果
$str2="Business Solutions \n ";
echo strtoupper($str2);                              // 转换并输出 $str2 的大写结果
$str3=" 歌曲名称： the day you went away \n ";
echo strtoupper($str3);                              // 转换并输出 $str3 的大写结果
?>
```

上述代码都很简单，这里就不再解释，运行后的输出结果如下：

```
SHOW ADS THAT RELATE TO THE CONTENT ON YOUR WEBSITE
BUSINESS SOLUTIONS
歌曲名称： THE DAY YOU WENT AWAY
```

3. ucfirst() 函数

ucfirst() 函数可以将字符串 $str 中的第一个字符 (如果是字母) 转换成大写，而非字母的字符不受影响。语法格式如下：

```
string ucfirst ( string $str )
```

【例 7-6】

在书写英文时，每个段落开始的首字母必须大写。下面使用 ucfirst() 函数实现将字符串中的首字符转换为大写：

```
<?php
$str1="those customers you are looking for, are looking for you ";       // 定义原始字符串
echo " 使用 ucfirst() 函数之后为： ".ucfirst($str1);                // 转换并输出
$str2=" 签名 good good study";
echo "\n 使用 ucfirst() 函数之后为： ".ucfirst($str2);
?>
```

执行后的结果如下：

```
使用 ucfirst() 函数之后为：Those customers you are looking for, are looking for you
使用 ucfirst() 函数之后为：签名 good good study
```

4. ucwords() 函数

ucwords() 函数可以将字符串 $str 中每个单词的第一个字符转换成大写，非字母字符不受影响。语法格式如下：

```
string ucwords ( string $str )
```

【例 7-7】

对 ucfirst() 函数的实例进行修改，要求将每个单词的首字母都变成大写。使用 ucwords() 函数的实现代码如下：

```php
<?php
$str1="those customers you are looking for, are looking for you ";          // 定义原始字符串
echo " 使用 ucwords() 函数之后为：".ucwords($str1);                          // 转换并输出
$str2=" 签名 good good study";
echo "\n 使用 ucwords() 函数之后为：".ucwords($str2);
?>
```

执行后的结果如下：

```
使用 ucwords() 函数之后为：Those Customers You Are Looking For, Are Looking For You
使用 ucwords() 函数之后为：签名 good Good Study
```

由于 PHP 默认以空格为单位分隔每个单词。所以，在此示例中“签名 good”将作为一个单词来处理，而它的第一个字符是汉字，因此 ucwords() 函数没有对它进行处理。

7.5.2 去除空格和特殊字符

除了大小写的替换外，有时候还需要把字符串中存在的空格和特殊字符去掉。这包括去除字符串左侧的指定字符、去除字符串右侧的指定字符和同时去除字符串两侧的指定字符。

1. 去除字符串左侧的指定字符

ltrim() 函数用于去除字符串左侧的指定字符，语法格式如下：

```
string ltrim ( string $str [, string $charlist ] )
```

默认删除字符串 $str 左侧的特殊字符，这些字符包括：空格符、水平制表符 (\t)、换行符 (\n)、回车符 (\r)、空值 (\0) 和垂直制表符 (\x0b)。可选参数 $charlist 用于指定要删除的其他字符。

【例 7-8】

例如，下面的代码演示了如何使用 ltrim() 函数：

```
<?php
$str1="   恭喜发财 ";                                                     // 第 1 个字符串
echo "\$str1 使用 ltrim() 之后的结果：\"".ltrim($str1)."\"";  // 去除左侧的空格
$str2="/////// 恭喜发财 ///////";                                      // 第 2 个字符串
echo "\n\$str2 使用 ltrim() 之后的结果：\"".ltrim($str2)."\"";          // 去除左侧的空格
echo "\nltrim(\$str2,\"/\") 之后的结果：\"".ltrim($str2,"/")."\"";          // 去除左侧的字符 /
$str3="\t\n 恭喜发财 ";                                               // 第 3 个字符串
echo "\n\$str3 使用 ltrim() 之后的结果：\"".ltrim($str3)."\"";  // 去除左侧的水平制表符和换行符
?>
```

在查看输出结果之前，首先分析一下上面代码创建的字符串。在第 1 个字符串 $str1 中使用了空格来填充；第 2 个字符串 $str2 使用了自定义的符号“/”；第 3 个字符串 $str3 则在左面使用了水平制表符 (\t) 和换行符 (\n)。

执行之后的输出结果如下：

```
$str1 使用 ltrim() 之后的结果：" 恭喜发财 "
$str2 使用 ltrim() 之后的结果："/////// 恭喜发财 ///////"
ltrim($str2,"/") 之后的结果：" 恭喜发财 ///////"
$str3 使用 ltrim() 之后的结果：" 恭喜发财 "
```

2. 去除字符串右侧的指定字符

rtrim() 函数的作用与 ltrim() 函数相反，用于去除字符串右侧的指定字符，语法格式如下：

```
string rtrim ( string $str [, string $charlist ] )
```

各个参数的含义与 ltrim() 函数相同，这里不再重复。下面的代码演示如何使用 ltrim() 函数：

```
<?php
$str1=" 恭喜发财          ";                                // 第 1 个字符串
echo "\$str1 使用 rtrim() 之后的结果：\"".rtrim($str1)."\""; // 去除右侧的空格
$str2="<a><b><c><d>=====\t\t\n";                         // 第 2 个字符串
$result=rtrim($str2);                                    // 去除右侧的水平制表符和换行符
echo "\nrtrim(\$str2) 之后的结果：\"".$result."\"";
echo "\nrtrim(\$result,\"=\") 之后的结果：\"".rtrim($result,"=")."\"";  // 去除右侧的字符 =
$str3="today is Friday";
echo "\nrtrim(\$str2,\"day\") 之后的结果：\"".rtrim($str3,"day")."\""; // 去除右侧的字符 day
?>
```

执行结果如下：

```
$str1 使用 rtrim() 之后的结果：" 恭喜发财 "
rtrim($str2) 之后的结果："<a><b><c><d>====="
rtrim($result,"=") 之后的结果："<a><b><c><d>"
rtrim($str2,"day") 之后的结果："today is Fri"
```

3. 同时去除字符串两侧的指定字符

trim() 函数实现了 ltrim() 函数与 rtrim() 函数的结合效果，可以同时去除字符串两侧的指定字符。语法格式如下：

```
string trim ( string $str [, string $charlist ] )
```

它默认删除字符串 $str 两侧的一些字符，同样可以在可选参数 $charlist 中指定要删除的其他字符。下面的代码演示了如何使用 trim() 函数：

```
<?php
$str1="            恭喜发财                ";
echo "\$str1 使用 trim() 之后的结果：\"".trim($str1)."\"";
$str2="   /////// 恭喜发财 ///////   ";
$result=trim($str2);
echo "\ntrim(\$str2) 之后的结果：\"".$result."\"";
echo "\ntrim(\$result,\"/\") 之后的结果：\"".trim($result,"/")."\"";
$str3="<><> 恭喜发财 <><><>";
echo "\ntrim(\$str3,\"<>\") 之后的结果：\"".trim($str3,"<>")."\"";
?>
```

执行结果如下：

```
$str1 使用 trim() 之后的结果：" 恭喜发财 "
trim($str2) 之后的结果："/////// 恭喜发财 ///////"
trim($result,"/") 之后的结果：" 恭喜发财 "
trim($str3,"<>") 之后的结果：" 恭喜发财 "
```

7.5.3 比较字符串

PHP 提供了 4 个函数进行字符串的比较，分别为 strcasecmp()、strcmp()、strncasecmp() 和 strncmp()。

1. strcasecmp() 函数

strcasecmp() 函数可以执行不区分大小写的比较，语法格式如下：

```
int strcasecmp ( string $str1 , string $str2 )
```

如果 $str1 小于 $str2，则返回小于 0 的值；如果 $str1 大于 $str2，则返回大于 0 的值；如果 $str1 等于 $str2，则返回 0。

【例 7-9】

根据 strcasecmp() 函数的返回值编写一个比较两个字符串大小的功能，具体代码如下：

```
<?php
function CompareString($str1, $str2)
{
```

```
        $result=strcasecmp($str1, $str2);        // 比较 $str1 和 $st2，将结果保存到 $result
        if($result==0)
        {
            echo " 两个字符串相同 ";
        }elseif ($result>0)
        {
            echo "$str1 大于 $str2";
        }
        else {
            echo "$str1 小于 $str2";
        }
    }
    CompareString("hello","hello");                      // 输出：两个字符串相同
    CompareString("PHP","php");                          // 输出：两个字符串相同
    CompareString("php","php5");                         // 输出：php 小于 php5
    CompareString("Good9","Good");                       // 输出：Good9 大于 Good
    ?>
```

2. strcmp() 函数

strcmp() 函数实现的功能与 strcasecmp() 相同，不同的是它在比较时区分大小写。语法格式如下：

```
int strcmp ( string $str1 , string $str2 )
```

下面的代码演示如何使用 strcmp() 函数进行比较：

```
<?php
if(strcmp("Hello","hello")==0)                // 比较 Hello 和 hello
    echo " 两个字符串相同 ";
else
    echo " 两个字符串不相同 ";                // 由于 strcmp() 函数区分大小写，所以输出此行
?>
```

3. strncasecmp() 函数

strncasecmp() 函数与 strcasecmp() 的功能相同，在比较时不区分大小写。不同之处在于使用 strncasecmp() 可以指定两个字符串比较时使用的长度（即最大比较长度）。语法格式如下：

```
int strncasecmp ( string $str1, string $str2, int $len )
```

下面的代码演示如何使用 strncasecmp() 函数进行比较：

```
<?php
$word1="FRIDAY";
$word2="Friend";
if(strncasecmp($word1,$word2,3)==0)             // 比较 $str1 和 $str2 的前 3 个字符
```

```
    echo " 两个字符串相同 ";                          // 输出此行
else
    echo " 两个字符串不相同 ";
if(strncasecmp($word1,$word2,6)==0)                  // 比较 $str1 和 $str2 的前 6 个字符
    echo " 两个字符串相同 ";
else
    echo " 两个字符串不相同 ";                        // 输出此行
?>
```

4. strncmp() 函数

strncmp() 函数与 strcmp() 的功能相同，在比较时区分大小写。不同之处在于，使用 strncmp() 可以指定两个字符串比较时使用的长度（即最大比较长度）。语法格式如下：

```
int strncmp ( string $str1 , string $str2 , int $len )
```

例如，下面的代码演示如何使用 strncmp() 函数进行比较：

```
<?php
$word1="SEArch";
$word2="season";
if(strncmp($word1,$word2,3)==0)           // 比较 $str1 和 $str2 的前 3 个字符
    echo " 两个字符串相同 ";
else
    echo " 两个字符串不相同 ";            // 由于 strncmp() 函数区分大小写，所以输出此行
?>
```

7.5.4　查找字符串

查找（检索）字符串是指在一个字符串中查找某个子串的位置，包括第一次出现的位置、最后一次出现的位置，以及出现的总次数等。

1. stripos() 函数

stripos() 函数可以在字符串 $str1 中查找 $str2 第一次出现的位置，语法格式如下：

```
int stripos ( string $str1 , string $str2 [, int $offset = 0 ] )
```

该函数在查找时不区分大小写，$offset 可选参数用于指定查找的起始位置。如果找到，则返回该位置，否则返回 false。

下面的代码演示如何使用 stripos() 函数查找字符串：

```
<?php
$words="my heart will go on";
echo " 查找 M 的出现位置：".stripos($words,"M");
echo "\n 查找 ea 的出现位置：".stripos($words,"ea");
```

```
echo "\n 查找 GO 的出现位置：".stripos($words,"GO");
echo "\n 从第 4 个开始查找 M 的出现位置：".stripos($words,"M",4);
?>
```

执行结果如下：

```
查找 M 的出现位置：0
查找 ea 的出现位置：4
查找 GO 的出现位置：14
从第 4 个开始查找 M 的出现位置：
```

2. strrpos() 函数

strrpos() 函数的功能与 stripos() 函数相反，它可以在字符串 $str1 中查找 $str2 最后一次出现的位置。该函数的语法格式如下：

```
int strrpos (string $str1 , string $str2 [, int $offset = 0 ] )
```

strrops() 函数在查找时区分大小写，其参数与 stripos() 函数相同。下面的代码演示如何使用 strrpos() 函数查找字符串：

```
<?php
$words="food sheet would get";
echo " 查找 d 最后的出现位置：".strrpos($words,"d");
echo "\n 查找 D 最后的出现位置：".strrpos($words,"D");
echo "\n 查找 et 最后的出现位置：".strrpos($words,"et");
echo "\n 从第 10 个开始查找 o 最后的出现位置：".strrpos($words,"o",10);
?>
```

执行结果如下：

```
查找 d 最后的出现位置：15
查找 D 最后的出现位置：
查找 et 最后的出现位置：18
从第 10 个开始查找 o 最后的出现位置：12
```

3. strripos() 函数

strripos() 函数的功能与 strrpos() 函数相同，不同的是它在查找时忽略大小写。语法格式如下：

```
int strripos (string $str1 , string $str2 [, int $offset = 0 ] )
```

例如，下面的代码演示如何使用 strripos() 函数查找字符串：

```
<?php
$words="food sheet would get";
```

```
echo " 查找 ET 最后的出现位置：".strripos($words,"ET");
echo "\n 查找 D 最后的出现位置：".strripos($words,"D");
echo "\n 从第 4 个开始查找 OD 最后的出现位置：".strripos($words,"OD",4);
?>
```

执行结果如下：

```
查找 ET 最后的出现位置：18
查找 D 最后的出现位置：15
从第 4 个开始查找 OD 最后的出现位置：
```

4. substr_count() 函数

substr_count() 函数可以在字符串 $str1 中查找 $str2 出现的次数。该函数的语法格式如下：

```
int substr_count (string $str1 , string $str2 [, int $offset = 0 [, int $length ]] )
```

$offset 可选参数用于指定查找的开始位置，$length 可选参数用于指定最大搜索长度。如果 $offset 加上 $length 的和大于 $str1 的总长度，则打印警告信息。执行后该函数返回整型，表示出现的次数。

下面的代码演示如何使用 substr_count() 函数查找字符串：

```
<?php
$text = 'This is a test';
echo strlen($text);                          // 输出：14
echo substr_count($text, 'is');              // 输出：2
echo substr_count($text, 'is', 3);           // 字符串被简化为 's is a test'，因此输出 1
echo substr_count($text, 'is', 3, 3);        // 字符串被简化为 's i'，所以输出 0
echo substr_count($text, 'is', 5, 10);       // 因为 5+10 > 14，所以生成警告
$text2 = 'abcdabcda';
echo substr_count($text2, 'abcda');          // 输出 1，因为该函数不计算重叠字符串
?>
```

7.6 操作子字符串

关于子字符串的操作，大致可分为字符串的分隔、填充、截取和替换四大类，本节将逐一介绍与之相关的函数。

7.6.1 分隔字符串

分隔字符串是指按照指定的分隔符，将一个字符串分隔成若干个子串。例如，将字符串“春|夏|秋|冬”按照分隔符“|”可以分隔成“春”、“夏”、“秋”和“冬”这 4 个字符串。

PHP 提供了 3 个函数来处理分隔字符串，分别为 strtok()、explode() 和 implode()。

1. strtok() 函数

strtok() 函数可以按指定的字符处理分隔字符串，它的语法格式如下：

```
string strtok ( string $str , string $token )
```

其中，$str 为要处理的原始字符串，$token 为由分隔字符组成的字符串。strtok() 函数在使用时比较特殊，在连续使用的时候，第一次需要指定字符串和分隔符，但是第二次只要放入分隔符就可以。一次可以只指定一个分隔符，也可以指定多个分隔符。

例如，下面的代码演示如何使用 strtok() 函数处理分隔字符串：

```
<?php
$str=" 红色 |QQ 群 |RED";
$token = "|";
$result = strtok($str, $token);                    // 按 "|" 进行分隔，将结果保存到 $result
echo " 使用 strtok() 后的结果：";
while($result !== false){
    echo "$result 、";
    $result = strtok($token);
}
$str="A B C, 北京 , 上海 ;9 路 ;4 路 ;K2 路 ";
$token = " ,;";                                    // 指定 3 个分隔符
$result = strtok($str, $token);
echo "\n 使用 strtok() 后的结果：";
while($result!== false){
    echo "$result 、";
    $result = strtok($token);
}
?>
```

执行结果如下：

```
使用 strtok() 后的结果：红色 、QQ 群 、RED 、
使用 strtok() 后的结果：A 、B 、C 、北京 、上海 、9 路 、4 路 、K2 路 、
```

2. explode() 函数

explode() 函数可以根据指定的分隔符，将字符串处理成一个由字符串组成的数组，数组中的每个元素都是字符串的一个子串。它的语法格式如下：

```
array explode ( string $separator , string $string [, int $limit ] )
```

$limit 参数用于限制分隔后的元素个数。如果设置了 $limit 参数，则返回的数组包含最多 $limit 个元素，而最后那个元素将包含 $separator 的剩余部分。如果分隔符为空字符串，该函数将返回 false。如果分隔符所包含的值在 $separator 中找不到，那么该函数将返回包含 $separator 的单个元素的数组。如果 $limit 参数是负数，则返回除了最后的 -$limit 个元素外的所有元素。

例如，下面的代码演示如何使用 explode() 函数分隔一个字符串：

```
<?php
$keys= "PHP ASP JSP ASP.NET";
$token = " ";
$result = explode($token,$keys);          // 按 $token 进行分隔，将结果保存到 $result
print_r($result);                          // 第 1 个数组
print_r(explode($token,$keys,2));          // 第 2 个数组
print_r(explode($token,$keys,-2));         // 第 3 个数组
?>
```

执行后将输出 3 个数组，结果如下：

```
Array
(
   [0] => PHP
   [1] => ASP
   [2] => JSP
   [3] => ASP.NET
)
Array
(
   [0] => PHP
   [1] => ASP JSP ASP.NET
)
Array
(
   [0] => PHP
   [1] => ASP
)
```

3. implode() 函数

implode() 函数的功能与 explode() 函数相反。使用它可以指定一个分隔符，将一个字符串数组中的元素连接起来，组成一个字符串。语法格式如下：

```
string implode ( string $glue , array $pieces )
```

例如，下面的代码用于演示如何使用 implode() 函数连接一个字符串：

```
<?php
$ary=array(" 苹果 "," 西瓜 "," 香蕉 "," 葡萄 "," 橘子 ");       // 创建一个字符串数组
$fruits=implode("-",$ary);                                  // 将各个元素之间使用 "-" 分隔
echo $fruits;
?>
```

执行结果如下：

```
苹果 - 西瓜 - 香蕉 - 葡萄 - 橘子
```

7.6.2 填充字符串

填充字符串是指向字符串添加指定的字符，需要用到 PHP 的 str_pad() 函数，它的语法格式如下：

```
string str_pad ( string $input , int $pad_length [, string $pad_string = " " [, int $pad_type = STR_PAD_RIGHT ]] )
```

其中，$input 表示待填充的字符串，$pad_length 表示填充后的字符串长度，默认在字符串的右侧使用空格进行填充。该函数还有两个可选参数：$pad_string 用于指定填充字符；$pad_type 用于指定填充样式，后者有如下可选值。

- **STR_PAD_RIGHT** 在字符串右侧进行填充，此值为默认值。
- **STR_PAD_LEFT** 在字符串左侧进行填充。
- **STR_PAD_BOTH** 在字符串的两侧同时进行填充，如果无法对称，则优先填充右侧。

【例 7-10】

编写一个程序，要求实现能够对一个字符串的左侧、右侧和两侧插入指定的字符串。

根据题意，使用 str_pad() 函数是最合适的，如下所示为实例的测试代码：

```
<?php
$str1=" 恭喜发财 ";
var_dump(str_pad($str1,30));
var_dump(str_pad($str1,30,"\\"));
var_dump(str_pad($str1,30,"*",STR_PAD_LEFT));
var_dump(str_pad($str1,30,"$",STR_PAD_BOTH));
$str2=" 恭喜发财 ";
var_dump(str_pad($str2,20,">"));
var_dump(str_pad($str2,21,"<>",STR_PAD_BOTH));
$str3=" 恭喜发财 ";
var_dump(str_pad($str3,21,"__",STR_PAD_BOTH));
?>
```

执行结果如下：

```
string(30) " 恭喜发财              "
string(30) " 恭喜发财 \\\\\\\\\\\\\\"
string(30) "**************** 恭喜发财 "
string(30) "$$$$$$$ 恭喜发财 $$$$$$$$"
string(20) " 恭喜发财 >>>>>"
string(21) "<>< 恭喜发财 <><"
string(21) "_____ 恭喜发财 _____"
```

提示

在使用此函数时，如果指定的 $pad_length 小于等于原字符串的长度，则不会进行填充，并且不会影响原字符串的长度。

7.6.3　截取字符串

截取字符串是指从一个字符串中提取一部分子串。例如从“恭喜发财”这个字符串中截取出“发财”这个子串。

PHP 提供了 5 个函数用来进行字符串截取，分别为 strstr()、stristr()、strpos()、strrchr() 和 substr()。

1. strstr() 函数

strstr() 函数返回 $haystack 中从 $needle 的第一次出现到最后的部分。如果没有找到，则返回 false。语法格式如下：

```
string strstr( string $haystack , mixed $needle [, bool $before_needle = false ] )
```

在使用时要注意 strstr() 函数查找时区分大小写。下面演示它的用法：

```
<?php
$strs= " 恭喜发财 / 大吉大利 / 万事如意 /";
echo strstr($strs, "/");                    // 输出：/ 大吉大利 / 万事如意 /
$strs= "today is Wednesday";
echo strstr($strs, "day");                  // 输出：day is Wednesday
echo strstr($strs, "Day");                  // 区分大小写没有输出
$strs="abc@126.com";
echo strstr($strs, "@");                    // 输出：@126.com
?>
```

2. stristr() 函数

stristr() 函数与 strstr() 函数实现的功能相同，只是它在查找时不区分大小写。语法格式如下：

```
string stristr (string $str1 , mixed $str2 )
```

下面演示它的用法：

```
<?php
$strs= "today is Wednesday";
echo stristr($strs, "DAY");                          // 输出：day is Wednesday
?>
```

3. strpos() 函数

strpos() 函数返回 $haystack 中 $needle 第一次出现的整数位置。语法格式如下：

```
int strpos ( string $haystack , mixed $needle [, int $offset = 0 ] )
```

该函数查找时区分大小写。如果找到，返回的整数位置指的是第多少个字节，从 0 开始计数。如果没有找到，则返回 false。

下面的代码使用 strpos() 函数从 $strs 字符串查找并输出结果：

```
<?php
$strs= "today is Wednesday";
$i=strpos($strs, "day");
echo "day 第一次出现在 \$strs 的 $i 位置。";
$strs= "today is Wednesday";
```

```
$i=strpos($strs, "DAY");
echo "day 第一次出现在 \$strs 的 $i 位置。";
?>
```

执行结果如下：

```
day 第一次出现在 $strs 的 2 位置。
day 第一次出现在 $strs 的  位置。
```

4. strrchr() 函数

strrchr() 函数返回 $str1 中从 $str2 的最后一次出现到最后的部分。如果没有找到，则返回 false。语法格式如下：

```
string strrchr (string $str1 , mixed $str2 )
```

该函数在查找时，如果 $str2 中包含了不止一个字符，那么仅使用第一个字符。下面的代码使用 strrchr() 函数从 $strs 字符串查找并输出结果：

```
<?php
$strs= "today is Wednesday";
echo strrchr($strs, "Wen");                // 输出：Wednesday
echo strrchr($strs, "WABC");               // 输出：Wednesday
?>
```

5. substr() 函数

substr() 函数返回 $string 中从第 $start + 1 个字节开始到最后的部分。语法格式如下：

```
string substr ( string $string , int $start [, int $length ] )
```

对于 $start 参数，它有如下 3 种情况：

- 非负数。返回的字符串将从 $string 的 $start 位置开始，从 0 开始计算。例如，在字符串“abcdef”中，在位置 0 的字符是“a”，位置 2 的字符串是“c”等。
- 是负数。返回的字符串将从 $string 结尾处向前数第 $start 个字符开始。
- 如果 $string 的长度小于或等于 start，将返回 false。

$length 是一个可选参数，它有如下 4 种情况：

- 正数。返回的字符串将从 $start 处开始最多包括 $length 个字符（取决于 $string 的长度）。
- 负数。$string 末尾处的许多字符将会被漏掉（若 $start 是负数则从字符串尾部算起）。如果 $start 不在这段文本中，那么将返回一个空字符串。
- 为 0、false 或 NULL 的 $length，将返回一个空字符串。
- 如果没有提供 $length，返回的子字符串将从 start 位置开始直到字符串结尾。

下面的代码演示了使用 substr() 函数对字符串求子串，并输出结果：

```
<?php
$strs="hello everyone";
```

```
echo substr($strs,0);                              // 输出：hello everyone
echo substr($strs,6);                              // 输出：everyone
echo substr($strs,-6);                             // 输出：eryone
echo substr($strs,2,5);                            // 输出：llo e
echo substr($strs,2,-2);                           // 输出：llo everyo
?>
```

7.6.4 替换字符串

PHP 提供了 4 个函数用来进行字符串替换，分别为 str_replace()、str_ireplace()、substr_replace() 和 strtr()。

1. str_replace() 函数

str_replace() 函数可以搜索 $subject 中的子字符串 $search。如果找到了子串，则使用 $replace 替换 $search，然后返回 $subject 的值。语法格式如下：

```
mixed str_replace ( mixed $search , mixed $replace , mixed $subject [, int &$count ] )
```

该函数的 $count 可选参数用于统计 $search 在 subject 中的匹配次数。例如，下面的代码演示如何使用 str_replace() 函数替换字符串：

```
<?php
$html="<head>{title}</head>";
$title="<title> 最新新闻 </title><meta content='text/html; charset=gb2312' />";
echo str_replace("{title}", $title, $html);
echo "\n";
$colors="Red Black White Green";
$key=array("a","b","e");
echo str_replace($key, "*", $colors);
echo "\n";
$str="one two three four five six seven eight nine ten";
echo str_replace("e", "E", $str, $count);
echo "\n";
echo " 字母 e 一共在 \$str 中出现了 $count 次 ";
?>
```

执行结果如下：

```
<head><title> 最新新闻 </title><meta content='text/html; charset=gb2312' /></head>
R*d Bl*ck Whit* Gr**n
onE two thrEE four fivE six sEvEn Eight ninE tEn
字母 e 一共在 $str 中出现了 9 次
```

2. str_ireplace() 函数

str_ireplace() 函数的功能与 str_replace() 函数相同，不同的是它在替换时不区分大小写。

语法格式如下：

```
mixed str_ireplace ( mixed $search , mixed $replace , mixed $subject [, int &$count ] )
```

例如，下面的代码演示如何使用 str_replace() 函数替换字符串：

```
<?php
$str="one two three four five six seven eight nine ten";                //源字符串
echo str_ireplace("E", "*", $str, $count);
echo " 字母 e 一共在 \$str 中出现了 $count 次 ";
?>
```

执行结果如下：

```
on* two thr** four fiv* six s*v*n *ight nin* t*n
字母 e 一共在 $str 中出现了 9 次
```

3. substr_replace() 函数

substr_replace() 函数可以使用 $replace 替换 $subject 中从第 $start 个字符开始，长度为 $len 的子串，并返回 $subject 的值。语法格式如下：

```
mixed substr_replace ( mixed $string , string $replacement , int $start [, int $length ] )
```

下面的代码演示如何使用 substr_replace() 函数替换字符串：

```
<?php
$str= '<head>{title}</head>';
/* 使用 "<html></html>" 替换整个 字符串 */
echo substr_replace($str, '<html></html>', 0) . "\n";
echo substr_replace($str, '<html></html>', 0, strlen($str)) . "\n";

/* 将 "<html>" 插入到 $str 的开头处。*/
echo substr_replace($str, '<html>', 0, 0) . "\n";

/* 使用 "<title> 恭喜发财 </title>" 替换 $var 中的 "{title}"*/
echo substr_replace($str, '<title> 恭喜发财 </title>', 6, 7) . "\n";

/* 从 $str 中删除 "{title}"*/
echo substr_replace($str, '', 6, 7) . "\n";
?>
```

执行结果如下：

```
<html></html>
<html></html>
<html><head>{title}</head>
<head><title> 恭喜发财 </title></head>
<head></head>
```

4. strtr() 函数

strtr() 函数可以将字符串中的指定字符进行替换，它有两种语法格式。

第一种格式如下：

```
string strtr ( string $str, string $from, string $to )
```

这里共有三个参数，替换时会将第二个参数的字符串替换为第三个参数的字符串，如果两个字符串参数的长度不一致，则较长的那个字符串将会被截断。

第二种格式有两个参数，第二个参数是一个准备进行替换处理的数组：

```
string strtr ( string $str, array $replace_pairs )
```

例如，下面的代码演示如何使用 strtr() 函数替换字符串：

```
<?php
$str = array('bj'=>"beijing",'st'=>"shaoteng");
echo strtr("hello st in bj.", $str);
?>
```

执行后的输出结果如下：

```
hello shaoteng in beijing.
```

7.7 高手带你做——字符串与 HTML 转换

在前面的内容中已经介绍过，在 PHP 字符串中无法使用转义字符“\n”实现回车换行的页面效果，该转义字符的作用仅在源代码中有效果，但并不在页面中显示。

通过使用字符串与 HTML 标记之间的转换函数，可以将字符串中的换行转义字符转换为 HTML 中的
 换行标记。常用的转换函数如表 7-1 所示。

表 7-1 HTML 转换函数

函数名称	说　明
hebrev()	把文本从右至左的流转换为左至右的流
hebrevc()	把文本从右至左的流转换为左至右的流，同时把 (\n) 转为
html_entity_decode()	把 HTML 实体转换为字符
htmlentities()	把字符转换为 HTML 实体
htmlspecialchars_decode()	把一些预定义的 HTML 实体转换为字符
htmlspecialchars()	把一些预定义的字符转换为 HTML 实体
nl2br()	把字符串的换行符 (\n) 转换为 HTML 的换行标记 ( )
get_html_translation_table()	用于对文本进行转换
strip_tags()	去除一个字符串里面的 HTML 和 PHP 代码

上述函数中最为常用的有 nl2br()、htmlentities()、htmlspecialchars()、get_html_translation_table() 和 strip_tags() 函数。下面详细讲解这些函数的语法和使用方法。

1. nl2br() 函数

nl2br() 函数将把字符串的换行符 (\n) 转换为 HTML 的换行标记 (<br/>)，然后返回修改过后的字符串。该函数的语法格式如下：

```
string nl2br ( string $string )
```

【例 7-11】

定义含有转义字符“\n”的字符串变量，查看该变量在转换前后的显示效果，代码如下：

```
$he=<<<student
张良，成绩 91 分；\n
段剑，成绩 82 分；\n
张红，成绩 73 分；
student;
echo $he. "</br>";
echo nl2br($he);
```

上述代码的显示效果如下：

```
张良，成绩 91 分； 段剑，成绩 82 分； 张红，成绩 73 分；
张良，成绩 91 分；

段剑，成绩 82 分；

张红，成绩 73 分；
```

由上述代码可以看出，转换时不只将转义字符显示为回车，同时将原字符串中的换行也显示了出来，查看其页面源代码，如下所示：

```
张良，成绩 91 分；
段剑，成绩 82 分；
张红，成绩 73 分；</br> 张良，成绩 91 分；<br />
<br />
段剑，成绩 82 分；<br />
<br />
张红，成绩 73 分；
```

2. htmlentities() 函数

htmlentities() 函数可以把字符串中的一些字符转换为 HTML 实体。默认情况下包括 4 个字符，分别是“<”，“>”，“&”和“"”，函数的语法格式如下：

```
string htmlentities ( string $string [, int $quote_style [, string $charset]] )
```

htmlentities() 函数的第二个可选参数 $quote_style 表示如何编码单引号和双引号，它有 3 个可选常量，默认值为 ENT_COMPAT。

- **ENT_COMPAT** 表示对双引号进行编码，不对单引号进行编码。
- **ENT_QUOTES** 表示同时对单引号和双引号进行编码。
- **ENT_NOQUOTES** 表示两个都不转换。

第三个可选参数 $charset 表示要转换的字符编码集，常用编码如表 7-2 所示。

表 7-2 字符编码集

字 符 集	别 名	描 述
ISO-8859-1	ISO8859-1	西欧，Latin-1
ISO-8859-15	ISO8859-15	西欧，Latin-9。增加了 Latin-1(ISO-8859-1) 中缺少的欧元符号、法国及芬兰字母
UTF-8	无	ASCII 兼容多字节 8-bit Unicode
cp1252	Windows-1252, 1252	Windows 对于西欧特有的字符集
KOI8-R	koi8-ru, koi8r	俄文。PHP 4.3.2 开始支持该字符集
BIG5	950	繁体中文
GB2312	936	简体中文，国际标准字符集
BIG5-HKSCS	无	繁体中文，Big5 的延伸
Shift_JIS	SJIS, 932	日文
EUC-JP	EUCJP	日文

【例 7-12】

定义含有 HTML 标记 <h1> 和 </h1> 的字符串变量，查看该变量转换后的显示效果和页面源代码，代码如下：

```
<?php
$str = "<h1>Welcome </h1>";
echo htmlentities($str);
echo "<br/>";
echo htmlentities($str, ENT_QUOTES);
?>
```

通过运行上述代码，可以看到在页面显示的形式与定义时的字符串相同，如下所示：

```
<h1>Welcome</h1>
<h1>Welcome</h1>
```

但此时，它们生成的源代码不同，查看源代码的结果如下：

```
&lt;h1&gt;Welcome&lt;/h1&gt;<br/>
&lt;h1&gt;Welcome&lt;/h1&gt;
```

3. htmlspecialchars() 函数

htmlspecialchars() 函数用于把一些预定义的字符转换为 HTML 实体，函数语法格式如下：

```
string htmlspecialchars ( string $string [, int $flags = ENT_COMPAT [, string $charset [, bool $double_encode = true ]]] )
```

此函数仅适用于转换指定的特殊字符，包括将“&”转成“&”、“"”转成“"”、“<”转成“<”、“>”转成“>”。该函数的第二个参数和第三个参数的含义，与 htmlentities() 函数中的参数含义相同。

【例 7-13】

定义含有“&”和单引号的字符串变量，查看其转换后的显示效果和源代码效果，代码如下：

```
$str = "Lucy '&' Liqi";
echo htmlspecialchars($str);
echo "<br/>";
echo htmlspecialchars($str, ENT_QUOTES);
```

上述代码的显示效果如下：

```
Lucy '&' Liqi
Lucy '&' Liqi
```

上述代码的源代码效果如下所示：

```
Lucy '&amp;' Liqi<br/>
Lucy &#039;&amp;&#039; Liqi
```

4. get_html_translation_table() 函数

get_html_translation_table() 函数用于对文本进行转换，返回使用 htmlspecialchars() 和 htmlentities() 后的转换表。函数的语法格式如下：

```
array get_html_translation_table ([ int $table = HTML_SPECIALCHARS [, int $quote_style = ENT_COMPAT ]] )
```

其中第一个参数 $table 表示使用哪种转换，默认是 HTML_SPECIALCHARS。该参数包括两种模式，如下所示。

- **HTML_ENTITIES**　表示大范围的 htmlentities() 函数所用到的转换内容。
- **HTML_SPECIALCHARS**　表示小范围的 htmlspecialchars() 函数所用到的转换内容。

第二个参数 $quote_style 用来定义如何对单引号和双引号进行编码，该参数有 3 种模式：ENT_COMPA、ENT_QUOTES 和 ENT_NOQUOTES。

5. strips_tags() 函数

strips_tags() 函数把 HTML 格式的信息转换为纯文本信息，即去除一个字符串里面的 HTML 和 PHP 代码，其实质是去掉“<”开始“>”结尾的字符串。若是字符串的 HTML 及 PHP 标记原来就有错，例如少了大于的符号，则也会返回错误。

将 HTML 转换为字符串的 strips_tags() 函数语法格式如下：

```
string strip_tags ( string $str [, string $allowable_tags] )
```

strip_tags() 函数的第二个参数表示允许出现的标记对，即排除需要保留的标记，而去掉其他标记代码。

【例 7-14】

定义字符串变量，包含 <a> 标记和 <p> 标记，输出该字符串的原数据、去除 <a> 标记和 <p> 标记后的数据和保留 <p> 标记而去除 <a> 标记后的数据，代码如下：

```
$he=<<<student
<p> 张良，成绩 91 分； <a href="#"> 成绩详细信息 </a></p>
<p> 段剑，成绩 82 分； <a href="#"> 成绩详细信息 </a></p>
<p> 张红，成绩 73 分； <a href="#"> 成绩详细信息 </a></p>
student;
echo $he;
echo strip_tags($he)."<br/>";
echo strip_tags($he,"<p>");
```

上述代码的运行效果如下：

```
张良，成绩 91 分；成绩详细信息

段剑，成绩 82 分；成绩详细信息

张红，成绩 73 分；成绩详细信息

张良，成绩 91 分；成绩详细信息 段剑，成绩 82 分；成绩详细信息 张红，成绩 73 分；成绩详细信息

张良，成绩 91 分；成绩详细信息

段剑，成绩 82 分；成绩详细信息

张红，成绩 73 分；成绩详细信息
```

7.8 字符串编码

我们知道 PHP 中的字符串相当于字符数组，可包含各种格式的数据，如一个字符串中可同时包含汉语、英语、数字等，那么准确地根据字符串编码类型来处理字符串是非常重要的。下面介绍字符串编码的相关知识及其应用。

7.8.1 高手带你做——认识字符集与编码

在一个 Web 系统中，有时需要根据不同的用户显示不同的数据格式。如对中国的大陆地区使用简体中文，而对中国台湾地区使用繁体中文；甚至在国际化开发中，需要使用其他国家的数据格式。为方便用户对数据的浏览，需要使用国际化相关的字符集和编码。

I18N 和 L10N 的国际组织是负责“国际化”和“本地化”工作的机构，I18N 主要使用 gettext 软件包获取国际化支持，PHP 5 支持 setlocale、gettext、iconv 和 mbstring 等函数和扩展库来实现“国际化”和“本地化”。

字符集和编码是两个不同的概念，字符集是将人类使用的文字映射到计算机内部的二进制表示方法，是文字和字符的集合；编码是对这种字符集的编码方式。字符集和编码是相互对应的，如 GB2312 字符集可对应 GBK 编码。

计算机中的字符都是使用二进制数字表示，这个二进制数字称为字符的编码，用于不同国家计算机中的存储和解释规范，针对不同需求选择字符集。

字符是各种文字和符号的总称，包括各国家文字、标点符号、图形符号、数字等。字符集是多个字符的集合，字符集种类较多，每个字符集包含的字符个数不同。

常见字符集有：ASCII 字符集、GB2312 字符集、BIG5 字符集、GB18030 字符集、GBK 字符集、Unicode 字符集等。

中文文字数目大，而且还分为简体中文和繁体中文两种不同书写规则的文字，而计算机最初是按英语单字节字符设计的。因此，对中文字符进行编码是中文信息交流的技术基础。

1. ASCII 字符集

ASCII(American Standard Code for Information Interchange，美国信息互换标准代码) 是基于罗马字母表的一套电脑编码系统。

它主要用于显示现代英语和其他西欧语言。它是现今最通用的单字节编码系统，并等同于国际标准 ISO 646。ASCII 字符集包含的内容分为如下两部分。

- 控制字符：回车键、退格、换行键等。
- 可显示字符：英文大小写字符、阿拉伯数字和西文符号。

ASCII 字符集使用 7 位 (bits) 表示一个字符，共 128 个字符。但 7 位编码的字符集只能支持 128 个字符，为了表示更多的欧洲常用字符，对 ASCII 进行了扩展，ASCII 扩展字符集使用 8 位 (bits) 表示一个字符，共 256 个字符。ASCII 扩展字符集比 ASCII 字符集多出来的符号包括表格符号、计算符号、希腊字母和特殊的拉丁符号。

2. GB2312 字符集

GB2312 又称为 GB2312-80 字符集，全称为《信息交换用汉字编码字符集基本集》，由原中国国家标准总局发布，1981 年 5 月 1 日实施。

GB2312 是中国国家标准的简体中文字符集。它所收录的汉字已经覆盖 99.75% 的使用频率，基本满足了汉字的计算机处理需要。在中国大陆和新加坡获广泛使用。

GB2312 收录了简化汉字及一般符号、序号、数字、拉丁字母、日文假名、希腊字母、俄文字母、汉语拼音符号、汉语注音字母，共 7445 个图形字符。其中包括 6763 个汉字，其中一级汉字 3755 个，二级汉字 3008 个；包括拉丁字母、希腊字母、日文平假名及片假名字母、俄语西里尔字母在内的 682 个全角字符。GB2312 有以下两种表示方法。

(1) 分区表示。

GB2312 中对所收汉字进行了分区处理，每区含有 94 个汉字 / 符号。这种表示方式也称为区位码。

各区包含的字符如下：01~09 区为特殊符号；16~55 区为一级汉字，按拼音排序；56~87 区为二级汉字，按部首 / 笔画排序；10~15 区及 88~94 区则未有编码。

(2) 双字节表示。

两个字节中前面的字节为第一字节，后面的字节为第二字节。习惯上称第一字节为高字节，而称第二字节为低字节。

高位字节使用了 0xA1~0xF7(把 01~87 区的区号加上 0xA0)，低位字节使用了 0xA1~0xFE(把 01~94 加上 0xA0)。

以 GB2312 字符集的第一个汉字“啊”字为例，它的区号 16，位号 01，则区位码是 1601，在大多数计算机程序中，高字节和低字节分别加 0xA0，得到程序的汉字处理编码 0xB0A1。计算公式是：0xB0=0xA0+16, 0xA1=0xA0+1。

3. BIG5 字符集

BIG5 字符集又称大五码，1984 年由中国台湾财团法人信息工业策进会和五家软件公司创立，故称大五码。

BIG5 码的产生，是因为当时中国台湾不同厂商各自推出不同的编码，如倚天码、IBMPS55、王安码等，彼此不能兼容；另一方面，台湾省当时尚未推出汉字编码，而大陆地区的 GB2312 编码亦未收录繁体中文字。BIG5 字符集共收录 13053 个中文字，该字符集在中国台湾地区使用。

BIG5 码使用了双字节储存方法，以两个字节来编码一个字。第一个字节称为高位字节，第二个字节称为低位字节。高位字节的编码范围 0xA1~0xF9，低位字节的编码范围 0x40~0x7E 及 0xA1~0xFE。

尽管 BIG5 码内包含 10000 多个字符，但是没有考虑社会上流通的人名、地名用字、方言用字、化学及生物科等用字，没有包含日文平假名及片假名字母。

4. GB18030 字符集

GB18030 的全称是 GB18030-2000《信息交换用汉字编码字符集基本集的扩充》，是我国政府于 2000 年 3 月 17 日发布的新的汉字编码国家标准，2001 年 8 月 31 日后在中国市场上发布的软件必须符合该标准。

GB18030 字符集标准的出台经过广泛参与和论证，由来自国内外知名信息技术行业的公司、信息产业部和原国家质量技术监督局联合实施。

GB18030 字符集标准解决了汉字、日文假名、朝鲜语和中国少数民族文字组成的大字符集计算机编码问题。该标准的字符总编码空间超过 150 万个编码位，收录了 27484 个汉字，覆盖中文、日文、朝鲜语和中国少数民族文字，满足了中国大陆、港台，日本和韩国等东亚地区信息交换多文种、大字量、多用途、统一编码格式的要求。并且与 Unicode 3.0 版本兼容，填补了 Unicode 扩展字符字汇统一汉字扩展 A 的内容。并且与以前的国家字符编码标准 (GB2312，GB13000.1) 兼容。

GB18030 标准采用单字节、双字节和四字节三种方式对字符编码。单字节部分使用 000 至 07F 码 (对应于 ASCII 码的相应码)。双字节部分，首字节码从 081 至 0FE，尾字节码位分别是 040 至 07E 和 080 至 0FE。四字节部分采用 GB/T 11383 未采用的 030 到 039 作为对双字节编码扩充的后缀，这样扩充的四字节编码，其范围为 081308130 到 0FE39FE39。其中第一、三个字节编码码位均为 081 至 0FE，第二、四个字节编码码位均为 030 至 039。

其双字节部分收录内容主要包括 GB13000.1 全部 CJK 汉字 20902 个、有关标点符号、表意文字描述符 13 个、增补的汉字和部首 / 构件 80 个、双字节编码的欧元符号等。四字节部分收录了上述双字节字符之外的，包括 CJK 统一汉字扩充 A 在内的 GB13000.1 中的全部字符。

5. GBK 字符集

GBK 是汉字编码标准之一，全称《汉字内码扩展规范》(GBK 即“国标”、“扩展”汉语拼音的第一个字母，英文名称是 Chinese Internal Code Specification)，中华人民共和国全国信息技术标准化技术委员会于 1995 年 12 月 1 日制定，国家技术监督局标准化司、电子工业部科技与质量监督司 1995 年 12 月 15 日联合以技监标函 1995 229 号文件的形式，将它确定为技术规范指导性文件。这一版的 GBK 规范为 1.0 版。

GBK 向下与 GB2312 编码兼容，向上支持 ISO 10646.1 国际标准，是前者向后者过渡过程中的一个承上启下的标准。GBK 编码是在 GB2312-80 标准基础上的内码扩展规范，使用了双字节编码方案，其编码范围从 8140 至 FEFE(剔除 xx7F)，共 23940 个码位，共收录了 21003 个汉字，完全兼容 GB2312-80 标准，支持国际标准 ISO/IEC10646-1 和国家标准 GB13000-1 中的全部中日韩汉字，并包含了 BIG5 编码中的所有汉字。

GBK 编码方案于 1995 年 10 月制定， 1995 年 12 月正式发布，中文版的 Windows 95、Windows 98、Windows NT 以及 Windows 2000、Windows XP 等都支持 GBK 编码方案。

伴随 GBK 字库的推广使用，中国新华社于 2000 年 1 月 1 日起开始使用 GBK 编码向各新闻单位播发新闻稿。2000 年 4 月 1 日起，中国银行业开始推行“储蓄实名制”。同时，各种出版物已开始向网络化发展，网上发布新闻、网络出版已是大势所趋，通过网络传播信息的广度和深度对汉字使用提出了更高要求，GBK 字库是缓解人名和地名等冷僻字的“首选”。

6. Unicode 字符集

Unicode 字符集编码是 (Universal Multiple-Octet Coded Character Set) 通用多八位编码字符集的简称，是由一个名为 Unicode 学术学会 (Unicode Consortium) 的机构制定的字符编码系统，支持现今世界各种不同语言的书面文本的交换、处理及显示。该编码于 1990 年开始研发，1994 年正式公布，最新版本是 2005 年 3 月 31 日的 Unicode 4.1.0。

Unicode 是一种在计算机上使用的字符编码。它为每种语言中的每个字符设定了统一并且唯一的二进制编码，以满足跨语言、跨平台进行文本转换、处理的要求。

Unicode 标准始终使用十六进制数字，而且在书写时在前面加上前缀 U+，例如字母 A 的编码为 004116，那么 A 的编码书写为 U+0041。Unicode 标准有多种使用方法，如 UTF-8、UTF-16 和 UTF-32 编码，具体介绍如下。

(1) UTF-8 编码。

UTF-8 是 Unicode 中的一个使用方式。UTF 是 Unicode Translation Format，即把 Unicode 转为某种格式的意思。UTF-8 便于不同的计算机之间使用网络传输不同语言和编码的文字，使得双字节的 Unicode 能够在现存的处理单字节的系统上正确传输。

UTF-8 使用可变长度字节来储存 Unicode 字符，例如 ASCII 字母继续使用 1 字节储存，重音文字、希腊字母或西里尔字母等使用 2 字节来储存，而常用的汉字就要使用 3 字节。辅助平面字符则使用 4 字节。

(2) UTF-16 和 UTF-32 编码。

UTF-32、UTF-16 和 UTF-8 是 Unicode 标准的编码字符集的字符编码方案，UTF-16 使用一个或两个未分配的 16 位代码单元的序列对 Unicode 代码点进行编码；UTF-32 将每一个 Unicode 代码点表示为相同值的 32 位整数。

7.8.2 页面编码设置

PHP 支持 UTF 编码、GBK 编码和 BIG5 编码等，只需要使用相应函数或 HTML 标记来定义页面的编码即可。

1. header() 函数

header() 函数的作用是把括号里面的信息发到 HTTP 标头，通常放在 PHP 页面的首页，其语法格式如下：

```
header("content-type:text/html; charset=xxx");
```

使用 header() 函数来定义一个页面的编码，常用的有以下几种编码形式。

(1) PHP 页面为 UTF 编码：

```
header("Content-type: text/html; charset=UTF-8");
```

(2) PHP 页面为 GBK 编码：

```
header("Content-type: text/html; charset=GB2312");
```

(3) PHP 页面为 BIG5 编码：

```
header("Content-type: text/html; charset=big5");
```

2. <meta> 标记

除了使用 header() 函数，还可使用 META 标记来实现，代码如下：

```
<META http-equiv="content-type" content="text/html; charset=xxx">
```

上述代码声明客户端的浏览器用什么字符集编码显示该页面，其中 xxx 可以为 GB2312、GBK、UTF-8 等。大部分页面可以采用这种方式来告诉浏览器显示这个页面的时候采用什么编码，这样才不会造成编码错误而产生乱码。

<meta> 是描述 HTML 信息的，它表明服务器已经把 HTML 信息传到了浏览器。使用 header() 函数和 <meta> 标记的效果并不相同。HTTP 标头是服务器以 HTTP 协议传送 HTML 信息到浏览器前所送出的字符串。因为 meta 标记是属于 HTML 信息的，所以 header() 发送的内容先到达浏览器，即 header() 的优先级高于 meta。

注意

若一个 PHP 页面既有 header() 函数又有 <meta> 标记，浏览器就只认前者 HTTP 标头而不认 meta。

3. Apache 配置

Apache 根目录的 conf 文件夹里存放有 Apache 的配置文件 httpd.conf。用文本编辑器打开该文件，找到如下语句：

```
AddDefaultCharset xxx
```

xxx 为编码名称，它的作用为设置整个服务器内网页的字符集为默认的 xxx 字符集。

这行语句相当于给每个文件都加了一行 header("content-type:text/html; charset=xxx")。因此可能出现 meta 设置了 UTF-8，而浏览器始终采用 GB2312 编码。

如果网页里有 header("content-type:text/html; charset=xxx")，就把默认的字符集改为需要设置的字符集。如果把 AddDefaultCharset xxx 前面加个“#”，注释掉这句，而且页面里不含 header("content-type...")，这个时候，meta 标记会起作用。

4. 编码函数

对字符串进行编码可使用编码函数，除了将字符串进行编码，还可转换字符串与ASCII等，如表 7-3 所示。

表 7-3 字符串编码

函数名称	说　明
bin2hex()	把 ASCII 字符的字符串转换为十六进制值
chr()	从指定的 ASCII 值返回字符
convert_cyr_string()	把字符由一种 Cyrillic 字符转换成另一种
convert_uudecode()	对 uuencode 编码的字符串进行解码
convert_uuencode()	使用 uuencode 算法对字符串进行编码
ord()	返回字符串第一个字符的 ASCII 值
str_rot13()	对字符串执行 ROT13 编码
quoted_printable_decode()	解码 quoted-printable 字符串

7.8.3　编码转换

PHP 页面都有着设置好的编码类型，供浏览器对文本进行编码显示。但并不是该页面中的所有数据都可以使用该类型来显示，如 GBK 编码的页面中，有些数据需要使用 UTF-8 来编码，那么就需要对该数据使用编码转换，以便数据能够正常显示。

PHP 中通常使用 mb_convert_encoding() 函数和 iconv() 函数来执行数据的编码转换。PHP 5.5.4 内置了 iconv() 函数，但 mb_convert_encoding() 函数的使用需要安装 enable mbstring 扩展库，并在 php.ini 里将“; extension=php_mbstring.dll”语句前面的“;”去掉。

1. mb_convert_encoding()

mb_convert_encoding() 函数可以指定多种输入编码，它会根据内容自动识别，但是执行效率比 iconv() 差很多。其语法格式如下：

```
string mb_convert_encoding( $str, $encoding1,$encoding2 )
```

对上述代码中函数参数的解释如下。

$str：要转换编码的字符串。

$encoding1：目标编码，如 UTF-8、GBK，大小写均可。

$encoding2：原编码，如 UTF-8、GBK，大小写均可。

如在原编码为 GBK 的页面中，将“你好！”字符串数据转换为 UTF-8 编码，可用如下代码：

```
mb_convert_encoding(" 你好！ ", "UTF-8", "GBK")
```

2. iconv()

一般情况下编码转换使用 iconv() 函数，只有当遇到无法确定原编码是何种编码，或者 iconv 转化后无法正常显示时才用 mb_convert_encoding 函数，其执行效率比 mb_convert_encoding() 函数高。iconv() 函数的语法格式如下：

```
string iconv ( string in_charset, string out_charset, string str )
```

上述代码中，各参数的含义如下。

str：要转换编码的字符串。

out_charset：目标编码，如 UTF-8、GBK，大小写均可。

in_charset：原编码，如 UTF-8、GBK，大小写均可。

第二个参数除了可以指定要转化到的编码以外，还可以增加两个后缀：//TRANSLIT 和 //IGNORE。其中 //TRANSLIT 会自动将不能直接转化的字符变成一个或多个近似的字符，而 //IGNORE 会忽略掉不能转化的字符，默认效果是从第一个非法字符截断。

注意

iconv() 在转换字符“—”到 GB2312 编码时会出错，如果没有 IGNORE 参数，所有该字符后面的字符串都无法被保存，但 mb_convert_encoding() 没有这个问题。

iconv() 函数除了可以转换字符串编码，还有着扩展函数和扩展功能，如表 7-4 所示。

PHP 编程

表 7-4 iconv 扩展函数

函数名称	说　明
iconv_get_encoding()	获取 iconv 扩展的内部配置变量
iconv_mime_decode_headers()	一次性解码多个 MIME 头字段
iconv_mime_decode()	解码 MIME 标头字段
iconv_mime_encode()	编码 MIME 标头字段
iconv_set_encoding()	为字符编码转换设定当前设置
iconv_strlen()	返回字符串的字符数统计
iconv_strpos()	获取字符串在另一个字符串中第一次出现的位置
iconv_strrpos()	获取字符串在另一个字符串中最后一次出现的位置
iconv_substr()	截取字符串的一部分
iconv()	字符串按要求的字符编码来转换
ob_iconv_handler()	以输出缓冲处理程序转换字符编码

3. 编码转换示例

在 GBK 文本文件编码格式的文件中，汉字将被视作乱码输出。而将字符编码转换为 UTF-8，即可正常输出。UTF-8 编码可正常编码简体字和繁体字，如例 7-15 所示。

【例 7-15】

在 GBK 编码的页面中，分别使用 mb_convert_encoding() 函数和 iconv() 函数来执行数据的编码转换，将数据转换为 UTF-8 编码，代码如下：

```
<?php
echo mb_convert_encoding(" 你是我的朋友 ", "UTF-8", "GBK")."<br/>";
echo mb_convert_encoding(" 妳是我的朋友 ", "UTF-8", "GBK")."<br/>";
echo " 你是我的朋友 "."<br/>";
echo " 妳是我的朋友 "."<br/>";
echo iconv("GBK", "UTF-8", " 你是我的朋友 ")."<br/>";
echo iconv("GBK", "UTF-8", " 妳是我的朋友 ")."<br/>";
?>
```


上述代码中，首先使用 mb_convert_encoding() 函数输出编码转换后的简体中文“你是我的朋友”和繁体中文“妳是我的朋友”；接下来原样输出这两个字符串；最后使用 iconv() 函数输出编码转换后的字符串，其执行结果如下：

```
你是我的朋友
妳是我的朋友
```

```
你是我的朋友
妳是我的朋友
```

7.8.4 字符串加密

PHP 提供了多种字符串加密函数和解密函数，来满足不同的加密需求。多种不同的加密函数的存在能够混淆字符串的加密原理，防止非法解密。

对字符串的加密技术有两种：一是只能够直接加密，而不提供解密技术的单向加密技术；二是可逆加密技术，其加密后的数据可以被逆向执行、实现解密。

1. 单向加密

PHP 提供了多种字符串单向加密函数，其单向加密函数如表 7-5 所示。

表 7-5 单向加密函数

函数名称	说　明
crypt()	单向的字符串加密法 (hashing)
md5()	计算字符串的 MD5 散列
md5_file()	计算文件的 MD5 散列
sha1()	计算字符串的 SHA-1 散列
sha1_file()	计算文件的 SHA-1 散列
str_shuffle()	随机地打乱字符串中的所有字符

上述加密函数中，最为常用的是 md5() 函数和 crypt() 函数，其用法如下。

(1) md5() 函数用来计算 MD5 标准的加密，其语法格式如下：

```
string md5(string str);
```

(2) crypt() 将字符串用 Unix 的标准加密 DES 模块加密。这是单向的加密函数，无法解密。欲比对字符串，将已加密的字符串的头两个字符放在 salt 的参数中，再比对加密后的字符串。其语法格式如下：

```
string crypt(string str, string [salt]);
```

【例 7-16】

分别使用 md5() 函数和 crypt() 函数对“欢迎进入 PHP”字符串进行加密操作，并输出加密后的数据，代码如下：

```
$str= md5(" 欢迎进入 PHP");
echo "md5 加密： ".$str."<br/>";
$str= crypt(" 欢迎进入 PHP");
echo "crypt 加密： ".$str."<br/>";
```

上述代码的执行结果如下：

```
md5 加密：58a1c5904d885d54219ea3ca87c81d34
crypt 加密：$1$mX/.qd2.$x4CgJbpoAqzoamtiYXE.7/
```

2. 可逆加密

可逆转的加密函数有 base64_encode()、urlencode()，其相对应的解密函数为 base64_decode() 和 urldecode()。

base64_encode() 将字符串以 MIME BASE64 编码，此编码方式可以让中文数据或者图片也能在网络上顺利传输，其语法格式如下：

```
string base64_encode(string data);
```

base64_encode() 函数的解密函数为 base64_decode()，其语法格式如下：

```
string base64_decode(string encoded_data);
```

urlencode() 将字符串以 URL 编码，可将空格转换为加号，其语法格式如下：

```
string urlencode(string str);
```

urlencode() 函数的解密函数为 urldecode()，其语法格式如下：

```
string urldecode(string str);
```

【例 7-17】

使用 base64_encode() 函数对“欢迎进入 PHP”字符串进行加密，并使用 base64_decode() 函数对其进行解密，输出加密后和解密后的数据，代码如下：

```
$str= base64_encode(" 欢迎进入 PHP");
echo " 加密： ".$str."<br/>";
$str=base64_decode($str);
echo " 解密： ".$str;
```

上述代码的执行结果如下：

```
加密：5qyi6L+O6L+b5YWlUEhQ
解密：欢迎进入 PHP
```

【例 7-18】

使用 urlencode() 函数对“欢迎进入 PHP”字符串进行加密，并使用 urldecode() 函数对其进行解密，输出加密后和解密后的数据，代码如下：

```
$str= urlencode(" 欢迎进入 PHP");
echo " 加密： ".$str."<br/>";
$str=urldecode($str);
echo " 解密： ".$str;
```

上述代码的执行结果如下：

```
加密：%E6%AC%A2%E8%BF%8E%E8%BF%9B%E5%85%A5PHP
解密：欢迎进入 PHP
```

7.9 成长任务

成长任务 1：文本分析

根据下述英语短文，执行指定的操作：

```
However little known the feelings or views of such a man may be on his first entering a neighbourhood, this truth is so well fixed in the minds of the surrounding families, that he is considered as the rightful property of some one or other of their daughters.
```

对上述字符串进行处理，要求如下。

- 根据每行 40 个字符分行。
- 在字符串中的每个新行之前插入 HTML 换行符。
- 找出文本中有多少字符。
- 找出文本中有多少单词。
- 找出字母“a”和“o”出现的次数，比较它们的次数。
- 找出字母“a”第一次出现的位置和最后一次出现的位置。

第 8 章

文件处理

在变量、数组和对象中存储的数据都是暂时存在的，一旦程序结束，它们就会丢失。为了能够永久使用程序创建的数据，需要对其进行存储。而文件是最常用的数据存储方式之一。相对于数据库来说，文件在使用上更方便、直接。如果数据较小，较简单，使用文件无疑是最合适的方法。

本章将详细讨论网站中常用的文件处理功能，如获取文件的大小、读取文件的一行、写入内容、删除文件、创建目录、解析文件名以及获取可用空间等。通过本章的学习，读者将能够很方便地操作文件系统上的文件和目录。

本章学习要点

◎ 掌握获取文件各种属性的方法

◎ 熟悉复制、重命名和删除文件的操作

◎ 掌握如何打开和关闭文件

◎ 掌握按行和按字节等读取函数的使用

◎ 了解文件指针的应用

◎ 掌握打开和关闭目录的方法

◎ 掌握如何遍历目录

◎ 熟悉解析路径的各种方法

◎ 掌握获取磁盘容量的方法

扫一扫，下载
本章视频文件

 8.1 查看文件属性信息

在对文件的内容进行操作之前，本节首先介绍最简单的，查看已存在文件属性信息的方法。例如，获取文件的类型、访问时间和修改时间以及计算文件的大小等。

8.1.1 文件类型

在网站中常用文件的类型有 CSS、HTML、JS、PNG、GIF 或者 JPG 等，而且每个文件的大小也不相同等。PHP 中提供了 filetype() 函数，可以获取文件的类型，并且将类型返回。基本形式如下：

```
string filetype( string filename )
```

从上述形式中可以看出，需要向该函数中传入一个 filename 参数，这个参数规定要检查的文件，它是必需的。如果执行函数出错，则返回 false；如果调用失败或者文件类型是未知的，那么 filetype() 函数还会产生一个 E_NOTICE 消息；如果执行成功，则返回文件类型，返回值可能包含以下 7 种之一。

- **fifo** 命名管道，常用于将信息从一个进程传递到另一个进程。
- **char** 字符设备，负责操作系统和设备之间进行无缓冲的数据交换。
- **dir** 目录，即文件夹。
- **block** 块设备，例如软件驱动器或 CD-ROM。
- **link** 符号链接，指向文件指针的指针。
- **file** 硬链接，作为文件 inode 的指针。只要认为是一个文件，例如文本文档或可执行文件，都返回这个类型。
- **unknown** 未知类型。

8.1.2 文件大小

filesize() 函数用于获取指定文件的大小。如果执行成功，则返回文件大小的字节数；如果出错，则返回 false，并且生成一条 E_WARNING 级别的错误。基本形式如下：

```
int filesize ( string filename )
```

从上述形式中可以看出，filesize() 函数与 filetype() 函数一样，使用时，也需要传入一个 filename 参数，这个参数是必需的。

注意

由于 PHP 的整数类型是有符号的，并且大多数平台使用 32 位整数，filesize() 函数在遇到大于 2GB 的文件时，可能会返回非预期的结果。

对于 2GB 到 4GB 之间的文件，通常可以使用 sprintf("%u", filesize($file)) 来克服此问题。

【例 8-1】

编写一个程序，使用 filetype() 函数和 filesize() 函数分别获取 D 磁盘下 flower.sql 文件和 PotPlayer 目录的类型及大小，并且将返回的结果输出。代码如下：

```
<?php
$filename = filetype ( "D:/flower.sql" );
$filesize = filesize ( "D:/flower.sql" );
echo "D:/flower.sql 的类型是：" . $filename . ", 大小是：" . $filesize . "\n";
$filename = filetype ( "D:/PotPlayer" );
$filesize = filesize ( "D:/PotPlayer" );
echo "D:/PotPlayer 的类型是：" . $filename . ", 大小是：" . $filesize . "\n";
?>
```

执行上述代码，输出结果如下：

```
D:/flower.sql 的类型是：file, 大小是：1466
D:/PotPlayer 的类型是：dir, 大小是：8192
```

从上述输出结果中可以看出，flower.sql 是一个文件，大小为 1466 字节；而 PotPlayer 是一个文件夹（目录），其大小是 8192 字节。

8.1.3　访问和修改时间

PHP 提供了用于确定文件的访问、创建和最后修改时间的三个函数，这三个函数的具体说明如下。

1. fileatime() 函数

fileatime() 函数获取文件的上次访问时间，时间以 Unix 时间戳的方式返回；如果出错则返回 false。基本形式如下：

```
int fileatime ( string filename )
```

一个文件的上次访问时间会在读取此文件中的数据块时被更改。由于一个应用程序定期访问大量文件或者目录时很影响性能，因此有些 Unix 文件系统可以在加载时关闭访问时间的更新，以提高这类程序的性能。

2. filectime() 函数

filectime() 函数获取文件上次被修改的时间，时间以 Unix 时间戳的方式返回。如果出现错误则返回 false。基本形式如下：

```
int filectime ( string filename )
```

filectime() 获取修改的时间，这些修改是指对文件 inode 数据的任何改变，包括改变权限、所有者、组或者其他 inode 特定的信息。

3. filemtime() 函数

filemtime() 函数返回文件上次被修改的时间，时间以 Unix 时间戳的方式返回，可用于 date() 函数。如果出现错误，那么将返回 false。基本形式如下：

```
int filemtime ( string filename )
```

filemtime() 函数与 filectime() 函数有所不同，filemtime() 函数是指对文件内容的修改，特别是以字节为单位的文件大小的改变。

【例 8-2】

使用 fileatime()、filectime() 和 filemtime() 函数读取 D 磁盘下的 flower.sql 文件，获取该文件的上次访问时间、上次文件被修改的时间和上次内容被修改的时间。代码如下：

```
<?php
$filename = 'D:/flower.sql';
echo "$filename was last accessed: " . date ( "F d Y H:i:s.", fileatime ( $filename ) ) . "\n";
echo "$filename was last changed: " . date ( "F d Y H:i:s.", filectime ( $filename ) ) . "\n";
echo "$filename was last modified: " . date ( "F d Y H:i:s.", filemtime ( $filename ) ) . "\n";
?>
```

执行上述代码，输出结果如下：

```
D:/flower.sql was last accessed: October 12 2016 16:31:10.
D:/flower.sql was last changed: October 11 2016 10:28:02.
D:/flower.sql was last modified: October 25 2016 11:00:30.
```

8.1.4 其他属性的获取

除了用前面介绍的常用函数获取与文件有关的属性外，还可以通过其他的函数获取文件信息，具体说明如表 8-1 所示。

表 8-1 获取文件其他属性的函数

函数名称	说　明
fileinode()	获取文件的 inode 编号，出错时返回 false
filegroup()	取得该文件所属组的 ID，组 ID 以数字格式返回，用 posix_getgrgid() 来将其解析为组名。如果出错则返回 false，并返回一个 E_WARNING 级别的错误
fileowner()	返回文件所有的用户 ID，用户 ID 以数字格式返回，用 posix_getpwuid() 来将其解析为用户名。如果出错则返回 false
fileperms()	返回文件的访问权限，如果出错则返回 false
is_executable()	判断指定文件是否可执行。如果文件存在且可执行则返回 true
is_readable()	判断指定文件是否可读。如果文件存在且可读则返回 true
is_writeable()	判断给定的文件名是否可写。如果文件存在且可写则返回 true
file_exists()	检查文件或目录是否存在

检查文件或者目录是否存在，是获取文件属性之前很重要的一步，一般情况下都需要验证文件或目录是否存在。如果 file_exists() 函数指定的文件或者目录存在则返回 true，否则返回 false。在 Windows 操作系统中，要使用 //computername/share/filename 或者 \\computername\share\filename 来检查网络中的共享文件。

【例 8-3】

创建一个示例，首先通过 file_exists() 函数判断当前路径下的 info.txt 文件是否存在；如果存在，则调用 fileperms() 取得文件权限，并且判断输出全部权限；如果不存在，则输出提示信息。代码如下：

```
<?php
$filename = 'info.txt';                              // 文件名称
if (file_exists ( $filename )) {                     // 判断文件是否存在
    $perms = fileperms ( $filename );         // 获取文件权限
    if (($perms & 0xA000) == 0xA000) {                      // Symbolic Link
            $info = 'l';
    } else if (($perms & 0x8000) == 0x8000) {               // Regular
            $info = '-';
    } else if (($perms & 0x6000) == 0x6000) {               // Block special
            $info = 'b';
    } else if (($perms & 0x4000) == 0x4000) {               // Directory
            $info = 'd';
    } else if (($perms & 0x2000) == 0x2000) {               // Character special
            $info = 'c';
    } else if (($perms & 0x1000) == 0x1000) {               // FIFO pipe
            $info = 'p';
    } else {                                                          // Unknown
            $info = 'u';
    }
    $info .= (($perms & 0x0100) ? 'r' : '-');   // Owner
    $info .= (($perms & 0x0080) ? 'w' : '-');
    $info .= (($perms & 0x0040) ? (($perms & 0x0800) ? 's' : 'x') : (($perms & 0x0800) ? 'S' : '-'));
    $info .= (($perms & 0x0020) ? 'r' : '-');   // Group
    $info .= (($perms & 0x0010) ? 'w' : '-');
    $info .= (($perms & 0x0008) ? (($perms & 0x0400) ? 's' : 'x') : (($perms & 0x0400) ? 'S' : '-'));
    $info .= (($perms & 0x0004) ? 'r' : '-');   // World
    $info .= (($perms & 0x0002) ? 'w' : '-');
    $info .= (($perms & 0x0001) ? (($perms & 0x0200) ? 't' : 'x') : (($perms & 0x0200) ? 'T' : '-'));
    echo $info;
} else {
    echo " 该文件并不存在，请重新指定文件 ";
}
?>
```

假设当前路径下存在 info.txt 文件，执行上述代码，输出结果是：-rw-rw-rw-。

8.2　高手带你做——操作文件

上节介绍的主要是针对文件属性方面的相关函数。在实际应用中，还经常需要对文件本身进行操作，例如复制一个配置文件，重命名图片文件，或者删除缓存文件等。本节介绍实现这三个操作所用的 PHP 函数。

8.2.1 复制文件

PHP 中的 copy() 函数实现了复制文件功能，其语法格式如下：

```
bool copy ( string $source , string $dest )
```

执行后，将文件从 $source 复制到 $dest，成功返回 true，否则返回 false。

【例 8-4】

例如，下面的代码使用 copy() 函数将 doc/chars.txt 复制到 doc/string.txt 文件：

```
<?php
$filename="doc/chars.txt";
$newfilename="doc/string.txt";
if(copy($filename,$newfilename)) {
    echo " 复制成功 ";
}else {
    echo " 复制失败 ";
}
?>
```

注意

如果复制一个零字节的文件，copy() 将返回 false，但文件仍然会被正确复制。

8.2.2 重命名文件

要对一个文件进行重命名操作，可以使用 rename() 函数，其语法格式如下：

```
bool rename ( string $oldname , string $newname
[, resource $context ] )
```

执行时，该函数将尝试把 $oldname 文件重命名为 $newname 指定的名称，成功时返回 true，否则返回 false。

【例 8-5】

例如，下面的代码使用 rename() 函数将 doc/chars.txt 重命名为 doc/all.txt 文件：

```
<?php
$oldname="doc/chars.txt";
$newname="doc/all.txt";
if(rename($oldname,$newname)){
    echo "chars.txt 已经更改为 all.txt";
}else {
    echo " 对 chars.txt 的重命名失败 ";
}
?>
```

8.2.3 删除文件

要删除一个文件，可以使用 unlink() 函数，其语法格式如下：

```
bool unlink ( string $filename )
```

该函数执行后，将删除 $filename 指定的文件，成功时返回 true，否则返回 false。

【例 8-6】

例如，下面的代码演示了如何使用 unlink() 函数删除文件：

```
<?php
$filename="doc/chars.txt";                    // 指定文件
if (file_exists($filename)) {                 // 判断文件是否存在
    if(unlink($filename)) {                   // 执行删除操作
```

```
            echo " 文件删除成功 ";                      // 删除成功
        }
        else {
            echo " 文件删除失败 ";                      // 删除失败
        }
    }
?>
```

8.3　打开和关闭文件

在对文件进行操作之前，都必须先打开再操作。而在操作结束时，必须执行关闭操作。打开文件的目的是创建一个文件缓冲区，以方便后面进行输入 / 输出操作，而关闭文件的目的则是将缓冲区中未写入的数据保存到文件。

8.3.1　打开文件

fopen() 函数可以打开本地和 URL 上的文件，其语法格式如下：

```
resource fopen ( string $filename , string $mode [, bool $use_include_path [, resource $zcontext ]] )
```

fopen() 函数会将 $filename 指定的文件资源绑定到一个流或句柄上。绑定之后，就可以通过该句柄与文件进行交互。

提示

如果 $filename 指定的是一个本地文件，PHP 将尝试在文件上打开一个流。该文件必须是 PHP 可以访问的，因此需要确认文件访问权限为允许访问。如果指定的是一个已注册的协议，而协议被注册为一个网络 URL，PHP 将检查并确认 allow_url_fopen 已被激活。

mode 参数表示文件的打开方式，主要用于确定用户访问资源的模式，在表 8-2 中列出了参数的可选值。

表 8-2 mode 参数模式

mode	说　明
“r”	只读方式打开，将文件指针指向文件头
“r+”	读写方式打开，将文件指针指向文件头
“w”	写入方式打开，将文件指针指向文件头并将文件大小截为零。如果文件不存在则尝试创建
“w+”	读写方式打开，将文件指针指向文件头并将文件大小截为零。如果文件不存在则尝试创建
“a”	写入方式打开，将文件指针指向文件末尾。如果文件不存在则尝试创建新文件
“a+”	读写方式打开，将文件指针指向文件末尾。如果文件不存在则尝试创建新文件
“x”	创建并以写入方式打开，将文件指针指向文件头。如果文件已存在，则 fopen() 调用失败并返回 false，且生成一条 E_WARNING 级别的错误信息
“x+”	创建并以读写方式打开，将文件指针指向文件头。如果文件已存在，则 fopen() 调用失败并返回 false，且生成一条 E_WARNING 级别的错误信息

PHP 编程

如果资源是本地文件，PHP 则认为可以使用本地路径或相对路径来访问此资源。或者可以将 fopen() 的 $use_include_path 参数设置为 true，这样会使 PHP 考虑配置指令 include_path 中指定的路径。参数 $zcontent 用来设置文件或流特有的配置参数，以及在多个 fopen() 请求之间共享文件或流特有的信息。如果打开失败，函数将返回 false。

【例 8-7】

下面的代码演示如何使用 fopen() 函数以只读方式打开、读写方式打开、打开本地和网络文件等：

```
<?php
$file = fopen("musicList.txt","r");                                          // 只读方式打开
$file = fopen ("uploadFile/doc/en.doc", "r+");                               // 读写方式打开
$file = fopen ("siteConfig/users.xml","wb");                                 // 写入
$file = fopen ("http://www.itzcn.com/videos.html", "r");                     // 打开网络文件
$file = fopen ("ftp://user:password@itzcn.com/videos.html", "w");            // 使用 FTP 协议
$file = fopen("c:\\windows\\system\\boot.inf","r");                          // 使用绝对路径打开本地文件
?>
```

注意

在使用绝对路径指定文件时，要注意转义文件路径中的每个反斜线，或者用斜线。

8.3.2 关闭文件

fclose() 函数用于关闭已经打开的文件，其语法格式如下：

```
bool fclose ( resource $handle)
```

fclose() 函数将关闭先前打开的由 $handle 指定的文件句柄，如果成功则返回 true，否则返回 false。这里要注意，参数 $handle 必须是 fopen() 或者 fsockopen() 成功打开的文件句柄。

【例 8-8】

下面的代码演示如何使用 fclose() 函数关闭由 fopen() 打开的文件：

```
<?php
 $handle = fopen('doc/help.doc', 'r');        // 使用 $handle 打开文件 doc/help.doc
 fclose($handle);                             // 关闭 $handle
?>
```

8.4 读取文件

文件打开之后，便可以对文件的内容进行各种操作了。本节我们首先来学习如何读取文件，如读取一行、读取全部或者读取指定字节等。

8.4.1　读取一行

PHP 提供了 4 个函数用于从文件中读取一行内容，分别是 file()、fgets()、fgetss() 和 fgetcsv()。

1. file() 函数

使用 file() 函数，可以将整个文件读入到一个数组中，该函数的语法格式如下：

```
array file(string $filename[, int $use_include_path [, $resource context]])
```

其中各个参数的含义如下。

- **$filename**　指定要读取的文件路径。
- **$use_include_path**　如果需要在 $use_include_path 路径中搜寻文件，可以将此参数设为 1。
- **$context**　可选。指定文件句柄的环境，若使用 null 则忽略。

file() 函数执行成功返回一个数组，数组中的每个元素都对应文件中的一行，包括换行符在内。如果执行失败则返回 false。

【例 8-9】

在 doc/info.txt 文件中保存了有关网站模块划分的内容，现在需要在页面上显示出来，并在显示时添加上行号。

使用 file() 函数的实现代码如下：

```
<p class="h1"> 查看功能模块 </p>
 <ul class="t1">
 <?php
   $filename = "doc/info.txt";                 // 定义文件名
   $lines = file($filename);                   // 将一个文件读入数组 $lines
   // 遍历数组，为文件中的内容加上行号
   foreach ($lines as $line_num => $line) {
        echo "<li>NO #<b>{$line_num}</b> : " .$line . "</li>";
   }
   ?>
</ul>
```

上述代码使用 file() 函数读取 doc/info.txt 文件的内容，并将内容以数组形式保存到 $lines 中。由于 file() 函数是逐行读取的，所以可以在遍历时添加行号。运行后的效果如图 8-1 所示。

图 8-1　使用 file() 函数读取文件

提示

file() 函数返回的数组中，每一行都包括了行结束符，因此，如果不需要行结束符时，还需要使用 rtrim() 函数。

2. fgets() 函数

fgets() 函数从打开文件的指针中读取一行，语法格式如下：

```
string fgets(int $handle [, int $length])
```

在读取数据时遇到换行符（包括在返回值中）、EOF 或者已经读取了 $length-1 字节后停止。如果没有指定 $length，则默认为 1KB(1024 字节)。返回长度最多为 $length-1 字节的字符串，如果出错则返回 false。

【例 8-10】

下面的代码用 fgets() 函数读取 doc/info.txt 文件的内容并显示行号，运行效果与图 8-1 相同：

```
<?php
    $filename="doc/info.txt";                                          // 指定文件
    $fp = fopen($filename, "r");                                       // 打开文件
    $line_num=0;                                                       // 指定初始行号
    do
    {
        echo "<li>NO #<b>{$line_num}</b> : " .fgets($fp) . "</li>";    // 输出文件内容
        $line_num++;                                                   // 行号递增
    }while (!feof($fp));                                               // 判断是否在文件最后
    fclose($fp);                                                       // 关闭文件
?>
```

由于 fgets() 函数一次只能读取一行的内容，为了输出文件的所有内容，在上述代码的 do while 循环中使用 feof() 函数判断是否还有内容。如果有，则通过继续执行遍历所有行。

3. fgetss() 函数

fgetss() 函数的功能与 fgets() 函数基本相同，只是该函数在读取文件时会自动过滤 HTML 和 PHP 标记。语法格式如下：

```
string fgetss ( resource $handle [, int $length [, string $allowable_tags ]] )
```

【例 8-11】

下面的代码演示了如何使用 fgetss() 函数读取 PHP 文件的内容：

```
<title> 使用 fgetss() 读取文件内容 </title>
<h3> 这一行会显示两次，第一次由 HTML 显示，第二次由 fgetss() 函数读取显示 </h3>
<?php
$filename = "fgetss.php";                                  // 指定文件
```

```
$fp = fopen ($filename, "r");                          // 打开文件
echo " 这一行会执行，但不会由 fgetss() 函数输出，因为它在 PHP 代码中。<br/><br/>";
do {
    echo fgetss ($fp) . "<br/>";                       // 输出文件内容
} while (!feof($fp));                                   // 判断是否在文件最后
fclose ( $fp );                                         // 关闭文件
?>
```

保存上述代码为 fgetss.php，运行后的效果如图 8-2 所示。这是因为在 PHP 中的代码仅会在页面打开时执行，而在使用 fgetss() 函数读取时会忽略其中的内容，对于 HTML 标记也忽略，而只是输出 HTML 标记的内容。

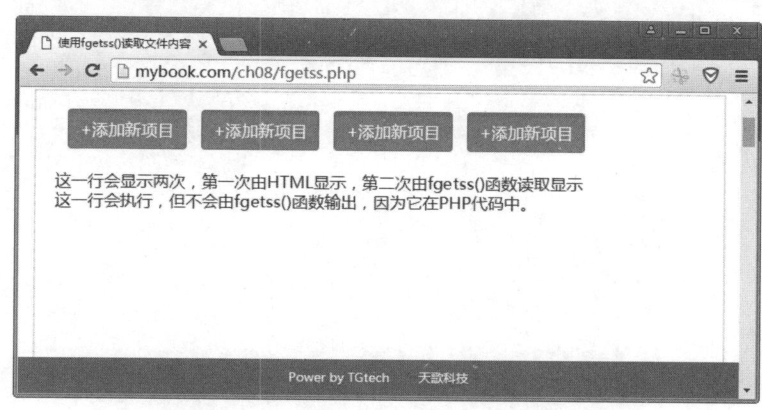

图 8-2　fgetss() 读取文件内容的效果

4. fgetcsv() 函数

fgetcsv() 函数用于从文件指针中读取一行，并且解析 CSV 字段，然后再返回一个包含这些字段的数组。fgetcsv() 函数的语法格式如下：

```
array fgetcsv ( int $handle [, int $length [, string $delimiter [, string $enclosure ]]] )
```

各个参数的说明如下。

- **$handle**　一个有效的文件指针。
- **$length**　可选。用于指定行的最大长度，必须大于 CVS 文件内最长的一行。如果忽略该参数的话，那么长度就没有限制，不过可能会影响执行效率。
- **$separator**　可选。用于指定 CSV 的分隔符，默认值为逗号。
- **$enclosure**　可选。用于指定环绕符，默认值为双引号。

fgetcsv() 函数与 fgets() 函数相似，不同的是，fgetcsv() 解析读入的行并找出 CSV 格式的字段，然后返回一个包含这些字段的数组。在使用该函数时，如果出错，则返回 false。

【例 8-12】

在网站 doc/data.txt 文件中保存了药品信息，包括序号、名称、数量和价格，其中每个信息之间使用逗号分隔，每行显示一条。例如，其中的内容如下：

```
序号 , 名称 , 数量 , 价格
1, 头孢拉定 ,20,20 元
2, 阿莫西林 ,2,15 元
3, 西地那非 ,10,100 元
4, 地塞米松 ,100,6 元
```

现在要求读取 data.txt 文件，并在页面上显示所有药品信息。具体步骤如下。

(1) 首先在网站的 doc 目录中新建 data.txt 文件，然后添加上述的内容。

(2) 接下来在网站根目录中创建一个名为 fgetcsv.php 的 PHP 文件。

(3) 在页面中使用 fgetcsv() 函数读取 doc/data.txt 文件内容，实现代码如下：

```
<p class="h1" align="center"> 药品清单 </p>
<table width="400" align="center">
<?php
$filename="doc/data.txt";                              // 指定文件
$fp = fopen($filename,"r");                            // 打开文件
$tag="th";
while ($ary = fgetcsv($fp, 1024, ","))                 // 逐行读取文件内容
{
    echo "<tr>";
    echo "<$tag>".$ary[0]."</$tag>";                   // 输出序号
    echo "<$tag>".$ary[1]."</$tag>";                   // 输出名称
    echo "<$tag>".$ary[2]."</$tag>";                   // 输出数量
    echo "<$tag>".$ary[3]."</$tag>";                   // 输出价格
    echo "</tr>";
    $tag="td";
}
fclose($fp);                                           // 关闭文件
?>
```

在浏览器中运行 fgetcsv.php 页面，在页面中会看到如图 8-3 所示的输出效果。

图 8-3 fgetcsv() 读取文件内容的效果

8.4.2　读取指定字节

使用按行读取函数可以方便地遍历整个文件，但是，如果只需要读取其中一部分内容，就需要使用按字节读取函数。PHP 提供了 3 个函数实现这个功能，分别是 fread()、fgetc() 和 readfile()。

1. fread() 函数

fread() 函数可以读取已经打开的文件，并且可以指定要读取的字符数，语法格式如下：

```
string fread ( int $handle , int $length )
```

该函数从 $handle 指定的资源中读取 $length 个字符并返回，如果出错返回 false。当遇到下列情况之一时，读取将会终止：

- 当到达 EOF(文件末尾) 时。
- 读取到 $length 个字节时。
- 当一个包可用时。
- 已读取了 8192 个字节时。

【例 8-13】

下面的代码演示了如何使用 fread() 函数读取文件的全部内容和部分内容：

```
<?php
$filename = "doc/data.txt";                    // 指定文件
$file = fopen($filename,"r");                  // 打开文件
$getFile = fread($file,filesize($filename));   // 读取全部内容
echo $getFile;                                 // 输出
$filstext = fread($file,10);                   // 读取 10 个字节到 $filetext
echo $filstext;                                // 输出
fclose($file);                                 // 关闭文件
?>
```

fread() 函数与其他读取函数不同。使用该函数时，不用考虑换行符。因此，只要使用 filesize() 函数确定了文件的字节数，就能很方便地读取整个文件。

2. fgetc() 函数

fgetc() 函数可以从已经打开的文件指针中读取字符，并且只返回一个字符，语法格式如下所示：

```
string fgetc ( resource $handle )
```

返回 $handle 在文件指针中的当前字符，如果遇到 EOF 则返回 false。这里需要注意，文件指针必须有效，并且必须指向一个由 fopen() 或 fsockopen() 成功打开的文件。

【例 8-14】

假设有一个 doc/chars.txt 文件，里面的内容如下：

```
HELLO PHP
```

下面使用 fgetc() 函数从 chars.txt 中读取一个字符，示例代码如下：

```
<?php
$filename=" doc/chars.txt";        // 指定文件
$file = fopen($filename,"r");      // 打开文件
```

```
echo fgetc($file);                                    //读取一个字符，输出：H
fclose($file);                                        //关闭文件
?>
```

fgetc() 函数同样可以遍历文件，下面的代码实现从 chars.txt 文件中读取所有字符：

```
<?php
$filename="doc/chars.txt";                            //指定文件
$file = fopen($filename,"r");                         //打开文件
do{
    echo fgetc($file);                                //输出一个字符
}while(!feof($file));                                 //如果文件没有结束则继续
fclose($file);                                        //关闭文件
?>
```

3. readfile() 函数

readfile() 函数将读取一个文件并写入到输出缓冲。如果执行成功，则返回从文件中读取的字节数，失败则返回 false。语法格式如下：

```
int readfile ( string $filename [, bool $use_include_path [, resource $context ]] )
```

例如，下面的代码演示了使用 readfile() 函数读取 doc/chars.txt 文件的内容并输出：

```
<?php
$filename="doc/chars.txt";
$length = readfile($filename);                 //读取 chars.txt 文件的内容到缓冲
echo "<br/> 本次一共输出 $length 字节。";
?>
```

8.4.3 读取全部内容

file_get_contents() 函数可以一次性将整个文件的内容读入一个字符串中，语法格式如下所示：

```
string file_get_contents ( string $filename [, bool $use_include_path [, resource $context [, int $offset [, int $maxlen ]]]] )
```

使用方法和 file() 一样，不同的是，file_get_contents() 函数将文件的内容读入到一个字符串中。$offset 参数表示读取文件时的开始位置，$maxlength 参数表示此次需要读取的字节数。

【例 8-15】

在网站的 doc 目录有一个 file.html 文件，其中保存的是外部模块的 HTML 代码。下面使用 file_get_contents() 函数读取该文件并将 HTML 代码显示到页面。实现代码如下：

```
<p class="h1"> 查看外部模块的 HTML 代码 </p>
<p>
```

```
<?php
    $filepath="doc/file.html";                                    // 指定文件路径
    $contents = file_get_contents($filepath);             // 读取文件内容，保存到 $contents 中
    echo "doc/file.html 文件内容如下：<br/><br/>";
    echo htmlspecialchars($contents);                         // 输出读取的文件内容
?>
</p>
```

file_get_contents() 函数的作用是将文件读取到一个字符串，因此整个文件的内容将作为这一个字符串来处理。为不使字符串中的 HTML 标记被解析，使用 htmlspecialchars() 函数进行处理，运行后的效果如图 8-4 所示。

图 8-4 使用 file_get_contents() 函数读取文件内容

技巧

file_get_contents() 函数是用来将文件的内容读入到一个字符串中的首选方法。如果操作系统支持，还会使用内存映射技术来增强性能。

8.4.4 其他读取函数

除了前面介绍的文件读取函数之外，在 PHP 中还经常使用 fpassthru() 函数读取文件内容。fpassthru() 函数输出文件指针处的所有剩余数据，语法格式如下：

```
int fpassthru ( resource $handle )
```

该函数将给定的文件指针从当前的位置读取到 EOF 并把结果写到输出缓冲区。如果发生错误返回 false，否则返回从 $handle 读取并传递到输出的字符数。

下面的代码演示了如何使用 fpassthru() 函数读取 doc/chars.txt 文件的内容：

```
<p class="h1"> 使用 fpassthru() 函数 </p>
<p>
```

```
<?php
$filename="doc/chars.txt";                                           // 指定文件路径
$file = fopen($filename,"r");                                        // 打开文件
echo " 第一行的内容： ".fgets($file);                                   // 读取第一行
echo "<hr/> 下面是调用 fpassthru() 函数返回的内容：<br/>";
$length=fpassthru($file);                                            // 把文件的其余部分发送到输出缓存
echo "<br/> 调用 fpassthru() 函数一共输出了 $length 字符。";
fclose($file);                                                       // 关闭文件
?>
</p>
```

在上述代码中，首先使用 fgets() 函数从 chars.txt 中读取了一行，然后使用 fpassthru() 函数把文件的其余部分发送到输出缓存。利用 fpassthru() 函数的返回值，还显示了输出的字符数。

【例 8-16】

fpassthru() 函数还有一个特殊的用法，就是读取二进制文件。例如可以显示一张图片或者下载 XLS 文件等。下面的代码演示了如何以二进制格式读取一张图片并显示到页面：

```
<?php
$filename = "images/bg1.jpg";                                        // 指定图片路径
$fp = fopen($filename, 'rb');                                        // 以二进制打开方式
header("Content-Type: image/jpg");                                   // 设置图片的类型
header("Content-Length: " . filesize($filename));                    // 设置图片的大小
fpassthru($fp);                                                      // 将图片的二进制流输出到页面
exit;                                                                // 终止程序
?>
```

在这里要注意，读取二进制文件时应该为 fopen() 函数的第二个参数附加 b 标记。将上述代码保存为 fpassthru.php，运行后的效果如图 8-5 所示。

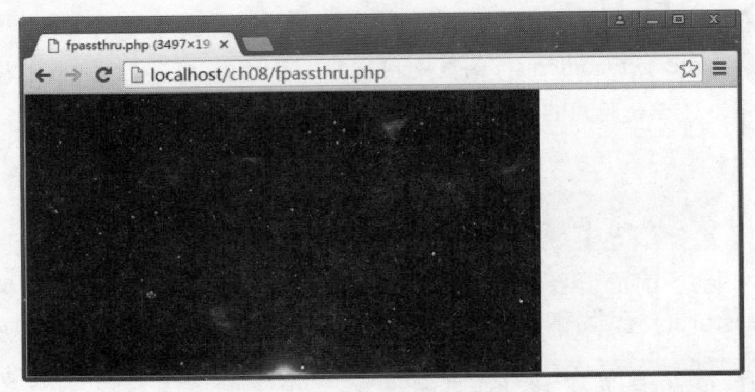

图 8-5 读取图片文件

8.5 写入文件

读取文件不会改变文件的内容，如果要实现修改文件的功能，必须对文件进行写入操作。在 PHP 中通过 fwrite() 函数、fputs() 函数和 file_put_contents() 函数来完成。

8.5.1 fwrite() 函数

fwrite() 函数主要用于写入文件，语法格式如下：

```
int fwrite(resource $handle, string $string [, int $length])
```

fwrite() 把 $string 的内容写入文件指针 $handle 处。如果指定了 $length，当写入了 $length 字节或者写完了 $string 以后，写入就会停止。该函数返回写入内容的字节数，如果出错则返回 false。

【例 8-17】

假设在网站 doc 目录下有一个 zhuanti.txt 文件，编写程序向该文件中写入内容并读取到页面中显示。

01 首先在 PHP 中定义一个字符串，在其中保存要写入的内容：

```
<?php
$str=<<<hospital
[ 会议专题 ]
2012 世界医疗大会 (12 月 15 日 10:53)
2012 中国肿瘤研究会议 (12 月 15 日 10:53)
2012 新药测试说明会议 (12 月 15 日 10:53)
2012 骨科会议 (12 月 15 日 10:53)
2011 发热门诊处理专题讲座 (10 月 18 日 16:05)
hospital;
?>
```

02 使用 fwrite() 函数将 $str 指定的内容写入 doc/zhuanti.txt 文件，具体实现代码如下：

```
<?php
$filename = 'doc/zhuanti.txt';                          // 指定文件路径
if (is_writable($filename)) {
    if (!$handle = fopen($filename, 'a')) {             // 判断文件是否能正常打开
        echo " 不能打开文件 $filename";
        exit;
    }
    $sizes=fwrite($handle, $str);                       // 将 $str 写入到打开的文件中
    if ($sizes=== false) {
        echo " 不能写入到文件 $filename";
        exit;
    }
    echo " 成功写入到文件 $filename， 本次写入 $sizes 字节数。写入内容如下：";
    fclose($handle);                                    // 关闭文件
} else {
    echo " 文件 $filename 不可写 ";
}?>
```

如上述代码所示，首先使用 is_writable() 函数确定具有文件的写入权限，然后使用 fopen() 函数打开文件，将文件指针保存到 $handle。文件打开之后，指针默认位于文件开头，这也是要写入的位置。接下来 fwrite() 函数将 $str 写入到当前指针位置 (即文件开头)，并将写入字节数保存到 $sizes 变量。最后，输出信息并关闭文件。

03 如果没有错误，上面的代码已经实现了向文件中写入内容。要读取文件内容，有很多函数，这里使用 fgets() 来实现，代码如下：

```
<ul class="t1">
<?php
$fp = fopen($filename, "r");                    // 打开文件
do{
    echo "<li> " .fgets($fp) . "</li>";         // 输出文件内容
}while (!feof($fp));                            // 判断是否在文件最后
fclose($fp);                                    // 关闭文件
?>
</ul>
```

04 将文件保存为 fwrite.php，在浏览器中将看到页面中的输出信息，如图 8-6 所示。

图 8-6 写入文件并运行的效果

使用 fwrite() 函数写入时要注意，不同类型的操作系统具有不同的行结束符号。因此，在写入内容中想插入一个新行时，就需要使用适合操作系统的行结束符号。基于 Unix 的系统使用 \n 作为行结束字符，基于 Windows 的系统使用 \r\n 作为行结束字符，基于 Macintosh 的系统使用 \r 作为行结束字符。

8.5.2 fputs() 函数

fputs() 函数的功能和 fwrite() 函数一样，并且用法也相同，fputs() 函数的语法格式如下：

```
int fputs(resource $handle, string $string [, int $length])
```

【例 8-18】

下面使用 fputs() 函数向 doc/zhuanti.txt 文件末尾追加内容，并输出写入的字节和写入后的文件内容：

如下所示是写入内容的代码：

```
<p class="h1"> 会议进程 </p>
$str=<<<hospital
\r\n[ 会议专题 ]
抗癌新药即将面世 (12 月 15 日 10:53)
新医疗建设，在艰难中探索 (12 月 15 日 10:53)
新医疗建设，在艰难中探索 (12 月 15 日 10:53)

hospital;

$filename = 'doc/zhuanti.txt';                    // 指定文件名
if (is_writable($filename)) {                            // 判断是否可写
    $handle = fopen($filename, 'a');              // 打开文件
    fseek($handle,0,SEEK_END);              // 将文件指针移到文件最后
    $sizes=fputs($handle, $str);                  // 写入内容
    echo " 成功写入到文件 $filename ，本次写入 $sizes 字节数。写入内容如下：";
    fclose($handle);                                     // 关闭文件
} else {
    echo " 文件 $filename 不可写 ";
}  ?>
```

上面仅仅演示了 fputs() 函数的写入代码，读取显示的代码与前面相同，这里就不再重复。唯一需要注意的是，由于这里是向文件末尾写入内容，所以文件打开之后必须移动文件指针。将文件保存为 fputs.php，运行后将看到如图 8-7 所示的效果。

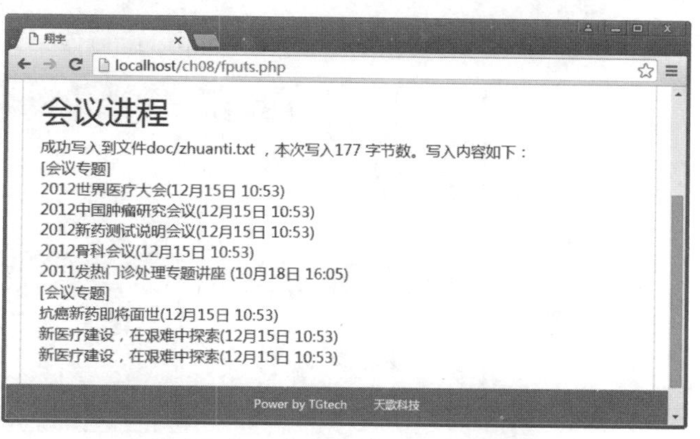

图 8-7　fputs() 函数写入文件的效果

8.5.3　file_put_contents() 函数

在使用 fwrite() 函数和 fputs() 函数写入时，必须先调用 fopen() 函数打开文件，完成之后还要调用 fclose() 函数关闭文件。而 file_put_contents() 函数可以将这个过程自动化，只需要指定要写入的字符串即可。语法格式如下：

```
int file_put_contents ( string $filename , string $data [, int $flags [, resource $context ]] )
```

其中，$filename 参数是要写入的文件名，$data 参数是写入内容 (也可以是数组，但不能为多维数组)，$flags 是写入时的标识，可以为 FILE_USE_INCLUDE、FILE_APPEND 或者

LOCK_EX，$context 是一个 context 资源。file_put_contents() 函数执行成功后，将返回写入到文件内的字节数，失败时则返回 false。

【例 8-19】

例如，下面的示例代码演示了如何使用 file_put_contents() 函数向文件内写入字符串和数组：

```
<p class="h1"> 创建临时文件 </p>
<?php
$str=<<<hospital
\r\n[ 会议专题 ]
抗癌新药即将面世 (12 月 15 日 10:53)
新医疗建设，在艰难中探索 (12 月 15 日 10:53)

hospital;

$tools=array(0=>"Kia Ma Doytona 药品 ",1=>"P!NG I20 急救设施 ",2=>"TaylorMade R11S 床位 ",3=>
"Odyssey Protype TOUR Series 9 推杆 ");                    // 定义数组
    $filename = 'doc/temp.txt';
    $sizes=file_put_contents($filename,$str);              // 写入字符串
    echo " 本次写入了 $sizes 字节 ";
    file_put_contents($filename,$tools,FILE_APPEND);       // 以追加方式写入数组
?>
```

将上述代码保存为 file_put_contents.php，运行效果如图 8-8 所示。

图 8-8 file_put_contents() 函数写入文件的效果

 8.6 高手带你做——认识文件指针

在读取文件时，经常需要在文件中进行跳跃式访问，例如要输出奇数行的内容，而非逐行读取，这时候就需要在读取第一行内容之后将文件指针移动到第三行。为了实现上述功能，PHP 提供了三个移动文件指针的函数，本节将逐一进行介绍。

8.6.1　fseek() 函数

fseek() 函数用于在打开的文件中把文件指针从当前位置向前或向后移动到新的位置。新位置从文件头开始，以字节数为单位，成功则返回 0，否则返回 -1。语法格式如下：

```
int fseek ( resource $handle , int $offset [, int $whence ] )
```

该函数将 $handle 指针移动到 $offset 指定的位置，如果忽略可选参数 $whence，则位置将设置为从文件开始到 offset 字节处。$whence 将影响指针的位置，有如下三个可选的值。

- **SEEK_CUR** 设置指针位置为当前位置加上 $offset 字节。
- **SEEK_END** 设置指针为 EOF 加上 $offset 字节，$offset 必须设置为负值。
- **SEEK_SET** 设置指针为 $offset 字节处，这与忽略 $whence 效果相同。

例如，下面的代码演示了如何使用 fseek() 函数。

```
<?php
$filename="doc/chars.txt";
$file = fopen($filename,"r");                    // 打开文件
echo fgets($file);                               // 读取第一行
fseek($file,0);                                  // 将文件指针移到文件开头
echo fgets($file);                               // 再次读取第一行
fclose($file);                                   // 关闭文件
?>
```

在上述代码中，首先调用 fgets() 函数读取文件第一行的内容，此时指针在第二行的开始。然后，调用 fseek() 函数将文件指针移到文件的开头，即第一行的开始处。因此，当再次调用 fgets() 函数读取文件一行内容的时候，实际上是输出第一行的内容。

下面代码演示了 fseek() 函数的其他用法：

```
fseek($file,100,SEEK_CUR);     // 将文件指针从当前位置向前移动 100 字节
fseek($file,-100,SEEK_CUR);    // 将文件指针从当前位置向后移动 100 字节
fseek($file,100,SEEK_END);     // 将文件指针从当前位置移动到末尾的前 100 字节处
```

8.6.2　ftell() 函数

ftell() 函数主要用于获取打开文件指针的当前位置，语法格式如下：

```
int ftell(resource $handle)
```

执行后返回由 $handle 指定的文件指针的位置，也就是文件流中的偏移量。如果出错则返回 false。

例如，下面的代码演示了如何使用 ftell() 函数：

```
<?php
$filename="doc/chars.txt";
$file = fopen($filename,"r");                    // 打开文件
```

```
echo " 文件指针当前位置: ".ftell($file);                    // 输出此时文件的位置，为 0
fseek($file,150);                                          // 移动文件指针
echo "<br/>";
echo " 文件指针当前位置: ".ftell($file);                    // 输出此时文件的位置，为 150
fclose($file);                                             // 关闭文件
?>
```

执行结果如下：

```
文件指针当前位置：0
文件指针当前位置：150
```

8.6.3　rewind() 函数

rewind() 函数将文件指针定位到打开文件的开头，语法格式如下：

```
bool rewind(resource $handle)
```

若执行成功，则返回 true，否则返回 false。下面的代码演示了如何使用 rewind() 函数：

```
<?php
$filename="doc/chars.txt";
$file = fopen($filename,"r");                              // 打开文件
fseek($file,15);                                           // 移动文件指针
if(rewind($file)) {                                        // 将指针移到文件开始
    echo " 文件指针已经回到了文件的开头 ";
}
else {
    echo " 文件执行失败 ";
}
fclose($file);                                             // 关闭文件
?>
```

8.7　操作目录

在本节之前介绍的都是使用 PHP 系统函数对文件的操作，如获取文件属性、打开 / 关闭文件、读取 / 写入文件等。PHP 同样提供了使用系统函数操作目录的功能，可以实现对目录的遍历、对目录的修改、对目录的删除等操作。

8.7.1　打开目录

在 PHP 中，opendir() 函数用于打开一个目录，可用于之后的 closedir() 函数和 readdir() 函数中。该函数的语法格式如下：

```
resource opendir(string path [,resource $context])
```

执行该函数，如果执行成功，将返回一个目录句柄，否则返回 false。在 opendir() 前面加上“@”符号可以隐藏错误信息的输出。

例如，下面的代码使用 opendir() 函数尝试打开 C:/WINDOWS 目录：

```
<?php
$path="C:/windows";
if(is_dir($path))
{
    if(opendir($path)){
        echo " 打开  $path 目录成功 ";
    }else{
        echo " 打开 $path 目录失败 ";
    }
}
else{
    echo $path." 不是一个目录 ";
}
?>
```

8.7.2　关闭目录

对打开的目录使用完毕之后，就需要关闭该目录，在 PHP 中使用 closedir() 函数关闭打开的目录。该函数的语法格式如下：

```
void closedir(resource $dir_handle)
```

closedir() 函数关闭由 $dir_handle 指定的目录句柄，但是句柄必须是由 opendir() 函数打开的。

例如，下面使用 opendir() 函数和 closedir() 函数创建一个示例，演示如何打开和关闭目录，具体代码如下：

```
<?php
$dirname="files/";                          // 指定一个目录名称
if(is_dir($dir))                            // 判断是否为目录
{
    $d= opendir($dir);                      // 打开目录
    closedir($d);                           // 关闭目录
}
?>
```

8.7.3　遍历目录

打开目录之后，便可以对它进行操作了，最常见的就是遍历目录的内容。在 PHP 中可以使用 readdir() 和 scandir() 两个函数实现这个功能。

1. readdir() 函数

readdir() 函数返回由 opendir() 函数打开的目录句柄中的内容，函数语法格式如下：

```
string readdir(resource $dir_handle)
```

如果该函数执行成功，则返回一个文件名，根据这个文件名可以列出目录中的所有文件；否则返回 false。

【例 8-20】

假设在网站下有一个 Files 目录，它是用户上传的根目录，现在编写代码读取该目录中的内容，并显示文件名称、类型和大小。实现代码如下：

```
<p class="h1"> 查看上传目录内容 </p>
<table width="400" align="center">
  <tr>
  <th> 文件名称 </th>
  <th> 类型 </th>
  <th> 大小 </th>
  </tr>
<?php
$dirname = "Files/";                                        // 指定目录位置
if (is_dir($dirname))                                       // 判断目录是否存在
{
   if ($dh = opendir($dirname)) {                           // 打开目录
       while (($file = readdir($dh)) !== false) {           // 读取文件列表
           echo "<tr><td> $file </td>";
           if(filetype($dirname . $file)=="dir"){           // 判断类型
                echo "<td> 目录 </td><td>0</td>";
           }
           else{
                echo "<td> 文件 </td>";
                echo "<td>".filesize($dirname . $file)."</td>";
           }
           echo "</tr>";
       }
       closedir($dh);                                       // 关闭目录
   }
}
?>
</table>
```

保存上述代码为 readdir.php，运行后的效果如图 8-9 所示。

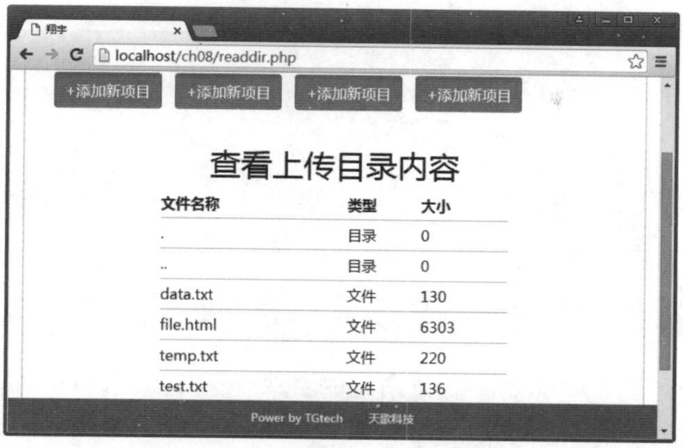

查看上传目录内容

文件名称	类型	大小
.	目录	0
..	目录	0
data.txt	文件	130
file.html	文件	6303
temp.txt	文件	220
test.txt	文件	136

图 8-9　readdir() 函数读取目录内容的效果

2. scandir() 函数

scandir() 函数执行后，会返回包含文件和目录的数组，或返回 false。语法格式如下：

```
array scandir ( string $directory [, int $sorting_order [, resource $context ]] )
```

其中，$directory 参数表示要被遍历的目录；$sorting_order 参数用于指定排序顺序，默认的顺序是按字母升序排列，如果设为 1 则按字母降序排列；$context 参数用于设置如何配置目录句柄。

【例 8-21】

假设在这里要使用 scandir() 函数来读取 uploadsFiles 目录的内容，实现代码如下：

```
<h2> 使用 scandir() 函数读取目录内容 </h2>
<?php
$dirname = "Files/";                    // 指定目录
$files = scandir($dirname);             // 调用 scandir() 函数，将结果保存到 $files 数组
echo "<pre>";
print_r($files);                        // 输出数组的内容
echo "</pre>";
?>
```

保存上述代码为 scandir.php，运行后的效果如图 8-10 所示。

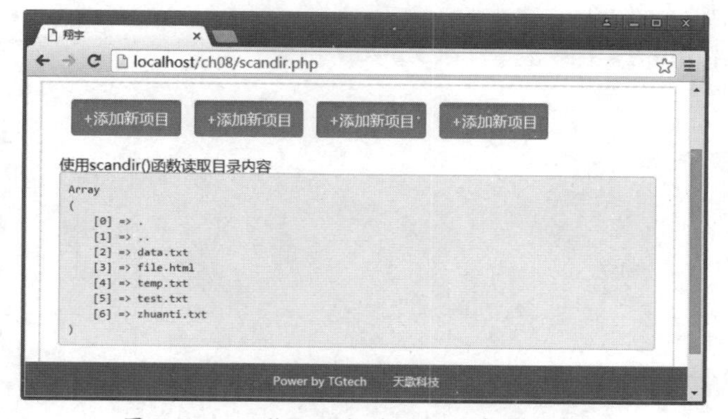

图 8-10　scandir() 函数读取目录内容的效果

⚠注意

对于非目录的路径调用 scandir() 函数将返回 false，并生成一条 E_WARNING 级的错误。

8.7.4 创建目录

要创建一个目录，可以调用 mkdir() 函数，该函数的语法格式如下：

```
bool mkdir ( string $pathname [, int $mode [, bool $recursive [, resource $context ]]] )
```

执行后将尝试新建由 $pathname 参数指定的目录，且默认的 $mode 是 0777，即具有最大的访问权限。新建成功时返回 true，否则返回 false。

例如，下面的代码演示了如何使用 mkdir() 函数新建目录：

```
<?php
$newdirname="doc/newdir";                           // 指定新目录路径
if(!mkdir($newdirname)){                        // 创建目录
    echo " 目录创建失败 ";
}else{
    echo $newdirname." 目录创建成功 ";
}
?>
```

创建新目录时，还可以指定访问权限，下面的代码为新建的 db 目录指定 0700 权限：

```
mkdir("mydoc/db",0700);
```

8.7.5 删除目录

rmdir() 函数的作用与 mkdir() 函数相反，rmdir() 函数可以删除一个目录。rmdir() 函数的语法格式如下：

```
bool rmdir ( string $dirname )
```

执行时将尝试删除 $dirname 所指定的目录。如果该目录为空，且有相应的权限，则删除成功并返回 true，否则返回 false。

下面的代码使用 rmdir() 函数删除 doc/newdir 目录：

```
<?php
$dirname=" doc/newdir ";                                // 指定目录
if (is_dir($filename)) {                                // 判断目录是否存在
    if(rmdir($dirname)) {                               // 执行删除操作
        echo " 目录删除成功 ";                          // 删除成功
    }else {
        echo " 目录删除失败 ";                          // 删除失败
    }
}
?>
```

8.8 解析路径

PHP 提供了一些函数，可以实现对文件路径的操作。例如，获取路径中的目录，或者获取路径中的文件名称以及扩展名。

8.8.1 获取文件名

basename() 函数用于获取路径中的文件名部分，语法格式如下：

```
string basename(string $path [,string $suffix])
```

这里的 $path 参数表示需要解析的路径；$suffix 为可选参数，表示文件扩展名。如果提供了 $suffix 参数，则不会输出这个扩展名。

下面的代码从 files/images/logo.gif 路径中分别获取带扩展名和不带扩展的文件名称：

```
<?php
$path = "files/images/logo.gif";
$file = basename($path);                // $file 的值为 logo.gif
$file = basename($path,".gif");         // $file 的值为 logo
?>
```

8.8.2 获取目录部分

dirname() 函数的作用与 basename() 函数类似，dirname() 函数可以从路径中获取目录部分。dirname() 函数的语法格式如下：

```
string dirname(string $path)
```

其中的 $path 参数是指向一个文件的全路径字符串，返回去掉文件名后的目录名。下面的代码演示了如何使用 dirname() 函数获取路径中的目录名称：

```
<?php
$path ="files/images/logo.gif ";
echo dirname($path);                                    // 输出 files/images
echo dirname('C:\Windows\system32\boot.ini');           // 输出 C:\Windows\system32
echo dirname('c:\boot.ini');                            // 输出 c:\
?>
```

8.8.3 获取路径中的各个部分

basename() 函数仅适用于返回文件名称，而 dirname() 函数仅适用于返回目录部分。如果要返回路径中的所有部分，应该怎么办呢？

PHP 的 pathinfo() 函数会以数组的形式返回路径信息，语法格式如下：

```
mixed pathinfo ( string $path [, int $options ] )
```

其中，$path 参数表示路径字符串，返回的关联数组中包括 path 的 4 个部分：目录名、基本名、扩展名和文件名，分别通过 dirname、basename、extension 和 filename 索引来引用。通过可选参数 $options 可以指定要返回哪些部分。

【例 8-22】

假设要获取“files/images/logo.gif”路径中的各个部分。使用 pathinfo() 函数的实现代码如下：

```
<?php
$path =" files/images/logo.gif ";
$pathinfo = pathinfo($path);
print_r($pathinfo);
echo " 拆分数组后的输出：\n";
echo " 目录名： ".$pathinfo['dirname']."\n";
echo " 基本名： ".$pathinfo['basename']."\n";
echo " 扩展名： ".$pathinfo['extension']."\n";
echo " 文件名： ".$pathinfo['filename'];
?>
```

执行后将会输出如下结果：

```
Array
(
   [dirname] => files/images
   [basename] => logo.gif
   [extension] => gif
   [filename] => logo
)
拆分数组后的输出：
目录名： files/images
基本名：logo.gif
扩展名：gif
文件名：logo
```

8.8.4 获取绝对路径

realpath() 函数可以将网站目录下的某一个相对路径转换成绝对路径，语法格式如下：

```
string realpath(string $path)
```

执行时会将 $path 参数中的所有路径和目录以及相对路径引用转换为相应的绝对路径。如果执行失败则返回 false，例如文件不存在时。

【例 8-23】

例如，要获取 index.php 文件所在的绝对路径，可以使用如下代码：

```
<?php
$path = "index.php";                    // 指定要获取绝对路径的相对路径引用
echo realpath($path);                   // 输出结果
?>
```

执行后的输出结果如下：

```
D:\PHPSpace\Chapter8\index.php
```

realpath() 函数中支持相对路径的写法，下面的方法都是正确的：

```
realpath("doc/web/index.php");
realpath("/doc/web/index.php");
realpath("../images/logo.gif ");
realpath("../index.php");
```

8.9　读取磁盘属性

除了前面介绍的针对文件和目录的操作外，PHP 还提供了两个函数用于读取指定目录所在磁盘的可用空间和总空间大小。

8.9.1　获取目录所在磁盘的可用空间

disk_free_space() 函数可以以字节为单位返回指定目录所在磁盘分区的可用空间。该函数语法格式如下：

```
float disk_free_space(string $diectory)
```

【例 8-24】

例如，要获取网站根目录所在磁盘和系统盘的可用空间，可用如下代码：

```
<?php
$drive="/";                                         // 指定网站根目录
$freespace=disk_free_space($drive);                 // 获取可用空间
echo " 网站所在磁盘的剩余空间为： ".formatFreeSpace($freespace);
$cfree=disk_free_space("C:");                       // 获取 C 盘可用空间
echo "\n 系统盘的剩余空间为： ".formatFreeSpace($cfree);

function formatFreeSpace($bytes){                   // 将字节转换为合适的单位
    $si_prefix = array( 'B', 'KB', 'MB', 'GB', 'TB', 'EB', 'ZB', 'YB' );
    $base = 1024;
    $class = min((int)log($bytes , $base) , count($si_prefix) - 1);
    return sprintf('%1.2f' , $bytes / pow($base,$class)) . ' ' . $si_prefix[$class] ;
}
?>
```

由于 disk_free_space() 函数返回的是字节单位，因此上面自定义了一个 formatFreeSpace() 函数将字节转换为合适的容量单位。执行后的输出结果如下：

```
网站所在磁盘的剩余空间为：65.29 GB
系统盘的剩余空间为：7.01 GB
```

8.9.2 获取磁盘总容量

disk_total_space() 函数的语法与 disk_free_space() 函数相同，语法格式如下：

```
float disk_total_space ( string $directory)
```

与 disk_free_space() 函数不同的是，disk_total_space() 函数以字节为单位返回指定目录所在磁盘的总容量。

【例 8-25】

例如，要获取网站根目录所在磁盘和系统盘的总容量，可用如下代码：

```php
<?php
    $drive="/";
    $freespace=disk_total_space($drive);
    echo " 网站所在磁盘的总容量为：".formatFreeSpace($freespace);
    $cfree=disk_total_space("C:");
    echo "\n 系统盘的总容量为：".formatFreeSpace($cfree);
?>
```

上述代码同样调用了自定义函数 formatFreeSpace() 进行单位的转换。执行后的输出结果如下：

```
网站所在磁盘的总容量为：220.01 GB
系统盘的总容量为：25.75 GB
```

8.9.3 高手带你做——获取目录占用的空间

在 PHP 中提供了用于获取文件大小的 filesize() 函数、获取磁盘可用空间的 disk_free_space() 函数以及获取磁盘总容量的 disk_total_space() 函数，但是并没有提供系统函数用于获取目录占用的空间。

这个功能对站长来说非常重要。因为通常一个网站对应一个目录，为了掌握网站空间的使用情况，就必须获取目录的总容量大小。

由于没有系统函数可以使用，这里我们创建了一个自定义的 PHP 函数来完成这个任务。具体步骤如下：

01 首先创建一个 PHP 页面，再创建一个名为 getDirSize() 的自定义函数实现统计目录的大小。具体实现代码如下：

```
<?php
// 计算目录大小的函数
function getDirSize($dir)
{
    // 打开文件
    $handle = opendir($dir);
    // 读取目录中的每个文件
    while (false!==($FolderOrFile = readdir($handle)))
    {
        // 过滤掉某些未知的文件
        if($FolderOrFile != "." && $FolderOrFile != "..")
        {
            // 确定文件大小并进行合并
            if(is_dir("$dir/$FolderOrFile")) {
                $sizeResult += getDirSize("$dir/$FolderOrFile");
            } else {
                $sizeResult += filesize("$dir/$FolderOrFile");
            }
        }
    }
    // 关闭文件目录
    closedir($handle);
    // 返回目录大小
    return $sizeResult;
}
?>
```

从上述代码中可以看到，getDirSize() 函数的实现并不复杂，而且都给出了注释，其中用到的大多数函数也在本章前面都有介绍，这里就不再赘述。

02 由于 PHP 的内置函数返回的都是以字节为单位的。这里为了方便以正常的容量单位显示，需要在页面中添加前面介绍的 formatFreeSpace() 函数。

03 有了这两个函数作为基础，用于获取目录大小的功能就可以实现了。接下来编写代码调用函数进行测试，具体如下：

```
<?php
$mydir="D:/PHPROOT/htdocs";                          // 要获取的目录
$size_zip=getDirSize($mydir);                        // 计算出目录大小
$size_zip=formatFreeSpace($size_zip);                // 转换单位
echo $mydir." 目录的大小为：".$size_zip;              // 输出结果
$mydir="D:/PHPspace";                                // 要获取的目录
$size_zip=getDirSize($mydir);                        // 计算出目录大小
$size_zip=formatFreeSpace($size_zip);                // 转换单位
echo $mydir." 目录的大小为：".$size_zip;              // 输出结果
?>
```

04 保存 PHP 文件并执行，将会输出如下所示的结果：

```
D:/PHPROOT/htdocs 目录的大小为：1.50 MB
D:/PHPspace 目录的大小为：48.02 MB
```

8.10 高手带你做——实现项目的新增和保存

在开始实现之前，我们首先要分析一下需要哪些项目信息，另外，还要考虑这些信息是如何保存到文件的，因为保存格式将直接影响最终读取的难易性。

最终确定，在项目中包含 4 项，分别是项目名称、项目地址、负责人和联系电话。由于要保存的选项不多，采用在文件中一行存储一条项目的方式，多个选项之间使用特殊符号“|”进行分隔。

【例 8-26】

经过以上的分析，对案例实现思路就更加清晰了，接下来赶紧来实现吧。

01 首先在站点的 doc 目录下创建一个名为 p_data.txt 的文件，它将作为保存项目信息的文件。

02 在 doc 同级目录下创建一个名为 projects_index.html 的文件作为新增项目的页面。

03 在页面的合适位置添加一个 form 表单，并添加新增项目时的名称、地址、负责人和联系电话的输入框。这部分代码如下：

```
<form class="form-horizontal" action="projects_list.php"  method="POST">
<div class="xy_c3a_txt">
    <div class="form-group">
      <label class="col-sm-2 control-label"> 项目名称 </label>
      <div class="col-sm-10">
        <input type="text" class="form-control" name="p_name">
      </div>
    </div>
    <div class="form-group">
      <label  class="col-sm-2 control-label"> 项目地址 </label>
      <div class="col-sm-10">
        <input type="text" class="form-control" name="p_address">
      </div>
    </div>
    <div class="form-group">
      <label  class="col-sm-2 control-label"> 项目负责人 </label>
      <div class="col-sm-10">
        <input type="text" class="form-control" name="p_person">
      </div>
    </div>
    <div class="form-group">
```

```
          <label  class="col-sm-2 control-label"> 负责人电话 </label>
          <div class="col-sm-10">
            <input type="text" class="form-control" name="p_phone">
          </div>
        </div>
    </div>
    <div class="xy_c3a_btn">
      <button type="button" class="btn btn-default active" > 取消 </button>
      <button type="submit" name="submit" class="btn btn-info active"> 确认 </button>
    </div>
    </form>
```

04 如上述代码所示，留言表单将以 POST 方式提交到 projects_list.php。此时在浏览器中运行 projects_index.html，发表留言页面的运行效果如图 8-11 所示。

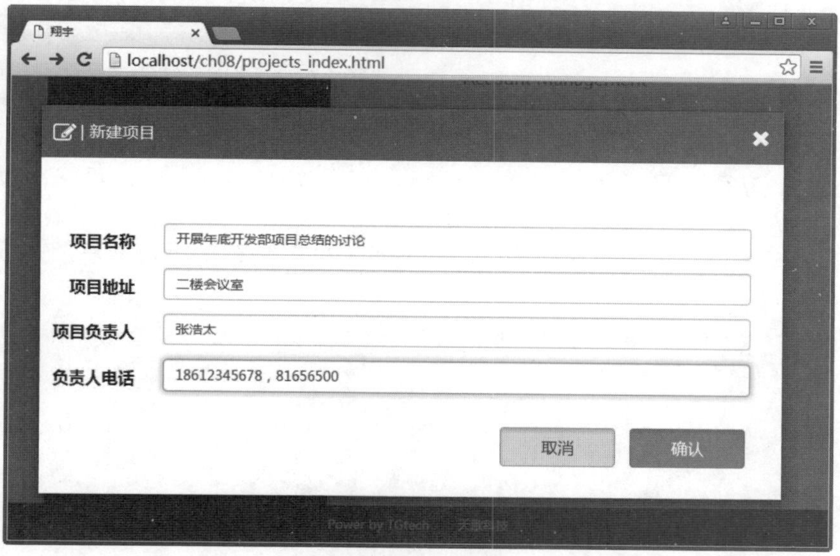

图 8-11　发表留言页面

05 接下来创建接收项目信息的 projects_list.php 文件，然后在页面顶部添加如下代码，实现将项目信息按格式写入 doc/p_data.txt 中：

```
<?php
if(isset($_POST['submit']))                    // 判断是否单击 " 提交 " 按钮
{
  $filename="doc/p_data.txt";                   // 指定留言本的文件名称

  $fp=fopen($filename,'at');                    // 打开文件
  if(!$fp)                      // 判断是否打开成功
  {
    echo " 保存失败，文件不存在或无权限！ ";
```

```
    }
    else
    {
      $p_name=$_POST["p_name"];                    // 获取项目名称
      $p_address=$_POST["p_address"];              // 获取项目地址
      $p_person=$_POST["p_person"];                // 获取项目负责人
      $p_phone=$_POST["p_phone"];                  // 获取联系电话
      // 对信息按 "|" 进行合并
      $message=$p_name." | ".$p_address." | ".$p_person." | ".$p_phone." | ".time()."\n";
      if(!fwrite($fp,$message))                    // 写入内容
        echo "<script>alert(' 项目信息是空的。');</script>" ;
      else
        echo "<script>alert(' 项目信息保存成功！ ');</script>";  // 写入成功
    }
    fclose($fp);                                   // 关闭文件
  }
  ?>
```

在上述代码中，首先判断用户是否单击“提交”按钮，如果是再继续往下处理。接下来完成了打开文件、获取项目信息、组织项目信息、写入项目信息、弹出提示，以及最后的关闭文件一系列的流程。

06 在页面的合适位置编写代码读取 doc/p_data.txt 文件中的留言信息，并显示到页面。具体实现代码如下：

```
    <table width="100%">
      <tr>
        <th> 项目名称 </th>
        <th> 项目地址 </th>
        <th> 负责人 </th>
        <th> 联系电话 </th>
        <th> 创建时间 </th>
      </tr>
      <?php
       $filename="doc/p_data.txt";          // 指定文件
       $fp = fopen($filename,"r");          // 打开文件
       while ($ary = fgetcsv($fp, 1024, "|")) // 逐行读取文件内容，按 "|" 符号分隔一行中的内容
        {
      ?>
      <tr>
        <td><?php echo $ary[0];?></td>
        <td><?php echo $ary[1];?></td>
        <td><?php echo $ary[2];?></td>
        <td><?php echo $ary[3];?></td>
```

```
        <td><?php echo date('Y-m-d H:i:s',$ary[4]);?></td>
      </tr>
      <?php }
        fclose($fp);              //关闭文件
      ?>
    </table>
```

07 保存 projects_list.php 文件。然后从 projects_index.html 中运行，输入项目内容后单击“提交”按钮，此时进入 projects_list.php 页面。如果成功，则弹出提示对话框，并显示项目信息，如图 8-12 所示。

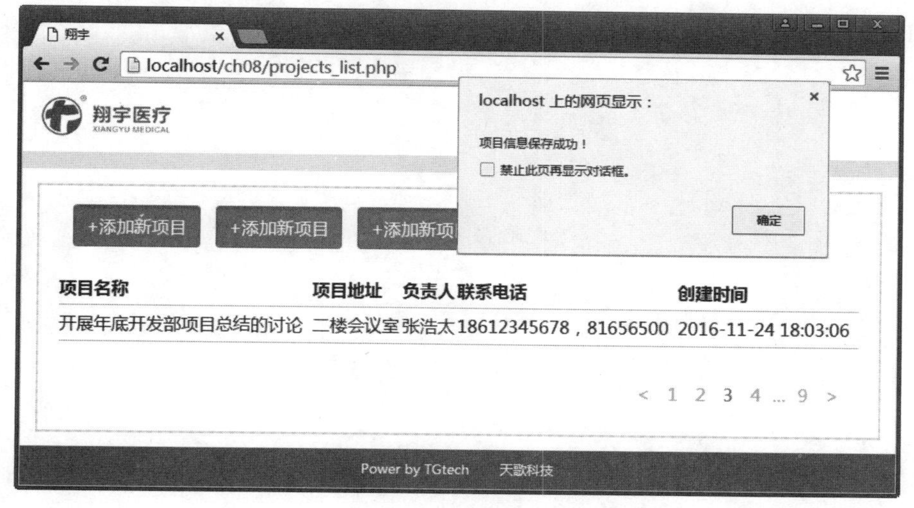

图 8-12　查看项目信息

8.11　成长任务

成长任务 1：操作文件

读者需要利用本章介绍的知识，将获奖的用户名字写入到 D:/oper 目录下的 Winning.txt 文件中。文本信息如下：

一等奖：李一飞

二等奖：陈风、王越希

三等奖：张瑶、韩梅梅、许海霞

向 Winning.txt 文件中写入内容成功后，再进行以下操作。

(1) 将 D:/oper 目录下 Winning.txt 文件的内容复制到 E 磁盘根目录下的 Winning.txt 文件中。

(2) 删除 D:/oper 目录下的 Winning.txt 文件。

(3) 读取 E 磁盘根目录下的 Winning.txt 文件的内容，并将内容输出。

成长任务 2：操作文件和目录

根据本章所学习的 PHP 对文件和目录操作的知识，完成如下练习。

(1) 在网站根目录下新建 document/doc 目录。

(2) 将成长任务 1 的 Winning.txt 复制到 doc 目录下。

(3) 将 Winning.txt 重命名为 test.txt。

(4) 向 test.txt 文件的末尾追加一行，并输出写入的字节数。

(5) 使用按行读取函数输出 test.txt 文件的内容。

(6) 显示 test.txt 文件的大小、创建时间和上次修改时间。

第 9 章

获取页面数据

PHP 与 Web 页面的交互是学习 PHP 开发网站的基础。而在本章之前已经学习了 PHP 语言的基础，如类和对象编程、使用数组和字符串以及操作文件等。

从本章开始，将向读者详细介绍 PHP 开发动态网站的知识。首先讲解如何制作和获取 HTML 表单，这也是实际开发时的必备基础；然后讲解通过 URL 传递参数的方法，以及文件上传和下载。本章最后将简单地介绍 PHP 身份验证的几种方式。

本章学习要点

◎ 掌握 HTML 表单的组成元素
◎ 掌握复选框和单选框的创建
◎ 掌握 GET 和 POST 获取表单元素值的方法
◎ 熟悉遍历表单和动态生成表单的方法
◎ 掌握检测表单提交路径的方法
◎ 了解表单过期的处理方式
◎ 掌握 URL 的编码和解码操作
◎ 掌握如何获取表单中文件的信息和保存文件
◎ 掌握文件下载的实现
◎ 熟悉 HTTP 身份验证和 PHP 身份验证

扫一扫，下载
本章视频文件

9.1 认识 HTML 表单

表单在网页中主要负责数据采集功能。一个表单有三个基本组成部分：表单标记(又称标签)、表单域和表单按钮。

表单标记包含处理表单数据所用程序的 URL 以及数据提交到服务器的方法。表单域包含让用户选择和输入的区域，如文本框、密码框和复选框等。表单按钮一般用于将数据提交到服务器进行处理，包括提交按钮、复位按钮和一般按钮。

- **表单标记** 包含了处理表单数据所用 CGI 程序的 URL 以及数据提交到服务器的方法。
- **表单域** 包含了文本框、密码框、隐藏域、多行文本框、复选框、单选按钮、下拉选择框和文件上传框等。
- **表单按钮** 包括提交按钮、重置按钮和一般按钮；用于将数据传送到服务器上的 CGI 脚本或者取消输入，还可以用表单按钮来控制其他定义了处理脚本的处理工作。

如图 9-1 所示的效果使用了上面的大部分表单元素。例如，使用 input 定义表单中的单行输入文本框、输入密码框、单选按钮、复选框、隐藏控件、重置按钮及提交按钮；使用 select 在表单定义下拉菜单和列表框；使用 textarea 在表单中创建多行文本框(文本区域)等。

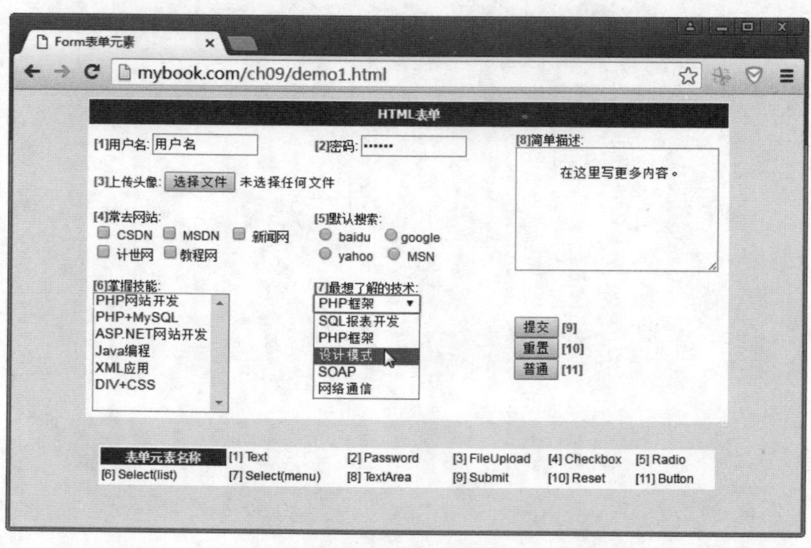

图 9-1 使用 form 表单元素

9.2 制作 HTML 表单

HTML 表单的功能是让浏览者与网站有一个互动的方式。表单主要用来在网页中发送数据到服务器，如提交注册信息时需要使用表单。当用户填写完信息后执行提交 (Submit) 操作，于是将表单中的数据从客户端的浏览器传送到服务器端，经过服务器端 PHP 程序进行处理后，再将用户所需要的信息传递回客户端的浏览器上，从而获得用户信息，使 PHP 与 Web 表单实现交互。

本节主要介绍 HTML 中制作表单的方法，以及各个表单组成元素。

9.2.1　表单的组成元素

掌握表单应用技术的前提是要了解表单元素，包括标签、表单域和表单按钮。一个表单是由多个表单元素组成的，其中常用及较重要的表单元素如表 9-1 所示。

表 9-1　表单元素

表单元素	说　　明
input type="checkbox"	复选框，允许用户选择多个选择项
input type="file"	文件浏览框，当文件上传时，可用来打开一个模式窗口以选择文件
input type="hidden"	隐藏标签，用于在表单中以隐含方式提交变量值
input type="password"	密码文本框，用户在该文本框中输入字符时将被替换显示为 * 号
input type="radio"	单选项（按钮），用于设置一组选择项，用户只能选择一个
input type="reset"	清除与重置表单内容，用户清除表单中所有文本框的内容，而且使选择菜单项恢复到初始值
input type="submit"	表单提交按钮
input type="text"	单行文本框
select	下拉列表框，可单选和多选。默认为单选，如果增加多项选择功能，增加 <select name="select" size=" 自定义列数 " multiple="multiple"> 即可
option	列表下拉菜单，与 select 配合使用，显示供选择的值
textarea	多行文本框，在使用文本框时需要关闭标签之间的文本内容，形成如下格式：<textarea> 文字 </textarea>

多数情况下被用到的表单标签是输入标签 (<input>)。输入类型是由类型属性 (type) 定义的。其中，hidden 标签被称为隐藏或隐含的标签，它不会在用户浏览的页面界面上出现，当用户填写资料表单和跨页之间传值时，可以使用该标签传递一些隐含的值。password 密码文本框用于隐藏密码，用户输入的文本将以 * 显示在文本框中，但是密码并没有加密，只是被 * 替换显示。

下面介绍一下表单的属性，它们在用户表单中约束表单元素的行为或显示，其含义与约束如表 9-2 所示。

表 9-2　表单元素的属性

属性名称	说　　明
name	文本框的名称，PHP 根据该名称，在超级全局数组中建立以 name 为名称的键名
size	文本框的宽度，在 select 下拉菜单中，表示可以看到的选项行数
value	文本框中的默认值，注意，该值不能应用到 type=password 密码文本框，以及 type=file 文件文本框中
multiple	此属性用于下拉列表菜单 select 中，指定该选项用户可以使用 Ctrl 和 Shift 键进行多选
rows	多行文本框显示时可以容纳的字符列数（宽度）
cols	多行文本框显示时可以容纳的字符行数（高度）

除了以上一些必要的属性元素外，还有一些标准属性，如 class、style、id 等，可以参阅 HTML 相关资料做进一步的了解，这里不再赘述。

9.2.2 表单标签

表单标签用于在页面中添加表单及表单成员，需要将表单的成员放在表单标记内部。表单的标记用于申明表单，定义采集数据的范围，即把表单标记内部的数据提交到服务器。表单标记语法如下所示：

```
<form action="url" method="get|post" enctype="mime" target="...">. . .</form>
```

上述代码中，对属性的解释如下所示。

- **action** 指定表单的提交地址，它可以是一个 URL 地址或一个电子邮件地址。
- **method** 指定提交表单的 HTTP 方法。
- **enctype** 指定用来把表单提交给服务器时 (method 值为“post”) 的互联网媒体形式。enctype 属性的默认值是“application/x-www-form-urlencoded”。
- **target** 指定提交结果文档显示的位置。

表单的提交方式有两种，因此 method 属性的可能值有两种：post 和 get。

- **post** 在表单的请求中包含“名称 / 值”对数据，而无须包含于 action 指定的 URL 中。
- **get** 把“名称 / 值”对加在 action 的 URL 后面并且把新的 URL 送至服务器，这是默认值。

target 属性指定提交的结果文档显示的位置，该属性值可以是一个文件的地址，也可以是当前页面，有以下几种形式。

- **_blank** 在一个新的、无名浏览器窗口打开指定的文档。
- **_self** 在指向这个目标元素的相同的框架中打开文档。
- **_parent** 把文档打开在当前框的直接父 frameset 框中；这个值在当前框没有父框时等价于 _self。
- **_top** 把文档打开在原来的最顶部的浏览器窗口中 (因此取消所有其他框架)；这个值在当前框没有父框时等价于 _self。

9.2.3 文本框

文本框是一种可使用户向系统提交输入内容的表单元素，如用户注册或登录系统时，使用文本框向系统提交用户名和密码。文本框通常被用来填写单个字或者简短的回答，如姓名、地址等，代码格式如下所示：

```
<input type="text" name="..." size="..." maxlength="..." value="...">
```

对上述代码中属性的解释如下所示。

- **type 属性** 定义单行文本输入框。
- **name 属性** 定义文本框的名称，要保证数据的准确采集，必须定义一个独一无二的名称。
- **size 属性** 定义文本框的宽度，单位是单个字符宽度。
- **maxlength 属性** 定义最多输入的字符数。
- **value 属性** 定义文本框的初始值。

上述文本框是常用的基本文本框，在 HTML 中还提供了密码文本框，可以在用户输入时将用户的输入数据进行隐藏。密码文本框的代码格式如下所示：

```
<input type="password" name="..." size="..." maxlength="..." value="...">
```

密码文本框的属性与文本框属性一样，只是在页面显示时，隐藏用户输入，如例 9-1 所示。

【例 9-1】

分别在页面的相应位置添加基本文本框和密码文本框，供用户输入用户名和密码，两个文本框的代码如下所示：

```
<div class="xy_login_txt">
  <input type="text" placeholder=" 用户名 ">
</div>
<div class="xy_login_txt bg2">
  <input type=" password " placeholder=" 密码 ">
</div>
```

上述代码的页面效果如图 9-2 所示。

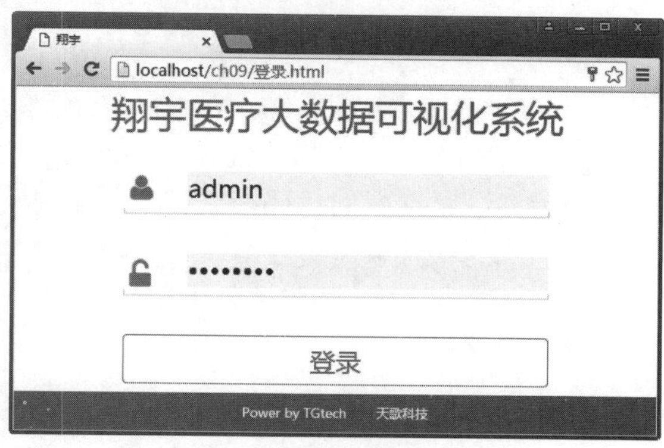

图 9-2 使用文本框和密码框

9.2.4 多行文本框

多行文本框支持文本的多行输入，可用于新闻内容输入、商品信息输入等篇幅较长的文本输入。多行文本框的代码格式如下所示：

```
<textarea name="..." cols="..." rows="..." wrap="virtual"></textarea>
```

上述代码中，对属性的解释如下所示。

- **name 属性** 定义多行文本框的名称，要保证数据的准确采集，必须定义一个独一无二的名称。
- **cols 属性** 定义多行文本框的宽度，单位是单个字符宽度。
- **rows 属性** 定义多行文本框的高度，单位是单个字符高度。
- **wrap 属性** 定义输入内容大于文本域时显示的方式。

wrap 属性定义文本显示的方式，有以下几种可选值。

- **省略该属性** 默认值是文本自动换行；当输入内容超过文本域的右边界时会自动转到下一行，而数据在被提交处理时自动换行的地方不会有换行符出现。
- **Off** 用来避免文本换行，当输入的内容超过文本域右边界时，文本将向左滚动，必须用 Return 才能将插入点移到下一行。
- **Virtual** 允许文本自动换行。
- **Physical** 让文本换行，当数据被提交处理时换行符也将被一起提交处理。

9.2.5 隐藏域

隐藏域通常用于收集表单数据，在页面中是不可见元素。当表单被提交时，隐藏域就会将信息用设置时定义的名称和值发送到服务器上。隐藏域的代码格式如下所示：

```
<input type="hidden" name="..." value="...">
```

隐藏域通常与表单提交相结合，隐藏域中的数据不需要在页面中显示，但是需要提交给服务器，因此需要使用表单提交的方式，根据隐藏域的名称 (name 属性值) 获取隐藏域的 value 属性值，提交给服务器。

例如，下面的代码生成一个表示商品编号的隐藏域，该域的值是 1：

```
<input type="hidden" name="product_id" value="1">
```

9.2.6 复选框

复选框允许在待选项中选择多个选项，每个复选框都是一个独立的元素，但必须有一个一致的名称。复选框的代码格式如下所示：

```
<input type="checkbox" name="..." value="...">
```

【例 9-2】

在页面的相应位置定义一个权限多选框，添加 4 个操作权限，代码如下所示：

```
<label for="inputPassword3" class="col-sm-2 control-label"> 操作权限 </label>
<div class="col-sm-10">
  <input type="checkbox" id="chk1" name="op" value="1"><label for="chk1"> 编辑 </label>
  <input type="checkbox" id="chk1" name="op" value="2"><label for="chk2"> 重建 </label>
  <input type="checkbox" id="chk1" name="op" value="3"><label for="chk3"> 删除 </label>
  <input type="checkbox" id="chk1" name="op" value="4"><label for="chk4"> 禁用 </label>
</div>
```

上述代码在页面中的显示效果如图 9-3 所示，图中共选择了 1 个权限。

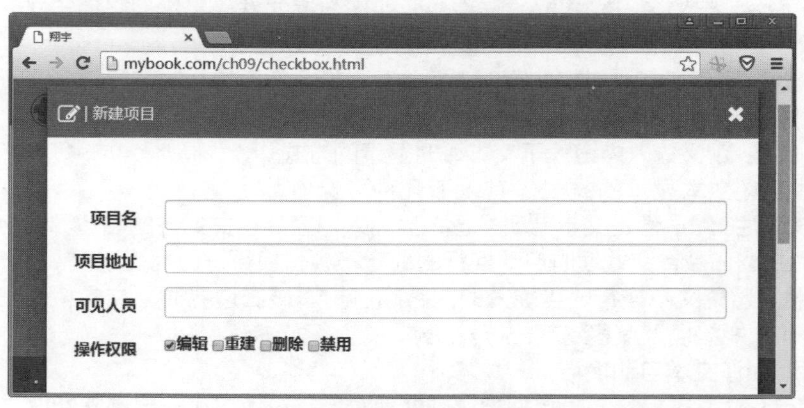

图 9-3 复选框

例 9-2 中的代码，在每添加一个复选框后需要添加文字注释，如 value 值为 1 的复选框后面添加了【编辑】文本，该文本是对复选框的解释，是显示在页面中的；value 属性值并不显示在页面中，而是在用户选择后，判断用户所选取的选项时使用。

9.2.7 单选按钮

单选按钮同样是列举多个选项供选择，但单选按钮所提供的选项是互斥的，只能够选择一项。如用户填写信息时选择的性别选项，即为两个互斥的选项，只能够选择一个。单选按钮的代码格式如下所示：

```
<input type="radio" name="..." value="...">
```

与复选框的用法类似，单选按钮有着与复选框相同的属性设置和用法，互斥的单选按钮需要使用相同的 name 属性值。

【例 9-3】

现有 4 种不同类型的项目，在创建项目时只能选择其中 1 个选项。在页面的相应位置使用单选按钮的代码如下所示：

```
<label for="inputPassword3" class="col-sm-2 control-label"> 类型 </label>
<div class="col-sm-10">
  <input type="radio" id="rad1" name="op" value="1"><label for="rad1"> 单向 </label>
  <input type="radio" id="rad2" name="op" value="2"><label for="rad2"> 可循环 </label>
  <input type="radio" id="rad3" name="op" value="3"><label for="rad3"> 随机 </label>
  <input type="radio" id="rad4" name="op" value="4"><label for="rad4"> 其他 </label>
</div>
```

该页面的显示效果如图 9-4 所示。“类型”单选按钮只能够选择一个，当用户选中一个时，另外的同 name 单选按钮自动被设置为未选中状态。

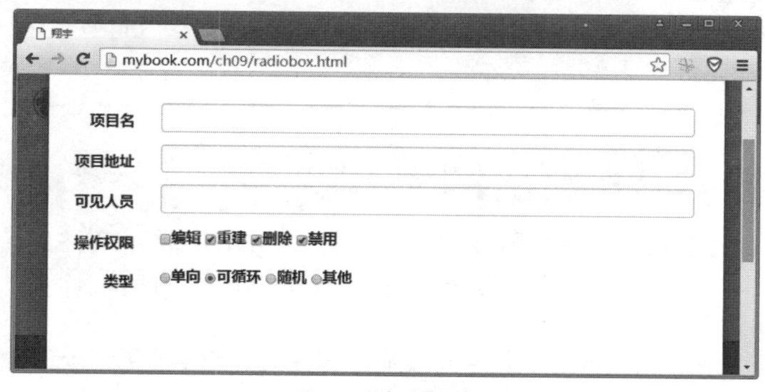

图 9-4　单选按钮

9.2.8　下拉选择框

下拉框、复选框和单选框都有着设置好的选项，只是表现形式和用法不同。当选项较多、比较占用页面空间，而选项中只能选择一个时，可以使用下拉选择框。

下拉选择框的外观与文本框相似，只是在右端多了一个向下的箭头，可将选择框展开，选择需要的选项。下拉选择框允许在一个有限的空间设置多种选项，代码格式如下所示：

```
<select name="..." size="..." multiple>
<option value="..." selected>...</option>
...
</select>
```

上述代码中，对属性的解释如下所示。

- **size 属性**　定义下拉选择框的行数。
- **name 属性**　定义下拉选择框的名称。
- **multiple 属性**　表示可以多选，如果不设置本属性，那么只能单选。
- **value 属性**　定义选择项的值。
- **selected 属性**　表示默认已经选择本选项。

【例 9-4】

添加一个图书类型下拉框，包含小说、财经、医药、计算机等选项，页面代码如下所示：

```
<select name="type">
    <option value=" 未选择 " selected> 请选择图书类型 </option>
    <option value=" 小说 "> 小说 </option>
    <option value=" 财经 "> 财经 </option>
    <option value=" 医药 "> 医药 </option>
    <option value=" 计算机 "> 计算机 </option>
    <option value=" 汽车 "> 汽车 </option>
</select>
```

提示

对复选框、单选按钮和下列选择框中用户选项值的获取，均需要涉及数据的提交，将在 9.3 节“获取表单数据”中介绍。

9.2.9　文件上传框

文件的上传和下载也是页面中的常用功能，文件上传框与文本框显示的形态类似，但比文本框多了一个浏览按钮。访问者可以通过浏览选择需要上传的文件。文件上传框的使用需要注意以下几点：

- 在使用文件上传框以前，要先确定服务器是否允许匿名上传文件。
- 表单标签中必须设置 ENCTYPE="multipart/form-data" 来确保文件被正确编码。
- 表单的传送方式必须设置成 POST。

文件上传框的代码格式如下所示：

```
<input type="file" name="..." size="15" maxlength="100">
```

对上述代码中属性解释如下。

- **type 属性**　定义文件上传框。
- **name 属性**　定义文件上传框的名称，要保证数据的准确采集，必须定义一个独一无二的名称。
- **size 属性**　定义文件上传框的宽度，单位是单个字符宽度。
- **maxlength 属性**　定义最多输入的字符数。

9.2.10　表单按钮

表单元素中提供有多种按钮，实现不同的功能。表单按钮之间的不同，相当于文本框之间的不同。表单按钮能够在用户单击时执行对应的操作，但不同按钮所引发事件的条件和执行效果不同。常用的表单按钮有提交按钮、重置按钮和一般按钮，如下所示。

1. 提交按钮

提交按钮用来将输入的信息提交到服务器。提交按钮的代码格式如下所示：

```
<input type="submit" name="..." value="...">
```

上述代码中，对属性的解释如下所示。

- **type** 定义提交按钮。
- **name 属性** 定义提交按钮的名称。
- **value 属性** 定义按钮的显示文字。

2. 重置按钮

重置按钮用来重置表单。该按钮用于将页面中的数据清空，如将用户注册页面中用户已经填写的用户名、密码等信息清空。重置按钮的代码格式如下所示：

```
<input type="reset" name="..." value="...">
```

上述代码中，对属性的解释如下所示。

- **type** 定义重置按钮。
- **name 属性** 定义重置按钮的名称。
- **value 属性** 定义按钮的显示文字。

提示

重置按钮不需要添加事件脚本，在单击后能够将其所在表单的所有数据重置。

3. 一般按钮

一般按钮所引发的事件需要由用户自定义脚本，该按钮控制脚本的处理，其代码格式如下所示：

```
<input type="button" name="..." value="..." onClick="...">
```

上述代码中，对属性的解释如下所示。

- **type** 定义一般按钮。
- **name 属性** 定义一般按钮的名称。
- **value 属性** 定义按钮的显示文字。
- **onClick 属性** 通过指定脚本函数来定义按钮的行为。

一般按钮能够根据自定义的脚本控制按钮的行为，可使用 JavaScript 脚本。如添加一个按钮，使其在单击后弹出对话框，内容为“it is a button”，代码如下：

```
<input type="button" name="show" value=" 显示 " onClick="javascript:alert('it is a button')">
```

注意

一般按钮的 onClick 属性只能够响应 JavaScript 脚本或 JavaScript 函数，与 PHP 无关。除非使用 JavaScript 脚本将信息提交给 PHP 服务器。

9.3 获取表单数据

表单是 Web 应用中最常用的功能，由文本输入框、下拉菜单、复选框和按钮等元素组成。表单用于用户输入和提交信息，常见的有注册用户、发表留言、添加商品等交互功能，表单填写完毕后提交给服务器端的 PHP 处理。本节将详细介绍如何在 PHP 中获取由表单提交的数据。

9.3.1 设置表单提交方式

HTML 表单 (form) 有两种提交方式：GET 和 POST，采用哪种方式提交表单数据由 form 元素的 method 属性值决定。这两种方式在数据传输过程中分别对应 HTTP 协议的 GET 和 POST 方法。

1. GET 方式

GET 是表单的默认提交方法，使用浏览器地址栏来传递数据。例如，如下所示是在百度和 Google 上搜索 hello 关键字后转到的 URL 地址：

```
http://www.baidu.com/s?wd=hello&rsv_bp=0&rsv_spt=3&rsv_n=2&inputT=944
https://www.google.com.hk/search?source=ig&hl=zh-CN&rlz=1G1GGLQ&q=hello&btnG=Google+%E6%90%
9C%E7%B4%A2
```

可以看到，地址中间问号之后的字符串，例如“wd=hello”、“q=hello”、“btnG=Google+%E6%90%9C%E7%B4%A2”等，这些称为参数，使用的是“参数名 = 参数值”的形式，多个参数之间使用“&”分隔。在问号之前的是接收参数的 URL 地址。整行的作用是将问号后面的各个值传递到前面的 URL 地址进行处理，该地址由表单的 action 属性指定。

下面的代码创建一个使用 GET 方式向 server.php 提交的表单：

```
<form action="server.php" method="get" id="userform">
</form>
```

提交之后，将会看到类似如下的 URL 地址：

```
Server.php?k=hello&n=bbs&type=diary&charset=utf-8&type=diary
```

提示

对于 GET 方式提交的数据，可以由 PHP 中的 $_GET 数组进行接收，将在 9.3.2 小节介绍。

GET 方式的优点是方便直观、通过表单输入或者网页超链接就可以实现。缺点就是不安全，因为在传输的过程中，数据被放在请求的 URL 中，这样就可能会有一些隐私的信息被第三方看到。用户也可以在浏览器中直接输入 URL 提交数据。而且，受 URL 长度的限制，GET 方式能传输的数据也比较小。

另外，当 GET 方式中传递的字符串中含有汉字或者其他非 ASCII 字符时，需要额外的编码转换。

2. POST 方式

使用 POST 方式提交时，数据将随着页面请求的 HTTP 数据包一起发送，因为不会在 URL 地址栏上体现，因此用户只会看到提交后的地址，而不会看到其他数据。

下面的代码创建一个使用 POST 方式向 server.php 提交的表单：

```
<form action="server.php" method="post" id="userform">
</form>
```

提示

对于 POST 方式提交的数据，可以由 PHP 中的 $_POST 数组进行接收，将在 9.3.3 小节介绍。

当用 POST 方法提交数据时，整个过程是不透明的。这是因为数据会附加到 HTTP 协议的 header 信息中，用户也不能随意修改。这一点对于网站来说，安全性要比 GET 强，而且也可以发送大体积的数据。

因为 POST 是随 HTTP 的 header 信息一起发送，因此一旦 POST 表单提交之后，如果用户使用浏览器的“后退”按钮，浏览器不会重新提交 POST 数据。但是，如果此时单击“刷新”按钮，将会有“数据已经过期，是否重新提交表单”的提示，这一点没有 GET 方便。在 GET 提交时，无论用户使用后退还是刷新功能，浏览器的 URL 地址仍然存在。

POST 与 GET 的另一个不同点是，若对 GET 方式提交后的页面使用收藏夹，下次再访问的时候会直接进入这个页面。而如果是收藏 POST 方式提交后的页面，再次访问时可能没有任何数据，因为缺少提交值。这也是为什么搜索引擎网站使用 GET 方式处理关键字的原因。

9.3.2　获取 GET 提交的数据

对于 GET 方式提交的表单，在 PHP 页面使用 $_GET 变量可以提交的数据。$_GET 变量其实是一个数组，用于获取来自 method="get" 的表单中的值，也可以获取在 URL 地址中问号后面的参数值。

【例 9-5】

下面通过一个简单的示例，演示如何直接从 URL 地址栏中获取数据。假设在一个 PHP 页面中有如下代码：

```
<?php
 $start=$_GET["start"];                    // 获取 URL 地址栏中参数名称为 start 的值
 $end=$_GET["end"];                        // 获取 URL 地址栏中参数名称为 end 的值
 echo " 查询条件：从 <b>".$start."</b> 到 <b>".$end."</b> 的数据 ";
?>
```

将页面保存为 admin.php。然后在浏览器中运行并在 URL 中使用如下形式指定参数值：

```
admin.php?start= 值 1&end= 值 2
```

例如，这里使用的是“admin.php?start=100&end=1000”，运行之后将看到如图 9-5 所示的效果。

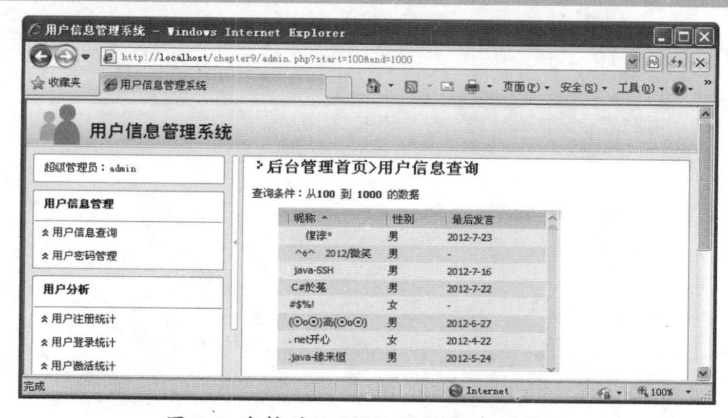

图 9-5　直接获取 URL 地址栏中的数据

在 PHP 中，$_GET 是一个关联数组，它会自动包含在 URL 中问号后面查询字符串中的所有值。因此在查询字符串中传递变量名称就可以访问，例如本示例中的 $_GET["start"] 获取了 start 参数的值。

通过本例可以看到，PHP 的使用非常简单，只用一行代码就可以获取 URL 中的参数。但是上面的示例有一个安全隐患。例如使用如下地址进行提交：

```
admin.php?start=<h1>hello</h1>&end=<h1>PHP</h1>
```

这里为 start 参数和 end 参数指定的均是 HTML 代码，再次运行后将会看到这两个参数值作为 HTML 代码显示，如图 9-6 所示。这是因为在使用 $_GET["start"] 获取到"<h1>hello</h1>"字符串之后并没有进行任何处理，而是直接显示。如果恶意用户使用复杂的代码，可能会窃取有关信息，或者造成其他安全问题。

解决的办法很简单，就是将获取的值作为纯文本处理，然后再显示。在 PHP 中调用 htmlspecialchars() 函数即可转义其中的恶意标记。例如，使用如下代码进行替换后，再次运行，将看到图 9-7 所示的效果：

```
$start=htmlspecialchars($_GET["start"]);
$end=htmlspecialchars($_GET["end"]);
```

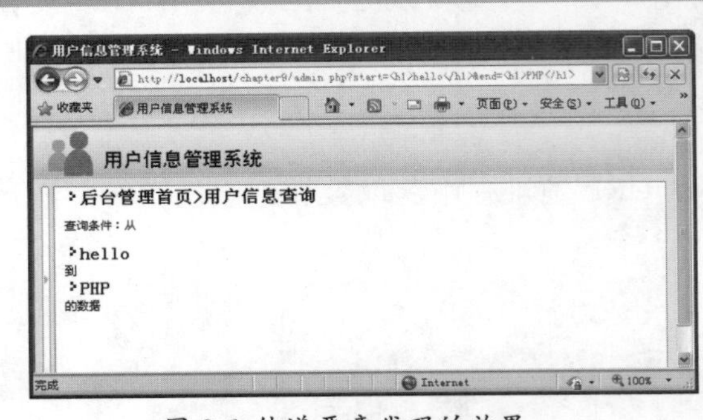

图 9-6 传递恶意代码的效果

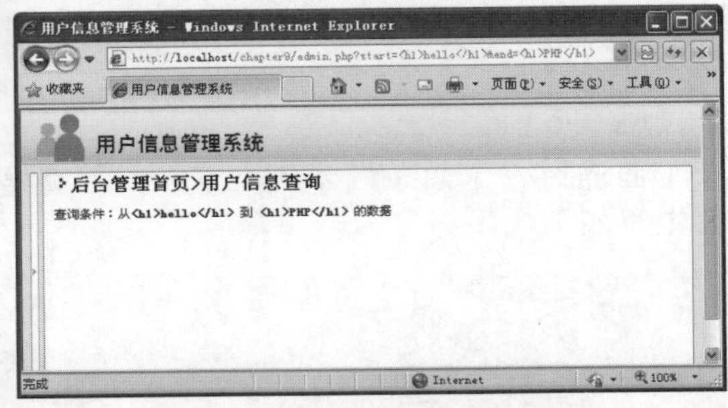

图 9-7 处理恶意代码后的效果

【例 9-6】

以 9.2.3 小节的用户登录表单为例，使用 GET 方式获取用户输入的登录信息。具体步骤如下。

01 新建一个 PHP 页面，保存为 get_form.php。

02 使用 form 在页面中制作登录表单，包括用户名和密码。代码如下所示：

```
<h1> 翔宇医疗大数据可视化系统 </h1>
<form action="main.php" method="get" >
<div class="xy_login_txt">
  <input type="text" name="u_name" placeholder=" 用户名 ">
</div>
<div class="xy_login_txt bg2">
  <input type="password" name="u_pass" placeholder=" 密码 ">
</div>
<div class="xy_login_btn">
  <button type="submit" class="btn btn-block" name="login"> 登录 </button>
</div>
</form>
```

form 标记的 action 属性指定表单提交地址为 main.php，method 属性指定表单使用 get 方式提交。

03 创建 main.php 文件，在合适位置编写 PHP 代码，实现使用 $_GET 获取表单中的数据并输出，具体代码如下所示：

```
<?php
if(isset($_GET["login"]))                    //是否单击了 "登录" 按钮
{
  $name=$_GET['u_name'];            //保存姓名
  $pass=$_GET['u_pass'];            //保存密码
  echo(" 用户：".$name." 登录成功，请妥善保存密码：".$pass);          //输出登录信息
}
?>
```

由于“登录”按钮的 name 属性是 login，所以上述代码通过判断 $_GET 数组中是否有 login 来检测用户是否单击了“登录”按钮。

04 在浏览器中输入 get_form.php 进入登录页面，如图 9-8 所示。输入用户名和密码后单击“登录”按钮，效果如图 9-9 所示。

图 9-8　登录页面

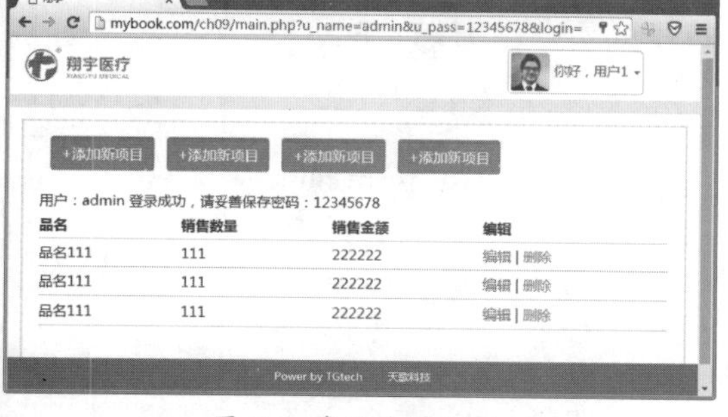

图 9-9　登录后的页面

在图 9-9 所示浏览器的地址栏中会看到传递的参数信息，如下所示：

```
http://mybook.com/ch09/main.php?u_name=admin&u_pass=12345678&login=
```

由此信息可以看到，使用 GET 方式提交表单中的数据时，URL 和表单元素之间用“?”隔开，而多个表单元素之间用“&”隔开，每个表单元素的格式都是“name=value”。

9.3.3　获取 POST 提交的数据

与 GET 方式相比，POST 方式提交最明显的区别就是提交后的 URL 地址非常简洁，这是因为 POST 数据是随 HTTP 请求一起发送的，因此不会在 URL 地址栏中看到。

对于 POST 方式提交的表单，在 PHP 中可以通过 $_POST 变量来获取，它也是一个数组。其中的每个键对应表单中的一个元素。例如，表单中包含一个 name 为“username”的文本输入框，在使用 POST 方式提交数据后，PHP 可以使用 $_POST["username"] 获取用户输入的值。

【例 9-7】

下面以 9.2.3 节的登录表单为例，这里使用 POST 方式进行提交，实现相同的功能。

01 将 get_form.php 另存为 post_form.php。

02 在 post_form.php 中将表单设置为 POST 提交，修改后的代码如下：

```
<form action="post_main.php" method="POST" >
```

03 然后修改原来使用 $_GET 方式获取数据的代码，改为以 $_POST 进行接收，修改后的代码如下所示：

```
<?php
if(isset($_POST["login"]))                    //是否单击了 " 登录 " 按钮
{
   $name=$_POST['u_name'];              //保存姓名
   $pass=$_POST['u_pass'];             //保存密码
   echo(" 用户：".$name." 登录成功，请妥善保存密码：".$pass);         //输出登录信息
}
?>
```

从上述代码中可以看出，$_POST 也是一个数组，用于收集来自 method="post" 的表单中的值，由 HTTP POST 方式发送的变量名称和值组成。

04 运行 post_form.php 页面，会发现表单与 GET 方式相同。输入内容之后单击“登录”按钮，同样可以看到登录结果，如图 9-10 所示，但是浏览器的 URL 不会发生变化。

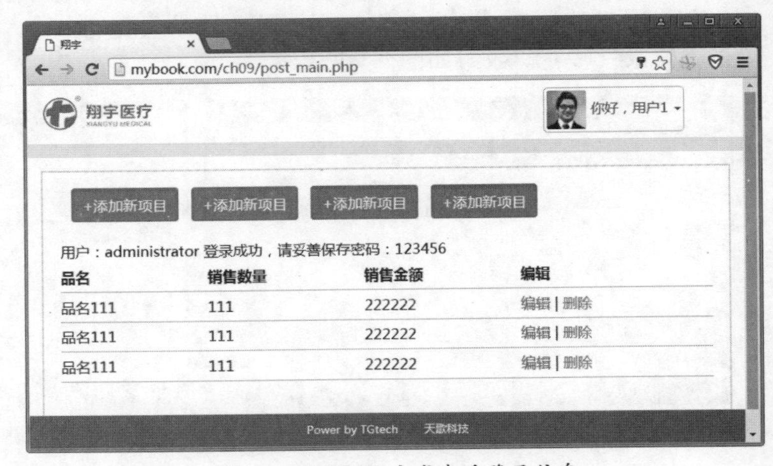

图 9-10 以 POST 方式查看登录信息

9.4 表单的常见操作

通过上节的学习，我们了解了表单以两种方式提交的区别以及如何获取提交的数据。本节将介绍网站开发时经常用到的一些表单操作及处理方式。

9.4.1 遍历表单

无论表单使用 POST 还是 GET 方式进行提交，在 PHP 中都是通过数组获取的。因此，我们可以使用 foreach 语句遍历数组中的所有元素，从而输出表单中元素的键和值。

具体的方法也很简单，首先确定要遍历的表单是以 POST 还是 GET 提交。例如，这里的表单代码如下：

```
<form action="forEachForm.php" method="POST">
<!-- 此处省略表单元素的代码 -->
<input type="submit" name="submit" id="button" value=" 提交 " />
</form>
```

如果要遍历上面的表单，应该使用 $_POST 数组，具体代码如下所示：

```
<?php
if(isset($_POST["submit"]))                                    // 判断是否单击 " 提交 " 按钮
{
?>
    <table cellpadding="5" cellspacing="1">
     <tr height="20">
      <th colspan="2"> 表单中变量的值 </th>
     </tr>
   <?php  foreach($_POST as $name => $value){                  // 遍历 $_POST 数组        ?>
     <tr>
      <td width="174" class="first"><?php echo " 键名：  ".$name; ?></td>
      <td width="437" align="left"><?php
             if(is_array($value)) {                                           // 输出元素的值
                    echo " 数组值为：  ";print_r($value);
             }
             else{
                    echo " 值为：  ". $value;
             }?></td>
     </tr>
     <?php } ?>
   </table>
<?php } ?>
```

在第一次运行时，由于未提交，$_POST 数组为空，所以不会有任何输出。当在表单中单击“提交”按钮之后，$_POST 数组中会有一个名为 submit 的键，此时会执行 if 中的语句。

如图 9-11 所示为使用上述代码遍历 9.2.3 节表单的运行效果。

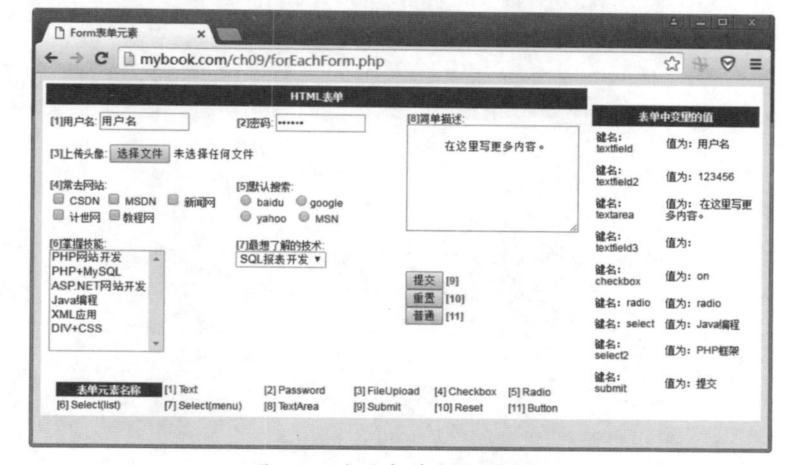

图 9-11 遍历表单变量的效果

9.4.2 获取表单中的多值

从上节的遍历结果中可以看到，有的键对应的是单值，有的键值则是一个数组。这是因为，在表单中包含的元素类型有很多种，有一些输入项需要具有一个名称（如单选按钮），而也有一些具有多个名称（如复选按钮），而其他的元素则具有唯一名称。

【例 9-8】

制作一个包含单选和多选的表单，将表单使用 POST 方式进行提交。然后在页面上显示表单的提交结果。具体步骤如下。

01 创建一个名为 case.php 的文件作为显示页面。

02 在页面的合适位置使用表单元素制作一个新建项目表单，本示例中使用的代码如下所示：

```
<form class="form-horizontal" method="post" action="case_post.php">
<div class="xy_c3a_txt">
    <div class="form-group">
      <label for="inputEmail3" class="col-sm-2 control-label"> 项目名 </label>
      <div class="col-sm-10">
        <input type="text" class="form-control" name="p_name" >
      </div>
    </div>
    <div class="form-group">
      <label for="inputPassword3" class="col-sm-2 control-label"> 项目地址 </label>
      <div class="col-sm-10">
        <input type="text" class="form-control" name="p_address">
      </div>
    </div>
    <div class="form-group">
      <label for="inputPassword3" class="col-sm-2 control-label"> 可见人员 </label>
      <div class="col-sm-10">
        <input type="text" class="form-control" name="p_person">
      </div>
    </div>
    <div class="form-group">
      <label for="inputPassword3" class="col-sm-2 control-label"> 操作权限 </label>
      <div class="col-sm-10">
  <input type="checkbox" id="chk1" name="op[]" value=" 编辑 "><label for="chk1"> 编辑 </label>
  <input type="checkbox" id="chk2" name="op[]" value=" 重建 "><label for="chk2"> 重建 </label>
  <input type="checkbox" id="chk3" name="op[]" value=" 删除 "><label for="chk3"> 删除 </label>
  <input type="checkbox" id="chk4" name="op[]" value=" 禁用 "><label for="chk4"> 禁用 </label>
      </div>
    </div>
    <div class="form-group">
      <label for="inputPassword3" class="col-sm-2 control-label"> 类型 </label>
```

```
        <div class="col-sm-10">
      <input type="radio" id="rad1" name="type" value=" 单向 "><label for="rad1"> 单向 </label>
      <input type="radio" id="rad2" name="type" value=" 可循环 "><label for="rad2"> 可循环 </label>
      <input type="radio" id="rad3" name="type" value=" 随机 "><label for="rad3"> 随机 </label>
      <input type="radio" id="rad4" name="type" value=" 其他 "><label for="rad4"> 其他 </label>
        </div>
      </div>
</div>
<div class="xy_c3a_btn">
   <button type="button" class="btn btn-default active" > 取消 </button>
   <button type="submit" name="submit" class="btn btn-info active"> 确认 </button>
</div>
</form>
```

如上述代码所示，该表单的 action 为 case_post.php，即提交到该页面进行处理。在项目的操作权限中有多个选项（复选按钮）都具有相同的名称 op[]；而项目的类型中也有多个选项（单选按钮）都具有相同的名称 type。

03 打开 case_post.php 文件，在合适位置编写 PHP 代码，获取用户单击“提交”后的值并输出结果。这部分代码如下所示：

```
<?php
if(isset($_POST["submit"]))                      // 单击 " 提交 " 按钮
{
    $p_name=$_POST['p_name'];                    // 保存项目名称
    $p_address=$_POST['p_address'];              // 保存项目地址
    $p_person=$_POST['p_person'];                // 保存可见人员
    $p_op = $_POST['op'];                        // 保存项目类型
    $p_type = $_POST['type'];                    // 保存操作权限数组
    echo "<table width='100%'">";
    echo "<tr> <th> 项目添加成功！ </th></tr>";
    echo "<tr><td> 项目名称： ".$p_name."</td></tr>";
    echo "<tr><td> 项目地址： ".$p_address."</td></tr>";
    echo "<tr><td> 可见人员： ".$p_person."</td></tr>";
    echo "<tr><td> 项目类型： ".$p_type ."</td></tr>";

    echo "<tr><td> 操作权限： ";
    foreach($p_op as $s) {                       // 遍历操作权限数组
          echo($s."、 ");
      }
    echo "</td></tr>";
    echo "</table>";
}
?>
```

PHP 编程

在新建项目表单中创建了一个复选框，为了让 PHP 识别赋给一个表单变量的多个值，需要把表单中具有多个值的 name 属性命名为带有“[]”的名称。例如，代码中为复选框的命名为“op[]”。这样 PHP 将像处理所有其他数组一样对待所提交的变量。

04 在浏览器中运行 case.php 文件，输入新项目的信息之后，单击“确认”按钮进行表单提交。然后在 case_post.php 页面查看结果，如图 9-12 所示。

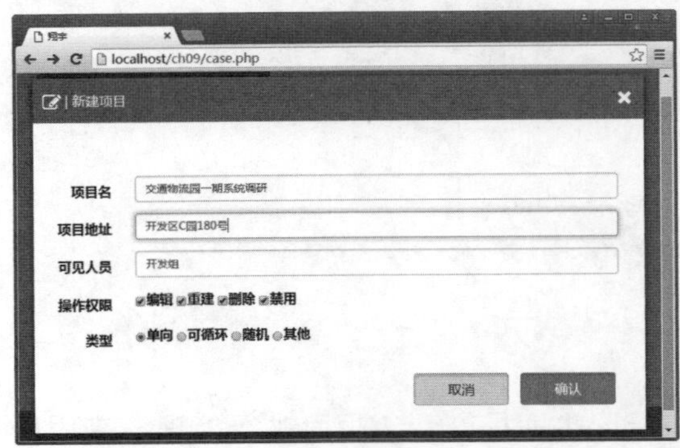

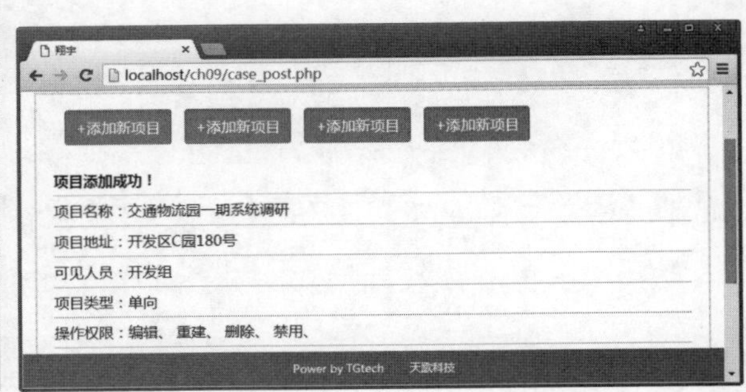

图 9-12 获取项目信息

9.4.3 高手带你做——动态生成表单

在本节前面创建的表单都是静态的，而在一些网站中，需要使用 PHP 根据不同的请求从数据库读取数据来动态生成表单，像随机出题。本节将介绍几种动态生成表单元素的方法。

1. 生成一组单选按钮

单选按钮使用户可以在多个选项中选择一项，类似于单项选择题。一个单选按钮的 HTML 代码如下：

```
<input type="radio" name="name" id="id" value="value" />
```

input 标记的 type 属性设置为 radio，表示一个单选按钮。相同 name 的单选按钮表示一个单选按钮组，其中只能有一个被选中。id 属性用于唯一标识一个单选按钮，value 属性用于指定选中该按钮之后的取值。

例如，下面的代码创建了 4 个单选按钮，它们使用相同的组名 season：

```
<input type="radio" name="season" id="spring" value=" 春 " /> 春
<input type="radio" name="season" id="summer" value=" 夏 " /> 夏
<input type="radio" name="season" id="autumn" value=" 秋 " /> 秋
<input type="radio" name="season" id="winter" value=" 冬 " /> 冬
```

【例 9-9】

对于单选按钮来说，最重要的是 name 属性和 value 属性。为了可以动态地生成它们，这里定义了一个函数 generateRaidoButtons()，实现代码如下：

```
// 动态生成一组单选按钮的函数
function generateRaidoButtons($name,$data=array(),$default=""){
```

```
    $name=htmlentities($name);                                   // 转换名称
    $html="";                                                    // 准备字符串
    foreach ($data as $value=>$label) {                          // 开始遍历
        $value=htmlentities($value);                             // 转换名称
        $html.="<input type=\"radio\"";                          // 生成单选按钮的开始
        if($value==$default) $html.=" checked ";                 // 判断是否选中
        $html.="name=\"$name\" value=\"$value\">";               // 生成名称和值
        $html.=$label."<br/>";                                   // 显示文本
    }
    return $html;
}
```

如上述代码所示，生成函数有 3 个参数：$name 参数用于指定生成单选按钮的名称，$data 参数接收一个关联数组（默认为空数组），$default 参数用来指定哪个单选按钮被选中（默认为空）。在函数体内首先把传递的 $name 进行 HTML 实体转换，然后使用 foreach 语句对 $data 数组进行遍历，在遍历时，根据元素的名称和值生成单选按钮的 HTML 代码，如果某个值与 $default 参数相同，则增加一个“checked”输出，表示默认选中。

下面的代码就调用 generateRaidoButtons() 函数生成一个包含 4 个单选按钮的 HTML：

```
<p>1、下面不是数据库产品的是（）。<br />
  <?php
  // 定义一个要作为单选按钮的数组
  $question=array("A"=>"My DataBase","B"=>"SQL Server","C"=>"Oracle","D"=>"MySQL");
  echo generateRaidoButtons("db",$question,"A");    // 显示单选按钮
  ?> </p>
```

上述代码指定单选按钮的组名为 db，使用的数据来自 $question 数组，第三个参数表示默认选择 A。生成的 HTML 代码如下所示：

```
<input type="radio" checked name="db" value="A">My DataBase<br/>
<input type="radio"name="db" value="B">SQL Server<br/>
<input type="radio"name="db" value="C">Oracle<br/>
<input type="radio"name="db" value="D">MySQL<br/>
```

如图 9-13 所示为最终生成的单选按钮的运行效果。

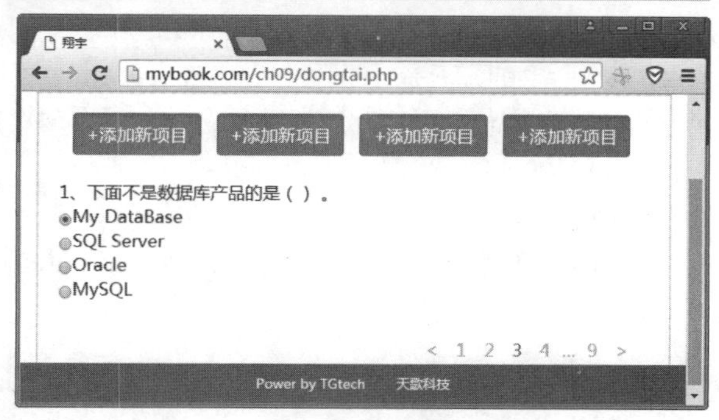

图 9-13　生成的单选按钮的运行效果

2. 生成一组复选框

复选框在表单中适用于可以选择多项的情况。一个复选框的 HTML 代码如下：

```
<input type="checkbox" name="checkbox" id="checkbox">
```

input 标记的 type 属性设置为 checkbox 表示是一个复选框。相同 name 的复选框表示一组，其中至少能有一个被选中。id 属性和 value 属性与其他标记相同。

例如，下面的代码中创建了 4 个复选框，它们使用相同的组名 ball：

```
属于三小球的有 ()。
  <input type="checkbox" name="ball" value="A" /> 乒乓球
  <input type="checkbox" name="ball" value="B" /> 网球
  <input type="checkbox" name="ball" value="C" /> 羽毛球
  <input type="checkbox" name="ball" value="D" /> 高尔夫球
```

根据上面的代码，我们编写一个函数 generateCheckButtons() 动态生成一组复选框，实现代码如下：

```
// 动态生成一组复选框的函数
function generateCheckButtons($name,$data,$default=NULL)
 {
      $html="";
      if(!is_array($default)) $default=array();
      foreach ($data as $value=>$label) {
            $value=htmlentities($value);
            $html.="<input type=\"checkbox\"";
            if(in_array($value,$default)) $html.=" checked ";
            $html.=" name=\"$name\" value=\"$value\">";
            $html.=$label."<br/>";
      }
      return $html;
 }
```

generateCheckButtons() 函数接收三个参数，分别是复选框名称 $name 参数，数据来源数组 $data 参数，默认选项数组 $default 参数 (可省略)。在函数内，首先判断 $default 参数是不是数组，如果不是，则赋一个空的数组，表示没有默认选中项。接下来对 $data 数组进行遍历，每遍历一次，都会生成复选框的 HTML 代码，同时判断如果当前值在 $default 参数中则增加“checked”输出表示选中。

【例 9-10】

例如，下面的代码演示如何调用 generateCheckButtons() 函数生成一个包含 6 个复选框的 HTML：

```
<p>2、公司客户主要分布在 () 。<br />
<?php
```

```
    // 定义数组，其中键名为复选框的值，键值为复选框的文本
    $books=array("ha"=>" 河南省 ","bj"=>" 北京市 ","gb"=>" 广东省 ",
          "cd"=>" 成都市 ","hn"=>" 湖南省 ","sh"=>" 上海市 ");
    // 定义一个要默认选中的数组，这里指定的是数组的键名
    $selected=array("ha","cd");
    // 动态生成并输出
    echo generateCheckButtons("kehu",$books,$selected);
?> </p>
```

运行之后，将看到图 9-14 所示效果，其中默认有两个选项值。通过查看源代码，可以看到上面的函数生成的 HTML 代码，如图 9-15 所示。

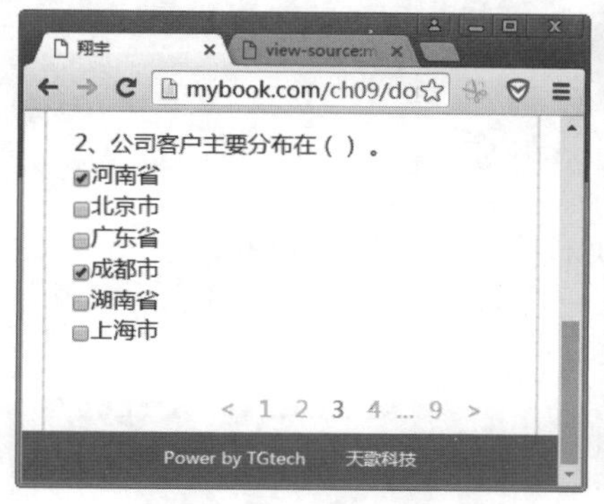

图 9-14　生成复选框效果

图 9-15　查看生成的复选框代码

3. 生成一组下拉列表

下拉列表也称为下拉菜单，使用 select 标记进行定义，在标记中嵌套 option 标记来表示一个列表（菜单）项，其中 value 属性表示选中时的值。使用 selected 标识可以指定默认选中的项。

下面为一个下拉列表的示例代码：

```
<select name="select" id="select">
  <option value="0371"> 郑州 </option>
  <option value="010" selected> 北京 </option>
  <option value="0731"> 长沙 </option>
</select>
```

上述代码运行后会默认选中“北京”。select 标记有一个 multiple 属性，设置为 multiple 时，表示可以在列表中多选。

综合前面的例子，只需要对函数进行部分 HTML 代码的调整，就可以实现自动生成一组下拉菜单。如 generateSelecteMenus() 函数的代码所示：

```
function generateSelecteMenus($name,$data,$default=NULL)
{
      if(!is_array($default)) $default=array();
```

```
    $html="<select name=\"$name\" id='".$name."[]' multiple=\"multiple\">";
    foreach ($data as $value=>$label) {
        $value=htmlentities($value);
        $html.="<option value=\"$value\"";                          // 输出菜单项
        if(in_array($value,$default)) $html.=" selected ";          // 判断是否被选中
        $html.=" name=\"$name\" value=\"$value\">";
        $html.=$label."</option><br/>";
    }
    return $html."</select>";
}
```

可以看到，该函数同样需要三个参数且实现原理也相同，就不再重复。下面是调用代码：

```
$selected=array("ha","cd");                                   // 定义默认选中项
echo generateSelecteMenus("select",$books,$selected);         // 输出
```

运行之后，会看到一个下拉列表，并且 value 是 xyj 和 tlbb 的项被选中，如图 9-16 所示。如果将 generateSelecteMenus() 函数中的 multiple=\"multiple\" 去掉，将会生成下拉菜单，运行效果如图 9-17 所示。

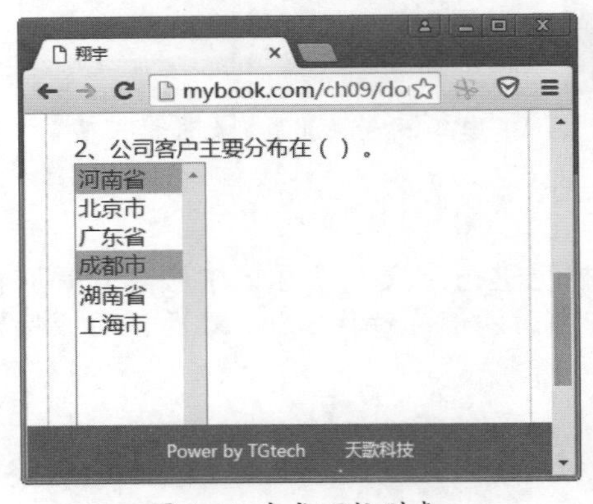

图 9-16　生成下拉列表

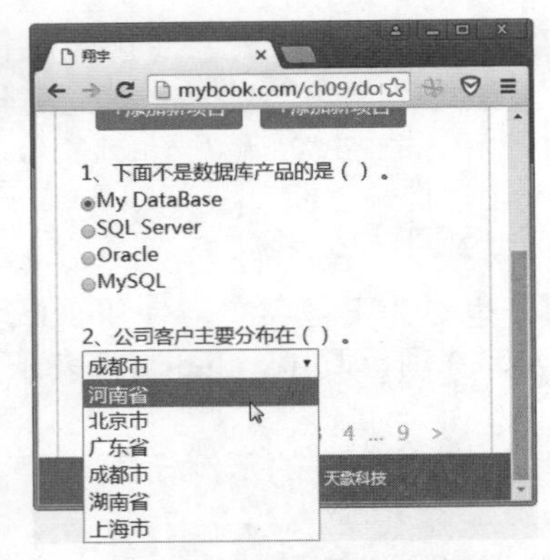

图 9-17　生成下拉菜单

9.5　高手带你做——表单处理技巧

出于安全的考虑，经常需要对表单进行一些特殊的处理。例如，对于填写敏感数据的表单判断是否从本站进行的提交、判断一个投票表单是否已经提交过了或者过期了。本节将介绍这些情况下的处理技巧。

9.5.1　检测表单提交路径

通过对表单提交来源的处理，可以只允许从某个域名 (URL 地址) 或脚本自身进行提交，从而可以有效防止伪造相同的表单向程序进行提交造成的安全问题。

在 PHP 中提供了一个名为 $_SERVER 的全局数组，其中的 HTTP_REFERER 键保存的是上一页的来源，例如表单的提交地址或者是转向前的 URL 地址。如果用户从其他的计算机上提交表单或者从浏览器中直接输入表单提交地址，该键会是表单的来源或者空值，这样我们就可以通过该值进行处理。

下面列出了 $_SERVER 数组中常用的键及含义：

- **$_SERVER['HTTP_REFERER']** 值是一个完整的 URL 地址，用于标识前一个页面的来源。
- **$_SERVER['SERVER_NAME']** 值是当前的域名（服务器名称）。
- **$_SERVER['PHP_SELF']** 值是当前 URL 中除去域名的完整路径，包含文件名。
- **$_SERVER['REQUEST_METHOD']** 访问页面时的请求方法。例如 GET、HEAD、POST 或者 PUT。

例如，对于“http://localhost/ch09/index.php”地址使用 $_SERVER['SERVER_NAME'] 返回 localhost，使用 $_SERVER['PHP_SELF'] 返回 /ch09/index.php。

【例 9-11】

假设，在 case.php 文件中有如下的表单代码：

```
<form id="form1" name="form1" method="post" action="case.php">
  <input type="submit" name="submit" id="button" value=" 提交 " />
</form>
```

上述代码指定表单以 POST 方式提交到本页面，即由 case.php 进行处理。为了判断用户是否正常提交，可以使用如下代码：

```
<?php
$pathname=$_SERVER['PHP_SELF'];                              // 保存当前页面名称
if($_SERVER['REQUEST_METHOD']=='POST')                        // 是否为 POST 提交
{
   $ref=$_SERVER['HTTP_REFERER'];                             // 获取表单提交前的 URL
   $url="http://{$_SERVER['SERVER_NAME']}$pathname";     // 获取当前的 URL
   echo " 当前页面来源为 ".$ref."<br/> 服务器地址为：".$url;
   if(strcmp($url, $ref)==0){                                 // 比较两个 URL 是否相同
      echo "<br/> 正常提交 ";
   }else     {
      echo "<br/> 不允许外站提交的数据 ";
   }
} else{
   echo "<br/> 请先提交表单再操作。";
}
?>
```

上述代码通过比较“http://{$_SERVER['SERVER_NAME']}$pathname”是否与“$_SERVER['HTTP_REFERER']”相同，来判断是否为合法的表单提交动作。

9.5.2 避免表单重复提交

在用户提交表单时，因为网速的原因，或者网页被恶意刷新，可能会导致同一个表单重复提交数据，造成数据重复，这个是比较棘手的问题。对程序开发人员来说，可以从客户端和服务器端两个方面来避免。

1. 使用客户端脚本

客户端脚本通常用于对表单的数据进行有效性验证，同样，也可以使用它来处理表单的重复提交问题。例如下面的示例代码：

```
<form id="form1" name="search" method="post" action="search.php">
 关键字： <input name="key" type="text" id="key"  size="20"/>
  <input type="submit" name="submit" id="button" value=" 搜索 "
    onclick="document.search.submit.value=' 正在提交 ';
    document.search.submit.disabled=true; document.search.submit();"   />
</form>
```

上述代码为“搜索”按钮添加了 onclick 事件，检测用户的单击状态。一旦用户单击“搜索”按钮之后，该按钮会变得不可用，并显示“正在提交”提示。用户不能再次单击该按钮，也就避免了表单的重复提交。

第二种实现方式是利用表单的 onSubmit 事件来实现，代码如下所示：

```
<script language="javascript" type="text/javascript">
var isFirst=0;                              // 第 1 次提示标识
function checkSubmit(form)
{
    if(isFirst==0) {                        // 如果是第 1 次
        isFirst++;                          // 修改标识的值
        return true;                        // 返回 true，可以提交
    }else{
        alert(" 表单已经提交，请不要重复操作 .");
        return false;                       // 返回 false，表单不会提交
    }
}
</script>
<form id="form1" name="search" method="post" action="search.php" onsubmit="return checkSubmit(this)">
 关键字： <input name="key" type="text" id="key"  size="20"/>
 <input type="submit" name="submit" id="button" value=" 搜索 " />
</form>
```

在上述代码中，如果用户第一次单击“搜索”按钮，onsubmit 事件指定的脚本会自动调用，并在脚本中修改 isFirst 变量的值，然后提交表单。当再次单击“搜索”按钮时，由于 isFirst 变量的值已经不是 0，会提示已经提交，并取消提交动作。

2. 使用 Cookie 处理

这种方式是指在表单提交之后，使用 Cookie 记录已提交，实现代码如下示：

```
<?php
if(!isset($_POST['submit'])){                           // 如果单击了 " 提交 " 按钮
    setcookie("tempcookie","",time()+30);               // 记录提交状态
    header("Location:".$_SERVER[PHP_SELF]);             // 转向提交页面
    exit();
}else{
    setcookie("tempcookie","",0);
    echo " 表单已经提交，请不要重复操作 ";
}
?>
```

注意

这种方式有一个明显的缺陷，就是如果客户端禁用了 Cookie，代码将不起任何作用。

3. 使用 Session 处理

这是 PHP 服务端的解决方案。Session 保存在服务器端，可以在 PHP 运行过程中修改 Session 的值，待下次访问这个变量时得到的是新赋的值。所以，可以用一个 Session 变量保存表单提交的值，如果不匹配则认为在重复提交。具体实现代码如下：

```
<?php
session_start();                    // 开始一个会话
$code=mt_rand(0,100);               // 产生一个随机数
$_SEEION['code']=$code;             // 保存这个随机数
?>
```

上面的代码会在表单页面产生一个随机数，将它作为隐藏域放在表单内，代码如下：

```
<input name="checkcode" type="hidden" value="<?php echo $code;?>"/>
```

然后在表单提交后的处理页面中获取这个随机数，如果相同，则是正常提交，否则不能提交，代码如下：

```
<?php
session_start();                                    // 开始一个会话
if($_POST['checkcode']==$_SESSION['code']){         // 判断提交表单的随机数是否相同
    unset($_SESSION['code']);                       // 清空会话
    echo " 表单提交正常 ";
}
else{
    echo " 表单已经提交，请不要重复操作 ";
}
?>
```

4. 使用 header 函数

除了上面的方法之外，还有一个更简单的方法，就是当用户提交表单服务器端处理之后立即转向其他页面。示例代码如下：

```
<?php
if(isset($_POST['action'])&&$_POST['action']=='submit'){
    header('Location:submit_succes.php');
}?>
```

这样即使用户刷新页面，也不会导致重复提交，因为已经转向新的页面，而这个脚本也已经不会提交数据了。

9.5.3 表单过期处理

在开发过程中，经常会出现因表单出错而重新返回页面，此时前面填写的信息全部会丢失。为了使数据支持页面的后退，可以通过如下两种方式来实现。

(1) 使用 header 头设置缓存控制头 Cache-Control：

```
header('Cache-Control:private, must-revalidate');   // 支持页面后退
```

(2) 使用 session_cache_limiter 方法：

```
session_cache_limiter('private,must-revalidate');   // 此方法写在 session_start 方法之前
```

下面的代码可以防止用户填写表单后，单击“提交”按钮返回时刚刚在表单上填写的内容被清除：

```
session_cache_limiter('nocache');
session_cache_limiter('private');
session_cache_limiter('public');
session_start();
```

将上述代码放在所有脚本之前，这样用户在返回该表单时已经填写的内容就不会被清空。

下面简单介绍一下 Cache-Control 消息头的作用，它用于指定请求和响应遵循的缓存机制，而且在请求或者响应信息中设置 Cache-Control 并不会修改另一个消息处理过程中的缓存过程。如表 9-3 中列出了该消息常用的指令及其作用。

表 9-3 Cache-Control 消息常用的指令

指令名称	说　明
public	指定响应可被任何缓存区缓存
private	指定对于单个用户的整个或者部分响应信息，不能被共享缓存处理。这允许服务器仅描述当前用户的部分响应信息，此响应信息对其他用户的请求无效
no-cache	指定请求或者响应信息不能缓存
no-store	用于防止重要的信息被无意地发布。在请求信息中发送将使得请求和响应信息都不使用缓存
max-age	指定客户端可以接收生存期不大于指定时间的响应
min-fresh	指定客户端可以接收响应时间小于当前时间加上指定时间的响应
max-stale	指定客户端可以接收超出超时间期的响应信息。如果指定 max-stale 消息的信息的值，那么客户端可以接收超出超时期指定值的响应信息

9.6　转换 URL 中的汉字

使用 GET 方式提交表单时，数据的值必须为 ASCII 字符。因此，当 GET 方式传递的字符串含有汉字或者其他非 ASCII 字符时，则需要使用额外的转换操作。这包括传递时对汉字进行编码，获取时对汉字进行解码。PHP 提供了 urlencode() 和 urldecode() 两个函数来实现这个过程。

9.6.1　编码操作

编码主要是指对地址栏传递参数进行的一种编码规则。例如，在参数中带有空格传递时就会发生错误，而用 URL 编码过以后，空格转换成了“%20”，这样错误就不会发生。对中文进行编码也是同样的情况。

PHP 中，对 URL 进行编码使用的是 urlencode() 函数，该函数的语法如下：

```
string urlencode ( string $str )
```

该函数可以实现将字符串 $str 进行 URL 编码并返回编码后的字符串，它与 POST 方式提交数据采用的编码方式是一样的。

【例 9-12】

本实例中单击搜索链接将通过 URL 传递中文关键字到指定页面，在传递之前使用 urlencode() 函数对关键字进行 URL 编码。这样一来，显示在 IE 地址栏中的字符串是 URL 编码后的字符串。

实现代码如下所示：

```
<a href="urldecode.php?name=<?php echo urlencode("500IVB 智能疼痛治疗仪 ");?>"> 搜索此产品
</a><br/>  urldecode?name=<?php echo urlencode("500IVB 智能疼痛治疗仪 ");?>
```

上述代码中，使用 urlencode() 函数对关键字“500IVB 智能疼痛治疗仪”进行编码。另外，下面还显示了编码后的 URL 字符串，运行效果如图 9-18 所示。

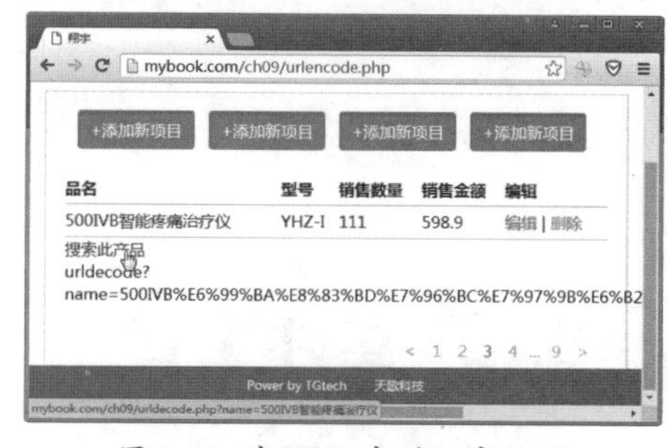

图 9-18 对 URL 中的汉字编码

提示

对于服务器而言，编码前后的字符串并没有什么区别，服务器能够自动识别。

9.6.2　解码操作

我们知道，使用 $_GET 可以获取 URL 中传递的参数。但是对于进行编码后的 URL 查询字符串，则需要通过 urldecode() 函数对获取后的字符串进行解码。

该函数的语法如下：

```
string urldecode( string $str)
```

该函数可以实现将 URL 编码 $str 查询字符串进行解码。

【例 9-13】

在 9.6.1 节使用 urlencode() 函数实现了对“500IVB 智能疼痛治疗仪”字符串进行编码，将编码后的字符串传给变量 name。在本实例中，将应用 urldecode() 函数对获取的变量 name 进行解码，将解码后的结果输出到浏览器。

实现代码如下所示：

```
<h2> 站内搜索 </h2>
<?php
if(isset($_GET['name'])){
  $name=urldecode($_GET['name']);
}?>
您输入的关键字是 "<?php echo $name;?>"。<br/> 您可以通过如下链接搜索 <?php echo $name;?>:
<br/>  <a href=" link.php?name=<?php echo $name;?>">
     link.php?name=<?php echo $_GET['name'];?>  </a>
```

将代码保存为 urldecode.php，然后在使用如下 URL 传递 name 参数，运行后将看到图 9-19 所示的效果：

```
urldecode.php?name=500IVB%E6%99%BA%E8
%83%BD%E7%96%BC%E7%97%9B%E6%B2%BB%E7
%96%97%E4%BB%AA
```


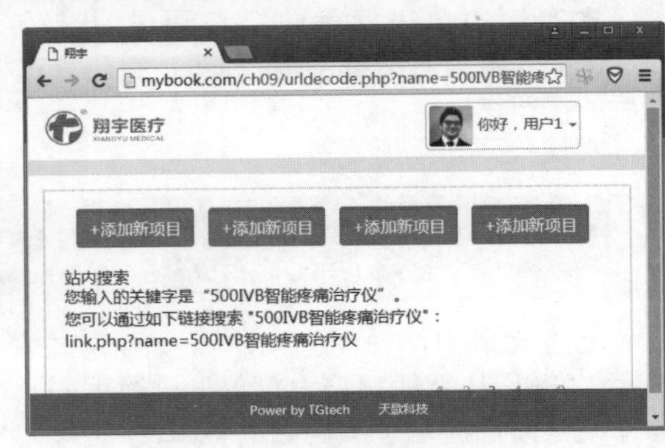

图 9-19 对 URL 中的汉字解码

9.7 文件上传

文件上传是 Web 中最常见的应用之一。在 PHP 中，可以接受任何来自标准浏览器的上传文件，使用这种特性可以上传文本文件、图片或者二进制文件。本节详细介绍上传文件时表单的准备工作以及在文件上传后进行的处理。

9.7.1 准备文件上传表单

与普通的表单提交数据不同，在实现文件上传时，表单的 method 方式必须为 post，否则无法实现文件上传功能。另外，还需要添加上传的属性 enctype="multipart/form-data"，该属性指示浏览器可以提供文件上传功能，服务器端提交的数据中包含文件的数据。

如下代码即为一个支持文件上传的表单代码：

```
<form name="form1" method="post" action=" " enctype="multipart/form-data">
  <input type="hidden" name="max_file_size" value="264104"/>
  您要上传的文件：<input type="file" name="file" id="file"/>
  <input type="submit" name="upload" id="button" value=" 提交 "/>
</form>
```

它与普通表单的不同之处主要有如下几点：

- 表单使用 POST 方式进行提交，且有一个 enctype 属性提示表单中有二进制文件数据。
- type 属性为 file 将显示一个文件输入框，并提供“浏览”按钮，允许用户选择文件。
- type 属性为 hidden 表示隐藏域，通过其 value 值指定允许上传文件的最大尺寸（以字节为单位）。

提示

这里的隐藏域并不能真正限制文件上传的大小，而是将它作为一个变量的值随表单一起提交。然后在 PHP 端进行比较和验证。

9.7.2　处理上传文件

用户通过客户端浏览器的上传表单提交之后，PHP 将会自动生成一个 $_FILES 数组，其中保存了上传文件的信息。

假设选择文件的代码如下：

```
<input type="file" name="file" id="file"/>
```

那么，关于该文件的所有信息都包含在 $_FILES["file"] 数组中，并且在该数组中包含了如下的键：

```
$_FILES["file"]["name"]          // 被上传文件的名称，例如 b.jpg、a.png
$_FILES["file"]["type"]          // 被上传文件的类型，例如 image/png
$_FILES["file"]["size"]          // 被上传文件的大小，以字节为单位
$_FILES["file"]["tmp_name"]      // 存储在服务器的文件的临时副本的名称
$_FILES["file"]["error"]         // 由文件上传导致的错误代码
```

文件上传时，$_FILES["file"]["error"] 会返回不同的常量值，表示不同的错误，如表 9-4 所示。

表 9-4　文件上传错误

返 回 值	说　明
UPLOAD_ERR_OK	没有错误发生，文件上传成功
UPLOAD_ERR_INI_SIZE	上传文件大小超过 php.ini 中 upload_max_filesize 选项限制的值
UPLOAD_ERR_FORM_SIZE	上传文件大小超过表单中 max_file_size 选项指定的值
UPLOAD_ERR_PARTIAL	文件只有部分被上传
UPLOAD_ERR_NO_FILE	用户没有提供任何文件上传（没有选择文件）

如下是一个完整的 PHP 端接收文件、文件检查以及上传的示例代码：

```
<?php
if(isset($_POST["upload"]))                                    // 单击 " 提交 " 按钮
{
   // 定义允许上传文件类型数组
   $allowtype=array("image/gif","image/jpeg","image/png","image/jpg","image/pjpeg");
   if($_FILES["file"]["size"] == 0)                                          // 发生错误
       echo(" 错误，不能读取文件。<hr/>");
   if ( $_FILES["file"]["error"] == 2)                        // 检测文件大小
       echo " 错误，文件不能超过 ".$_POST["max_file_size"]." 字节。<hr/>";
   if(!in_array($_FILES["file"]["type"], $allowtype))  {          // 检测文件类型
       echo(" 错误，不支持当前的文件类型，请重新选择。<hr/>");
   }
   else{
       echo "<table width=100%><tr><td><h2> 文件上传成功 , 信息如下 </h2>";
       echo " 文件名称： " . $_FILES["file"]["name"] . "<br />";          // 上传的文件名称
       echo " 文件类型： " . $_FILES["file"]["type"] . "<br />";          // 上传的文件类型
       echo " 文件大小： " . ($_FILES["file"]["size"] / 1024) . " Kb<br />";          // 文件大小
       echo " 文件临时副本名称： " . $_FILES["file"]["tmp_name"] . "<br />"; // 文件别名
       if (file_exists("uploads/" . $_FILES["file"]["name"])){     // 判断文件是否存在
            echo $_FILES["file"]["name"] . " 文件已经存在 . "; // 输出存在相同文件提示
       }
       else{
           move_uploaded_file($_FILES["file"]["tmp_name"],              // 开始上传
           "uploads/" . $_FILES["file"]["name"]);
           echo " 文件存储在 : " . "uploads/" . $_FILES["file"]["name"]; // 输出上传后的路径
       }
       echo "</td><td>";
       echo "<img src="."uploads/" . $_FILES["file"]["name"]." width=100>"; // 显示图书
       echo "</td></tr></table>";
   }
}
?>
```

将上述代码与9.7.1节的表单保存到一个PHP文件，然后运行。先选择一个图片类型文件，单击“提交”按钮上传成功，将看到图9-20所示的效果。如果上传失败，将看到提示信息，如图9-21所示。

图 9-20 文件上传成功

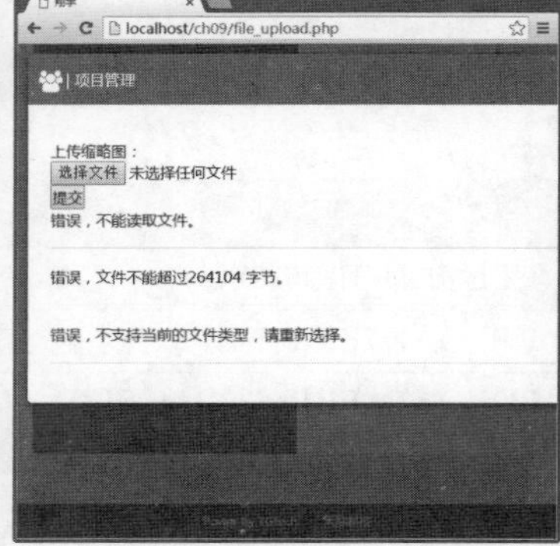

图 9-21 文件上传失败

9.8　文件下载

与文件的上传相比，下载文件要简单得多。首先需要用户单击一个链接触发下载动作，示例代码如下：

```
<a href="?action=download"> 下载文件到本地 </a>
```

然后还需要指定要下载文件的名称和路径，并打开该文件，输出文件类型、大小和内容，代码如下：

```
header("Content-type:application/octet-stream");                       // 文件类型
header("Accept-Ranges:bytes");                                          // 文件大小单位为字节
header("Accept-Length:".filesize('1.jpg'));                             // 文件大小
header("Content-Disposition:attachment;filename=1.jpg");    // 以附件形式指定下载文件的名称
```

最后使用 PHP 中的 fread() 函数将文件内容直接在页面中输出，让浏览器提示用户下载。所有的这些处理都是在服务器端完成的，因此用户是不会知道文件具体位置信息的，是非常安全的一种下载方法。

【例 9-14】

编写一个案例，实现在页面上单击一个链接可下载文件。具体步骤如下所示。

01 首先创建一个文件 file_download.php 作为实例文件。

02 在文件中编写一个文件下载的列表，其中包含下面的代码：

```
<h2> 知识库文件列表 </h2>
<table width="100%">
  <tr>
    <th> 文件名称 </th>
    <th> 上传时间 </th>
    <th> 操作 </th>
  </tr>
  <tr>
    <td> 硬件使用说明书 </td>
    <td>2016-11-20</td>
    <td><a class="xy_bj" href="download.php?action=download&fname=software.pdf"> 下载 </a></td>
  </tr>
  <tr>
    <td>Logo.png</td>
    <td>2016-11-20</td>
    <td><a class="xy_bj" href="download.php?action=download&fname=logo.png"> 下载 </a></td>
  </tr>
  <tr>
    <td> 手机截图 </td>
    <td>2016-11-20</td>
```

```
        <td><a class="xy_bj" href="download.php?action=download&fname=Screenshot.png"> 下载 </a></td>
    </tr>
    <tr>
        <td>data.rar</td>
        <td>2016-11-20</td>
        <td><a class="xy_bj" href="download.php?action=download&fname=data.rar"> 下载 </a></td>
    </tr>
</table>
```

可以看到，当单击“下载”链接将向 Download.php 文件传递两个参数，action=download 表示要执行下载动作，fname 表示要下载的文件名称。

03 在文件 file_download.php 所在的目录下新建 Download.php 文件。

04 在 Download.php 文件中编写真正实现下载的代码，这部分代码如下所示：

```
<?php
if(isset($_GET["action"]))                                  // 是否单击 " 下载 " 链接
{
    $file_name = urldecode( trim($_GET["fname"]));                          // 获取要下载的文件名
    $file_dir = "uploads/";
    $fileurl=$file_dir . $file_name;                        // 指定文件路径
    if (!file_exists($fileurl)) {                                   // 检查文件是否存在
        echo " 文件找不到 ";                                        // 输出错误提示
        exit;                                   // 退出
    } else
    {
        $file = fopen($fileurl,"r");                                          // 打开文件
        Header("Content-type: application/octet-stream");                     // 输入文件类型
        Header("Accept-Ranges: bytes");
        Header("Accept-Length: ".filesize($fileurl));                         // 输入文件大小
        Header("Content-Disposition: attachment;filename=" . $file_name);     // 输入文件名称
        echo fread($file,filesize($file_dir . $file_name));                   // 开始下载
        fclose($file);                                              // 关闭文件
        exit;                                                       // 退出
    }
}
?>
```

05 浏览 file_download.php 文件，从文件列表中单击【下载】链接之后，则弹出一个文件下载对话框，效果如图 9-22 所示。

图 9-22　文件下载

9.9　高手带你做——身份验证

用户在设计和维护站点的时候，经常需要限制对某些重要文件或信息的访问。通常可以采用内置于 Web 服务器的基于 HTTP 协议的用户身份验证机制。当访问者浏览受保护页面时，客户端浏览器会弹出对话窗口，要求用户输入用户名和密码，对用户的身份进行验证，以决定用户是否有权访问页面。

PHP 提供了两种身份验证的方式：基本的 HTTP 身份验证和 PHP 身份验证，本节将详细介绍这两种身份验证。

9.9.1　HTTP 身份验证

HTTP 身份验证功能是指客户端浏览器弹出一个对话框，要求用户输入用户名和密码。这种验证方式在许多会员制网站和对用户浏览模式进行调查的站点中应用十分普遍。用户还可以在网站上增设一些管理网页，也要使用身份验证来保证只有管理员才可以进入，而其他用户访问不到这些网页。

【例 9-15】

HTTP 身份验证功能可以通过 PHP 的 Header() 函数向客户端浏览器发送一个 Authentication Required 的消息，浏览器便会弹出一个对话框，要求客户输入用户名及密码，通过验证后，服务器端将会再次调用后续的 PHP 程序，并将用户输入的用户名和密码分别赋给 PHP 的内置变量 $PHP_AUTH_USER 和 $PHP_AUTH_PW，将身份认证类型赋给变量 $PHP_AUTH_TYPE。下面来做一个示例，代码如下：

```
<?php
  if (!isset($_SERVER['PHP_AUTH_USER'])){ // 如果 $PHP_AUTH_USER 变量没有被赋值
           // 在对话框的“领域”项后面显示的文字
    Header("WWW-Authenticate: Basic realm=\" 汇智科技解答 \"");
    Header("HTTP/1.0 401 Unauthorized");
```

```
        // 当用户按下了"取消"按钮时便显示如下信息，并退出
        echo $_SERVER['PHP_AUTH_USER']." 你好 <P>";
        echo " 你取消了登录！ ";
        exit;
    } else {
        if(!($_SERVER['PHP_AUTH_USER']=="admin"&& $_SERVER['PHP_AUTH_PW']=="admin"))
        {
            // 如果是错误的用户名或密码，强制再验证
            Header("WWW-Authenticate: Basic realm=' 请输入正确的用户名和密码 '");
            Header("HTTP/1.0 401 Unauthorized");
            echo " 你输入的用户名或密码错误，请重新输入！ ";
            exit();
        }
        else
        {
            // 向用户显示欢迎信息
            echo $_SERVER['PHP_AUTH_USER']." 你好 <P>";
            echo " 请记住你的密码： ".$_SERVER['PHP_AUTH_PW'];
        }
    }
?>
```

由于 IE 浏览器对 HTTP 首部数据的顺序要求很严格，所以在使用 Header() 函数时，必须在发送"HTTP/1.0 401"的首部数据之前发送"WWW-Authenticate"首部数据。当用户输入用户名和密码后，Netscape 或 IE 会把用户身份认证信息自动缓存在浏览器所在的客户端上。当再次遇到 HTTP 401 首部数据时，用户不需要再次输入密码，浏览器便自动将上次输入的密码发送到服务器端，该用户的身份认证信息直到关闭浏览器后才被清除。

从上面的代码可以看出，当应用程序取得了 $PHP_AUTH_USER 和 $PHP_AUTH_PW 两个变量之后，可以通过编写程序来判断用户名和密码正确与否，并可完成基于用户权限的操作。比如使用用户名和密码去查找数据库中的合法用户记录，或针对不同的用户显示不同的信息等。

9.9.2 PHP 身份认证

将用户认证直接集成到 Web 应用程序逻辑中是很方便的，也很灵活。本节将主要介绍 PHP 的内置认证功能，并讲解一些可以立即集成到应用程序中的认证方法。

1. 基于 PHP 的基本认证

PHP 使用两个预定义的变量来认证用户：$_SERVER['PHP_AUTH_USER'] 和 $_SERVER['PHP_AUTH_PW']，这两个变量保存了认证需要的用户名和密码，但是，在使用这两个变量时，应注意以下两方面：

- 两个变量都必须在每个受限页面的开始处验证，这一点通过包装各个受限页面就能轻松地完成。
- 用户可以将认证代码放在单独的文件中，然后在使用时通过 require() 函数将该文件包含进来即可。

使用 IIS 时，用户名和密码变量在 PHP 中仍然可用，但不是通过 $_SERVER['PHP_AUTH_USER'] 和 $_SERVER['PHP_AUTH_PW'] 变量，这些值必须由另一个服务器全局变量 $_SERVER['HTTP_AUTHORIZATION'] 来解析。例如，在需要使用到用户名和密码时，就需要以下的解析：

```
isset($_SERVER['HTTP_AUTHORIZATION']
```

在 PHP 处理认证时，常用到两个标准函数，分别是：header() 和 isset()。

(1) header() 函数。

在 PHP 中，使用 header() 函数向浏览器发送一个原始的 HTTP 标头，该函数的语法格式如下所示：

```
void header ( string string [, bool replace [, int http_response_code]] )
```

header() 函数有 3 个参数。

- **string** 该参数是必需的，规定要发送的报头字符串。
- **replace** 该参数是可选的，指示该报头是否替换先前的报头，或添加第二个报头。默认是 true(替换)。如果指定该参数为 false，表示允许相同类型的多个报头。
- **http_response_code** 该参数是可选的，表示将 HTTP 响应代码强制为指定的值。

提示

在使用该函数时，需要在任何实际的输出被发送之前调用 header() 函数，并且从 PHP 4.4 之后，该函数防止一次发送多个报头，这是对头部注入攻击的保护措施。

在调用 header() 函数时，有两种特殊的调用方式，如下所示。

第一种是标头以字符串“HTTP/”(大小写不重要) 开头的，可以用来确定要发送的 HTTP 状态码。例如，如果配置了 Apache 用 PHP 来处理找不到文件的错误处理请求 (使用 ErrorDocument 指令)，需要确保脚本产生了正确的状态码：

```
<?php
    header("HTTP/1.0 404 Not Found")
?>
```

注意

HTTP 状态码标头行总是第一个被发送到客户端，而并不管实际的 header() 调用是否是第一个。除非 HTTP 标头已经发送出去，任何时候都可以通过用新的状态行调用 header() 函数来覆盖原先的。

第二种特殊情况是以“Location:”开头。它不只是把这个标头发送回浏览器，还将一个 REDIRECT(302) 状态码返回给浏览器，除非先前已经发出了某个 3xx 状态码：

```
<?php
    header("Location: http://www.example.com/"); /* 重定向浏览器 */
    /* 确保重定向后，后续代码不会被执行 */
    exit;
?>
```

(2) isset() 函数。

在 PHP 中，使用 isset() 函数检测变量是否设置，该函数的语法格式如下所示：

```
bool isset ( mixed var [, mixed var [, ...]] )
```

如果 var 存在，则返回 true，否则返回 false。如果已经使用 unset() 释放了一个变量之后，它将不再是 isset()。若使用 isset() 测试一个被设置成 NULL 的变量，将返回 false。同时要注意的是，一个 NULL 字节“\0”并不等同于 PHP 的 NULL 常数。

提示

isset() 只能用于变量，因为传递任何其他参数都将造成解析错误。若想检测常量是否已设置，可使用 defined() 函数。

2. 基于文件的身份认证

通常需要为每个用户提供唯一的登录对，这样可以记录用户特定的登录时间、活动和动作。就像存储 Unix 用户有关信息常用的做法一样，可以利用文本文件轻松地实现，其中每行包含一个用户名和加密密码对，它们之间用冒号 (:) 分隔，user.txt 文件的内容如下：

```
sa:605de8457e
maxlin:58455a54edc
```

注意

这里需要注意的是，user.txt 文件应当存储在服务器文档根目录之外。否则，攻击者有可能通过一些不正常手段来获取该文件并查看该文件的内容，从而造成信息的泄露。此外，用户可以选择不对密码加密，以明文形式存储。但这种方式极不安全，因为如果文件权限配置不当，那么能够访问服务器的用户就可以查看这些登录信息。

要解析 user.txt 文件并根据给定的登录对来认证用户，为此所需的 PHP 脚本只比根据硬编码认证对完成认证所用的脚本稍微复杂一点。区别在于此脚本必须将文本文件读取到数组中，然后循环处理数组，搜索匹配的数据来进行身份认证。在这个过程中需要使用以下函数。

- **file (string filename [, int use_include_path [, resource context]])** 该函数将整个文件读取到数组中，数组的每个单元都是文件中相应的一行，包括换行符在内。
- **explode (string separator, string string [, int limit])** 该函数将一个字符串分割另一个字符串，每个元素都是 string 的一个子串，它们被字符串 separator 作为边界点分割出来。如果设置了 limit 参数，则返回的数组包含最多 limit 个元素，而最后那个元素将包含 string 的剩余部分。
- **md5 (string str [, bool raw_output])** 该函数使用 RSA 数据安全公司的 MD5 消息摘要算法来计算字符串的 MD5 散列值。

提示

虽然 explode() 和 split() 在功能上很相似，但应当使用 explode() 而不是 split()，因为 split() 要调用 PHP 的正则表达式解析引擎，速度上稍慢一些。

3. 基于数据库的身份认证

基于数据库的身份认证不仅改善了管理的方便性，提高了可扩展性，而且可以集成到更大的数据库基础设施中。

基于数据库的身份认证使用所输入的用户名和密码作为查询条件，对用户表执行一个查询，如果可以从数据库表中查找到相关的记录，那么该用户通过数据库身份认证，否则给出相关的错误信息。

虽然 MySQL 认证功能较为强大，实际上实现起来是非常简单的。只要根据用户输入的用户名和密码对数据表执行一个查询，以用户输入的用户名和密码作为查询条件即可。这种基于数据库的身份认证不仅对 MySQL 数据库起作用，任何关系数据库都可以实现。

4. 基于 IP 的身份认证

在基于数据库的身份认证中，由于用户名和密码有可能会被黑客或一些别有用心的人窃取，所以为了解决这个问题，进一步保证用户及其信息的安全，一种有效的方法是当用户进行身份认证时，不仅需要合法的用户名和密码登录对，还需要一个特定的 IP 地址。

使用 $_SERVER['REMOTE_ADDR'] 变量可获取当前用户的 IP 地址，当用户是非法用户时，即使用户名和密码被恶意地窃取，但是 IP 地址是无法改变的，即无法进行操作。

9.10 成长任务

成长任务 1：制作评论发表和显示

本次上机实践要求读者制作一个评论发表表单，然后使用 GET 方式进行提交并输出获取的结果。评论表单包含的内容及运行效果可以参考图 9-23。

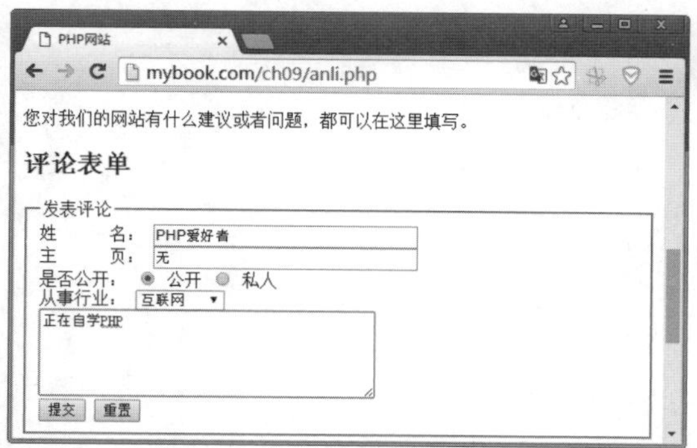

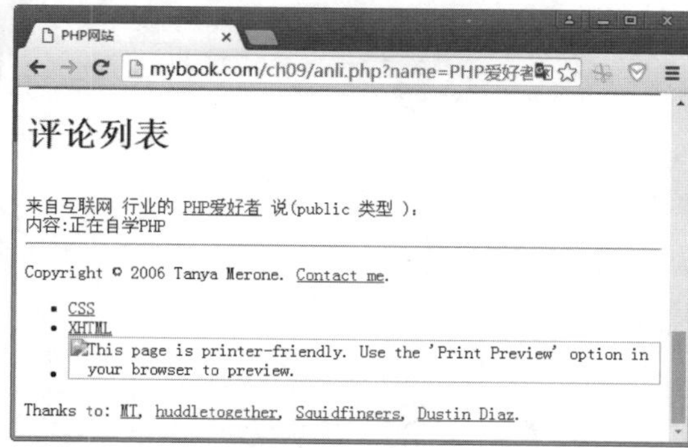

图 9-23 评论功能

第 10 章 会话处理

由于 HTTP 本身是一个无状态的连接协议，因此，当用户访问一个网站时，也就无法保存和记录每个用户的状态。为了支持客户端与服务器端的这种交互，就需要通过某种技术为用户和网站之间的交互保存状态。

使用前面介绍的表单仅仅能实现客户端向服务器的数据提交。为了能保存交互状态，PHP 提供了 Cookie 和 Session 两种解决方案，它们既有区别又有相同之处，主要功能都是把客户端与服务器关系起来。

本章学习要点

◎ 了解 Cookie 的工作原理
◎ 掌握 Cookie 的创建、读取和删除
◎ 熟练控制 Cookie 有效期的方法
◎ 了解 Session 的工作原理
◎ 掌握启动会话及获得会话 ID 的方法
◎ 掌握 Session 存储和读取数据的方法
◎ 熟悉 Session 的编码和解码函数
◎ 掌握销毁 Session 的函数

扫一扫，下载
本章视频文件

10.1 了解 Cookie

Cookie 通常用于识别用户，是服务器留在用户计算机中的一个很小的文本文件。每当相同的计算机通过浏览器请求页面时，会立即生成一个这样的文件，保存在客户端所在的电脑中，Internet Explorer 或者 Chrome 浏览器都会把 Cookie 放在各自的临时文件夹中。

10.1.1 Cookie 简介

当用户浏览某网站时，网站向用户机器上存储一个小文本文件，它记录用户 ID、密码、浏览过的网页、停留的时间等信息。当用户再次访问该网站时，网站通过读取 Cookie，获取用户的相关信息，就可以做出相应的动作，如在页面显示欢迎标志，或者让用户不用输入 ID、密码就直接登录等。

下面是使用 Cookie 的一些常见应用：

- 网站能够精确地知道有多少人浏览过。
- 网站保存用户的设置，按照用户的喜好定制网页外观。
- 电子商务站能够实现与“购物篮”、“快速结账”类似的功能。

通俗地讲，浏览器用一个或多个限定的文件来支持 Cookie。这些文件在使用 Windows 操作系统的机器上叫作 Cookie 文件，在 Macintosh 机器上叫作 magic cookie 文件，这些文件被网站用来存储 Cookie 数据。网站可以在这些 Cookie 文件中插入信息，这样对有些网络用户就有些副作用。有些用户认为这造成了对个人隐私的侵犯，更糟的是，有些人认为 Cookie 是对个人空间的侵占，而且会对用户的计算机带来安全性的危害。

提示

操作系统不同，Cookie 文件的保存位置也不相同，但是它们大同小异。例如，Windows XP 系统中文件通常保存在 C:\Documents and Setings\ 用户名 \LocalSettings \Temporary Internet Files\ Cookies 中，而 Windows 7 系统中则通常保存在 C:\Users\Administrator\AppData\Roaming\Microsoft\ Windows\Cookies 文件夹下，Cookies 是一个隐藏的文件夹。

10.1.2 Cookie 的工作原理

为了更好地理解 Cookie，还需要知道它的工作原理。一般情况下，Cookie 是通过 HTTP Headers 从服务器端返回到浏览器上。首先，服务器端在响应中利用 Set-Cookie Header 来创建一个 Cookie，然后浏览器在它的请求中通过 Cookie Header 包含已经创建的 Cookie，并将它返回至服务器，从而完成浏览器的验证。

例如，假设已经创建了名字为 userLogin 的 Cookie 来包含访问者的信息，在创建 Cookie 时，这里假设访问者的注册名是 xiaomao，同时还对创建的 Cookie 指定属性。服务器端的 Header 代码如下：

```
Set-Cookie:login= xiaomao;path=/;domain=msn.com;
expires=Monday,01-Mar-99 00:00:01 GMT
```

在上述内容中，Header 会自动在浏览器端计算机的 Cookie 文件中添加一条记录。浏览器将变量名为 userLogin 的 Cookie 赋值为 xiaomao。但需要注意的是：在实际传递过程中，这个 Cookie 的值是经过 URLEncode() 方法的 URL 编码操作的。

这个含有 Cookie 值的 HTTP Header 被保存到浏览器的 Cookie 文件后，Header 就通知浏览器将 Cookie 通过请求以忽略路径的方式返回到服务器，完成浏览器的认证操作。

提示

浏览器创建了一个 Cookie 后，对于每一个针对该网站的请求，都会在 Header 中带着这个 Cookie；不过，对于其他网站的请求 Cookie 是绝对不会跟着发送的。而且浏览器会这样一直发送，直到 Cookie 过期为止。

客户端的每一项数据都是相互独立的，在需要读取时再分别获取。Cookie 就是将数据存放在客户端的技术之一，如图 10-1 列出了它的使用过程。

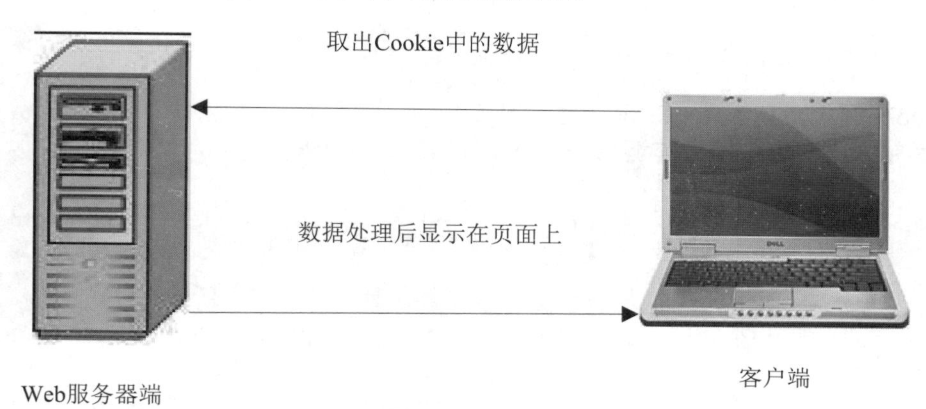

图 10-1　Cookie 的使用过程

10.1.3　Cookie 的类型和属性

Cookie 有两种类型，分别说明如下。

- **临时 Cookie**　此 Cookie 只是在浏览器上保存一段规定的时间，一旦超过这个规定的时间，该 Cookie 就会被系统清除。
- **持续 Cookie**　此 Cookie 保存在用户的 Cookie 文件中，等到下一次用户访问时，依然可以调用。

那么如何为 Cookie 设置有效时间呢？该有效期应为多长时间呢？这些都可以通过 Cookie 属性来设置，表 10-1 列出了这些属性。

表 10-1　Cookie 属性

属性名称	说　明
name	指定 Cookie 的名称，必需
value	指定该 name 对应的值，保存的形式为 name=value
expires	指定 Cookie 的过期日期和时间，保存的形式为 expires= 日期，必需
path	指定 Cookie 在哪些路径下有效，默认为“/”，即 domain 属性指定域名下所有页面
domain	指定 Cookie 作用于的域名
secure	一个布尔值，如果为 true，表示只在 SSL 加密连接时才发送 Cookie 到客户端

注意

由于 Cookie 是保存在客户端的文件中，因此不适合保存敏感的数据。另外，在编写程序时应该避免过度依赖 Cookie，如果不能获取 Cookie 的值，应该有其他实现方案。

10.2 操作 Cookie

PHP 中可以通过相关函数方便地使用 Cookie，本节详细介绍 Cookie 的操作，包括创建、访问和删除等内容。

10.2.1 创建 Cookie

setcookie() 函数可以在 PHP 程序中生成 Cookie，由于 Cookie 是 HTTP 标头部分的内容，因此必须在输出任何数据之前调用 setcookie() 函数，这个限制与 header() 函数类似。基本形式如下：

```
bool setcookie(string name[,string value [,int expire [,string path [,string domain[,int secure]]]]])
```

在上述语法中，setcookie() 函数包含 6 个参数，具体说明如下所示。

- **name** 这是一个必选参数，指定 Cookie 的名称。使用 $_COOKIE['cookiename'] 调用名称为 cookiename 的 Cookie。
- **value** 可选参数，表示 Cookie 的值，保存在客户端，因此不要保存敏感或者机密的数据。当该参数的值为空字符串时，表示撤销客户端中该 Cookie 的资料。如果 name 是 cookiename，那么可以通过 $_COOKIE['cookiename'] 取得其值。
- **expire** 可选参数，表示 Cookie 的有效的截止时间，即过期时间或者有效时间，该参数必须是整型。例如，time()+60*60*24*30 将设置 Cookie 在 30 天以后失效。如果没有设置，Cookie 将会在会话结束后（一般是浏览器关闭）失效。
- **path** 表示 Cookie 有效的路径，默认值设置为当前目录。如果该参数的值设置为“/”，那么 Cookie 在整个 domain 内有效；如果设置为“/foo/”，那么 Cookie 只在 domain 下的 /foo/ 目录及其子目录内有效。
- **domain** 表示 Cookie 有效的域名。例如，要使 Cookie 能够在如 example.com 域名下的所有子域都有效的话，该参数应该设置为 .example.com。虽然这并不是必需的，但是，加上它会兼容更多的浏览器。
- **secure** 表示 Cookie 是否仅通过安全的 HTTPS 连接传送，默认值为 false。当设置成 true 时，Cookie 仅在安全的连接中被设置。

提示

由于 Cookie 一直存放在用户的硬盘中，开发者能够控制它的能力很有限，如果用户决定关闭浏览器的 Cookie 支持，那么网站上发送的 Cookie 会因为不能保存在客户端而导致失败。因此，在编写程序时应该避免过度依赖 Cookie，如果不能取得来自客户端的 Cookie 值，应该有备份的方案，以防万一。

【例 10-1】

下面通过 setcookie() 函数创建 3 种不同形式的 Cookie。代码如下：

```
// 简单创建一个 Cookie
setcookie("username","tom");
// 创建一个带有有效时间为两个小时（7200 秒）的 Cookie
setcookie("password","123456",time()+7200);
// 创建一个完整的 Cookie
setcookie("cookie","cookie value",time+7200,"/forum",".phpuser.com",1);
```

在上述代码中，第 1 行代码创建一个简单的 Cookie，其名称是 username，值是 tom；第 2 行代码用于创建名称是 password 的 Cookie，其值是 123456，有效时间是两个小时，即 7200 秒；第 3 行代码的 setcookie() 函数指定各个参数的值，创建了一个完整的 Cookie。

【例 10-2】

Cookie 中可以存放字符串，也可以存放数组，还可以通过在 Cookie 名称中使用数组符号来设置 Cookie 数组。下面的代码展示了 setcookie() 函数使用数组的方法：

```
<?php
setcookie ( "cookie[three]", "cookiethree" );
setcookie ( "cookie[two]", "cookietwo" );
setcookie ( "cookie[one]", "cookieone" );
?>
```

【例 10-3】

Cookie 创建完成之后不会立即生效，而是等到请求下一个页面时才能生效。这是因为设置好的 Cookie 会由服务器端传递给客户端，在请求下一个页面时，客户端才能将 Cookie 取出并传回服务器端。

下面的代码使用 Cookie 实现了判断用户是否第一次访问网站：

```
<?php
if(isset($_COOKIE['visited'])){
    setcookie("visited","1",mktime()+6400,"/") or die(" 您的浏览器不支持或者禁用了 Cookie。");
    echo " 您好，第一次访问本站。";
} else{
    echo " 感谢您再次光临本站。";
}
?>
```

运行上述代码时，如果是第一次访问该页面，因为 Cookie 没有保存，所以将输出“您好，第一次访问本站。”。当第二次刷新时，Cookie 会发送到服务器端，PHP 接收到客户端的 Cookie，得知不是第一次访问，此时输出“感谢您再次光临本站。”。

10.2.2　读取 Cookie

创建 Cookie 后，可以通过 PHP 系统变量 $_COOKIE 来进行获取。不过，只能在其他页面使用这个变量来获取设置过的 Cookie，这是因为在 PHP 中，被设置的 Cookie 并不会在本页生效，除非该页面被刷新。

例如，如果要获取 Cookie 中 id 变量存储的值，可以使用以下代码：

```
<?php
echo $_COOKIE ['id'];
?>
```

【例 10-4】

编写一个示例，演示 Cookie 的创建和读取，本示例需要两个 PHP 页面。一个页面向 Cookie 保存的内容；另一个页面获取 Cookie 保存的内容，并且将获取的内容输出。实现的操作步骤如下。

01 创建 cookie_set.php 页面，在该页面分别保存 loginname 和 order 两个 Cookie。其中 loginname 保存一个字符串，product_info 是一个数组对象，在存入 Cookie 之前，需要使用 serialize() 函数将 $product_info 数组进行序列化；最后输出结果。代码如下：

```
<?php
setcookie ("loginname", " 用户 1", time () * 60 * 2 );
$product_info = array (
    " 头孢拉定 ", " 阿莫西林 ", " 西地那非 ", " 地塞米松 "
    );
$product = serialize ( $product_info );
setcookie ( "product", $product );
echo "Cookie 内容写入成功 ";
?>
```

02 创建 cookie_get.php 页面，在该页面获取 cookie_set.php 页面保存的 Cookie 信息。在获取 order 数组时，需要使用 unserialize() 函数对数组进行反序列化操作。代码如下：

```
<?php
  if (isset ( $_COOKIE ["loginname"] )) {
    echo "<h3> 当前用户： " . $_COOKIE ["loginname"] ."</h3>";
  } else {
    echo "<h3> 获取名称是 loginname 的 Cookie 值失败 </h3>";
  }
  $product = $_COOKIE ["product"];
  $product_info = unserialize ( $product );
  if (isset ( $product_info )) {
    foreach ( $product_info as $name => $value ) {
      echo "$name : $value <br />\n";
    }
  }
?>
```

03 在浏览器中运行 cookie_set.php 页面查看效果，如果在页面中输出“写 Cookie 内容写入成功”的提示，表示 Cookie 已经成功保存信息。

04 在浏览中输入 cookie_get.php 页面的地址查看效果，最终效果如图 10-2 所示。

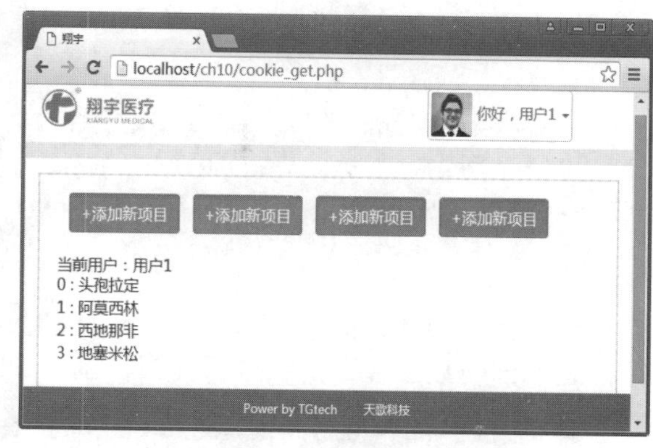

图 10-2　读取 Cookie 中保存的内容

PHP 中实现 Cookie 保存数组有两种方法，第一种是如例 10-4 所示，通过调用 serialize() 函数对数组进行序列化操作，在读取数组的内容时调用 unserialize() 函数对其进行反序列化操作。另外一种方法是：设置多键值 Cookie，注意这种方法必须指定键值。

【例 10-5】

对例 10-4 中的 $product_info 数组进行更改，直接在 Cookie 保存时设置多个键名和值，并且在刷新页面时，将数组的内容显示出来。实现代码如下：

```
<?php
setcookie ( "product[0]", " 头孢拉定 ");
setcookie ( "product[1]", " 阿莫西林 ");
setcookie ( "product[2]", " 西地那非 ");
setcookie ( "product[3]", " 地塞米松 ");
echo "Cookie 内容写入成功 <br />";

if (isset ( $_COOKIE ["product"] )) {                    // 刷新页面后显示数组内容
    foreach ( $_COOKIE ["product"] as $name => $value ) {
        echo "$name : $value <br />\n";
    }
}
?>
```

通过上述方法设置 Cookie 的键值时，必须为每一个值都指定对应的键，不能默认为空，如果默认为空，则只会保存最后一个数组元素的值。

10.2.3　设置 Cookie 过期时间

Cookie 是有生命周期的，即 Cookie 只在一段时间内是有效的。一般情况下，当用户退出 Internet Explorer 或者 Chrome 等浏览器时，Cookie 就会被删除。如果希望延长或者缩短 Cookie 的有效期，可以通过 setcookie() 函数的第 3 个参数来设置 Cookie 的有效期。

【例 10-6】

下面 3 行代码演示了为 Cookie 设置不同的有效时间：

```
<?php
// 设置 Cookie 在 1 小时后失效
```

```
setcookie ( "firstcookie", "1 小时后失效 ", time () + 60 * 60 );
// 设置 Cookie 在 1 天后失效
setcookie ( "secondcookie", "1 天后 Cookie 失效 ", time () + 60 * 60 * 24 );
// 设置 Cookie 于 2017 年 1 月 1 日 12 点失效
setcookie ( "thirdcookie", " 指定日期失效 ", mktime ( 12, 0, 0, 1, 1, 2017 ) );
?>
```

在上述代码中，除了可以使用 time() 函数指定有效时间外，还可以使用 mktime() 函数进行指定，该函数已经在前面进行介绍。基本形式如下：

```
int mktime ( [int hour [, int minute [, int second [, int month [, int day [, int year [, int is_dst]]]]]]])
```

在上述形式中，mktime() 函数根据给出的参数返回 Unix 时间戳。其中，参数可以从右向左省略，任何省略的参数会被设置成本地日期和时间的当前值。

如果没有指定 Cookie 的失效时间，或者指定为 0，那么 Cookie 将在会话结束时失效，通常是关闭浏览器后失效。如下代码设置 Cookie 的失效时间为 0，即使用默认的失效时间：

```
setcookie ( "mycookie", "cookie value", 0 );
```

10.2.4 高手带你做——删除 Cookie

创建的 Cookie 超过有效时间后，Cookie 将自动删除，此外还可以手动删除 Cookie。删除 Cookie 也需要通过 setcookie() 函数来完成。以下代码实现删除一个 Cookie：

```
setcookie("mycookie", "");
```

在上述代码中，通过将 Cookie 的值设置为空来达到删除 Cookie 的目的。如果设置 Cookie 时，为 setcookie() 函数的每个参数都提供了特定的值，那么在删除 Cookie 时，仍然需要提供这些参数，以便 PHP 可以正确地删除 Cookie。

【例 10-7】

创建一个 PHP 页面，首先通过 setcookie() 函数创建 Cookie，然后使用该函数删除指定的 Cookie，最后输出 Cookie 中的内容。代码如下：

```
<?php
setcookie ( "user_name", " 用户 1" ); // 创建 Cookie
setcookie ( "user_level", " 普通组 ", time () + 7200 );
setcookie ( "ProductCount", "1271014", time () + 7200 );
setcookie ( "product[0]", " 头孢拉定 ");
setcookie ( "product[1]", " 阿莫西林 ");
setcookie ( "product[2]", " 西地那非 ");
setcookie ( "product[3]", " 地塞米松 ");
setcookie ( "user_name" );                    // 删除 Cookie
setcookie ( "user_level", "", time () - 3600 );          // 使 Cookie 过期
setcookie ( "product[0]" );                   // 删除 Cookie
```

```
setcookie ( "product[2]" );                    // 删除 Cookie
?>
执行 setcookie() 之后，Cookie 中的数据
<pre><?php print_r($_COOKIE); ?></pre>
```

运行 PHP 页面，观察效果，如图 10-3 所示。

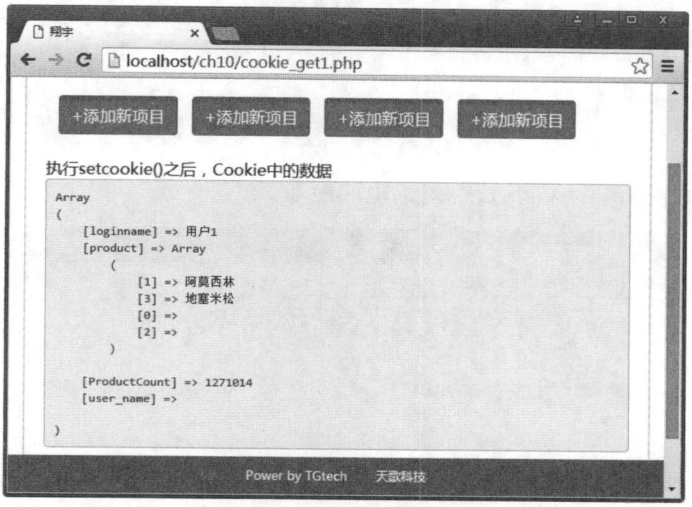

图 10-3　setcookie() 函数删除时的效果

10.3　高手带你做——实现记住上次登录时间

在前面已经学习了如何创建 Cookie、读取 Cookie 和设置 Cookie 的有效时间。本节将通过一个案例综合 Cookie 的使用。

经常上网的用户对登录页面一定不会陌生，在许多登录页面中，用户登录时可以设置保存登录时的设置，例如 24 小时后失效，或者 20 天后失效等。

通过 Cookie 记录用户登录时间的操作步骤如下。

01 创建 newfile.php 页面并进行设计，在该页面的 form 表单中添加用户登录信息，包括登录名、登录密码、Cookie 的有效时间和提交按钮。部分代码如下：

```
<form action="login.php" method="post" >
<div class="xy_login_txt">
  <input type="text" name="u_name" placeholder=" 用户名 ">
</div>
<div class="xy_login_txt bg2">
  <input type="password" name="u_pass" placeholder=" 密码 ">
</div>
<div class="xy_login_txt ">
  Cookie：<select name="cookie" id="cookie">
```

```
            <option value="0" selected> 保存 30 秒 </option>
            <option value="1"> 保存 30 分钟 </option>
            <option value="2"> 保存 3 天 </option>
            <option value="3"> 保存 30 天 </option>
            </select>
    </div>
    <div class="xy_login_btn">
      <button type="submit" class="btn btn-block" name="login"> 登录 </button>
    </div>
    </form>
```

登录页面 denglu.html 的运行效果如图 10-4 所示。

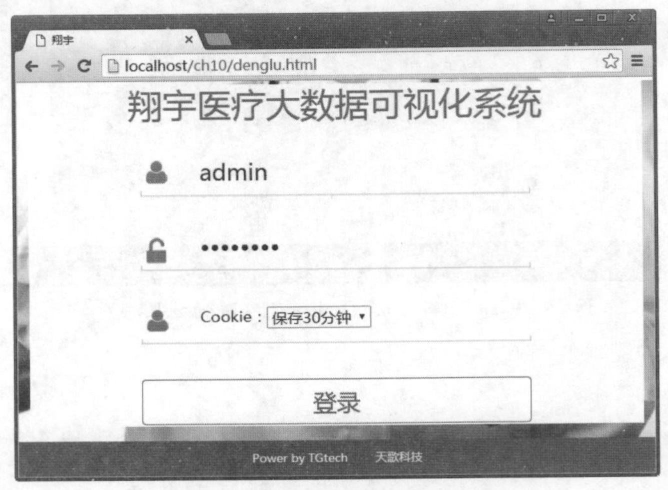

图 10-4 登录页面的运行效果

02 在登录页面中，用户输入登录名、密码和 Cookie 有效时间后，可以单击“登录”按钮进行提交，这时，表单将提交到 login.php 页面进行操作。创建该页面并添加以下代码：

```
<?php
header ( "Content-Type: text/html; charset=UTF-8" );          // 设置编码格式
$username = $_POST ['u_name'];                         // 获取用户名
$passcode = $_POST ['u_pass'];                         // 获取密码
$cookie = $_POST ['cookie'];                         // 获取 Cookie 失效时间
if ($username != "" && $passcode != "") {                // 判断用户名和密码
  switch ($cookie)                // 根据用户的选择设置 Cookie 保存时间
  {
    case 0 :                  // 保存 Cookie 为 30 秒
      setcookie ( "username", $username, time () + 30 );
      break;
    case 1 :                  // 保存 30 分钟
      setcookie ( "username", $username, time () + 60 * 30 );
```

```
            break;
        case 2 :                    // 保存 3 天
            setcookie ( "username", $username, time () + 60 * 60 * 24 * 3 );
            break;
        case 3 :                    // 保存 30 天
            setcookie ( "username", $username, time () + 60 * 60 * 24 * 30 );
            break;
    }
    header ( "location:system.php" );
} else {
    echo " 用户名或密码错误 ";
}
?>
```

在上述代码中，首先通过 header() 设置页面编码格式；然后通过 $_POST 获取从上个页面提交过来的用户名、密码和 Cookie 失效时间；最后判断用户名和密码是否合法。如果不合法则输出提示；否则根据用户选择的 Cookie 失效时间的值设置 Cookie，最后跳转至 system.php 页面。

03 创建 system.php 页面，该页面获取 Cookie 变量的值，并且输出获取的结果。代码如下：

```
<?php
if (isset ( $_COOKIE ['username'] )) {
    $result = " 欢迎用户 " . $_COOKIE ['username'] . " 登录系统 <br/><br/><a href='logout.php'> 注销 </a>";
} else {
    $result = " 对不起，您没有权限访问本页面 <br/><br/><a href='denglu.html'> 重新输入 </a>";
}
?>
<center><h1><?php echo $result; ?></h1></center>
```

04 如果用户已经登录成功，可以单击“注销”链接进行注销，该链接跳转到 logout.php 页面。创建该页面并添加以下代码：

```
<?php
header ( "Content-Type: text/html; charset=UTF-8" );
setcookie ( "username", "", time () );
header ( "location:denglu.html" );
?>
```

05 在登录页面中输入用户名和密码，并且选择 Cookie 的失效时间，然后单击【登录】按钮提交。PHP 会在 Cookie 中记录登录信息，登录成功后的效果如图 10-5 所示。

06 单击图 10-5 的【注销】链接删除 Cookie 并跳转到登录页面。如果 Cookie 在有效期内，那么下次可以直接访问该页面而不必经过登录页面；否则需要重新登录。前面使用 admin 进行登录时，选择 Cookie 的有效时间是 30 秒，用户可以在 30 秒后直接刷新，此时的效果如图 10-6 所示。

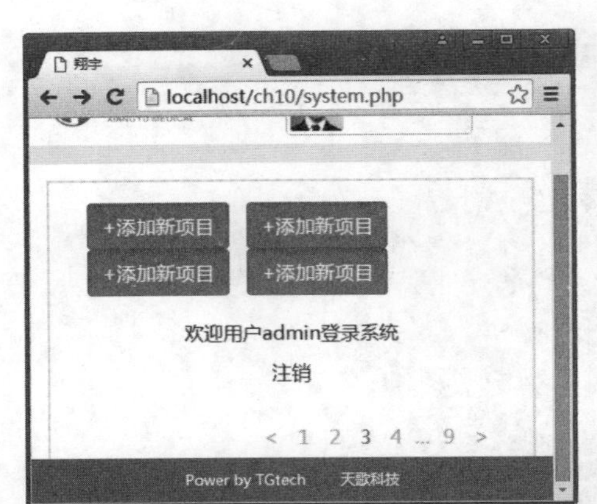

图 10-5 登录成功后的页面效果

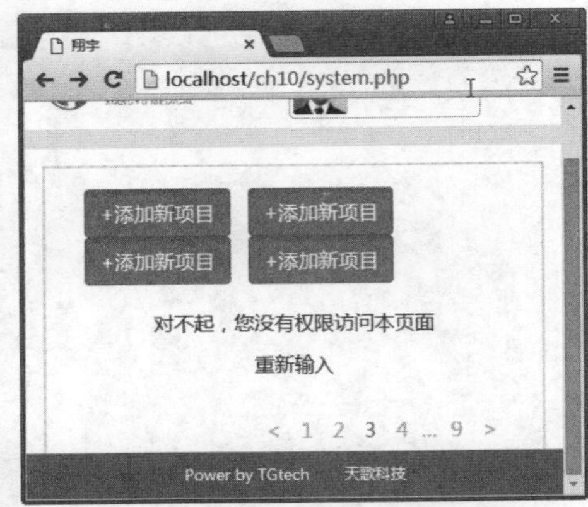

图 10-6 Cookie 失效后的效果

10.4 了解 Session

Session 又称为会话，是指一个客户端与服务器交互进行通信的时间间隔。通常指从进入系统到退出系统之间所经过的时间。具体到 Web 中的 Session，就是指用户在浏览某个网站时，从进入网站到浏览器关闭所经过的这段时间。

因此，利用 Session 可以管理用户的状态，并将一些数据与它进行关联。首先来了解一下 Session 的工作原理及相关函数。

10.4.1 Session 简介

前面已经提到过：HTTP 协议是一种无状态的协议。因为只有当用户发送请求时，服务器端才会做出响应，像这种客户端和服务器端之间的关系都是离散的。而且在服务器端响应用户的请求之后，服务器端也不能和用户保持连接。因此，如果用户在多个页面之间进行转换时，根本无法识别用户的身份。

Session 恰好能为开发者解决这个难题，使用 Session 可以为客户端用户分配一个编号——Session ID(SID)。Session ID 是服务器端随机生成的 Session 文件，因此能够保证其唯一性，进而确保 Session 的安全。

Session 增加了浏览器和服务器之间的标识传递，将每一个页面请求与同一个 Session 中所有相关的请求作为一个序列请求联系起来。它从用户访问页面开始，到断开网站连接为止，形成 Session 的生命周期。每一次用户连接时，PHP 会自动生成一个唯一的 Session ID 以标识当前用户，与其他用户区分。

也就是说，当一台 Web 服务器运行时，可能有若干个用户正在浏览这台服务器上的网站。当每个用户首次登录该网站时，服务器会自动地为这个用户分配一个 Session ID，来标识这个用户的身份。不同的用户会话信息会用不同的 Session 对象来保存，因此不必担心两个 Session 对象会发生冲突。图 10-7 说明了这个过程。

在使用 Session 会话时，Session ID 会分别保存在客户端和服务器端两个位置。对于客户端，使用临时的 Cookie 保存在浏览器指定目录中，这种临时 Cookie 被称为 Session Cookie；或者通过 URL 字符串传递，服务器端以文本文件形式保存在指定的 Session 目录中。

Session 通过 Session ID 接受每一个访问请求，从而识别当前用户、跟踪和保持用户的具体资料以及 Session 变量。在 Session 活动期间，可以在 Session 中储存数字或文字资料，如图 10-8 所示。

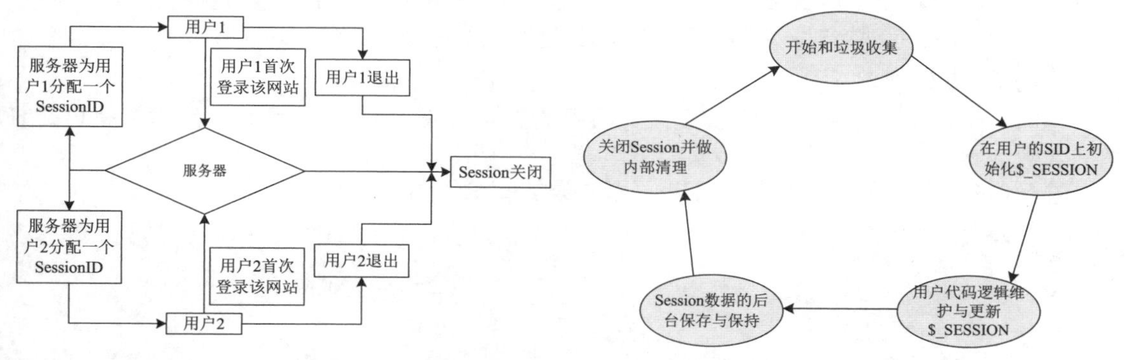

图 10-7 服务器为不同的用户分配 Session ID　　图 10-8 在 Session 中存储内容

10.4.2　Session 的常用函数

PHP 中提供了一系列与 Session 操作相关的函数，通过这些函数可以启动 Session，也可以删除 Session，表 10-2 列出了与 Session 相关的一些常用函数。

表 10-2 与 Session 相关的一些常用函数

函数名称	说　明
session_cache_expire()	设置或者获取 Session 过期的时间
session_cache_limiter()	设置或者获取 Session 缓存的类型
session_commit()	终止由 session_start() 函数开启的 Session 可写入状态
session_decode()	将被序列化的 Session 数据还原
session_destroy()	销毁所有的已注册的 Session
session_encode()	序列化当前 Session 中的所有数据
session_get_cookie_params()	获取 Session Cookie 的相关数据的参数
session_id()	定义或者获取当前的 Session ID
session_is_registered()	检测一个 Session 是否已注册
session_module_name()	取得或者设置一个 Session 的储存形式
session_name()	设置或者取得一个 Session Name
session_regenerate_id()	更新现有的 Session ID
session_register()	将一些字符串或者数组注册到 Session 中
session_save_path()	设置或者取得一个 Session 在服务器中的保存路径
session_set_cookie_params()	设置 Session Cookie 的相关数据的参数
session_set_save_handler()	方便自定义地设置 Session 在服务器端的相关操作
session_start()	开启 Session
session_unregister()	取消一个已注册的 Session
session_unset()	清空所有注册了的 Session 值
session_write_close()	终止由 session_start() 函数开启的 Session 可写入状态

除了表 10-2 列出的常用函数外，还有一个特殊的 PHP 变量——$_SESSION 变量，它是一个全局变量，类型是一个数组。在 $_SESSION 变量中映射了 Session 生命周期的 Session 数据，寄存在内存中。在 Session 初始化的时候，从 Session 文件中读取数据存入该变量中。在 Session 生命周期结束时，将 $_SESSION 数据写回 Session 文件。

【例 10-8】

编写一个案例，使用 Session 实现统计页面的访问次数。当用户重新访问或者刷新页面时，访问次数会累计加 1。基本操作步骤如下。

01 创建 PHP 页面，并且向 PHP 页面中添加脚本代码。代码如下：

```
<?php
session_start ();                                          // 启动 Session
if (isset ( $_SESSION ["counter"] ))           // 判断是否已经存在 counter 变量
    $_SESSION ["counter"] = $_SESSION ["counter"] + 1;
else
    $_SESSION ["counter"] = 1;
?>
```

在上述代码中，首先通过 session_start() 函数启动 Session；然后通过 isset() 函数判断是否已经存储了 counter 变量。如果 isset() 函数的判断结果为 true 则将值加 1，否则通过 $_SESSION ["counter"] 设置值为 1。

02 在页面中调用 Session 中存储的 counter 的值，代码如下：

```
<p class="lm_f_p"> 累计【<?php echo $_SESSION["counter"];?>】次访问 </p>
```

03 向浏览器中输入访问地址，观察结果，如图 10-9 所示。

图 10-9 统计页面浏览次数

10.5 操作 Session

在简单了解 Session 的基础知识后，本节将介绍 Session 的具体操作，包括 Session 数据的存取、数据的编码和解码等。

10.5.1 获取 Session ID

在 PHP 脚本中第一次调用 session_start() 时将产生一个 Session ID，这个 ID 将所有的会话数据绑定到某个特定用户。虽然 PHP 能够自动创建和传播 Session ID，但并不是在任何情况下都希望使用 PHP 自动创建的 ID，有时候也需要手工获取和设置 Session ID，这时可以使用 session_id() 函数。

session_id() 函数的作用是显示 Session ID，这个 Session ID 是一个 32 位的字符串，也是每个用户使用 Session 时的钥匙。session_id() 函数有唯一的一个参数，可以用于定义 Session ID。session_id() 函数的语法形式如下：

```
string session_id ( [string id])
```

在上述形式中，id 参数并不是必需的。如果不指定该参数，则 session_id() 函数返回当前 Session ID；如果指定了该参数，那么当前 Session ID 将被该值替换。

【例 10-9】

下面一段代码演示了 session_id() 函数的基本使用，首先不为该函数指定参数查看启动后自动生成的 Session ID，然后再为其手动设置 Session ID 并将其输出。代码如下：

```
<?php
session_start ();                                          // 启动时自动生成 SessionID
echo " 启动时自动生成 SessionID：" . session_id ();        // 输出自动生成的 SessionID
echo "<hr/>";
session_id ( "zhang" );                                    // 手动设置 SessionID
echo " 手动设置 SessionID：" . session_id ();              // 输出手动生成的 SessionID
?>
```

在浏览器中执行上述 PHP 页面代码，查看效果，如图 10-10 所示。

图 10-10　session_id() 函数的使用

10.5.2　读写 Session 数据

使用 PHP 的 $_SESSION 变量读写 Session 数据是最常用的方法。$_SESSION 是 PHP 提供的一个全局参数，用来存储和读取会话。在 $_SESSION 关联数组中的键名具有与 PHP 普通变量名相同的规则，即不能以数字开头，必须以字母或下划线开头。

要写入一个 Session 数据，可用如下格式：

```
$_SESSION ["product"] = " 风车 ";
```

上面一行代码设置了变量为 product 的会话，它的值为“风车”。如果要读取存储在 product 会话中的值，可以像读取数组元素的值一样，直接使用它的键名就能够获得。下面的代码获取 product 会话中的元素，并保存到 $product 变量中，最后进行输出：

```
<?php
$product= $_SESSION["product"];
echo $product;
?>
```

1. 会话中存取数组

PHP 的 Session 可以保存当前用户的特定数据和相关信息。例如在操作数据库时，可以将数据保存到当前 Session 中并以数组方式存储，然后可以很方便地在程序中调用这些数据。

【例 10-10】

编写一个案例，在第一个页面向 Session 中写入数组类型数据，然后在另一个页面中获取 Session 中保存的数组内容，并且进行输出。基本步骤如下。

01 创建 Session_put.php 页面，并向 PHP 脚本中添加以下代码：

```
<?php
session_start ();                                    // 启动会话
$my_data = array (
    ['name'=>' 流水 ','val'=>100],
    ['name'=>' 质检检查 ','val'=>10],
    ['name'=>' 培训 ','val'=>58],
    ['name'=>'OA 使用日志 ','val'=>120],
);

$_SESSION ["jixiao"] = $my_data;
echo " 保存数组成功 ";
?>
```

在上述代码中，首先调用 session_start() 函数启动会话，然后创建 $my_data 数组，并将数组保存的内容放到 Session 的 jixiao 变量中，这样可以在同一个会话周期读取该数组的内容。

02 创建一个新的 PHP 页面，在该页面读取 Session_put.php 页面中会话保存的数组的内容。PHP 脚本代码如下：

```
<?php
session_start ();                           // 开始会话
foreach ( $_SESSION ["jixiao"] as $item ) {            // 遍历数组内容
?>
<div class="media">
  <div class="media-body v_a_m">
    <p class="mkf_p2"><?php echo $item['name'] ?></p>
  </div>
  <div class="media-right v_a_m">
    <span class="mkf_p1"><?php echo $item['val'] ?></span>
  </div>
</div>
<?php
}
?>
```

03 在浏览器中查看页面运行效果，如图 10-11 所示。

从图 10-11 中可以看出，从会话中读取数组保存的内容与操作数组没什么两样，当然，也可以只显示读取数组某列的内容。代码如下：

```
<?php
session_start();
echo $_SESSION['jixiao'][2];
?>
```

KPI考核

mybook.com/ch10/Session_jx.p

2016年8月绩效考核目标

项目	目标值
流水	100
质检检查	10
培训	58
OA使用日志	120

图 10-11 会话中保存的数组

技巧

还可以将 $_SESSION 超级变量数组作为二维数组使用，例如 $_SESSION['0'] ['UserName'] 或者 $_SESSION['Member']['UserName'] 这种数组样式，在开发时对保存的数组内容做更好的区分。

2. 会话中存取对象

PHP 还可以将一复杂的数据类型存放在 $_SESSION 数组里，利用对象串行化 (Object Serialization) 的机制保存，前面介绍的数组（多维）以及本节介绍的对象存储就是采用这样的方法。

【例 10-11】

编写一个案例，在第一个页面向 Session 中写入对象类型数据，然后在另一个页面的 PHP 脚本中获取对象内容。操作步骤如下。

01 创建一个简单用户管理类，该类包含用户名称、联系电话和联系地址，文件名全称是 Users.php。代码如下：

```
<?php
class Users {
    private $name;                              // 用户名称
    private $phone;                             // 联系电话
    private $address;                           // 联系地址
    public function __construct($name, $phone, $address) {
        $this->name = $name;
        $this->phone = $phone;
        $this->address = $address;
    }
    public function getName() {
        return $this->name;
    }
    public function getPhone() {
        return $this->phone;
```

```
    }
    public function getAddress() {
        return $this->address;
    }
}
?>
```

02 创建 Session_put2.php 页面，并且在 PHP 脚本中添加以下代码：

```
<?php
require_once 'Users.php';
session_start ();
$_SESSION ['ming'] = new Users ( " 小明 ", "010-12345678", " 中国北京 " );
echo " 已经成功保存了内容 ";
?>
```

在上述代码中，首先通过 require_once() 函数引入 Users.php 类，然后启动会话，最后实例化用户类的对象并将其保存到 ming 会话中。

03 创建 Session3.php 页面，在该页面判断是否获取到 ming 会话变量，如果是，则获取对象中保存的用户名称、联系电话和联系地址。代码如下：

```
<?php
require_once 'Users.php';
session_start (); // 开始会话
if (isset ( $_SESSION ['ming'] )) {
    echo " 姓名： ".$_SESSION ['ming']->getName ()."<br/>";
    echo " 联系电话： ".$_SESSION ['ming']->getPhone ()."<br/>";
    echo " 联系地址： ".$_SESSION ['ming']->getAddress () . "<br/>";
} else {
    echo " 没有获取到 ming 变量的会话内容 ";
}
?>
```

04 运行 Session_put2.php 页面，如果页面显示“经成功保存了内容”提示信息，则表示创建的对象已经成功保存。

05 运行 Session3.php 页面获取对象的信息，效果如图 10-12 所示。

图 10-12 会话中保存的对象

注意

当在 Session 中存储对象时，必须在每一页包含类的属性与定义，否则将会出错。另外，PHP 的 Session 只能保存对象的数据，而不能保存对象的引用，例如数据库连接和文件句柄。

PHP 中的 Session 默认以文本文件的形式保存在同一个目录中，但是很多的文件在一个目录中保存时，会导致磁盘存取速度变得缓慢（一些操作系统对目录中的文件数量也存在着限制）。这时可以使用以下的方法进行解决：

- 分配每个用户的 Session 数据，保存到各自所属的目录中。
- 分割 Session 到更多层次的目录。

当并发访问很大或者 Session 建立太多时，在这两个目录下就会存在大量类似 sess_xxxxxx 的 Session 数据文件，同一个目录下文件数过多会导致性能下降，并容易受到攻击，进而会出现诸如文件系统错误等问题。因此，必须进行 Session 数据的存储优化，具体的实现方法是：在 php.ini 配置文件中设置 session.save_path 选项，默认情况下它是关闭的。

10.5.3　编码 Session 数据

PHP 默认是以标准化格式存储 Session 数据，并且各个 Session 变量之间都会以分号隔开。每个数据都由 3 部分组成：变量名称、值长度和值。基本语法格式如下：

```
变量名称 |s: 值长度 : 值 ;
```

除了以这种标准格式存储数据外，PHP 还提供了手动处理会话编码和解码的函数，会话编码通过 session_encode() 函数来实现。

session_encode() 函数会将当前会话数据编码为一个字符串。该函数返回一个字符串，该字符串包含有被编码的当前会话数据。基本形式如下：

```
string session_encode ( void )
```

【例 10-12】

下面通过 session_encode() 函数对 Session 中的内容进行编码，并将编码后的内容输出。操作步骤如下。

01 在创建 PHP 页面时，首先调用 session_start() 函数启动会话；然后分别向会话的变量中存储数据；最后调用 session_encode() 函数编码数据，编码后的数据保存到 $session_data 变量中。脚本代码如下：

```
<?php
session_start (); // 开始 Session
$_SESSION ["name"] = " 复方感冒灵颗粒 ";
$_SESSION ["factory"] = " 南阳好一生药业公司 ";
$_SESSION ["address"] = " 康健大药房 ";
$_SESSION ["create_time"] = "2016-11-14 18:48:33";
$_SESSION ["person"] = array ( 1 => " 陈会枝 ", 2 => " 杨玉楼 ", 3 => " 许一飞 ", 4 => " 张小小 ", 5 => " 池阳 " );
$session_data = session_encode (); // 编码数据，将结果保存到 $session_data 中
?>
```

02 在 PHP 页面的合适位置获取 $session_data 变量的值，并将其输出。代码如下：

```
<p>Session 中数据编码后的结果：</p><?php  echo $session_data; ?>
```

03 在浏览器中浏览 PHP 页面，查看效果，如图 10-13 所示。

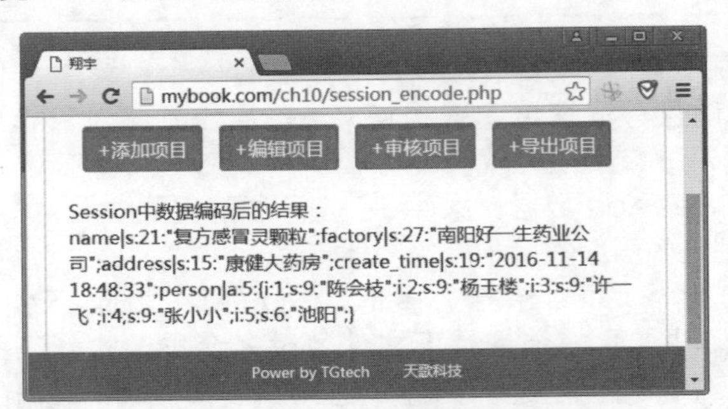

图 10-13 Session 编码数据的效果

10.5.4　解码 Session 数据

Session 中的数据通过编码函数进行编码以后，返回的字符串可以通过 session_decode() 函数进行解码。通过 session_decode() 函数解码之后，得到变量最初的格式，执行成功则返回 true，否则返回 false。基本形式如下：

```
bool session_decode(string $userstring)
```

【例 10-13】

下面创建 username 和 realname 两个会话变量，使用 session_encode() 函数对会话变量数据进行编码，然后再使用 session_decode() 函数进行解码。代码如下所示：

```
<?php
session_start ();
$_SESSION ['username'] = "admin";
$_SESSION ['realname'] = " 系统管理员 ";
$userinfo = session_encode ();                        // 编码会话变量
echo " 编码之后用户数据：" . $userinfo;                // 输出编码后的数据
echo "<br/>";
echo " 用户名：" . $_SESSION ['username'];              // 输出用户名
echo "<br/>";
echo " 真实姓名：" . $_SESSION ['realname'];            // 输出真实姓名
echo "<br/>";
session_decode ( $userinfo );                         // 解码会话变量
echo " 解码后变量数据：<br/>";
echo " 用户名：" . $_SESSION ['username'];              // 输出用户名
echo "<br/>";
echo " 真实姓名：" . $_SESSION ['realname'];            // 输出真实姓名
?>
```

执行上述代码，观察效果，运行效果如图 10-14 所示。

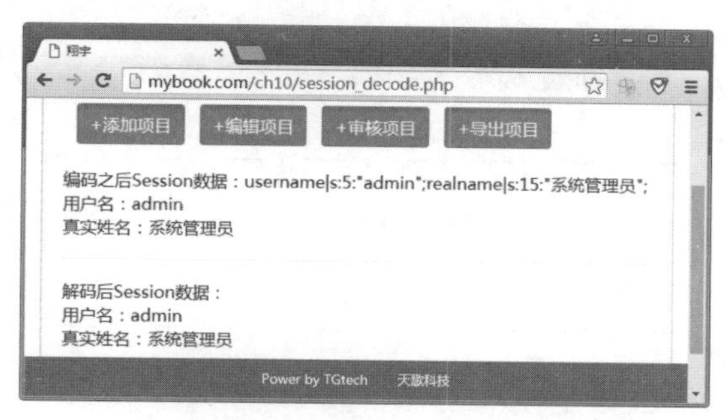

图 10-14 Session 解码数据的效果

10.5.5　删除 Session 数据

如果关闭浏览器则当前会话自动中断，而打开一个新的浏览器时，会自动打开一个新的会话。但是，在实际应用中，有时候也需要使用程序中断会话，或者删除会话变量，例如登录之后单击“安全退出”按钮，此时浏览器并没有关闭，所以应该手动将保存在 Session 中的信息删除。

PHP 中提供了 3 个与会话删除相关的函数，分别是 unset()、session_unset() 和 session_destroy()，具体使用方法如下。

1. unset() 函数

PHP 中提供的 unset() 函数用于删除指定的变量。当然也可以释放当前在内存中已经创建的所有 $_SESSION 变量，但是不会删除 Session 文件以及不释放对应的 Session ID。unset() 函数删除会话变量的形式如下：

```
unset($_SESSION[key]);
```

【例 10-14】

下面分别创建 username 和 realname 会话变量，并且分别为这两个变量进行赋值。输出 username 会话变量的值，然后再调用 unset() 函数删除该会话变量，再次调用 $_SESSION["username"] 输出其值。实现代码如下：

```
<?php
session_start ();                                          // 启动会话
$_SESSION ['username'] = "admin";                          // 保存 username 会话变量
$_SESSION ['realname'] = " 系统管理员 ";                    // 保存 realname 会话变量
echo "username 会话变量的值是：".$_SESSION["username"];
unset($_SESSION["username"]);                              // 删除 username 会话变量
echo "username 会话变量的值是：".$_SESSION["username"];
?>
```

2. session_unset() 函数

session_unset() 函数用于清除存储在当前会话中的所有变量，这样能有效地将会话重置为创建时的状态（没有注册任何会话变量的状态）。基本形式如下：

```
void session_unset();
```

⚠注意

使用 session_unset() 函数并不是从存储机制中完全删除会话。如果希望完全删除会话，需要使用函数 session_destroy()。

3. session_destroy() 函数

session_destroy() 函数从存储机制中完全删除会话，使当前会话失效。基本形式如下：

```
bool session_destroy()
```

⚠注意

使用 session_destroy() 函数并不会销毁用户浏览器中的任何 Cookie，如果用户不想在会话之后使用 Cookie，只需要在 php.ini 文件中将 session.cookie_lifetime 设置为 0。

【例 10-15】

在下面的代码中，通过 isset() 函数判断是否已经设置 username 会话变量。如果返回值为 true 则调用 session_destroy() 函数销毁会话并输出提示；如果返回值为 false，则直接输出提示。代码如下：

```
<?php
if (isset ( $_SESSION["username"] )) {
    $username = "<p/> 删除会话 .";
    session_start ();
    session_destroy ();
} else {
    $username = "<p/> 没有可删除的会话 !";
}
?>
Name:<?=$username?>
```

10.5.6 Session 的缓存

Session 缓存是将网页中的内容临时存储到 IE 浏览器的 Temporary Internet Files 文件夹下，并且可以设置缓存的时间。当第一次浏览网页后，页面的部分内容在规定的时间内就被临时存储在客户端的临时文件夹中。这样，在下次访问这个页面时，就可以直接读取缓存中的内容，从而提高网站的加载和响应速度。

Session 缓存的完成，使用的是 session_cache_limiter() 函数，其语法如下：

```
string session_cache_limiter([stirng cache_limiter])
```

其中 cache_limiter 参数的值可以为 public 或者 private，这里的缓存指的是客户端缓存，而非服务器端。

如果要设置缓存的时间，可以使用 session_cache_expire() 函数，其语法如下：

```
Int session_cache_expire([int new_cache_expire])
```

其中 new_cache_expire 是指 Session 缓存的时间数字，单位为分钟。

session_cache_limiter() 函数和 session_cache_expire() 函数在实际时使用时，必须放在 session_start() 函数之前，否则调用会出错。例如，下面的示例代码演示了它们的使用方法：

```
<?php
session_cache_limiter('private');
$cache_limit = session_cache_limiter();   // 开户客户端缓存
session_cache_expire(30);
$cache_expire = session_cache_expire()  // 设置客户端缓存时间为 30 分钟
session_start();                                    // 开启会话
?>
```

10.6　高手带你做——实现购物车

目前网上购物是最流行的，我们只需要在购物网站上注册一个用户，就可以进行购物了。看到喜欢的商品可以单击“放入购物车”按钮，然后再进行网上支付或者以货到付款的方式来进行交易。如果不想购买购物车中的商品，我们也可以单击“清空购物车”按钮将商品清空。瞧，这样是不是很方便呢。下面讲解如何实现一个基于 Session 的购物车。

【例 10-16】

实例中采用数组的方式来保存购物车中的图书列表。用户可以选择将一本图书添加到购物车中、查看购物车中的商品、更新商品数量、从购物车中移除一件商品甚至清除整个购物车。

当然，用户的整个购物过程前提是登录成功，否则将不能进行下一步操作。

具体步骤如下所示。

01 在图书网站的 index.html 页面中添加一个用户登录表单。当用户输入用户名和密码之后，可以单击“登录”按钮，登录到商品浏览页面进行购物。代码如下所示：

```
<h2><img src="imgs/bullet1.gif" /> 用户登录 </h2>
<table width="392" height="96" border="0" cellpadding="0" cellspacing="0">
 <form name="form1" method="post" action="loginCheck.php">
  <tr>
   <td width="138" height="35"> 用户名：
    <input name="user" type="text" id="user3" size="15"></td>
  </tr>
  <tr>
   <td height="29"> 密    码：
    <input name="pass" type="password" id="pass2" size="15"></td>
  </tr>
  <tr>
   <td height="32"><input type="submit" value=" 登录 "/></td>
  </tr>
 </form>
</table>
```

在上述代码中，表单将提交到 loginCheck.php 文件进行处理。

02 新建一个 loginCheck.php 文件作为登录验证页面。由于使用的是 POST 方式提交，因此这里使用 $_POST 来获取用户名和密码，并进行判断。如果正确，则将用户信息存储到 Session 中，并提示登录成功，再转到图书列表页面。实现代码如下所示：

```
<title> 用户登录验证 </title>
<?php
session_start();
$user=trim($_POST['user']);                          // 获取表单提交过来的用户名
$pass=trim($_POST['pass']);                          // 获取表单提交过来的密码
if($user=="admin" && $pass=="admin"){  // 判断用户和密码是否正确
    echo " 登录成功 !";
    $_SESSION['user']=$user;
    $_SESSION['pass']=$pass;
    $_SESSION['producelist']="";             // 发给用户一个购物车
    $_SESSION['quantity']="";                        // 初始化购物车内没有商品
    echo "<meta http-equiv=\"refresh\" content=\"3;url=books.php\">3 秒钟转入主页 , 请稍等 ......";
}else{
    echo "<script>alert(' 登录失败 !');history.back();</script>";
}
?>
```

03 创建一个 conn.php 文件，将它作为数据源的保存页面。在这里创建一个数组保存图书信息，本示例中包含 4 本图书的代码如下所示：

```
<?php
$goods=array(
    array("id"=>1,"number"=>"T12345", "name"=>" 电脑入门实用宝典 ", "price"=>18, "image"=>"1.jpg"),
    array("id"=>2,"number"=>"R45689", "name"=>"C++ Primer 中文版 ", "price"=>99, "image"=>"2.jpg"),
    array("id"=>3,"number"=>"Y78521", "name"=>"Ansible 权威指南 ", "price"=>92, "image"=>"3.jpg"),
    array("id"=>4,"number"=>"Y78481", "name"=>" 支付宝体验设计精髓 ", "price"=>92, "image"=>"4.jpg")
);
?>
```

04 从 loginCheck.php 文件的代码中可以看到，登录成功之后将跳转到 books.php 文件，它显示的是所有图书。这一步创建 books.php 文件，在该文件中首先使用 include() 函数导入连接数据库文件 conn.php，然后判断 Session 会话中的 user 和 pass 是否为空，为空提示未登录，并在 3 秒钟后自动跳转到用户登录页面，不为空，将为用户展现商品信息，用户可以进行购物。实现代码如下所示：

```
<h1> 图书列表 </h1>
<?php
 session_start();                                                         // 开始 Session
 include("conn.php");                                                     // 引入图书数据
 if($_SESSION['user']=="" && $_SESSION['pass']==""){
 echo " 对不起 , 您没有正确登录本站 !!";                 // 如果未登录，直接打开本页面的提示
```

```
echo "<meta http-equiv=\"refresh\" content=\"3 url=login.php\">3 秒后转入登录页面 ......";
}else{
?>
<table class="cart_table">
<tr class="cart_title">
<th width="62"> 编号 </th>
<th width="76" height="32"> 封面 </th>
<th width="151"> 图书名称 </th>
<th width="49"> 价格 </th>
<th width="78"> 操作 </th>
</tr>
<?php
foreach ($goods as $myrow) {                                    // 遍历数组，显示所有图书信息
?>
<tr>
<td><?php echo $myrow["number"];?></td>
<td><img src="pics/<?php echo $myrow["image"];?>" alt="" title="" border="0" class="cart_thumb" /></td>
<td><?php echo $myrow["name"];?></td>
<td><?php echo $myrow["price"];?></td>
<td><a href="shop_success.php?lmbs=<?php echo $myrow['id'];?>"> 添加到购物车 </a></td>
</tr>
<?php }?>
</table>
<?php }?>
<p><a href="cart.php"> 查看购物车 </a></p>
```

05 新建一个 shop_success.php 文件，在该文件中判断用户是否将同种商品重复添加到购物车中，重复添加商品会提示用户该商品已在购物车中。如果是第一次添加，则跳转到购物车页面，实现代码如下所示：

```
<?php
session_start();
if($_SESSION['user']==""&&$_SESSION['pass'])
{
    echo "<script>alert(' 请先登录后购物 !');history.back();</script>";
    exit;
}
$lmbs=strval($_GET['lmbs']);                                  // 获取变量的字符串值
$array=explode("@",$_SESSION['producelist']);               // 分隔后的字符串返回到数组变量中
for($i=0;$i<count($array)-1;$i++)
{
    if($array[$i]==$lmbs)
    {
```

PHP 编程

```
            echo "<script>alert(' 该商品已经在您的购物车中 !');history.back();</script>";
            exit;
        }
    }
    $_SESSION['producelist']=$_SESSION['producelist'].$_GET['lmbs']."@";
    $_SESSION['quantity']=$_SESSION['quantity']."1@";
    header("location:cart.php");                                    // 跳转到购物车页面
    ?>
```

06 在 shop_success.php 文件的最后将转到 cart.php 文件，它是真正购物车的显示页面。在这里显示了商品的编号、商品价格、购买数量、合计、商品总计，以及移除商品和清空购物车的链接等。实现代码如下所示：

```
<h1> 图书列表 </h1>
<?php
session_start();
include("conn.php");
if($_SESSION['user']==""){
   echo "<script>alert(' 请先登录，后购物 !');history.back();</script>";
exit; }
?>
     当前用户： <?php echo $_SESSION['user'];?> | <a href="books.php"> 返回购物列表 </a>
     | <a href="cart.php?qk=yes" style="color:#000"> 清空购物车 </a><br />
     <br />
     <?php
   session_register("total");
   if($_GET['qk']=="yes"){
    $_SESSION['producelist']="";
    $_SESSION['quantity']=""; }
    $arraygwc=explode("@",$_SESSION['producelist']);
    $s=0;
    for($i=0;$i<count($arraygwc);$i++){
     $s+=intval($arraygwc[$i]);                         // 获取变量的整数值
     }
    if($s==0){
   echo "<tr>";
        echo" <td height='25' colspan='6' bgcolor='#FFFFFF' align='center' style='color:black'> 您的购物车为空 !</td>";
        echo"</tr>";
   }else{
    ?>
     <form name="form1" method="post" action="cart.php">
       <table class="cart_table">
         <tr class="cart_title">
```

```
        <th width="55"> 编号 </th>
        <th width="146" height="32"> 图书名称 </th>
        <th width="51"> 数量 </th>
        <th width="44"> 价格 </th>
        <th width="44"> 合计 </th>
        <th width="72"> 操作 </th>
      </tr>
      <?php
    $total=0;
    $array=explode("@",$_SESSION['producelist']);
  $arrayquantity=explode("@",$_SESSION['quatity']);
  while(list($name,$value)=each($_POST)){
  //list 把数组中的值赋给一些变量，each 返回数组中当前的键 / 值对并将数组指针向下移动一次
   for($i=0;$i<count($array)-1;$i++){
     if(($array[$i])==$name){
    $arrayquantity[$i]=$value; }
    }
   }
    $_SESSION['quatity']=implode("@",$arrayquantity);
  for($i=0;$i<count($array)-1;$i++){
    $lmbs=$array[$i];
    $num=$arrayquantity[$i];
      if($lmbs!=""){
         foreach ($goods as $myrow) {
              if($myrow["id"]==$lmbs)
              $info=$myrow;
         }
     $total1=$num*$info["price"];
     $total+=$total1;
     $_SESSION["total"]=$total;
?>
     <tr>
      <td><?php echo $info["number"];?></td>
      <td><?php echo $info["name"];?></td>
      <td><input type="text" name="<?php echo $info['id'];?>" size="2" class="inputcss" value=<?php echo $num;?>></td>
      <td><?php echo $info["price"];?> 元 </td>
      <td><?php echo $info["price"]*$num." 元 ";?></td>
      <td><a href="delete.php?id=<?php echo $info['id']?>" style="color:red"> 移除 </a></td>
     </tr>
     <?php    }
      }
    ?>
     <tr>
```

```
<td colspan="2"><input type="submit" value=" 更改商品数量 " class="buttoncss"></td>
    <td colspan="3" class="cart_total"><span class="red"> 总计 :</span></td>
    <td><?php echo $total;?>$</td>
  </tr>
 </table>
</form>
<?php }?>
```

07 当在 cart.php 中单击“移除”链接时将转到 delete.php 文件，并传递一个 id 参数，表示要删除的商品编号。创建 delete.php 文件，从 Session 中找到与编号相同的商品并删除，实现代码如下所示：

```
<?php
$id=$_GET['id'];                                          // 获取要移除的商品编号
session_start();
$arraysp=explode("@",$_SESSION['producelist']);
$arraysl=explode("@",$_SESSION['quatity']);
for($i=0;$i<count($arraysp);$i++)
{
    if($arraysp[$i]==$id)
    {
        $arraysp[$i]="";
        $arraysl[$i]="";
    }
}
$_SESSION['producelist']=implode("@",$arraysp);
$_SESSION['quatity']=implode("@",$arraysl);
header("location:cart.php");
?>
```

08 至此，购物车功能的所有代码就编写完成了。在浏览器中，从 index.html 页面打开登录表单，效果如图 10-15 所示。

09 输入用户名和密码，单击【登录】按钮进行验证，如果失败将看到图 10-16 所示的提示。

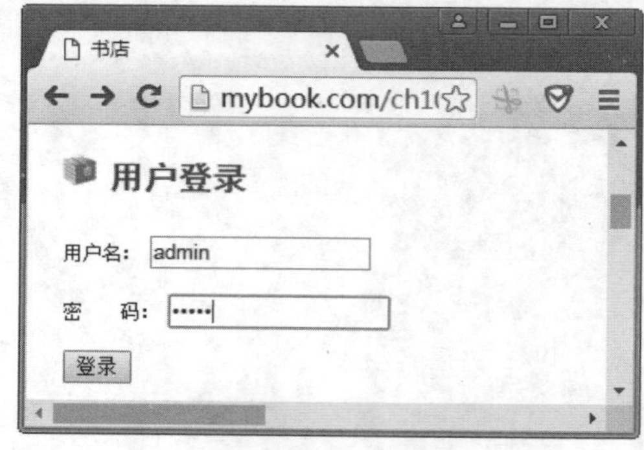

图 10-15 用户登录表单

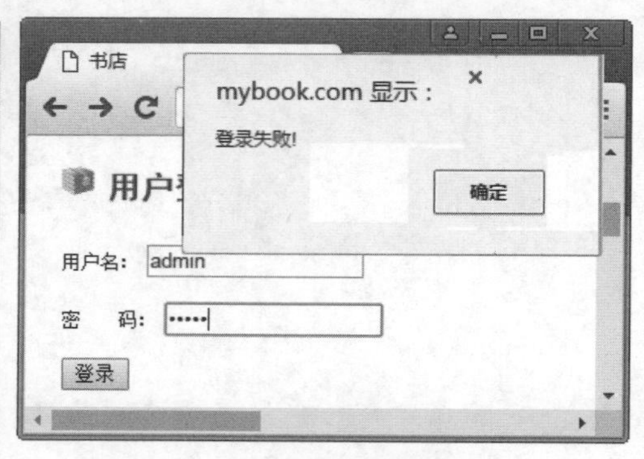

图 10-16 登录失败的提示

10 登录成功，将看到图 10-17 所示的提示，等待 3 秒后转到图书列表页面，显示效果如图 10-18 所示。

11 在页面中单击【添加到购物车】链接，将图书添加到购物车，如图 10-19 所示为添加两个商品后的购物车效果。

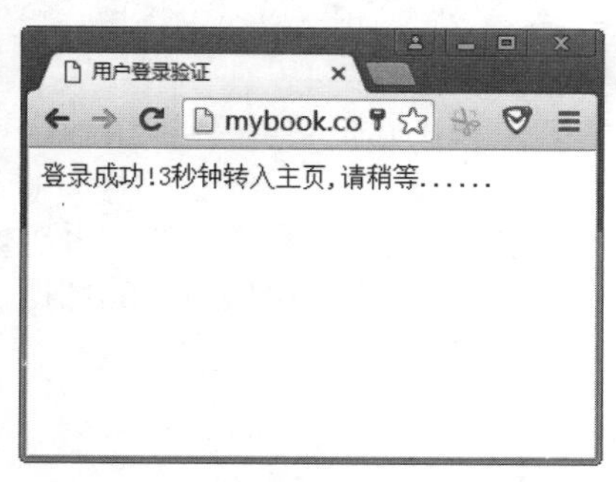

图 10-17　登录成功的提示

图 10-18　图书列表

图 10-19　查看购物车

12 在购物车页面中还可以更改购买的数量。方法是在商品的数量文本框中输入数量之后单击【更改商品数量】按钮，此时合计和总计都将随之更新，如图 10-20 所示。

13 还可以单击【移除】链接删除一件商品。如果单击【清空购物车】链接，将没有一件商品，效果如图 10-21 所示。

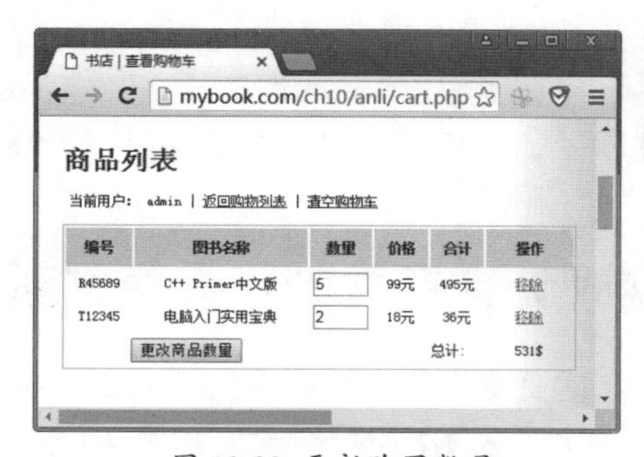

图 10-20　更新购买数量

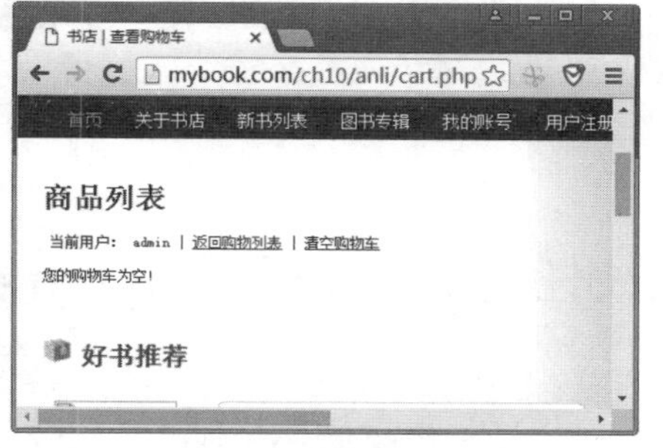

图 10-21　清空购物车

14 清空购物车之后，可以通过购物车中的【返回购物列表】链接重新来选择商品。

试一试

一个完整的购物车并不仅仅是本章实战所介绍的这些，而且如果商品过多时，需要连接数据库从数据库中动态读取内容。读者可以使用 Session 重新实现购物车的功能，也可以在本节的基础上进行完善。

10.7　高手带你做——认识 Cookie 与 Session 的区别

Session 和 Cookie 完美地解决了无连接性质的 HTTP 协议，被广泛采用在网站开发领域中，用于保存用户信息，追踪个人和企业的交易等。但是它们也有各自的优点和缺点，如下列出了 Cookie 与 Session 的主要区别：

- Cookie 保存在客户端，客户端知道其中的意思；Session 保存在服务器端，客户端不知道其中的意思。
- Cookie 中如果设置了路径参数，那么同一个网站中不同路径下的 Cookie 互相是访问不到的；Session 不区分路径，一位用户在访问一个网站期间，所有的 Session 在任何一个地方都可以访问到。
- Cookie 没有 Session 安全，即 Cookie 安全性低；Session 安全性高。
- Session 需要借助 Cookie 才能正常工作，如果客户端完全禁止 Cookie，Session 将失效。
- 一般情况下，Session 适用于单次访问的情况，例如网上银行，当用户异常断线或者超时未操作等，Session 会根据时间自动中断连接；而 Cookie 则适合于更加持久的数据存储，例如论坛访问，用户都很希望登录一次，下次就不需要再输入登录信息了。

10.8 成长任务

成长任务 1：通过 Session 和 Cookie 存储用户登录信息

创建一个登录页面，在页面中输入登录名和密码，并且选择 Cookie 的有效时间，如果登录名和密码都是 123456，那么将输入的登录名和密码通过 Session 保存起来，选择的 Cookie 有效时间通过 Cookie 进行设置，并且跳转到另一个页面进行验证，输入登录名、密码和 Cookie 的有效时间。

成长任务 2：通过 Session 实现计数器并禁止页面刷新

任务要求：开启 Session，并定义一个临时会话变量，若临时会话变量为空，表示第一次登录，为临时会话变量赋值。否则的话，弹出对话框，提示用户不可以刷新页面，并将页面窗口关闭。声明一个统计页面访问量的计数器变量，用户每访问一次变量加 1，执行效果如图 10-22 所示。

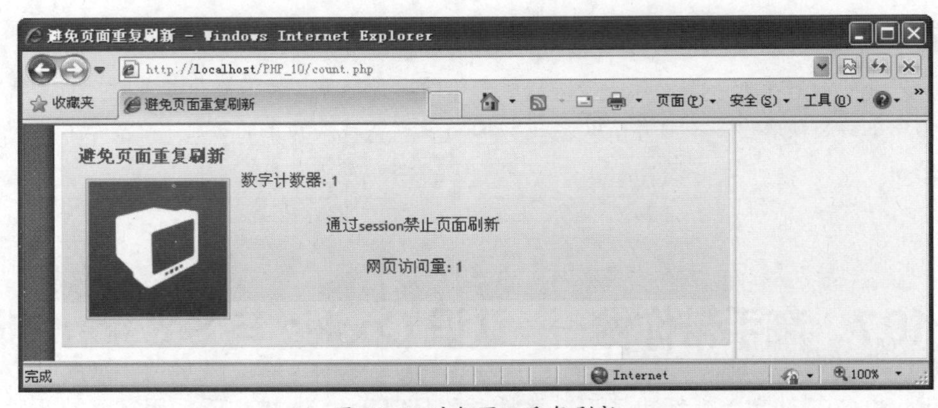

图 10-22 避免页面重复刷新

第 11 章

数据库编程

在掌握 PHP 开发网站的基本技术之后，在网站应用中还有一个非常重要的技术，就是数据库。网站的后端数据库中放置着网站所有的数据，因此只有掌握好数据库的技术，才能够构建强大的网站。虽然可以直接对数据库进行操作，但是对于 Web 系统而言，更多是使用程序对数据库进行相关操作。例如，读取数据库信息、从数据库查询信息等。本章将详细介绍 PHP 操作和管理 MySQL 数据库的相关知识。

本章学习要点

◎ 掌握 MySQL 数据库的安装和配置
◎ 了解 PHP 连接 MySQL 的方式
◎ 掌握 mysqli 连接数据库的方法
◎ 掌握如何执行 SQL 更新语句
◎ 掌握 mysqli_result 类的常用方法
◎ 熟练使用 fetch_row() 和 fetch_array() 方法
◎ 熟练使用 fetch_assoc() 和 fetch_object() 方法
◎ 熟练使用预处理语句处理数据
◎ 了解数据库乱码的解决办法
◎ 理解数据库事务处理

扫一扫，下载
本章视频文件

 11.1　MySQL 数据库

MySQL 是一个开放源码的关系型数据库管理系统，由 MySQL AB 公司 (被 Oracle 收购) 开发。目前 MySQL 被广泛地应用在 Internet 上的网站中。由于其体积小、速度快、总体拥有成本低，很多网站都选择 MySQL 作为数据库，如 Yahoo 和 Google 等。本节介绍 MySQL 数据库的安装、配置和基本管理操作。

11.1.1　安装 MySQL 数据库

在使用 MySQL 之前，首先要从 MySQL 的官方网站 http://www.mysql.com 找到关于 MySQL 的最新版本信息。下面详解介绍具体的安装过程。

【例 11-1】

从 MySQL 官方网站下载 Windows 版本的 MySQL 安装程序。例如，这里以 5.5.8 为例，得到名为 mysql-5.5.8-win32.msi 的文件，然后双击该文件开始安装。

01 打开如图 11-1 所示的欢迎安装 MySQL 界面。

02 单击 Next 按钮，弹出是否同意安装协议界面，如图 11-2 所示。在这里启用 I accept the terms in the License Agreement 复选框。

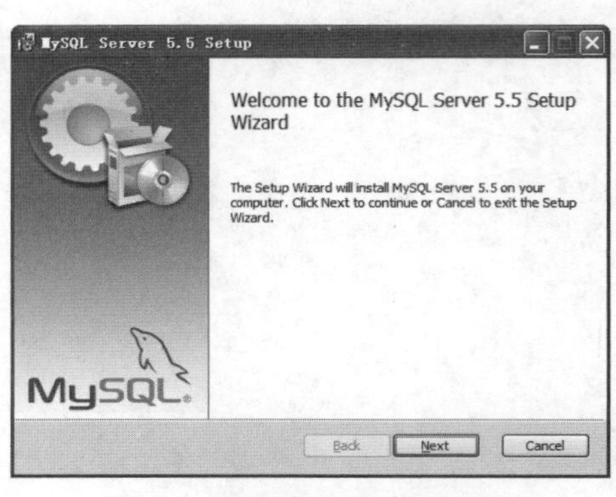

图 11-1　欢迎安装 MySQL 界面

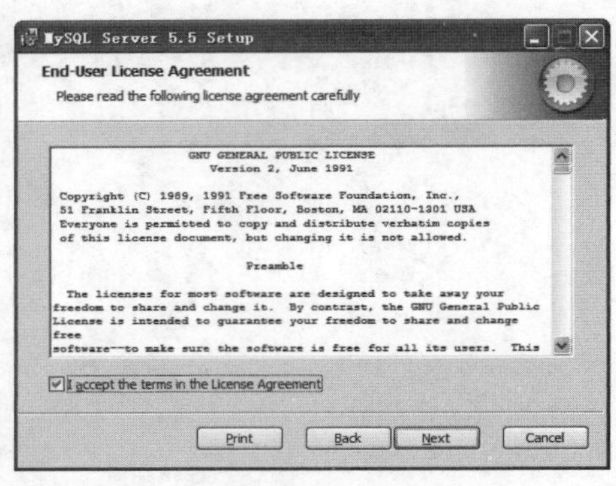

图 11-2　是否同意安装协议界面

03 单击 Next 按钮，弹出选择安装类型界面，有 3 个选择项：Typical(典型安装)、Complete(安全安装) 和 Custom(自定义安装)，如图 11-3 所示。

04 单击选择安装类型对话框中的 Custom 按钮，进入选择组件界面，如图 11-4 所示。

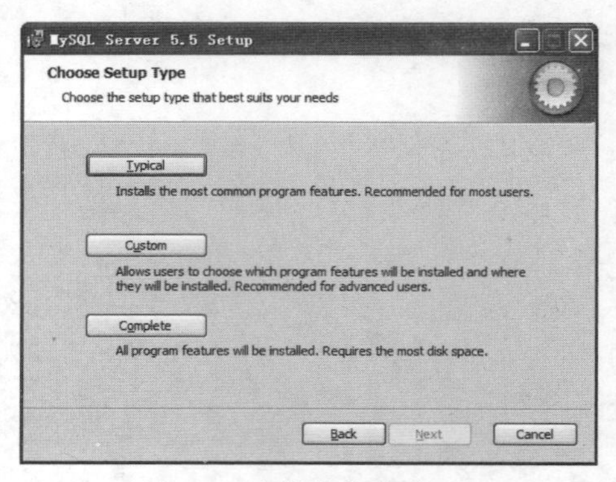

图 11-3　选择安装类型界面

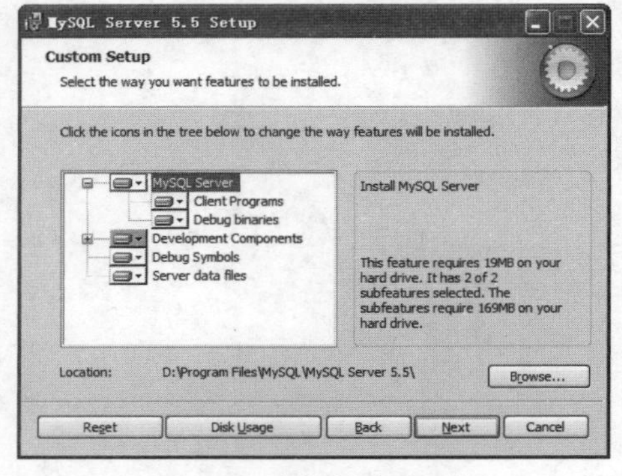

图 11-4　选择组件界面

05 选择所有的组件之后，单击 Browse 按钮改变安装路径，这里使用的安装路径为“D:\Program Files\MySQL\MySQL Server 5.5”。然后单击 Next 按钮，进入准备安装界面，如图 11-5 所示。

06 单击 Install 按钮开始安装 MySQL，如图 11-6 所示。安装过程中会弹出 MySQL Enterprise 对话框，如图 11-7 所示。

07 单击 MySQL Enterprise 对话框中的 Next 按钮，进入如图 11-8 所示的界面。

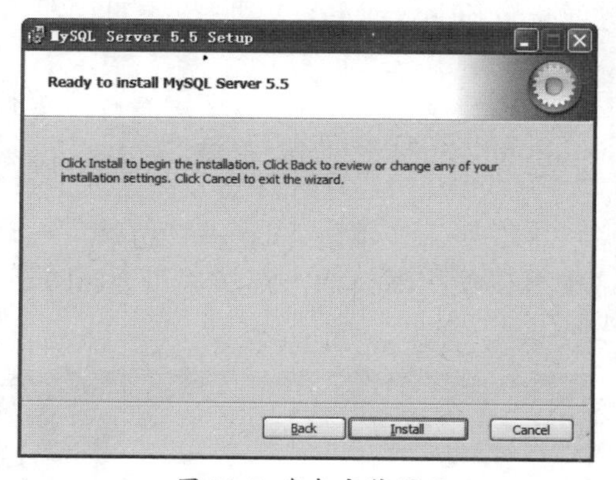

图 11-5 准备安装界面

图 11-6 开始安装 MySQL

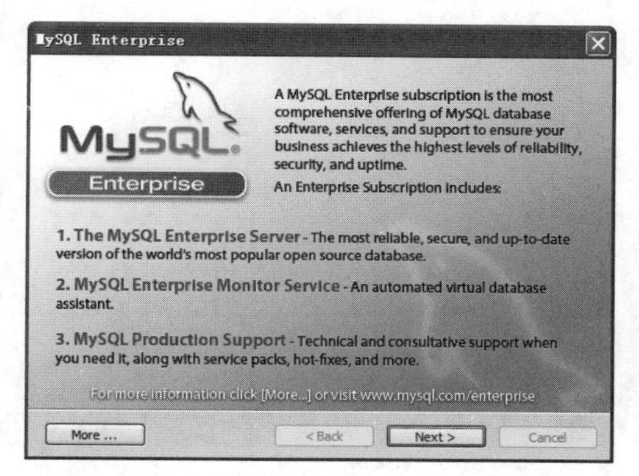

图 11-7 MySQL Enterprise 对话框

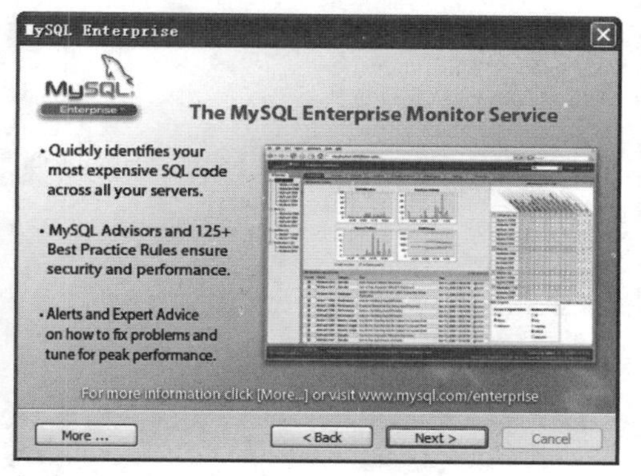

图 11-8 Monitor Service 界面

08 单击图 11-8 中的 Next 按钮，进入完成安装界面，如图 11-9 所示。直接单击 Finish 按钮，即可关闭对话框，结束安装过程。此时可能会弹出如图 11-10 所示的对话框。

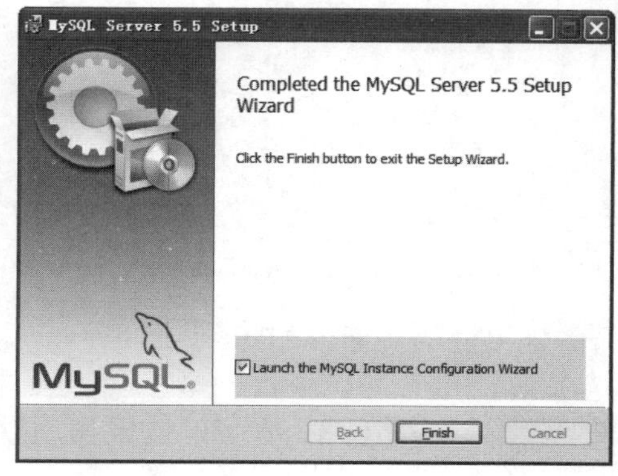

图 11-9 完成安装界面

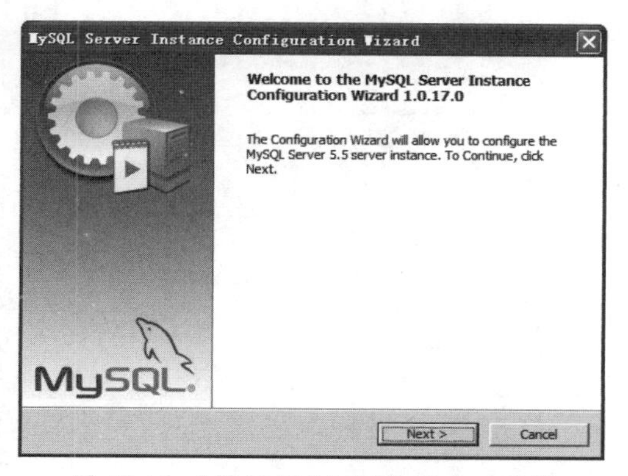

图 11-10 欢迎配置 MySQL 服务对话框

11.1.2 配置 MySQL 数据库

MySQL 安装完成之后，必须先进行配置才能使用。配置可以在安装完成之后立即进行，也可以在其他时候手动进行配置。这里推荐采用第一种方式，而且在安装完成之后，默认会启用开始配置选项，即如图 11-9 所示底部的 Launch the MySQL Instance Configuration Wizard 复选框。

01 选中此项之后，单击 Finish 按钮，将弹出欢迎配置 MySQL 服务的对话框，如图 11-10 所示。

02 单击 Next 按钮，进入选择配置类型界面，如图 11-11 所示。在这里有两个选择项：Detailed Configuration(详细配置) 和 Standard Configuration(标准配置)，选择第一个，然后单击 Next 按钮。

03 出现选择使用服务器类型的界面，如图 11-12 所示。单击 Next 按钮继续，出现选择使用数据库类型的界面，如图 11-13 所示，在这里直接使用默认值，然后单击 Next 按钮，进入为数据库选择存储驱动器的界面，如图 11-14 所示。

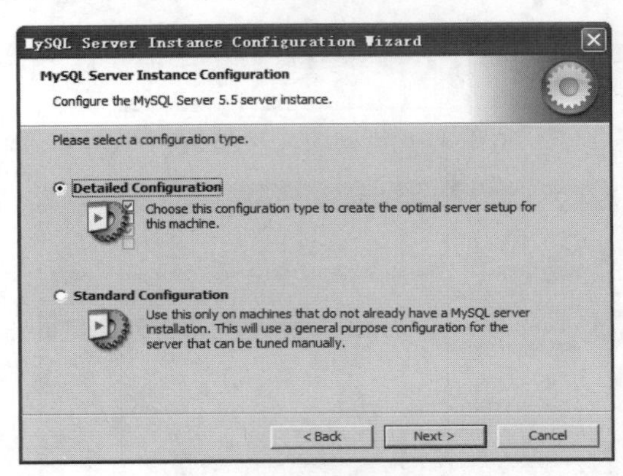

图 11-11 选择配置类型界面

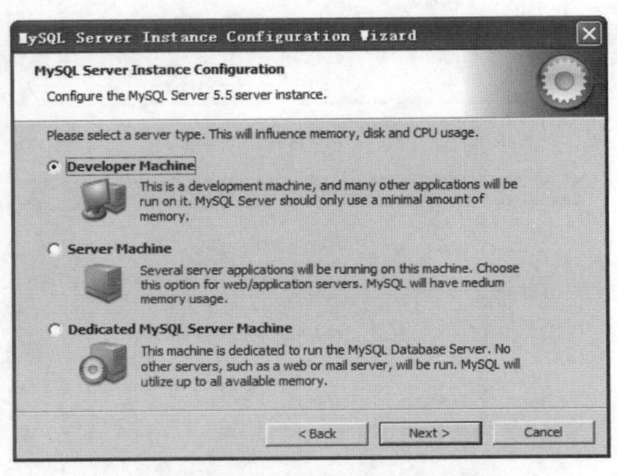

图 11-12 选择服务类型界面

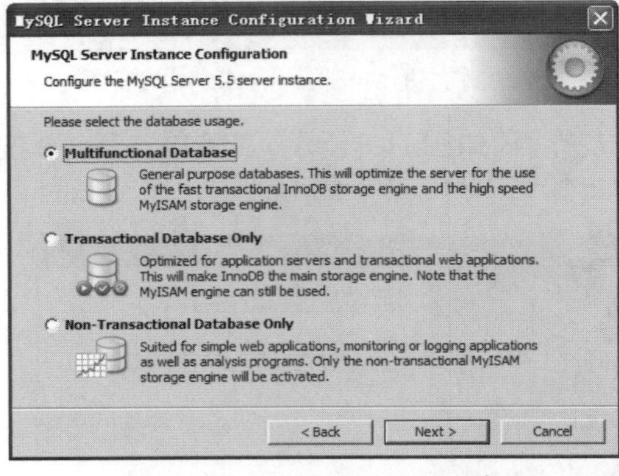

图 11-13 选择所使用的数据库

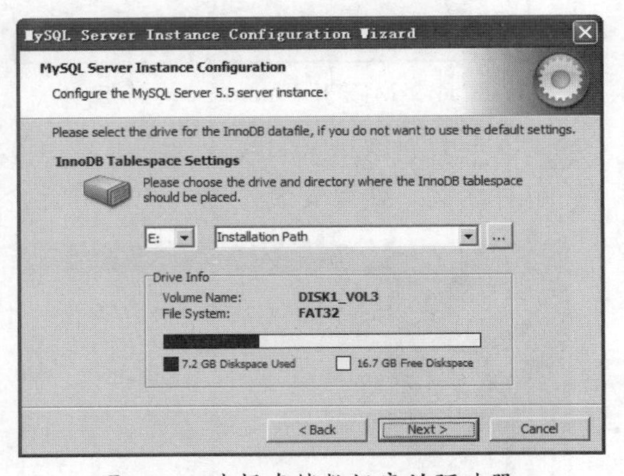

图 11-14 选择存储数据库的驱动器

04 单击 Next 按钮，进入选择同时最多执行的连接数的界面，如图 11-15 所示。这里同样选择默认值，即 Decision Support(DSS)/OLAP 选项。

05 单击 Next 按钮，出现选择数据库端口的界面，如图 11-16 所示。这里使用默认的 3306 端口号。

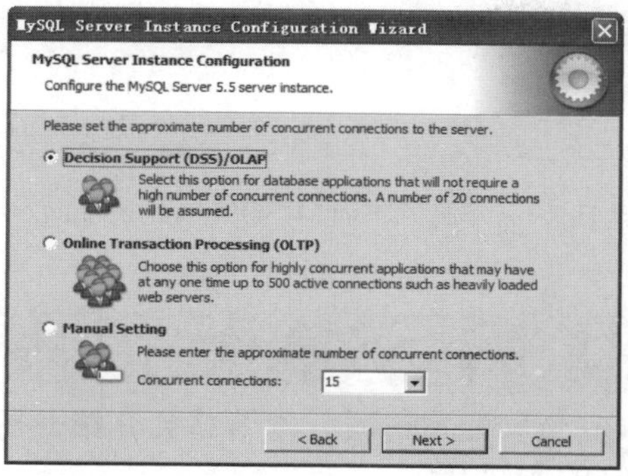

图 11-15 选择同时最多执行的线程数

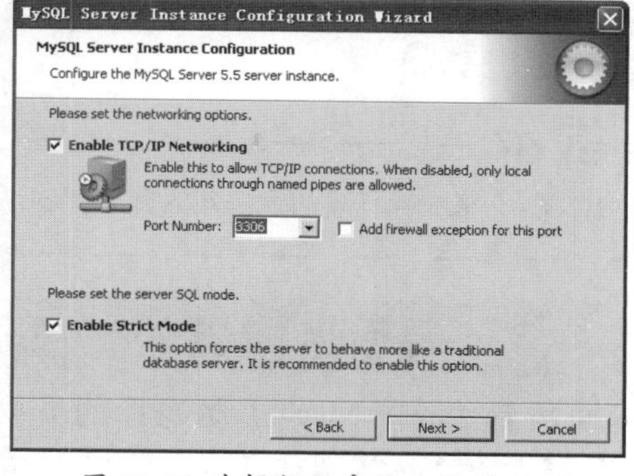

图 11-16 选择数据库端口号界面

06 单击选择数据库端口号界面中的 Next 按钮，进入字符集选择界面，如图 11-17 所示。在这里选择最后一个选项，并且选择 utf8 字符集。

注意

如果使用非 utf8 字符集，那么本书后面读取数据库中的数据时，汉字将显示为乱码。

07 选择字符集后，单击 Next 按钮，出现配置 Windows 选项界面，如图 11-18 所示。在这里选中 Include Bin Directory in Windows PATH 选项，该选项表示将 MySQL 路径添加到 Windows 的环境变量中。

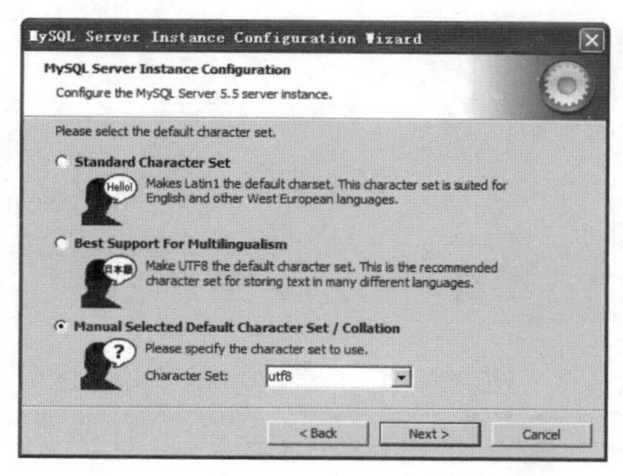

图 11-17 选择数据库使用的字符集

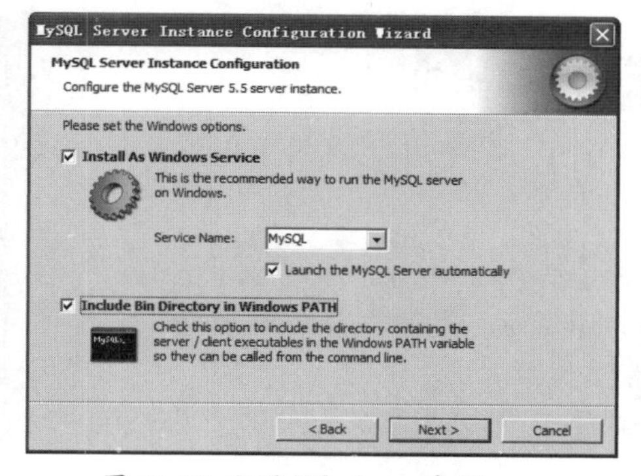

图 11-18 配置 Windows 选项

08 单击 Next 按钮，为 MySQL 数据库设置密码，如图 11-19 所示。设置完密码之后，单击 Next 按钮，出现保存 MySQL 设置界面，如图 11-20 所示。

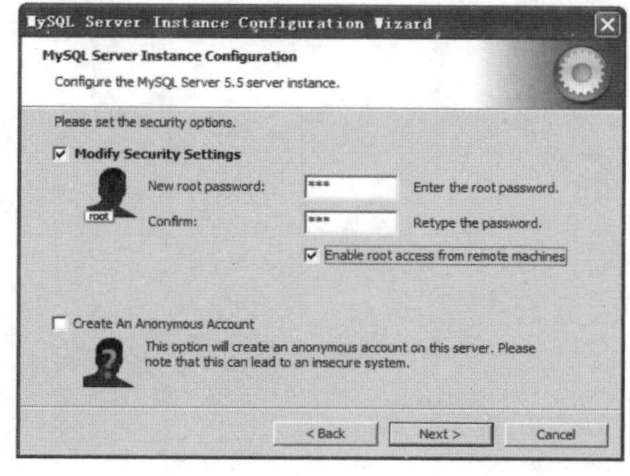

图 11-19 为数据库设置密码

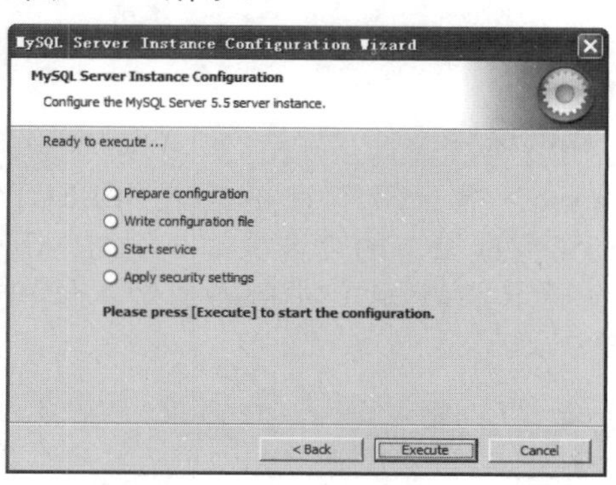

图 11-20 保存配置界面

09 单击 Execute 按钮来保存设置。如果保存成功，会弹出保存成功的对话框，最后单击 Finish 按钮，完成配置。

提示

手动配置 MySQL 数据库的方法是运行 MySQL 安装目录 bin 子目录下的 MySQLInstanceConfig.exe 程序。

11.1.3　高手带你做——MySQL 快速入门操作

在前面两节完成了 MySQL 数据库的下载、安装和配置过程。本节将会介绍一些最常用的 MySQL 操作方法，帮助读者快速掌握 MySQL 的入门操作。

1. 设置管理员密码

MySQL 数据库的系统管理员账号是 root，在配置时，可以为它指定一个密码。如果要更改这些密码，首先应以 root 身份连接到 MySQL 服务器，然后通过 mysql -u root 命令完成。该命令使用 mysql 程序连接到服务器。

出现 mysql 提示符之后，使用如下命令为系统管理员设置密码：

```
mysql> set password for root=password("123456")
```

执行后，root 用户的密码被设置为 123456。还可以使用同样的命令对其他用户进行设置或更改密码。

2. 退出 MySQL 服务器

在 mysql> 提示符下输入 quit 即可退出交互的操作界面：

```
[root@zht ~]# mysql -p
Enter password:
mysql> quit
Bye
```

或者：

```
mysql> \q
Bye
```

3. 查询操作

在 mysql> 提示符下直接输入 SELECT 语句，即可完成简单的查询操作。例如，下面的命令显示了 MySQL 服务器的版本号和当前日期：

```
mysql> select version(),current_date();
+-----------+---------------------+
```

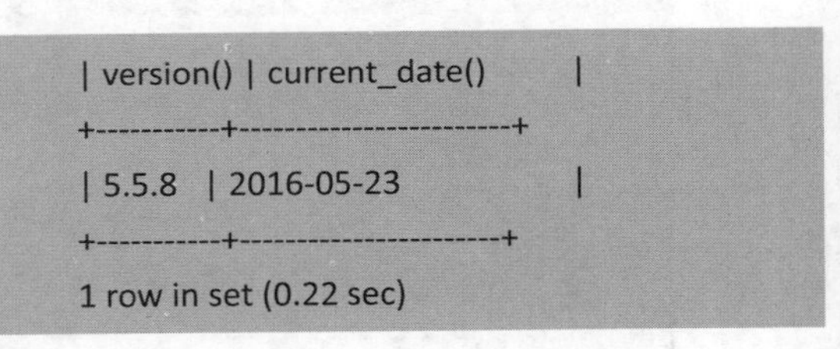

```
| version() | current_date()       |
+-----------+---------------------+
| 5.5.8    | 2016-05-23           |
+-----------+---------------------+
1 row in set (0.22 sec)
```

这里要注意的是，mysql 命令不区分大小写。

4. 多行语句操作

如果一条 SQL 语句比较长，可将其分成多行来输入，并在最后输入分号“;”作为结束。这种方法需要注意 SQL 语句中的逗号与结束符分号之间的用法。例如下面的代码：

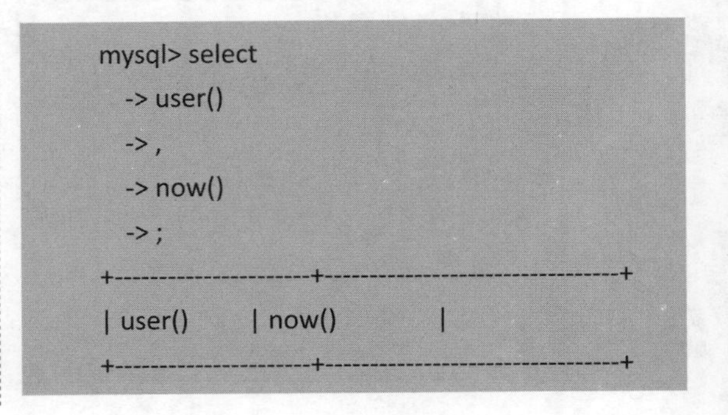

```
mysql> select
   -> user()
   -> ,
   -> now()
   -> ;
+--------------------+-----------------------------+
| user()       | now()          |
+--------------------+-----------------------------+
```

```
| root@localhost | 2016-05-23 23:19:17  |
+--------------------+----------------------------+
1 row in set (0.00 sec)
```

5. 一次执行多条命令

如果用户需要一次执行多条语句，可以直接以分号分隔每个语句，如下所示：

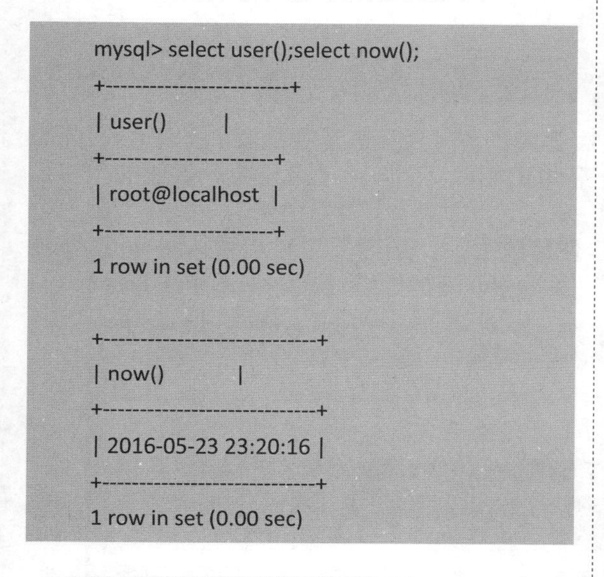

```
mysql> select user();select now();
+---------------------+
| user()        |
+-------------------+
| root@localhost  |
+-------------------+
1 row in set (0.00 sec)

+------------------------+
| now()            |
+------------------------+
| 2016-05-23 23:20:16 |
+------------------------+
1 row in set (0.00 sec)
```

6. 显示数据库列表

使用 show database 命令可以显示当前服务器上已经存在的数据库列表：

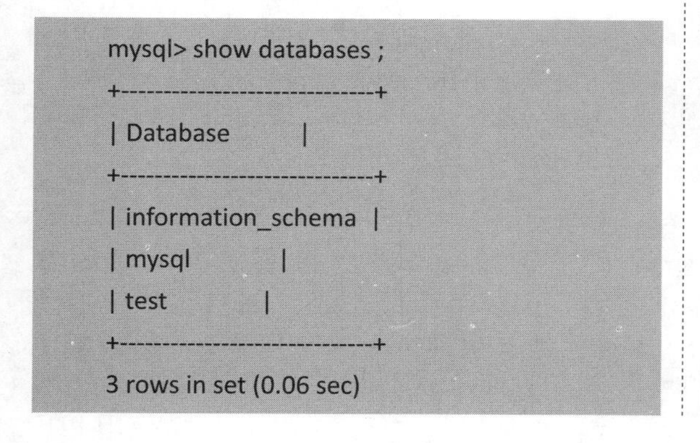

```
mysql> show databases ;
+-------------------------+
| Database        |
+-------------------------+
| information_schema  |
| mysql             |
| test            |
+-------------------------+
3 rows in set (0.06 sec)
```

7. 打开数据库并显示

当 MySQL 数据库服务器上存在多个数据库时，可使用“use 数据库名”命令进入指定的数据库。使用“select database()”命令可显示当前所在的数据库。如下所示：

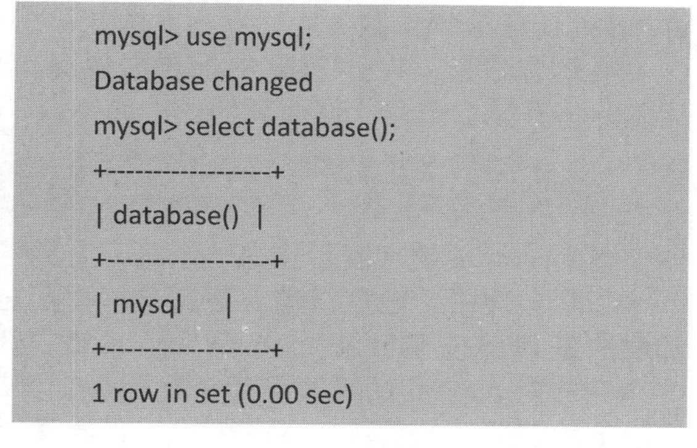

```
mysql> use mysql;
Database changed
mysql> select database();
+----------------+
| database()  |
+----------------+
| mysql      |
+----------------+
1 row in set (0.00 sec)
```

在输入 use 和 quit 命令时不需要分号结束。

8. 查看数据表

如果已经打开数据库，要查看其中包含哪些数据表，可使用如下命令：

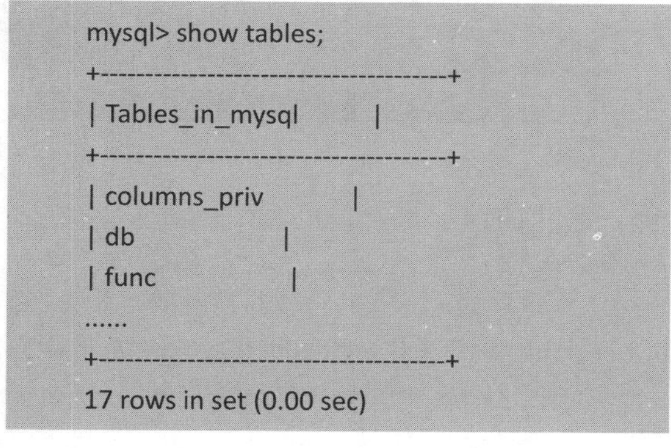

```
mysql> show tables;
+---------------------------------+
| Tables_in_mysql            |
+---------------------------------+
| columns_priv           |
| db                  |
| func                 |
……
+---------------------------------+
17 rows in set (0.00 sec)
```

9. 显示表内容

这里以显示 db 表的内容为例，可使用如下命令：

```
mysql> select * from db;
```

11.2　PHP 连接 MySQL 方式

在上一节中，我们学习了 MySQL 数据库的安装、配置和简单操作，本节主要介绍 PHP 与 MySQL 进行交互的三种方式：mysql、mysqli 和 PDO。

11.2.1 mysql 库

mysql 库是 PHP 连接 MySQL 数据库最原始，也是最标准的方式。与前面看到的 PHP 操作数组、文件和字符串类似，mysql 库也提供了大量的函数来完成数据库的操作。

与其他系统函数不同，mysql 库虽然会随 PHP 一起安装，但它属于 PHP 的第三方库，而且默认情况下没有被启用。mysql 库的功能被封装在 php_mysql.dll 文件中，因此在使用 mysql 库的函数操作数据库之前，必须先引用过来。

具体方法是：打开 PHP 的配置文件 php.ini，找到 extension=php_mysql.dll 所在的行，然后删除行开始的分号。修改后的形式如下：

```
extension=php_mysql.dll                    // 启用 mysql 库，原有的分号表示注释，即删除
```

extension 关键字表示这是一个第三方的扩展类库，等号后面表示要加载的类库位于 php_mysql.dll 文件中。在默认情况下，这些类库位于 PHP 目录下的 ext 子目录中。因此这里实际加载的是 PHP 安装目录 \ext\php_mysql.dll 文件。

完成对 php.ini 的更改之后进行保存。为了使修改生效，还需要重新启动 Apache 服务器读取新的配置。然后运行 phpinfo()，将会看到有关 mysql 库的配置信息，如图 11-21 所示。

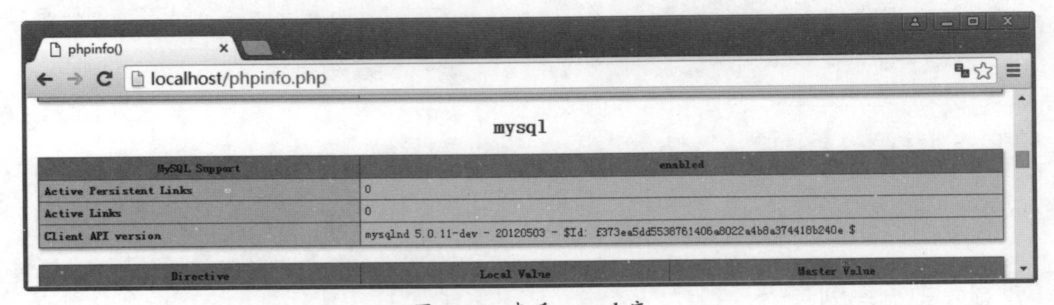

图 11-21 查看 mysql 库

注意

如果在图 11-21 中没有找到 mysql 库则说明配置不成功。首先确保 PHP 的 ext 目录下有 php_mysql.dll 文件，然后在 php.ini 中检查是否开启了加载，同时还要取消 extension_dir="ext" 前面的分号。

11.2.2 mysqli 库

从 MySQL 4.1 开始，MySQL 开发小组修改了密码加密算法，将原来的加密函数 password() 更改为 old_password()，新的加密算法名称为 password()。因此，如果在 PHP 中使用旧的 MySQL 库而不更改算法的话，将与新的加密函数产生冲突，于是 PHP 5 中新增加了一个 MySQL 的 mysqli 库与新加密函数对应。

mysqli 既可以使用以前的方式与 MySQL 进行操作，又对它进行了扩展，支持使用 PHP 5 面向对象的操作方式。mysqli 的主要增强功能如下：

- 支持本地绑定、占位符和游标。
- 可以同时执行多个 SQL 语句。
- 支持面向对象的调用方式。
- 性能和速度上有提升。

与 mysql 库一样，使用 mysqli 库之前，需要在 php.ini 中进行配置。mysqli 库的功能封装在 php_mysqli.dll 中，因此需要取消对下面一行的注释，引入 mysqli 库：

```
extension= php_mysqli.dll                              //该库为 PHP 扩展库
```

完成对 php.ini 的更改后进行保存。为了使修改生效，还需要重新启动 Apache 服务器读取新的配置，然后运行 phpinfo()，同样会看到有关 mysqli 库的配置信息，如图 11-22 所示。

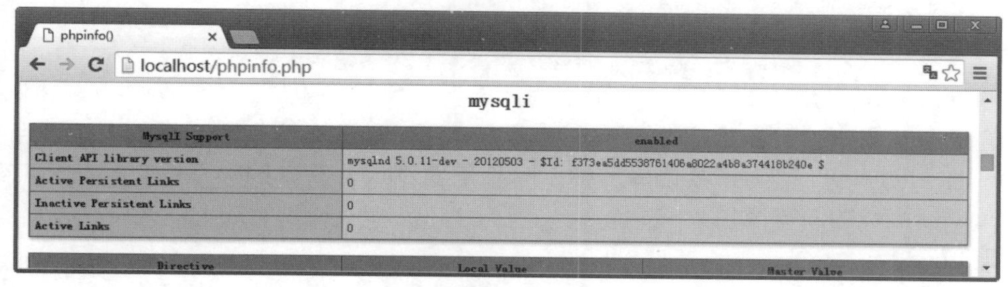

图 11-22　查看 mysqli 库

11.2.3　PDO 库

PDO(PHP Data Object、PHP 数据对象)是 PHP 5 新特性，也是 PHP 5 新加入的一个重大功能，而在 PHP 5 以前的版本中都是通过第三方的数据库扩展来与各个数据库进行连接和处理，如 php_mysql.dll、php_pgsql.dll、php_mssql.dll、php_sqlite.dll 等。

PDO 为 PHP 访问数据库定义了一个轻量级的一致接口。实现 PDO 接口的每个数据库驱动可以公开具体数据库的特性，作为标准扩展功能。注意，利用 PDO 扩展自身并不能实现任何数据库功能；必须使用一个具体数据库的 PDO 驱动来访问数据库服务。

PDO 提供了一个数据访问抽象层，这意味着不管使用哪种数据库，都可以用相同的函数(方法)来查询和获取数据。PDO 不提供数据库抽象层；它不会重写 SQL，也不会模拟缺失的特性。如果需要的话，应该使用一个成熟的抽象层。

与其他两个库一样，使用 PDO 库之前，需要在 php.ini 中进行配置。在 php.ini 中，默认有如下一些配置选项：

```
;extension=php_pdo.dll
;extension=php_pdo_mysql.dll
;extension=php_pdo_pgsql.dll
;extension=php_pdo_sqlite.dll
;extension=php_pdo_mssql.dll
;extension=php_pdo_odbc.dll
;extension=php_pdo_firebird.dll
;extension=php_pdo_oci8.dll
```

这些选项默认被禁用，读者根据实际情况把前面的分号删除，即可以开启该扩展。然后运行 phpinfo()，同样会看到有关 pdo 库的配置信息，如图 11-23 所示。

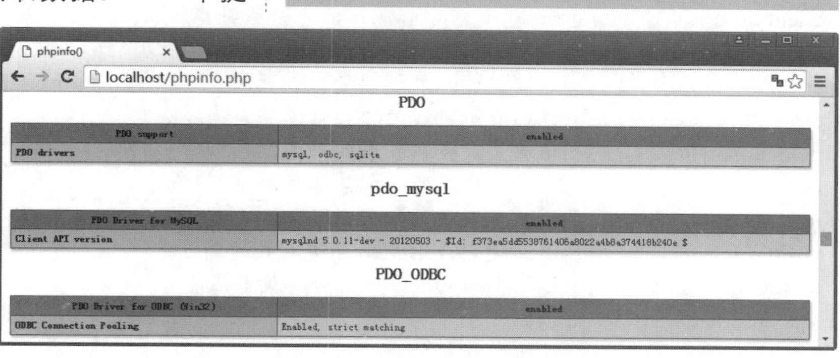

图 11-23　查看 PDO 库

 11.3 连接 MySQL 数据库

在上节介绍了 PHP 使用 MySQL 作为数据库的三种方式，其中 mysqli 库已经代替 mysql 库，PDO 是采用面向对象方式的类库，本节以 mysqli 库为例进行介绍。

连接 MySQL 数据库是进行数据库操作的第一步，就像操作文件时必须先打开文件一样。只有建立了连接，才有可能实现在数据库和程序之间传输数据。在使用完成之后，还必须关闭连接，释放资源。

11.3.1 创建连接对象

使用 mysqli 库创建数据库连接实例有两种方式，一种是直接在构造函数中指出连接数据库的服务器、用户名、密码和数据库名称；一种是使用没有参数的构造函数初始化对象，并使用 connect() 函数为对象赋值。

【例 11-2】

假设本地 MySQL 数据库的用户名为 root，密码为 123456，数据库名称为 jifen。要使用 mysqli 库的构造函数方式连接数据库，并输出当前数据库的版本和数据库默认的字符集。具体实现代码如下：

```
<?php
$mysqli=new mysqli('localhost','root','123456','jifen');           // 使用构造函数指定连接信息
echo "MySQL 版本："．$mysqli->get_server_info();
echo "<br/>";
echo " 默认字符集："．$mysqli->character_set_name();
?>
```

执行结果如下所示：

```
MySQL 版本：5.5.40
默认字符集：gbk
```

上述代码在连接成功后会创建一个 mysqli 类的实例。mysqli 类通常用于执行对数据库的操作，表 11-1 列出了该类的常用属性。

表 11-1 mysqli 类的常用属性

属性	说明
affected_rows	在前一个 MySQL 操作中获取影响的行数
client_info	MySQL 客户端版本，一个字符串返回
client_version	MySQL 客户端版本，一个整数的返回
errno	返回最近函数调用的错误代码
error	返回最近函数的错误信息字符串
field_count	传回最近查询获取的列数
host_info	返回一个字符串的连接类型使用
info	检索有关最近执行的查询
insert_id	返回使用最后查询自动生成的编号
protocol_version	返回 MySQL 协议使用的版本
sqlstate	返回一个字符串包含 SQLSTATE 错误码的最后一个错误
thread_id	为当前连接返回线程 ID
warning_count	返回一个 SQL 语句执行过程中产生的警告数量

【例 11-3】

除了直接在 mysqli 类构造函数中指定连接信息外，还可以先创建一个 mysqli 类的实例，然后调用 connet() 方法建立连接，并使用 select_db() 方法选择数据库。

使用这种方式实现例 11-2 功能的代码如下所示：

```
<?php
$mysqli=new mysqli();                                          // 先创建 mysqli 类实例
$mysqli->connect('localhost','root','123456');                 // 创建连接
$mysqli->select_db('jifen');                                   // 选择 jifen 数据库
echo "MySQL 版本：".$mysqli->get_server_info();
echo "<br/>";
echo " 默认字符集：".$mysqli->character_set_name();
?>
```

11.3.2　设置连接选项

使用 mysqli 构造方法建立连接时，无法设置任何 MySQL 特有的连接选项。若要设置连接选项，可使用 mysqli_init() 方法创建连接，接着使用 options() 方法设置数据库选项，最后使用 real_connect() 方法与指定数据库建立连接。

options() 方法可设置的数据库选项如表 11-2 所示。

表 11-2　数据库选项

选项名称	说　明
MYSQLI_OPT_CONNECT_TIMEOUT	以秒为单位的连接超时 (自 PHP 5.3.1 支持 Windows TCP / IP)
MYSQLI_OPT_LOCAL_INFILE	启用 / 禁用使用 LOAD LOCAL INFILE
MYSQLI_INIT_COMMAND	命令执行后，连接到 MySQL 服务器时执行
MYSQLI_READ_DEFAULT_FILE	从命名代替的 my.cnf 选项文件中读取选项
MYSQLI_READ_DEFAULT_GROUP	阅读选项，从命名组 my.cnf 中指定的选项
MYSQLI_SERVER_PUBLIC_KEY	RSA 公钥文件用 SHA-256 的认证

以 mysqli_init() 方法、options() 方法和 real_connect() 方法相结合，设置数据库选项并连接数据库，如例 11-4 所示。

【例 11-4】

为数据库连接添加设置：当成功连接数据库时，设置 AUTOCOMMIT 值为 0；设置超时时间为 5 秒，代码如下：

```
<?php
$mysqli=mysqli_init();
// 连接成功即执行 'SET AUTOCOMMIT=0'
$mysqli->options(MYSQLI_INIT_COMMAND,'SET AUTOCOMMIT=0');
// 设置连接超时的时间，以秒为单位
$mysqli->options(MYSQLI_OPT_CONNECT_TIMEOUT,5);
$mysqli->real_connect('localhost','root','123456','jifen');
```

```
echo "MySQL 版本：".$mysqli->get_server_info();
echo "<br/>";
echo " 默认字符集：".$mysqli->character_set_name();
?>
```

11.3.3 测试连接错误

测试连接错误能够有效管理因连接失败导致的系统崩溃和异常，实现这个功能需要用到 mysqli_connect_errno() 函数。

mysqli_connect_errno() 函数返回上一个 MySQL 操作产生的文本错误信息，如果 MySQL 操作没有出错，则返回空字符串，该函数的语法格式如下：

```
string mysqli_connect_errno() ([ resource $link_identifier ] )
```

可选参数 $link_identifier 表示一个连接标识符。如果没有指定，则从上一个成功打开的 MySQL 服务器中提取错误信息。

【例 11-5】

假设要连接本地数据库中不存在的 school 数据库，使用 mysqli_connect_errno() 函数显示错误信息。实现代码如下：

```
<?php
$mysqli=new mysqli('localhost','root','123456','school');
if(mysqli_connect_errno()){
    printf(' 连接失败：%s\n',mysqli_connect_error());
}
else{
    echo "schools 连接成功 "."<br/>";
}
?>
```

上述代码的执行结果如下所示：

```
Warning: mysqli::mysqli(): (HY000/1049): Unknown database 'schools' in C:\Users\Administrator\Zend\
workspaces\DefaultWorkspace\11-4\4.php on line 3
连接失败：Unknown database 'school'\n
```

由于本地服务器中没有数据库 school，因此提示“Unknown database ‘school’\n”错误。

注意

mysqli_connect_errno() 函数只能够获取错误信息，而不能够用来判断数据库是否处于连接状态。

11.3.4 关闭连接

完成数据库访问工作后，应该及时关闭连接，释放有关的 mysqli 对象。虽然脚本执行结束后，所有打开的数据库连接都将自动关闭，资源被回收；但是，在执行过程中，有些页面需要多个数据库连接，各个连接要在适当的时候关闭。

mysqli 对象中的 close() 方法负责关闭打开的数据库连接，成功时返回 true, 否则返回 false，如例 11-6 所示。

【例 11-6】

编写一个案例，首先连接数据库并输出数据库的版本和默认字符集；接着断开与数据库的连接，检测数据库连接，并再次输出数据库的版本和默认字符集。实现代码如下：

```
<?php
$mysqli=new mysqli('localhost','root','123456','jifen');
echo "MySQL 版本： ".$mysqli->get_server_info()."<br/>";
echo " 默认字符集： ".$mysqli->character_set_name()."<br/>";
$mysqli->close();
if(mysqli_connect_error()){
    echo mysqli_connect_error()."<br/>";
}
else
{
    echo " 没有连接错误 "."<br/>";
}
echo "MySQL 版本： ".$mysqli->get_server_info()."<br/>";
echo " 默认字符集： ".$mysqli->character_set_name();
?>
```

上述代码的执行结果如下所示：

```
MySQL 版本：5.5.40
默认字符集：gbk
没有连接错误

Warning: mysqli::get_server_info(): Couldn't fetch mysqli in D:\ch11\mysqli_close.php on line 13
MySQL 版本：

Warning: mysqli::character_set_name(): Couldn't fetch mysqli in D:\ch11\mysqli_close.php on line 14
默认字符集：
```

从输出结果中可以看出，当连接被断开之后，获取数据库信息时将会出错，但并没有获取到连接错误。这是因为在执行中并没有连接错误，数据库被顺利连接，并被顺利关闭；只有在连接出现错误时才会有错误信息。

11.4　基本操作

在完成建立连接并选择数据库后，还不能操作数据库中的数据。还需要编写 SQL 语句，并执行 SQL 语句，从而操作数据库中的数据。本节主要讲解在 PHP 中如何执行 SQL 语句、获取数据，以及如何显示数据。

11.4.1 执行更新语句

更新语句包括对数据表的新增、编辑和删除操作，这些操作都会影响表内容的变化。要执行这些更新语句，可以调用 query() 方法，该方法每次调用只能执行一条 SQL 命令，而 multi_query() 方法可以一次执行多条命令。

mysqli 类的 affected_rows 属性可以获取有多少条记录发生变化，调用 insert_id() 方法可以返回最后一条 insert 命令生成的自动增长值。

注意

如果在执行 SQL 命令时发生错误，query() 方法将返回 false。此时可以通过 mysqli 对象的 errno 和 error 属性获取错误编号和错误原因。

【例 11-7】

假设 mydb 数据库中的 my_depart 表的原始数据如图 11-24 所示，现在使用 PHP 完成对该表的如下操作：

- 删除编号为 344 和 346 的数据。
- 将编号为 349 的 depart_name 列修改为“开发部”，name_code 列修改为“KFB”。
- 增加一个“销售部”数据。

实现上述功能的代码如下所示：

```
<meta charset="utf-8">
<?php
// 创建连接
$mysqli = new mysqli('localhost','root','root','mydb');
if(mysqli_connect_errno()){
  printf(" 连接失败 :%s<br>",mysqli_connect_error());
  exit();
}
$mysqli->query("set names 'utf8'");                    // 强制使用 UTF8 编码，避免中文乱码
// 删除操作 SQL 语句
$del_str = "delete from my_depart where id in(346,344)";
// 更新操作 SQL 语句
$update_str ="update my_depart set depart_name = ' 开发部 ',name_code = 'KFB' where id = 349";
// 新增操作 SQL 语句
$insert_str = "insert into my_depart(depart_id,depart_name) value(9,' 销售部 ')";

if($mysqli->query($del_str))
{
  echo "delete 语句执行成功。<br/>";
  echo " 本次删除行数： ".$mysqli->affected_rows."<br>";
}
if($mysqli->query($update_str))
{
```

```
    echo "update 语句执行成功。<br/>";
    echo " 本次更新行数：".$mysqli->affected_rows."<br>";
  }
  if($mysqli->query($insert_str))
  {
    echo "insert 语句执行成功。<br/>";
    echo " 本次增加行数：".$mysqli->affected_rows."<br>";
    echo " 新插记录的 ID 值：".$mysqli->insert_id;
  }
  ?>
```

上述代码的执行结果如下所示：

```
delete 语句执行成功。
本次删除行数：2
update 语句执行成功。
本次更新行数：1
insert 语句执行成功。
本次增加行数：1
新插记录的 ID 值：701
```

上述代码执行后，在数据库 mydb 数据库中再次查询 my_depart 表的数据，此时表中的内容如图 11-25 所示。

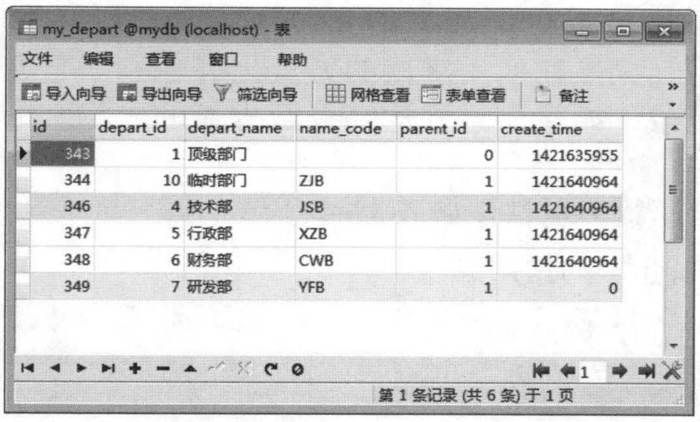

id	depart_id	depart_name	name_code	parent_id	create_time
343	1	顶级部门		0	1421635955
344	10	临时部门	ZJB	1	1421640964
346	4	技术部	JSB	1	1421640964
347	5	行政部	XZB	1	1421640964
348	6	财务部	CWB	1	1421640964
349	7	研发部	YFB	1	0

图 11-24　my_depart 表的原始数据

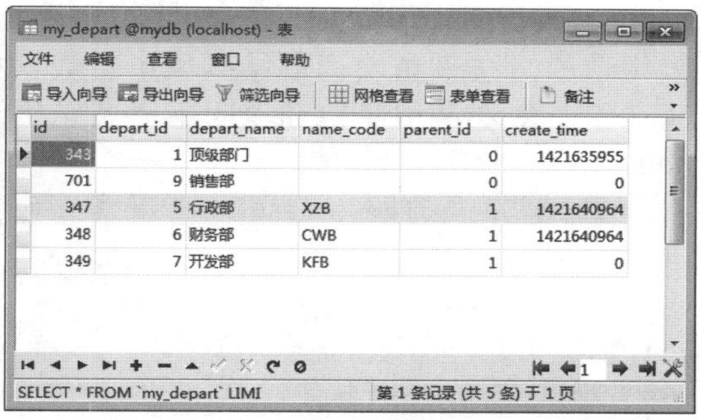

id	depart_id	depart_name	name_code	parent_id	create_time
343	1	顶级部门		0	1421635955
701	9	销售部		0	0
347	5	行政部	XZB	1	1421640964
348	6	财务部	CWB	1	1421640964
349	7	开发部	KFB	1	0

图 11-25　更新后 my_depart 表的数据

提示

如果想以不同的参数多次执行一条 SQL 命令，最有效率的办法是先对那条命令做一些预处理，然后再执行。

11.4.2　mysqli_result 类

query() 方法除了执行更新语句外，还可以执行查询语句。此时，查询结果默认为一个 mysqli_result 类对象，其中保存了从 MySQL 返回的结果集。

mysqli_result 类提供了很多对数据操作的实用方法和属性，能够处理多种有返回值的 SQL 语句，并对 SQL 语句返回的结果集进行处理，其常用方法如表 11-3 所示。

表 11-3 mysqli_result 类的常用方法

方法名称	说　明
close()	释放内存并关闭结果集，一旦调用，结果集就不可再使用了
data_seek()	明确改变当前结果记录顺序
fetch_field()	从结果集中获得某一个字段的信息
fetch_fields()	从结果集中获得全部字段的信息
fetch_field_direct()	从一个指定的列中获得类的详细信息，返回一个包含列信息的对象
fetch_array()	将以普通索引数组和关联数组两种形式返回一条结果记录
fetch_assoc()	将以普通关联数组的形式返回一条结果记录
fetch_object()	将以对象的形式返回一条结果记录
fetch_row()	将以普通索引数组的形式返回一条结果记录
field_seek()	设置结果集中字段的偏移位置

提示

query() 方法的第二个参数指定为 MYSQL_USE_RESULT 时，不会一次返回所有结果集。这在处理大结果集或者不适合一次全部取回时比较有用。但是，要想知道本次查询到底找到了多少条记录，只能在所有的结果记录被全部读取完毕之后获取到。

mysqli_result 类的 fetch_row()、fetch_array()、fetch_assoc() 和 fetch_object() 这 4 个方法以相似的方法来依次读取结果集中的数据行，只是在引用字段的方式上有差别。它们的共同点是，每次调用将自动返回下一条结果记录，如果已经到达结果数据表的末尾，则返回 false。

除了上述成员方法，mysqli_result 类还包含了很多属性，如表 11-4 所示。

表 11-4 mysqli_result 类的常用属性

属　性	说　明
current_field	获取当前结果中指向的字段偏移位置，是一个整数
field_count	结果集中获取列的个数
lengths	返回一个数组，保存在结果集中获取当前的第一个列的长度
num_row	返回结果集中（包含）记录的行数

11.4.3 fetch_row() 方法

fetch_row() 方法从结果集中获取一条结果记录，将值存放在一个索引数组中。各个字段需要以 $row[$n] 的方式读取，其中 $row 是从结果集中获取的一行记录返回的数组，$n 为连续的整数下标。因为返回的是索引数组，所以还可以和 list() 函数结合在一起使用。

【例 11-8】

查询 mydb 数据库 my_depart 表中的编号和部门名称并输出，实现代码如下所示：

```
<?php
// 创建连接
$mysqli = new mysqli('localhost','root','root','mydb');
if(mysqli_connect_errno()){
  printf(" 连接失败 :%s<br>",mysqli_connect_error());
  exit();
}
$mysqli->query("set names 'utf8'");   // 强制使用 UTF8 编码，避免中文乱码
//SQL 语句
$str = "select id,depart_name from my_depart";
$result = $mysqli->query($str);
while(list($id,$name)=$result->fetch_row()){
  echo " 编号：$id 、名称：$name<br/>";
}
$result->close();        // 释放结果集
$mysqli->close();        // 释放连接
?>
```

上述代码的执行结果如下所示：

```
编号：343 、名称：顶级部门
编号：344 、名称：临时部门
编号：346 、名称：技术部
编号：347 、名称：行政部
编号：348 、名称：财务部
编号：349 、名称：研发部
```

上面示例中使用 list() 函数遍历一行数据。还可以用索引实现，等效代码如下：

```
while($row = $result->fetch_row()){
  echo " 编号：$row[0] 、名称：$row[1]<br/>";
}
```

11.4.4　fetch_assoc() 方法

fetch_assoc() 方法将以一个关联数组的形式返回一条结果记录，数据的字段名表示键，字段内容表示值。

【例 11-9】

在上小节案例的基础上，查询出 my_depart 表中编号为 344 的数据并输出。这里使用 fetch_assoc() 方法来实现，代码如下所示：

```
<?php
// 创建连接
```

```
$mysqli = new mysqli('localhost','root','root','mydb');
if(mysqli_connect_errno()){
   printf(" 连接失败 :%s<br>",mysqli_connect_error());
   exit();
}
$mysqli->query("set names 'utf8'");   // 强制使用 UTF8 编码，避免中文乱码
//SQL 语句
$str = "select id,depart_name from my_depart";      // 查询所有结果
$result = $mysqli->query($str);
while($row = $result->fetch_assoc()){                         // 遍历结果集
   echo " 编号：$row[id] 、名称：$row[depart_name]<br/>";
}
$str = "select * from my_depart where id=344";
$result = $mysqli->query($str);
$row = $result->fetch_assoc();                         // 从结果集中取出一行
print_r($row);                                                       // 查看返回的数组
echo "<br/> 编号：$row[id] 、名称：$row[depart_name] 、简写：$row[name_code]、部门编号：
   $row[depart_id]、创建时间：".date('Y-m-d H:i:s',$row[create_time]);
$result->close();        // 释放结果集
$mysqli->close();        // 释放连接
?>
```

执行结果如下所示：

```
编号：343 、名称：顶级部门
编号：344 、名称：临时部门
编号：346 、名称：技术部
编号：347 、名称：行政部
编号：348 、名称：财务部
编号：349 、名称：研发部
Array (
[id] => 344
[depart_id] => 10
[depart_name] => 临时部门
[name_code] => ZJB
[parent_id] => 1
[create_time] => 1421640964
)
编号：344 、名称：临时部门 、简写：ZJB、部门编号：10、创建时间：2015-01-19 12:16:04
```

11.4.5 fetch_array() 方法

fetch_array() 方法可以说是 fetch()_row 和 fetch_assco() 两个方法的结合版本，可以将结

果集的各条记录获取为一个关联数组或数值索引数组，或者同时获取为关联数组和索引数组。默认情况下，会同时获取这两种数组。可以通过在该方法传入不同的值，来修改这种默认行为。

- **MYSQLI_ASSOC** 记录被作为关联数组返回，字段名为键，字段内容为值。
- **MYSQLI_NUM** 记录被作为索引数组返回，按查询中指定的字段名顺序排序。
- **MYSQLI_BOTH** 这是默认值，记录既作为关联数组又作为索引数组返回。

【例 11-10】

查询 mydb 数据库 my_depart 表中编号为 344 的数据，并使用 fetch_array() 方法分别返回关联数组和索引数组，实现代码如下所示：

```
<?php
// 创建连接
$mysqli = new mysqli('localhost','root','root','mydb');
if(mysqli_connect_errno()){
  printf(" 连接失败 :%s<br>",mysqli_connect_error());
  exit();
}
$mysqli->query("set names 'utf8'");   // 强制使用 UTF8 编码，避免中文乱码
$str = "select * from my_depart where id=344";
$result = $mysqli->query($str);
$row = $result->fetch_array(MYSQLI_ASSOC);
print_r($row);                                    // 输出返回的关联数组
$result = $mysqli->query($str);
$row = $result->fetch_array(MYSQLI_NUM);
print_r($row);                                    // 输出返回的索引数组

$result->close();        // 释放结果集
$mysqli->close();        // 释放连接
?>
```

上述代码的执行结果如下所示：

```
Array
(
  [id] => 344
  [depart_id] => 10
  [depart_name] => 临时部门
  [name_code] => ZJB
  [parent_id] => 1
  [create_time] => 1421640964
)
```

```
Array
(
  [0] => 344
  [1] => 10
  [2] => 临时部门
  [3] => ZJB
  [4] => 1
  [5] => 1421640964
)
```

11.4.6　fetch_object() 方法

fetch_object() 方法与前面三个方法不同，它将以一个对象的形式返回一条结果记录，而

不是数组。它的各个字段需要以对象的方式进行访问，数据列的名字区分字母大小写。

【例 11-11】

查询 mydb 数据库 my_depart 表中编号为 344 的数据，并使用 fetch_object() 方法输出各列的数据，实现代码如下所示：

```
<?php
// 创建连接
$mysqli = new mysqli('localhost','root','root','mydb');
if(mysqli_connect_errno()){
   printf(" 连接失败 :%s<br>",mysqli_connect_error());
   exit();
}
$mysqli->query("set names 'utf8'");    // 强制使用 UTF8 编码，避免中文乱码
$str = "select * from my_depart where id=344";
$result = $mysqli->query($str);
$row = $result->fetch_object();                    // 使用对象形式获取结果集中的数据
echo " 编号：$row->id <br/>";
echo " 名称：$row->depart_name <br/>";
echo " 简写：$row->name_code <br/>";
echo " 部门编号：$row->depart_id <br/>";
echo " 创建时间：".date('Y-m-d H:i:s',$row->create_time);
$result->close();         // 释放结果集
$mysqli->close();         // 释放连接
?>
```

上述代码的执行结果如下所示：

```
编号：344
名称：临时部门
简写：ZJB
部门编号：10
创建时间：2015-01-19 12:16:04
```

11.4.7　获取数据列的信息

一个结果集中通常有着多个列，mysqli 提供了如下方法和属性以获取列的相关信息。

- 通过 field_count 属性给出结果数据表里的数据列的个数。
- 使用 current_field 属性获取指向当前列的位置。
- 使用 field_seek() 方法改变指向当前列的偏移位置。
- 从 fetch_field() 方法返回的对象中获取当前列的信息。

【例 11-12】

查询 mydb 数据库 my_depart 表中编号为 344 的数据，获取其中的主键编号、部门编号和部门名称三列。然后查询结果集中一共有几列，当前列为第几列，以及当前列的名称、来

源的表和该列最长字符串的长度，代码如下：

```
<?php
// 创建连接
$mysqli = new mysqli('localhost','root','root','mydb');
if(mysqli_connect_errno()){
   printf(" 连接失败 :%s<br>",mysqli_connect_error());
   exit();
}
$mysqli->query("set names 'utf8'");    // 强制使用 UTF8 编码，避免中文乱码
$str = "select id,depart_id,depart_name from my_depart where id=344";
$result = $mysqli->query($str);
echo " 本次查询结果集中共有：".$result->field_count." 列 <br>";
echo " 默认当前指针位置为第 ".$result->current_field." 列 <br>";
echo " 当前列的信息如下所示：<br>";
$finfo=$result->fetch_field();
echo " 列的名称：".$finfo->name."<br>";
echo " 数据列来自数据表：".$finfo->table."<br>";
echo " 本列最长字符串的长度 ".$finfo->max_length."<br>";
$result->close();         // 释放结果集
$mysqli->close();         // 释放连接
?>
```

上述代码的执行结果如下所示：

```
本次查询结果集中共有：3 列
默认当前指针位置为第 0 列
当前列的信息如下所示：
列的名称：id
数据列来自数据表：my_depart
本列最长字符串的长度 3
```

11.4.8　一次执行多条 SQL 命令

使用 mysqli 对象中的 multi_query() 方法，可以一次性执行多条 SQL 命令。具体做法是把多条 SQL 命令写在同一个字符串里作为参数传递给 multi_query() 方法，多条 SQL 之间使用分号“;”分隔。如果第一条命令在执行里没有出错，这个方法就会返回 TRUE，否则返回 FALSE。

由于 multi_query() 方法能够连接执行一个或多个查询，而每条 SQL 命令都可能返回一个结果，所以对该方法返回结果的处理也有一些变化，第一条查询命令的结果要用 mysqli 对象中的 use_result() 或 store_result() 方法来读取；若使用 store_result() 方法，会将全部结果立刻返回到客户端。

另外，可以用 mysqli 对象中的 more_results() 方法检查是否还有其他的结果集。如果想对下一个结果集进行处理，应该调用 mysqli 对象中的 next_results() 方法获取下一个结果集。这

个方法返回 TRUE 或 FALSE。如果有下一个结果集，也需要使用 use_result() 或 store_result() 方法来读取。

【例 11-13】

从 mydb 数据库 my_depart 表中分别查询出编号为 343、344 和 346 的数据。在这里使用 multi_query() 方法发送三条查询语句来完成，实现代码如下：

```
<?php
// 创建连接
$mysqli = new mysqli('localhost','root','root','mydb');
if(mysqli_connect_errno()){
  printf(" 连接失败 :%s<br>",mysqli_connect_error());
  exit();
}
$mysqli->query("set names 'utf8'");    // 强制使用 UTF8 编码，避免中文乱码
$str = "
select id,depart_id,depart_name from my_depart where id=343;
select id,depart_id,depart_name from my_depart where id=344;
select id,depart_id,depart_name from my_depart where id=346;
";                       // 要执行的多条 SQL 语句
if ($mysqli->multi_query ( $str )) {
  do {
    if ($result = $mysqli->store_result ()) {                 // 获取第一个结果集
      while ( $row = $result->fetch_row () ) {         // 获取一行
        foreach ( $row as $data ) {                    // 输出数据
          echo $data . "  ";
        }
      }
      echo '<br>';
    }
    $result->close ();                                         // 关闭一个结果集
    if ($mysqli->more_results()) {                             // 如果还有结果集，输出分隔符
      echo "---------------------------<br>";
    }
  } while ( $mysqli->next_result () );
}
$mysqli->close();        // 释放连接
?>
```

上述代码的执行结果如下所示：

```
343  1  顶级部门
---------------------------
344  10  临时部门
---------------------------
346  4  技术部
```

在本例中使用mysqli对象中的multi_query()方法一次执行三条SQL命令，获取多个结果集并从中遍历数据。如果在命令的处理过程中发生了错误，multi_query()和next_result()方法就会出现问题。

注意

multi_query()方法的返回值，以及mysqli的属性errno、error、info等只与第一条SQL命令有关，无法判断第二条及以后的命令是否在执行时发生了错误。所以在执行multi_query()方法的返回值是TRUE时，并不意味着后续命令在执行时没有出错。

11.5 使用预处理语句

通常在一些Web应用中要操作一些表，只是每次的参数不同。如果访问量很多时，这些语句对系统的开销会很大。因此，从MySQL 4.1版本后提供了对预处理语句的使用，实现较低开销及较少的代码来实现任务。

为了使用MySQL的预处理语句功能，mysqli库提供了prepare系列的函数保障开发人员在执行语句时的稳定性和安全性，以及代码编写的简洁性。按功能来分，mysqli库可以分为绑定参数预处理语句和绑定结果预处理语句，下面将分别介绍它们。

11.5.1 mysqli_stmt类

在学习通过预处理语句处理数据库的高级操作之前，首先要对mysqli_stmt类做一个了解。该类有着一系列的方法可直接执行PHP与数据库的交互，如表11-5所示。

表11-5 mysqli_stmt类的常用方法

方法名称	说　明
bind_param()	该方法把预处理语句各有关参数绑定到一些PHP变量上，注意参数的先后顺序
bind_result()	预处理语句执行查询之后，利用该方法将变量绑定到所获取的字段
close()	一旦预处理语句使用结束之后，它所占用的资源可以通过该方法回收
data_seek()	在预处理语句中移动内部结果的指针
execute()	执行准备好的预处理语句
fetch()	获取预处理语句结果的每条记录，并将相应的字段赋给绑定结果
free_result()	回收由该对象指定的语句占用的内存
result_metadata()	从预处理中返回结果集原数据
prepare()	无论是绑定参数还是绑定结果，都需要使用该方法准备要执行的预处理语句
send_long_data()	发送数据块
reset	重新设置预处理语句
store_result()	从预处理语句中获取结果集

mysqli_stmt类同样提供了可直接访问的属性，获取指定的数据，如表11-6所示。

表 11-6 mysqli_stmt 类属性

属性名称	说　明
affected_rows	返回该对象指定的最后一条语句所影响的记录数。该属性只与插入、修改和删除三种查询有关
erron	返回该对象指定最近所执行语句的错误代码
error	返回该对象指定最近所执行语句的错误描述字符串
param_count	返回给定的预处理语句中需要绑定的参数个数
sqlstate	从先前的预处理语句中返回 SQL 状态错误代码
num_rows	返回 stmt 对象指定的 SELECT 语句获取的记录数

mysqli_stmt 类的使用有如下几个步骤。

(1) 首先获取预处理语句对象，存储在 MySQL 服务器上，但没有执行。

(2) 接下来将预处理语句中的参数绑定 PHP 变量。

(3) 执行处理好的语句。

(4) 释放资源。

11.5.2　绑定参数预处理语句

绑定参数预处理语句允许创建一个查询模板并保存在 MySQL 上。当开始一个查询时，需要把一些数据参数发给 MySQL 以填充这个模板。当 MySQL 认为这个查询是完整无误的查询后，则立即执行。

例如，对于一个类似如下的条件查询语句：

```
select * from articles where id=2;
```

使用查询模板后，可以修改为如下形式：

```
select * from articles where id=?;
```

这里的“?”表示语句中的参数占位符，执行时将被实际值所代替。一个语句中可以同时包含多个参数占位符，例如下面的插入语句：

```
insert into articles(id,title,views,tags) values(?,?,?,?);
```

表 11-7 中列出了使用绑定参数预处理语句需要用到的函数。

表 11-7 绑定参数预处理语句需要用到的函数

方法名称	过程化语法格式	参数描述	功能说明
mysqli_stmt_prepare()	mysqli_stmt_prepare(mysqli_stmt stmt, string query)	stmt 表示一个预处理语句对象；query 表示一条 SQL 语句	准备要执行的语句
mysqli_stmt_execute()	mysqli_stmt_execute (mysqli_stmt stmt)	stmt 表示一个预处理语句对象	执行预处理语句，该语句何时执行，取决于语句类型
mysqli_stmt_close()	mysqli_stmt_close(mysqli_stmt stmt)	同上	关闭预处理语句占用的资源

（续表）

方法名称	过程化语法格式	参数描述	功能说明
mysqli_stmt_bind_param()	mysqli_stmt_bind_param(mysqli_stmt stmt, string types, mixed &var1[, mixed &...])	stmt 表示一个预处理语句对象；types 参数表示其后各个变量 ($var1 ...$varn) 的数据类型，types 绑定的变量的数据类型接受 4 个参数：I 表示 integer 类型；D 表示 double 类型；S 表示 string 类型；B 表示 blob 类型	将变量名绑定到相应的字段（绑定参数）
mysqli_stmt_affected_rows()	mysqli_stmt_affected_rows (mysqli_stmt stmt)	stmt 表示一个预处理语句对象	返回预处理语句执行后影响的行数

【例 11-14】

使用表 11-7 列出的函数创建一个案例，实现使用预处理语句向 mydb 数据库 my_depart 表中插入一行数据。具体代码如下所示：

```
<?php
// 创建连接
$mysqli =mysqli_connect('localhost','root','root','mydb');
if(mysqli_connect_errno()){
  printf(" 连接失败 :%s<br>",mysqli_connect_error());
  exit();
}
// 定义预处理语句
$strsql="insert into my_depart(depart_id,depart_name,name_code,parent_id) values(?,?,?,?);";
$depart_id = "6";                    // 指定 depart_id 参数的值
$depart_name=" 后勤部 ";
$name_code = "HQB";
$parent_id= "1";
$stmt = mysqli_prepare($mysqli, $strsql);          // 创建预处理对象
// 为预处理语句绑定参数
mysqli_stmt_bind_param($stmt,"issi",$depart_id,$depart_name,$name_code,$parent_id);
mysqli_stmt_execute($stmt);               // 执行预处理语句
$rows=mysqli_stmt_affected_rows($stmt);        // 获取影响的行数
echo " 本次操作一共影响 ： $rows 行 <br/>";     // 输出
$mysqli->close();      // 释放连接
?>
```

这里要注意，在 mysqli_prepare() 函数创建的预处理对象中的参数数量必须与 mysqli_stmt_bind_param() 函数绑定的参数数量相同。本例中的预处理语句有 4 个参数，分别表示 depart_id、depart_name、name_code 和 parent_id。

调用 mysqli_stmt_bind_param() 时，第 1 个参数是预处理对象，第 2 个参数是一个字符串，指定占位符的数据类型，后面是每个参数对应的变量。第 2 个参数是如下类型标识的组合：

- **i** 表示占位符对应的类型是 int 类型。
- **b** 表示占位符对应的类型是 BLOBs 类型。
- **d** 表示占位符对应的类型是 double 或者 float 类型。
- **s** 表示占位符对应的类型是字符串或者其他类型。

这里使用的是 issi 组合，表示要插入的数据类型依次为 int、字符串、字符串和 int。此时，每个参数的类型都已准备好，然后为参数指定值。再使用 mysqli_stmt_execute() 函数发送给服务器处理，最后关闭连接。

11.5.3 绑定结果预处理语句

使用绑定结果的预处理语句，允许将 PHP 脚本中的变量绑定到所获取的相应字段上，从而可以在有时难以处理的索引或者关联数组的结果集中提取值，然后在必要时使用这些变量。

使用绑定结果预处理语句时，除上面的函数之外，还需要使用 mysqli_stmt_bind_result 函数和 mysqli_stmt_fetch() 函数。

mysqli_stmt_bind_result() 将变量绑定到所获取的字段上，该函数的语法格式如下：

```
bool mysqli_stmt_bind_result ( mysqli_stmt stmt, mixed &var1 [, mixed &...] )
```

mysqli_stmt_fetch() 将所获取的字段绑定到一个变量上，该函数的语法格式如下：

```
bool mysqli_stmt_fetch ( mysqli_stmt stmt )
```

【例 11-15】

创建一个示例，使用绑定结果准备语句查询数据，代码如下：

```
<?php
// 创建连接
$mysqli =mysqli_connect('localhost','root','root','mydb');
if(mysqli_connect_errno()){
   printf(" 连接失败 :%s<br>",mysqli_connect_error());
   exit();
}
$mysqli->query("set names 'utf8'");    // 强制使用 UTF8 编码，避免中文乱码
// 查询语句
$strsql="select depart_id,depart_name,name_code from my_depart";
$stmt = mysqli_prepare($mysqli, $strsql);          // 创建预处理对象
mysqli_stmt_execute($stmt);                  // 执行查询语句
mysqli_stmt_bind_result($stmt,$id,$name,$name_code);     // 对结果集绑定变量
while (mysqli_stmt_fetch($stmt)) {           // 遍历输出每个变量
   echo " 部门编号： $id 、";
   echo " 部门名称： $name 、";
   echo " 部门简写： $name_code <br/>";
}

$mysqli->close();        // 释放连接
?>
```

在这里要注意，mysqli_stmt_bind_result() 函数的第 1 个参数是预处理对象，后面的每个变量按顺序依次对应结果集中的一列。mysqli_stmt_fetch() 函数会对结果集中的每行数据进行读取和绑定变量，因此，循环结束后会遍历整个结果集。

11.6　读取数据库显示乱码解决方案

初次接触 PHP 和 MySQL 数据库编程的读者可能遇到的最多问题就是乱码。在本节将详细介绍 PHP 中常见的乱码解决方案。

11.6.1　了解产生乱码的原因

PHP 最终生成的是 HTML 文本文件，但它要读取数据库里的文本，或将文本保存到数据库。由于 MySQL 支持多字符集，但默认情况下，MySQL 不知道 PHP 提交的是什么编码的文本，因此不兼容时会发生转换出错，产生乱码。

主要有如下几种情况。

(1) MySQL 数据库默认的编码是 utf8，如果这种编码与你的 PHP 网页不一致，可能就会造成 MySQL 乱码。

(2) MySQL 中创建表时会让你选择一种编码，如果这种编码与你的网页编码不一致，也可能造成 MySQL 乱码。

(3) MySQL 创建表时，添加字段是可以选择编码的，如果这种编码与你的网页编码不一致，也可能造成 MySQL 乱码。

(4) 用户提交页面的编码与显示数据的页面编码不一致，就肯定会造成 PHP 页面乱码。

(5) 如用户输入资料的页面是 UTF-8 编码，而显示用户输入的页面却是 GB2312 编码，这种情况肯定会造成 PHP 页面乱码。

(6) PHP 页面字符集不正确，也可能造成 PHP 页面乱码。

(7) PHP 连接 MySQL 数据库语句指定的编码不正确，造成 PHP 页面乱码。

11.6.2　PHP 网页的编码

这里主要是指 PHP 程序中指定的编码和 PHP 所在文件本身的编码两种。

1. PHP 文件本身的编码与网页的编码应匹配

如果使用 GB2312 编码，那么 PHP 要输出头 header("Content-Type: text/html; charset=GB2312")，静态页面添加 <meta http-equiv="Content-Type" content="text/html; charset=GB2312">。而且所有文件的编码格式为 ANSI，可用记事本打开，另存时选择编码为 ANSI，覆盖源文件。

如果使用 UTF-8 编码，那么 PHP 要输出头 header("Content-Type: text/html; charset=UTF-8")，静态页面添加 <meta http-equiv="Content-Type" content="text/html; charset=UTF-8">。所有文件的编码格式为 UTF-8，可用记事本打开，另存时选择编码为 UTF-8，覆盖源文件。

技巧

也可以使用专业的文本编辑器来保存为 UTF-8 格式，像 Notepad++，此时应该选择无 BOM 的 UTF-8 格式。

2. PHP 本身不是 Unicode 的

如果 PHP 本身是 Unicode 格式的，那所有 substr() 之类的函数需要改成 mb_substr() 函数，或者使用 iconv() 函数进行转码。

11.6.3 MySQL 数据库的编码

PHP 与数据库的编码必须一致。可以修改 MySQL 配置文件 my.ini，以 utf8 编码为例，配置如下：

```
[mysql]
default-character-set=utf8
[mysqld]
default-character-set=utf8
default-storage-engine=MyISAM
```

在上面 mysqld 小节中加入下面的代码：

```
default-collation=utf8_bin
init_connect='SET NAMES utf8'
```

然后，在数据库操作前使用 mysql_query("set names ' 编码 '") 语句使两者编码一致。

如果 PHP 编码是 GB2312，那 MySQL 编码就是 GB2312；如果是 UTF-8，那 MySQL 编码就是 utf8(注意这里没有短横线)。这样插入和查询数据时就不会出现乱码了。

11.7 高手带你做——数据分页显示

分页显示是一种非常常见的浏览和显示大量数据的方法，属于 Web 编程中最常处理的事件之一。下面就详细介绍如何在 PHP 中实现分页显示 MySQL 的数据。

所谓分页显示，也就是将数据库中的结果集手动地分成一段一段的来显示。这里需要两个初始的参数。

- **$PageSize** 表示每页多少条记录。
- **$CurrentPageID** 表示当前是第几页。

现在只要再有一个结果集，就可以显示某段特定的结果出来。至于其他的参数，比如上一页 ($PreviousPageID)、下一页 ($NextPageID)、总页数 ($numPages) 等，都可以根据前边这几个东西得到。

以 MySQL 数据库为例，如果要从 table 表内截取某段内容，SQL 语句可以用“select * from table limit offset, rows”。例如，下面是一组 SQL 语句，从中可以发现规律。

取前 10 条记录：

```
select * from table limit 0,10
```

取第 11 至 20 条记录：

```
select * from table limit 10,10
```

取第 21 至 30 条记录：

```
select * from table limit 20,10
```

这一组 SQL 语句其实就是当 $PageSize 是 10 的时候，取表内每一页数据的 SQL 语句。可以总结出这样一个模板：

```
select * from table limit ($CurrentPageID - 1) * $PageSize, $PageSize
```

拿这个模板代入对应的值与上面的 SQL 语句对照一下，便可以理解其含义和作用。解决最重要的如何获取数据的问题以后，接下来的就仅仅是传递参数，构造合适的 SQL 语句，然后从数据库内获取数据并显示了。

【例 11-16】

针对 my_db 数据库中的 my_depart 表编写一个分页显示程序，要求每页显示 5 条，并提供页面之间的导航链接。具体实现步骤如下所示。

01 由于页面的分页效果是将一个页面分为第 1 页、第 2 页等，因此需要将初始状态默认为第一页，代码如下：

```
<?php
// 创建连接
$mysqli =mysqli_connect('localhost','root','root','mydb');
if(mysqli_connect_errno()){
  printf(" 连接失败 :%s<br>",mysqli_connect_error());
  exit();
}
// 获取当前页数
if( isset($_GET['page']) ){
  $page = intval( $_GET['page'] );
}
else{
  $page = 1;
}
?>
```

PHP 编程

02 接下来，从 my_depart 表中获取总数据量，并计算出表中的信息需要显示的页数，实现代码如下所示：

```
// 每页数量
$page_size = 5;
// 获取总数据量
$result = $mysqli->query ( "SELECT count(*) as amount FROM my_depart" );
list ( $amount ) = $result->fetch_row();
// 计算总共有多少页
if ($amount) {
  if ($amount < $page_size) {
```

```
        $page_count = 1;
    } // 如果总数据量小于 $PageSize，那么只有一页
    if ($amount % $page_size) { // 取总数据量除以每页数的余数
        $page_count = ( int ) ($amount / $page_size) + 1;
            // 如果有余数，则页数等于总数据量除以每页数的结果取整再加 1
    } else {
        $page_count = $amount / $page_size; // 如果没有余数，则页数等于总数据量除以每页数的结果
    }
} else {
    $page_count = 0;
}
```

03 接下来获取每一页所需的数据，并添加上一页、下一页链接。获取每一页所需的数据代码如下所示：

```
<table width="100%">
    <tr>
        <th> 编号 </th>
        <th> 名称 </th>
        <th> 简写 </th>
        <th> 创建时间 </th>
    </tr>
<?php
// 获取数据，以二维数组格式返回结果
if( $amount ){
    $mysqli->query("set names 'utf8'");    // 强制使用 UTF8 编码，避免中文乱码

    $sql = " SELECT depart_id,depart_name,name_code,create_time FROM my_depart order by id desc limit ".
($page-1)*$page_size .", $page_size";
    $nowret = $mysqli->query ( $sql );
    while ( list ( $depart_id,$depart_name,$name_code,$create_time ) = $nowret->fetch_row () ) {
        echo "<tr><td>".$depart_id . "</td>";
        echo "<td>".$depart_name . "</td>";
        echo "<td>".$name_code. "</td>";
        echo "<td>".date("Y-m-d H:i:s",$create_time)."</td></tr>";
    }
}
$mysqli->close();        // 释放连接
?>
```

04 实现多个页面之间的导航链接，具体代码如下所示：

```
<?php
// 翻页链接
$page_string = '';
```

```
if( $page == 1 ){
  $page_string .= ' 第一页 | 上一页 |';
}
else{
  $page_string .= '<a href=?page=1> 第一页 </a>|<a href=?page='.($page-1).'> 上一页 </a>|';
}
if( ($page == $page_count) || ($page_count == 0) ){
  $page_string .= ' 下一页 | 尾页 ';
}
else{
  $page_string .= '<a href=?page='.($page+1).'> 下一页 </a>|<a href=?page='.$page_count.'> 尾页 </a>';
}
echo " 共 $amount 条数据 ";
echo $page_string;
?>
```

05 运行该页面，其效果如图 11-26 和图 11-27 所示。

图 11-26　数据首页

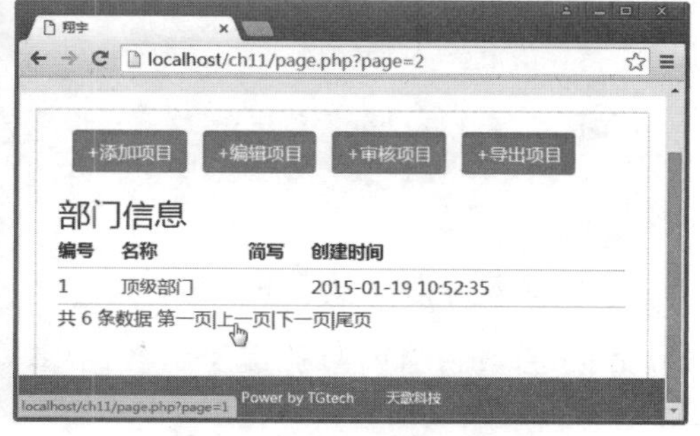

图 11-27　查看第 2 页数据

11.8　高手带你做——数据库事务处理

事务是确保数据库数据完整性的一种机制，是由一个或一系列的 SQL 语句组成的，它们作为一个单元有序地执行。如果单元中的所有 SQL 语句都操作成功，则认为事务成功，事务则被提交，其修改将作用于所有其他数据库进程。

如果单元中有一个 SQL 语句操作失败，则事务执行不成功，整个事务将被回滚，该事务中的所有操作都将被取消。事务功能是企事业级数据库的一个重要部分，因为很多业务过程都包括多个步骤。如果任何一个步骤失败，则所有步骤都不应发生。

在 MySQL 4.0 及以上版本中均默认地启用事务，但 MySQL 目前只有 InnoDB 和 BDB 两个数据表类型才支持事务，两个表类型具有相同的特性，InnoDB 表类型具有比 BDB 还丰富的特性，速度更快，因此建议使用 InnoDB 表类型。创建 InnoDB 类型的表实际上与创建任何其他类型表的过程没有区别，如果数据库没有设置为默认的表类型，只须在创建时显式指定要将表创建为 InnoDB 类型。

在默认情况下，MySQL 是以自动提交模式运行的，这就意味着所执行的每一个语句都将立即写入数据库中。但如果使用事务的表类型，是不希望有自动提交行为的。

mysqli 扩展模块中目前没有提供与 SQL 命令 START TRANSACTION 相对应的方法，如果想使用事务，必须执行 mysqli 对象中的 autocommit(0) 方法关闭 MySQL 事务机制的自动提交模式。关闭自动提交模式后，后续执行的所有 SQL 命令将构成一个事务，直到调用 mysqli 类对象的 commit() 方法提交它们或是调用 roolback() 方法撤销它们为止。

接下来执行的 SQL 命令又构成了另一个事务，直到再次遇到 commit() 或 rollback() 方法调用。如果忘记了调用 mysqli 类对象中的 commit() 方法，或在执行 commit() 方法之前，一旦有 SQL 命令执行出错或是失去与 MySQL 服务器的连接，当前事务里的所有的 SQL 命令都将被撤销。

PHP 主要通过 autocommit()、commit() 和 rollback() 三个函数实现事务处理，下面详细介绍这些函数。

1. 控制 MySQL 自动提交模式的行为

autocommit() 函数控制 MySQL 自动提交模式的行为，该函数的过程化语法格式如下所示：

```
bool autocommit(boolean mode)
```

autocommit() 函数面向对象的语法格式如下：

```
class mysqli {
    bool autocommit ( bool mode )
}
```

2. 将当前事务提交给数据库

commit() 函数将当前事务提交给数据库，成功时返回 true，否则返回 false。该函数的语法格式如下：

```
bool commit()
```

该函数面向对象的语法格式如下：

```
class mysqli {
    bool commit ( void )
}
```

3. 回滚当前事务

rollback() 函数表示回滚当前事务，成功时返回 true，否则返回 false。该函数的过程化语法格式如下：

```
rollback()
```

该函数面向对象的语法格式如下所示：

```
class mysqli {
```

```
    bool rollback ( void )
}
```

【例 11-17】

编写一个案例，首先禁用事务的自动提交，然后对 mydb 数据库中 my_depart 表执行如下操作：

- 查询 my_depart 表共有多少数据。
- 删除编号为 343、344 和 347 的数据，输出删除影响的行数。
- 进行事务回滚。
- 再次查询 my_depart 表共有多少数据。

具体实现代码如下：

```
<?php
$mysqli = new mysqli('localhost','root','root','mydb');
if(mysqli_connect_errno()){
   printf(" 连接失败 :%s<br>",mysqli_connect_error());
   exit();
}
// 禁用事务自动提交
$mysqli->autocommit(0);
if($mysqli->query("select * from my_depart"))
{
   echo "my_depart 表原来有 ".$mysqli->affected_rows." 行数据 <br>";
}
if($mysqli->query("delete from my_depart where id in(343,344,347)"))
{
   echo " 本次一共删除 ".$mysqli->affected_rows." 行数据 <br>";
}
$mysqli->rollback();
echo " 事务回滚 <br/>";
if($mysqli->query("select * from my_depart"))
{
   echo "my_depart 表中还剩下 ".$mysqli->affected_rows." 行数据 <br>";
}
?>
```

代码非常简单，这里不再解释，运行结果如下：

```
my_depart 表原来有 5 行数据
本次一共删除 2 行数据
事务回滚
my_depart 表中还剩下 5 行数据
```

从运行结果中可以看出，虽然 DELTE 语句删除了两行数据，但是由于后面事务回滚了，所以删除操作没有生效。

11.9 成长任务

成长任务 1：实现通信录

通信录也许对大家来说都不陌生，我们通常使用它来记录朋友、家人、同学和同事的联系信息。假设使用的数据库为 contact，它有一个 contactinfo 表，里面有 id、nme、pone、email、address、postcode 和 memo 列。

现要求实现一个简单的通信录功能，具体操作如下。

(1) 制作一个添加联系人的表单。

(2) 获取联系人的信息，并插入到 contactinfo 表中。

(3) 分页显示所有联系人的信息，每页 5 条。

(4) 实现联系人的编辑和删除功能。

第 12 章

XML 和 JSON 处理

XML(eXtensible Markup Language)是一种可扩展标记语言，用于存储数据，并且能够使数据通过网络无障碍地进行传输。XML 还允许用户创建和使用自己的标记来描述要表达的内容，并且 XML 注重的是本身的格式和数据内容。

本章将对 XML 的基础知识进行简单介绍，重点讲述如何使用 PHP 处理 XML，包括 SAX、DOM 以及 SimpleXML 这三种方式的使用方法及其区别。本章最后将简单介绍如何处理 JSON 格式的数据。

本章学习要点

- ◎ 了解 XML 文档的结构
- ◎ 掌握 XML 中元素和属性的创建
- ◎ 了解 XML 中的声明、实体和命名空间
- ◎ 掌握 PHP 如何创建 XML 文档
- ◎ 了解 PHP 常用的 XML 解析器
- ◎ 掌握 PHP DOM 操作 XML 的方法
- ◎ 掌握 PHP SimpleXML 操作 XML 的方法
- ◎ 了解 JavaScript 中 DOM 操作 XML 的方法
- ◎ 了解 JSON 语法和结构
- ◎ 掌握 JSON 数据的编码和解码操作

扫一扫，下载
本章视频文件

12.1 XML 简介

越来越多的架构和语言都已经宣布了对 XML 的支持。特别是在 Web 程序的开发方面，如传输数据、存储数据、配置服务器都可以使用 XML。XML 还可以做成一个单独的 Web 页面，显示在客户端，从而实现数据和显示的分离。同样，PHP 作为一门主流的 Web 技术，对 XML 的支持是非常彻底的。在本节中，我们将从 XML 的基础知识讲起，阐述 PHP 技术中 XML 的使用。

12.1.1 XML 概述

XML 是一种与平台无关的表示数据的方法，它和 HTML 都来自于 SGML，而且它们都包含标记，有着相似的语法。但是，XML 和 HTML 的最大区别在于：HTML 是一个定型的标记语言，它用固定的标记来描述，显示网页内容。相对地，XML 则没有固定的标记，它不能描述网页具体的外观、内容，它只是描述内容的数据形式和结构。

XML 的出现解决了 HTML 难以扩展、交互性差、语义性差以及单向超链接等缺点，它的技术优势如下所示：

- 用户可以使用 XML 自由地制定自己的标记语言，它允许各种不同的专业人士（例如音乐家、化学家和数学家等）开发与自己的特定领域有关的标记语言。
- 自描述数据。XML 在基本水平上使用的是非常简单的数据格式，可以用 100% 的纯 ASCII 文本来书写，也可以用几种其他定义好的格式来书写。
- 存储数据的 XML 文件可以被程序解析，把里面的数据提取出来加以利用，这些数据可以在多种场合中被调用。
- 保持用户界面和结构数据之间的分离，把数据分离出来，能够无缝集成众多来源的数据。

从本质上来讲，XML 也是一个文本文件，可以理解为一个描述数据结构的实现。而且 XML 提供异构平台之间通信的重要通信语言，是不同系统之间沟通的桥梁。XML 用于在一个文档中存储数据，但是数据存储并不是主要目的，它的主要目的是通过该通用格式标准进行数据交换和传递。

XML 支持 GB2312 格式编码，也支持 Unicode 格式编码，可以包含世界各地的任何字符集和二进制数据，并且 XML 不依赖于任何操作系统平台，是真正的跨平台技术。XML 可以适用于多个场合中，如下所示：

- 结构化数据，例如系统配置文件和邮件地址簿等。
- 标准数据交换，用于多个平台或应用系统之间的数据传递，例如 Web Service。
- 应用程序的数据，由于 XML 的出现，越来越多的文字处理程序都开始将原来保存为二进制的数据转换为使用 XML 保存，如微软的 Office 2007 等。
- 创建新的标记语言，用户可以建立新的标记，用以实现更多的功能和操作。例如现在流行的 RSS 和 Atom，它们都属于开放的标记语言。

12.1.2 XML 的基本结构

创建一个 XML 文档首先需要添加完整的声明格式，然后再添加处理指令、注释和实体等内容。如图 12-1 所示为详细的 XML 文档结构图。

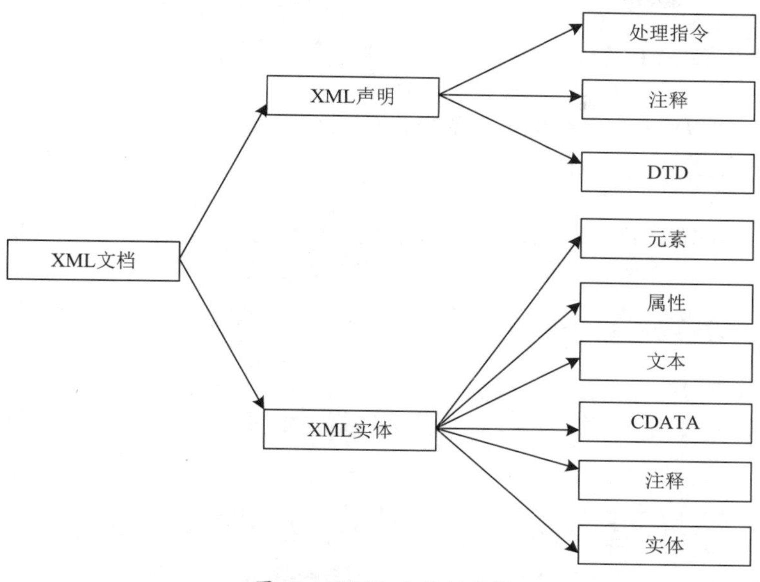

图 12-1 XML 文档结构图

从图 12-1 中可以看出，XML 文档包括两部分：XML 声明和 XML 实体。其中，XML 声明可以包括处理指令、注释和 DTD；XML 实体可以包括元素、属性、文本、CDATA、注释和实体。

12.1.3　XML 声明

XML 提供了 XML 声明语句，它用于说明文档属于 XML 类型，另外它还给解析器提供其他信息。XML 声明并不是必需的，如果没有这个声明语句，解析器通常也能判断一个文档是否为 XML 文档，但是加上 XML 声明语句被认为是一个很好的习惯。XML 声明的基本形式如下：

```
<?xml version="1.0" encoding="GB2312" standalone="yes/no" ?>
```

在上述形式中，XML 声明可以指定 version、encoding 和 standalone 这 3 个属性。其中，version 属性表示版本号；encoding 表示编码方式；而 standalone 表示该文档是否附带 DTD 文件，其值可以是 yes 或者 no。

声明 XML 文档时需要注意以下几点：

- XML 声明语句从 <?xml 开始，到 ?> 为结束。
- 声明语句里必须有 version 属性，但是 encoding 属性和 standalone 属性是可选的。
- version、encoding 和 standalone 这 3 个属性必须按上述顺序进行排列。
- version 属性值必须是 1.0 或者 1.1，表示版本信息。
- XML 声明必须放在文件的开头，即文件的第一个字符必须是 <，前面不能有空行或空格。关于这一点，有些解析器要求的并不严格。

12.1.4　XML 实体

XML 实体是整个 XML 文档的核心，它包含一系列的数据，其中元素、属性和文本是 XML 文档最重要的内容，用于存储和表现数据。下面对 XML 中的内容进行介绍。

- **元素** 它用来描述其所包含的数据，还可以包含属性名称和值，用于提供有关内容的其他信息。XML 文档中只有一个根元素，其他元素在根元素内以树形分层结构排列，而且元素还可以嵌套使用。
- **属性** 属性可以将一些额外的信息附加到元素上。
- **文本** 文本表示元素之间的数据。
- **CDATA** CDATA 以“<![CDATA[”开始，以“]]>”结束，两者中间的内容为文本内容。当 XML 元素被解析时，XML 元素内部的文本也会被解析。只有在 CDATA 段之内的文本才会被解析器当作一般文本显示。CDATA 的格式如下所示：

```
<![CDATA[ 要直接显示的内容 ]]>
```

- **注释** 注释是对一段内容的解释说明，XML 注释和 HTML 注释语法相同。
- **实体** 相当于 C 语言中的宏定义，可以先定义一个实体，然后通过实体名的形式来引用该实体。

12.1.5 高手带你做——创建水果信息 XML 文件

在了解 XML 文档的基本结构之后，下面通过示例演示一个 XML 格式正确的文档，该文档描述一系列的水果信息。

【例 12-1】

创建一个 XML 文件，保存为 myfruit.xml。该文件描述用户常见的一些水果的基本信息，包括水果名称和英文写法。完整代码如下：

```
<?xml version="1.0" encoding="utf-8" ?>
<fruits>
 <fruit>
  <name> 苹果 </name>
  <engname>Apple</engname>
 </fruit>
 <fruit>
  <name> 香蕉 </name>
  <engname>Banana</engname>
 </fruit>
 <fruit>
  <name> 桔子 </name>
  <engname>Orange</engname>
 </fruit>
</fruits>
```

在浏览器中打开 myfruit.xml，运行效果如图 12-2 所示。

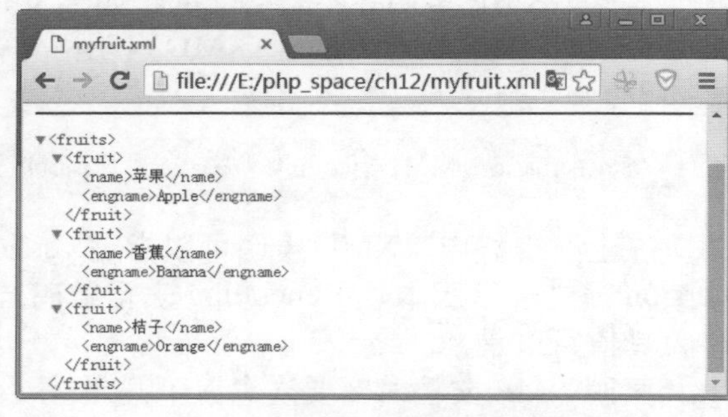

图 12-2 myfruit.xml 的运行效果

编

程

12.1.6 命名空间

由于 XML 文档中使用的元素不固定，那么两个不同的 XML 文档使用同一个名字来描述不同类型的元素的情况就可能发生，发生这种情况时会导致命名冲突。在 XML 文档中，使用命名空间解决命名冲突的问题。

XML 命名空间被放置于某个元素的开始标签中，并使用以下的语法：

```
xmlns:namespace-prefix="namespaceURL"
```

当一个命名空间被定义在某个元素的开始标签中时，所有带有相同前缀的子元素都会与同一个命名空间相关联。下面创建一个使用命名空间的 XML 文档。代码如下：

```
<?xml version="1.0" encoding="utf-8"?>
<items>
    <book xmlns="http://www.shop.org/xml/book/">
        <name>PHP 快速入门 </name>
        <price>19.8</price>
        <pub> 清华大学出版社 </pub>
    </book>
    <keyword xmlns="http://www.baidu.com/q/">
        <name> 关键词 </name>
        <color>#f04048</color>
        <count>80</count>
    </keyword>
</items>
```

在上面的代码中，创建了两个使用命名空间的 XML，并且通过使用命名空间解决了这两个 XML 文档之间的命名冲突问题。

12.2　高手带你做——生成水果信息 XML 文件

使用 PHP 生成 XML 文件时很简单，只需要使用 header() 函数把文档的 MIME 类型设置为“text/xml”即可。为了避免 <?xml …?> 声明被解析为一个 PHP 标记，需要编辑 php.ini 配置文件，将 short_open_tag 选择设置为不启用，或者直接使用 echo() 打印该内容。内容如下：

```
<?php
header("Content-Type: text/xml");                          // 声明为 XML 格式
echo "<?xml version='1.0' encoding='1.0'?>\r\n";           // 指定 XML 的声明和编码
?>
```

【例 12-2】

PHP 生成 XML 时，最简单的方式就是使用 PHP 语言生成字符串，输出到网页中。基本操作步骤如下。

01 创建一个 PHP 页面，首先添加以下脚本代码：

```
<?php
header("Content-Type: text/xml");                          // 声明为 XML 格式
echo "<?xml version='1.0' encoding='1.0'?>\r\n";           // 指定 XML 的声明和编码
?>
```

02 在上个步骤代码的基础上添加新的代码，创建一个包含水果中文名称和英文名称的数组。代码如下：

```
$items=array(
    array('name'=>' 苹果 ','engname'=>'Apple'),
    array('name'=>' 香蕉 ','engname'=>'Banana'),
    array('name'=>' 桔子 ','engname'=>'Orange')
);
```

03 在 PHP 脚本中声明 XML 格式，由于第 1 步已经指定了编码格式，因此这里不再指定。可以直接添加 XML 文件的内容，通过 foreach 循环语句遍历 $items 数组中的数据。代码如下：

```
echo "<myfruit>";
foreach($items as $item) {                                    // 遍历数组输出 XML 格式内容
  echo "<fruit>\r\n";
  echo "<name>{$item['name']}</name>\r\n";
  echo "<engname>{$item['engname']}</engname>\r\n";
  echo "</fruit>\r\n";
}
echo "</myfruit>";
```

04 将 PHP 文件保存为 make_xml.php，在浏览器中的运行效果如图 13-3 所示。

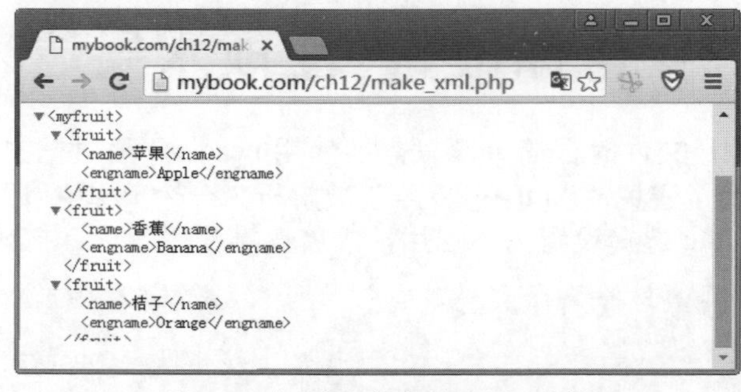

图 12-3 由 PHP 生成的 XML 文件

12.3 XML 解析器

XML 解析器是一个用来检查 XML 文件是否格式良好的程序，XML 解析器可以分为两大类：基于事件驱动的 XML 解析器和基于树的 XML 解析器。基于事件驱动的 XML 解析器在内存中不断地处理 XML 数据和 XML 标记，一次只处理一个；基于树的 XML 解析器一次分析整个 XML 文档，并把分析结果保存到一个树型结构中，还提供了一组 API 来访问这个树型结构。

PHP 5 常用的 XML 文档解析器有三个，分别是 DOM 解析器、SimpleXML 解析器和 SAX 解析器，下面逐一介绍这些解析器。

12.3.1 DOM 解析 XML

DOM(Document Object Model、文档对象模型) 解析 XML 时，需要把整个 XML 文件加

载到内存中去，并以一棵节点树的形式存在。当加载完成后，可以对节点树中的每一个节点进行操作。换句话说，通过 DOM 应用程序可以对 XML 文档进行随机访问。这种访问方式给应用程序的开发带来了很大的灵活性，它可以任意地控制整个 XML 文档中的内容，从而执行添加、删除、修改等操作。

下面为一个简单的 XML 文档：

```
<?xml version="1.0" encoding="utf-8" ?>
<hosts>
 <host>
  <ip>127.0.0.1</ip>
  <username>root</username>
  <userpass>123456</userpass>
 </host>
</hosts>
```

这就是一个由一个节点组成的 DOM 树结构。其中，hosts 是文档的根节点，在根元素里面包含一个 host 子节点；而 host 元素又包含了三个子节点：ip、username 和 userpass，并且都包含了相应的数据信息。在 DOM 中，每一个子节点都会成为一个节点，属性也是一个节点，标记间的数据也是一个节点，可以清晰地表达出文档中各节点之间的关系。如图 12-4 所示为上述 XML 的文档树。

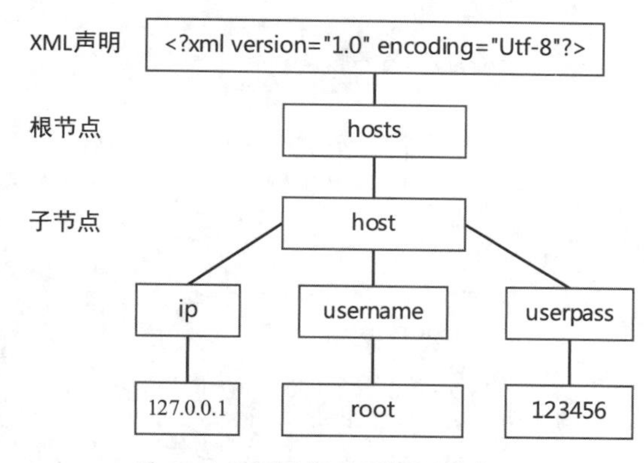

图 12-4　DOM 解析 XML 的流程

使用 DOM 解析器时，最简单、快速的遍历 XML 文档内容的方法是调用 saveXML()函数。例如，以 12.1.5 节的水果 XML 文件为例，遍历代码如下所示：

```
<?php
$doc = new DOMDocument();                    // 创建 DOM 对象
$doc->load( 'myfruit.xml' );                 // 载入 XML 文档
print $doc->saveXML();                       // 输出 XML 文档的内容
?>
```

DOM 还提供了很多用于解析时从 XML 中获取数据的函数，在表 12-1 中列出了最常用函数及其说明。

表 12-1　获取数据的函数

函数名称	说　明
DOMDocument()	创建一个 DOM 对象
load('name.xml')	加载一个指定 XML 文件到内存
getElementsByTagName("book")	获取一个指定节点的节点对象
item(0)	获取指定索引值的节点对象
nodeValue()	节点值

【例 12-3】

假设有一个 notes.xml 文件的内容如下，编写一个案例，讲解如何使用表 12-1 的函数对 XML 进行操作。

```
<?xml version="1.0" encoding="utf-8" ?>
<notes>
 <head>
  <title> 明明的备忘录 </title>
 </head>
 <note>
  <heading> 去张老师家 </heading>
  <body> 后天去张老师家补习英语 </body>
 </note>
 <note>
  <heading> 日常功课 </heading>
  <body> 每天早读 30 分钟 </body>
 </note>
</notes>
```

01 创建一个实例文件 dom_xml.php。

02 利用表 12-1 中提供的函数，从 XML 文档中读取节点信息：

```
<?php
   $doc = new DOMDocument();                              // 创建 DOM 对象
   $doc->load("notes.xml");                               // 载入外部的 XML 文件
   $head=$doc->getElementsByTagName("head");              // 获取 head 节点对象
   $title=$head->item(0)->nodeValue;                      // 获取 title 节点的值
   echo "<h1 class='h3'>《 $title 》 </h1>";              // 输出获取的值
?>
```

在上述代码中，首先用 $doc = new DOMDocument() 创建了一个 DOM 对象的实例 $doc，然后调用 load() 函数载入 newslist.xml。语句 $doc->getElementsByTagName("head") 从 XML 文档中搜索 head 节点并返回，再往下的 $head->item(0)->nodeValue 语句则获取了 head 节点的值，最后输出到页面上。

03 接下来编写代码实现显示备注列表，具体实现代码如下所示：

```
<table width="100%">
<tr>
   <th > 标题 </th>
   <th> 内容 </th>
</tr>
<?php
$doc = new DOMDocument();                                  // 创建 DOM 对象
$doc->load("notes.xml");                                   // 载入外部的 XML 文件
$note= $doc->getElementsByTagName("note");                 // 获取 note 节点列表
foreach( $note as $item )                                  // 循环读取每个节点的信息
{
   $heading = $item->getElementsByTagName( "heading" );    // 获取 heading 节点对象
   $headingText =$heading->item(0)->nodeValue;             // 获取 heading 节点的值
   $body = $item->getElementsByTagName( "body" );
   $bodyText =$body->item(0)->nodeValue;                   // 获取 body 节点的值
   echo "<tr>";
   echo "<td> $headingText </td>";
   echo "<td> $bodyText </td>";
   echo "</tr>";
}  ?>
</table>
```

在上述代码中，语句 $doc->getElementsByTagName("note") 返回的是一个包含所有 note 节点的集合。所以，下面使用 foreach() 语句循环该集合，再依次获取每个节点的值，最后在表格中输出。

04 将 PHP 文件和 XML 文件放在同一目录。然后浏览 dom_xml.php 文件查看读取 XML 文档的效果，如图 12-5 所示。

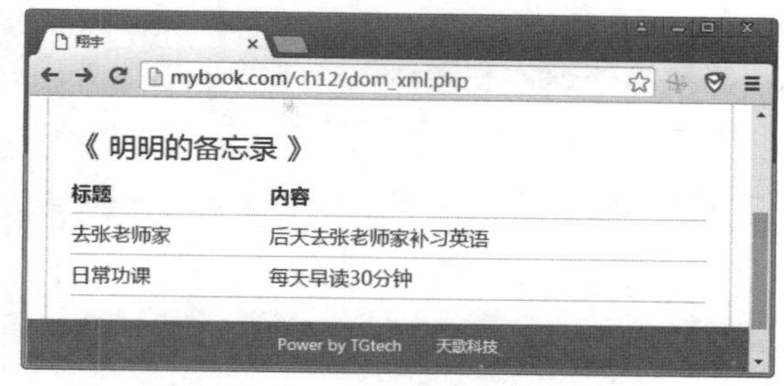

图 12-5 读取 XML 文档运行效果

12.3.2 SAX 解析 XML

SAX(Simple API for XML) 解析器运行在基于事件的处理模型上，每次打开或关闭一个标签时，或者每次解析器到文本时，就执行节点或文本的事件处理函数。它的优点在于：它是真正轻量级的解析器，不会在内存中长期保持内容，可用于非常大的文件。但是，它也存在着缺点：编写 SAX 解析器的回调很麻烦。同 DOM 解析器相比，SAX 解析器对 XML 的处理缺乏一定的灵活性，但是对于那些只需要访问 XML 文件中的数据而不对文件进行更改的应用程序来说，使用 SAX 解析器的效率更高。如图 12-6 中给出了使用 SAX 解析 XML 时的流程。

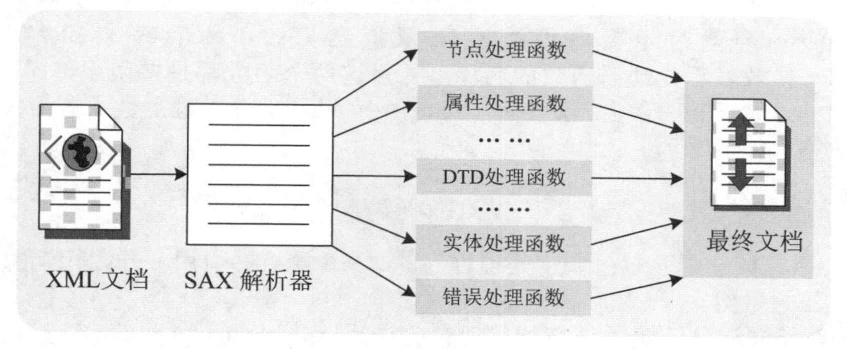

图 12-6 SAX 解析 XML 时的流程

PHP 的 SAX 解析器是基于事件的驱动型解析器，这意味着当解析器阅读 XML 文档时，它将针对各种事件调用不同的处理程序函数。

1. 创建解析器

要使用 SAX 解析 XML 文档，首先需要创建一个解析器。在 PHP 中使用 xml_parser_create() 函数创建 XML 解析器。xml_parser_create() 函数将建立一个新的 XML 解析器，并返回可被其他 XML 函数使用的资源句柄，语法格式如下所示：

```
xml_parser_create(string $encoding)
```

xml_parser_create() 函数的 $encoding 参数为可选参数，该参数表示指定解析后输出数据的编码。

提示

解析器支持的编码有 ISO-8859-1、UTF-8 和 US-ASCII。

创建解析器之后，便可以使用 xml_parse() 函数解析 XML 文档，此时将触发元素处理器、字符数据处理器和默认处理器等。数据处理完毕后调用 xml_parser_free() 函数释放解析器。xml_parse() 函数的语法格式如下所示：

```
int xml_parse ( resource $parser , string $data [, bool $is_final ] )
```

其中，$data 参数是要处理的 XML 字符串，为了使最后一块数据被解析，可选的 $final 参数应设为 true。如果解析器成功解析 XML，将返回 true，否则返回 false。

提示

可以使用 xml_get_error_code() 函数获取错误的编号，再使用 xml_error_string() 函数将错误编号转换成字符串。

2. 元素处理器

通过 xml_set_element_handler() 函数可以设置元素处理器，语法格式如下所示。

```
bool xml_set_element_handler ( resource $parser , callback $start_element_handler , callback $end_element_handler )
```

其中，$parser 参数表示要使用的 XML 解析器，$start_element_handler 参数和 $end_element_handler 参数表示处理器函数的名称，并且这两个函数都是按引用传递。当 XML 解析器遇到元素的开始标签时，会调用 start_element_handler 元素处理函数，该函数必须有三个参数，其语法格式如下所示：

```
start_element_handler ( resource $parser , string $name , array $attribs )
```

这里的三个参数分别表示：调用处理程序的 XML 解析器引用、开始元素的名称和解析器遇到元素的属性数组。

当 XML 解析器遇到元素的结束标签时，会调用 end_element_handler 元素处理函数，该函数必须有两个参数，其语法格式如下所示：

```
end_element_handler ( resource $parser , string $name )
```

这里的 $parser 参数表示调用处理程序的 XML 解析器引用，$name 参数为被调用的元素名。

3. 字符数据处理器

元素之间的所有文本由字符数据处理器处理。在 PHP 中，通过 xml_set_character_data_handler() 函数设置的处理器会在遇到每一个字符数据块时被调用，语法格式如下所示：

```
bool xml_set_character_data_handler ( resource $parser , callback $handler )
```

其中，$parser 参数表示触发处理程序的 XML 解析器的引用，$handler 参数表示作为事件处理器使用的函数。

由 $handler 参数指定的函数必须有两个参数，语法格式如下：

```
handler ( resource $parser , string $data )
```

例如，下面是一个 $handler 事件处理器函数的示例代码：

```
function char($parser,$data)
{
  echo $data;           // 输出节点文本
}
```

4. 指令处理器

在 XML 中，处理指令包含在“<?”和“?>”分隔符中，它用来将脚本或其他代码嵌入到文档中。XML 解析器在遇到处理指令时，即调用相应的指令处理器。

PHP 使用 xml_set_processing_instruction_handler() 函数设置处理器，语法格式如下所示：

```
bool xml_set_processing_instruction_handler ( resource $parser , callback $handler )
```

这里的 $handler 参数表示要调用的处理器函数，该处理器函数有三个参数，分别表示触发处理器的解析器引用、目标名称和处理指令。如下所示为 $handler 函数的语法格式：

```
handler ( resource $parser , string $target , string $data )
```

5. 默认处理器

只要能在 XML 文档中找到数据，就可以调用 xml_set_default_handler() 函数解析 XML 文档。xml_set_default_handler() 函数为 XML 解析器建立默认的数据处理器，如果处理器被成功创建，将返回 true，否则返回 false。函数的语法格式如下所示：

```
bool xml_set_default_handler ( resource $parser , callback $handler )
```

这里的 $parser 参数表示要使用的 XML 解析器，$handler 参数表示事件处理器使用的函数。

下面的代码演示了如何使用 xml_set_default_handler() 函数解析 XML，它使用了 12.1.5 节给出的 myfruit.xml 文件：

```
<?php
$parser=xml_parser_create();                          // 新建解析器
function mydefault($parser,$data)                     // 创建默认处理器函数
{
  echo $data;
}
xml_set_default_handler($parser,"mydefault");         // 指定默认处理器
$fp=fopen("myfruit.xml","r");                         // 打开 XML 文档
while ($data=fread($fp,4096))                         // 读取 XML 文档
{
 xml_parse($parser,$data,feof($fp)) or
  die (sprintf("XML Error: %s at line %d",
  xml_error_string(xml_get_error_code($parser)),
  xml_get_current_line_number($parser)));             // 解析 XML
}
xml_parser_free($parser);                             // 释放 XML 解析器
?>
```

12.3.3 高手带你做——SAX 解析 XML 文件

使用 SAX 解析器解析 XML 文件的工作原理是：SAX 解析器顺序扫描 XML 文件，扫描到元素的开始标记、结束标记等地方时产生事件，由指定的处理函数完成相应的处理，然后继续扫描其后的内容，直到 XML 文件结束。

使用 SAX 解析 XML 文件时的一般步骤如下。

(1) 为处理 XML 文件的各个回调函数编写程序代码，例如定义元素的开始标记和结束标记回调函数、字符数据处理回调函数。

(2) 利用 PHP 提供的 xml_parser_create() 函数初始化 SAX 解析器。

(3) 设置各个事件调用的回调函数。例如下面的代码：

```
xml_set_element_handler($xparser, "startHandler", "endHandler");    // 开始标记和结束标记的回调函数
xml_set_character_data_handler($xparser, "cdataHandler");           // 注册字符数据处理回调函数
```

(4) 通过 fopen() 函数打开 XML 文件。

(5) 使用 xml_parse() 函数解析打开的 XML 文件。

(6) 利用 xml_parser_free() 函数释放 XML 解析器的句柄。

【例 12-4】

使用 SAX 解析 XML 文件时，并不是一定要按照上面的步骤进行操作，有些步骤之间是可以互换的。使用者可以根据需要适当地调整一下步骤，下面使用上面的步骤通过 SAX 解析 book.xml 文件。详细步骤如下：

01 在新创建的 PHP 页面脚本中，首先声明 $level 和 $char_data 变量；然后通过 xml_parser_create() 函数创建解析器；紧接着调用各个事件的回调函数。代码如下：

```
<?php
$level = 0;                                                              // 初始化变量
$char_data = '';
$xml = xml_parser_create ( 'UTF-8' );                                    // 创建分析的对象实例
xml_set_element_handler ( $xml, 'start_handler', 'end_handler' );        // 设置句柄
xml_set_character_data_handler ( $xml, 'character_handler' );
/* 省略其他代码 */
?>
```

02 调用 xml_parse() 函数解析 XML 文件，该函数包含两个参数。其中，第 1 个参数传入解析器；第 2 个参数是一个字符串类型的数据，这里传入 book.xml 文件的内容。代码如下：

```
xml_parse ( $xml, file_get_contents ( 'book.xml' ) );
```

03 创建自定义的 flush_data() 函数，它用于从字符串句柄中缓存收集数据。代码如下：

```
function flush_data() {
    global $level, $char_data;
    $char_data = trim ( $char_data );                    // 去掉数据中的多余空格
    if (strlen ( $char_data ) > 0) {
        echo "<br/>";
```

```
        $data = split ( "<br/>", wordwrap ( $char_data, 76 - ($level * 2) ) );        // 重新包装数据
        foreach ( $data as $line ) {
            echo str_repeat ( ' ', ($level + 1) ) . "[" . $line . "]<Br/>";
        }
    }
    $char_data = '';                                                              // 清除缓存中的数据
}
```

上述代码中 trim() 函数用于去掉数据中的多余空格；使用 strlen() 函数获取指定字符串的长度并进行判断。如果符合条件，则在内部代码中通过 split() 函数重新包装数据，使之适合屏幕显示。最后，为 $char_data 变量赋值，清除缓存中的数据。

04 添加开始处理标记的 start_handler() 函数，向该函数中传入 3 个参数：第 1 个参数是指 XML 解析器对象；第 2 个参数是命名标记；最后一个参数表示一个包含这个标记的属性的关联数组属性。代码如下：

```
function start_handler($xml, $tag, $attributes) {
    global $level;
    flush_data ();                                       // 从字符处理句柄中刷新收集到的数据
    echo "<br/>" . str_repeat ( ' ', $level ) . "$tag";  // 列出 XML 属性为一个字符串
    foreach ( $attributes as $key => $value ) {
            echo "$key='$value'";
    }
    $level ++;                                           // $level 变量递增 1
}
```

05 为处理结束标记的 end_handler() 函数添加代码，在代码中重新从字符处理回调函数中刷新收集到的数据，再将 $level 变量的值递减 1，并打印结束标记。代码如下：

```
function end_handler($xml, $tag) {
    global $level;
    flush_data ();                                       // 从字符处理句柄中刷新收集到的数据
    $level --;                                           // $level 变量递减 1
    echo "<br/>" . str_repeat ( ' ', $level ) . "/$tag"; // 打印结束标记
}
```

06 添加字符集回调函数，在该函数中增加字符数据到缓冲区。代码如下：

```
function character_handler($xml, $data) {
    global $level, $char_data;
    $char_data .= '' . $data;
}
```

07 在浏览器中运行本节实战的 PHP 页面，查看效果，部分效果如图 12-7 所示。

PHP 编程

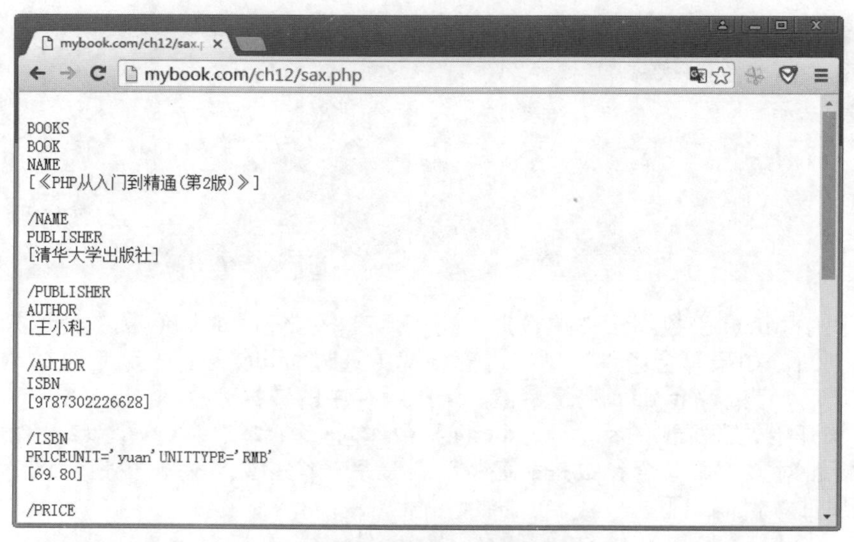

图 12-7 SAX 解析 XML 文件

如果 book.xml 文件不存在，则需要进行创建。该文件的部分内容如下：

```
<?xml version="1.0" encoding="UTF-8"?>
<books>
    <book>
      <name>《PHP 从入门到精通 ( 第 2 版 )》</name>
      <publisher> 清华大学出版社 </publisher>
      <author> 王小科 </author>
      <ISBN>9787302226628</ISBN>
      <price unit="yuan" unitType="RMB">69.80</price>
      <url>http://www.book.com/bookinfo.php?id=227</url>
    </book>
<!-- 省略第 2 个 book 节点 -->
</books>
```

12.3.4 SimpleXML 解析 XML

对于文档结构较为简单的 XML，使用 SimpleXML 解析器是最方便、快捷的。因为 SimpleXML 是 PHP 5 核心的一部分，因此无须安装或引用外部扩展，就可以对 XML 文档进行处理。它会把 XML 转换为对象，然后通过属性提供每个节点元素的访问方法，还可以对从任何节点中获取的文本值进行字符串转换。

SimpleXML 会将 XML 文档转换为 SimpleXML 对象，文档中的元素被转换为 SimpleXMLElement 对象的单一属性。当同一级别上存在多个元素时，它们会被置于数组中，通过使用关联数组进行属性访问，下标对应属性名称。如果一个元素拥有多个文本节点，则按照它们被找到的顺序进行排列。

表 12-2 中列出了使用 SimpleXML 解析 XML 文档时最常用的函数及其说明。

表 12-2　SimpleXML 的常用函数

函数名称	说　　明
__construct()	创建一个新的 SimpleXMLElement 对象。如果执行成功，则返回一个对象，否则返回 false
addAttribute()	为 SimpleXML 元素添加一个属性，该函数无返回值
addChild()	给 SimpleXML 元素添加一个子元素
asXML()	从 SimpleXML 元素获取 XML 字符串
attributes()	获取 SimpleXML 元素的属性
children()	获取指定节点的子节点
getDocNamespaces()	获取 XML 文档的命名空间
getName()	获取 SimpleXML 元素的名称
getNamespaces()	从 XML 数据获取命名空间
registerXPathNamespace()	为下一次 XPath 查询创建命名空间语句
simplexml_import_dom()	从 DOM 节点获取 SimpleXMLElement 对象
simplexml_load_file()	从 XML 文档获取 SimpleXMLElement 对象
simplexml_load_string()	从 XML 字符串获取 SimpleXMLElement 对象
xpath()	对 XML 数据运行 XPath 查询

【例 12-5】

根据表 12-2 中给出的函数，使用 SimpleXML 方式解析一个 XML 文档。假设该 XML 文档名为 projects.xml，包含的内容如下所示：

```
<?xml version="1.0" encoding="utf-8"?>
<projects>
  <project id="2">
     <type> 物联网云 </type>
     <company> 方快锅炉 </company>
     <detail>OA、ERP、CRM、PDM、锅炉监控、一卡通系统 </detail>
     <num>6</num>
     <create_at>1477875593</create_at>
  </project>
  <project id="3">
     <type> 物联网云 </type>
     <company> 翔宇医疗设备 </company>
     <detail> 大数据可视化系统、云会议 </detail>
     <num>8</num>
     <create_at>1477878930</create_at>
  </project>
  <project id="4">
     <type> 政务云 </type>
     <company> 市第一高级中学 </company>
     <detail> 云 OA 办公平台 </detail>
     <num>4</num>
     <create_at>1477778930</create_at>
  </project>
</projects>
```

01 创建名为 simplexml_xml.php 的实例文件，与 projects.xml 保存到相同目录。

02 编写代码使用 SimpleXML 载入 XML 文档，然后对其中的节点进行遍历，输出 ID 属性、各个子节点的名称和值，最终代码如下所示：

```
<h2 class="h2"> 项目信息 </h2>
<?php
$xml = simplexml_load_file("projects.xml");            // 载入 XML 文档
foreach($xml->children() as $art)                    // 遍历 XML 文档节点
{
  if($art->getName()=="project") {                   // 输出 project 节点的 id 属性
    echo("<br/> 项目编号："."$art->attributes()->id."<br/>");
  }
  foreach($art->children() as $item)                 // 输出 project 节点下的内容
  {
    echo($item->getName()." 节点："."$item."<br/>");   // 输出节点名称和值
  }
}
echo("<h2 class='h2'> 所有项目名称 </h2>");
$byline=$xml->xpath("/projects/project/company");            // 运行 XPath 查询
foreach($byline as $item)
{
  echo "$item，";                                 // 输出节点值
}
?>
```

上述代码中用到了 simplexml_load_file() 函数、children() 函数、getName() 函数和 attributes() 函数等。在表 12-2 中对这些方法已经详细讲解，在此就不再解释。

03 从 simplexml_xml.php 文件中运行，在页面中查看运行效果，如图 12-8 所示。

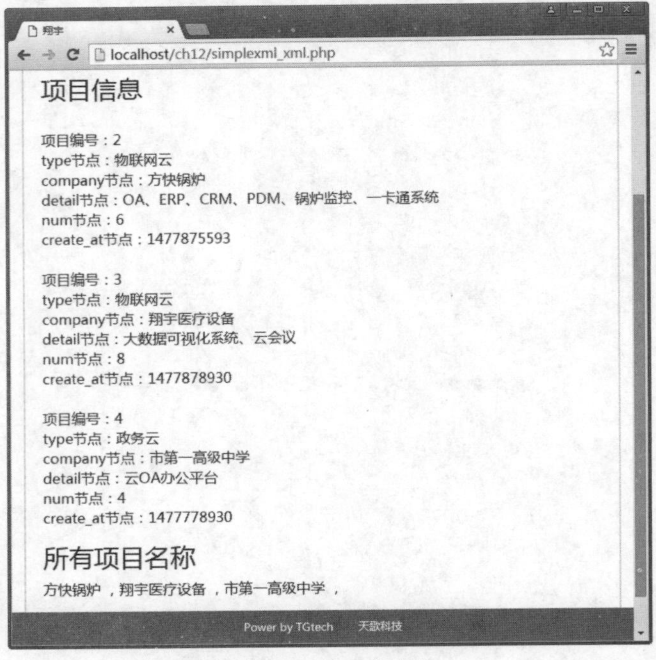

图 12-8 页面的效果

提示

虽然 SimpleXML 解析器可以非常容易地操作 XML 文档，但是 SimpleXML 无法像 DOM 扩展那样生成 XML 文档树，也不像 SAX 那样灵活可扩展且高效。

12.4 高手带你做——管理报表项目信息

在 12.3 节讲解了如何生成和解析 XML 文档，针对的是 XML 文档的整体操作。

如果我们将 XML 文档的内容读取并显示到了页面上，可是却发现，需要添加一个节点或者修改某个节点，在不直接对 XML 文件本身进行操作的前提下，要如何实现呢？

一种比较简单的方法就是通过 PHP 的 DOM 来实现。因为 DOM 不仅可以实现解析 XML 文档，还可以建立 XML 文档、为 XML 文档修改节点、增加 XML 文档节点和删除 XML 文档节点。

接下来，我们将以一个保存报表项目信息的 XML 文档为例，讲解如何用 DOM 实现这些操作。

【例 12-6】

要在 PHP 中使用 DOM 操作 XML 文档，首先需要创建一个 DOM 对象，也相当于在内存中创建一个树形结构。然后通过 DOM 对象调用内置函数来建立 XML 文档，如创建根节点、添加属性节点和子节点等。

如下所示为最终用于保存报表项目信息的 XML 文档结构：

```
<reports>
    <item id=" 项目编号 ">
        <title> 项目标题 </title>
        <render_mode> 表现形式 </render_mode>
        <status> 项目状态 </status>
    </item>
</reports>
```

确定以上实现思路和 XML 文档结构之后，剩下的工作就是使用 DOM 进行读取、显示、添加和删除。具体实现步骤如下。

01 首先创建一个用于生成报表项目信息 XML 文档的 dom_create.php 文件。

02 在 dom_create.php 文件中按照上面定义的结构，先创建 DOM 对象，再依次创建根节点、子节点和属性。最终代码如下所示：

```
<?php
  $dom = new DOMDocument("1.0","utf-8");          // 创建一个 DOM 对象
  header("Content-Type: text/plain");
  $root = $dom->createElement("reports");          // 创建元素
  $dom->appendChild($root);                   // 添加为根节点 reports
  $item = $dom->createElement("item");           // 创建子节点 item
```

```
    $root->appendChild($item);
    $id=$dom->createAttribute("id");                    // 为 item 子节点创建 id 属性
    $title = $dom->createElement("title");              // 创建子节点 title
    $item->appendChild($title);
    $render_mode = $dom->createElement("render_mode");          // 创建子节点 render_mode
    $item->appendChild($render_mode);
    $status =$dom->createElement("status");             // 创建子节点 status
    $item->appendChild($status);
    $idText=$dom->createTextNode("1");                  // 添加 id 属性
    $id->appendChild($idText);
    $item->appendChild($id);
    $text = $dom->createTextNode(" 生产在产状态 ");          // 为创建的节点添加文本
    $title->appendChild($text);
    $text1 = $dom->createTextNode(" 基于矢量图来展示 ");
    $render_mode->appendChild($text1);
    $text2 = $dom->createTextNode(" 禁用 ");
    $status->appendChild($text2);
    $dom->save("reports.xml");                          // 保存 XML 文档
?>
```

在上述代码中，首先创建一个 DOM 对象，然后使用 DOM 对象调用 createElement() 函数创建了一个根节点，并且使用 appendChild() 函数添加到内存中的树形结构。最后为根节点创建子节点和属性，并且使用 createTextNode() 函数为属性和节点赋值。

03 接下来创建一个 dom_index.php 文件，编写代码先载入 reports.xml 文件，再遍历以表格形式输出各个节点和属性。这部分代码如下所示：

```
<h2 class="h2"> 项目信息 </h2>
<table width="100%">
  <tr>
    <th> 编号 </th>
    <th> 标题 </th>
    <th> 表现形式 </th>
    <th> 状态 </th>
  </tr>
  <?php
    $dom = new DOMDocument();             // 创建 DOM 对象
    $dom->load('reports.xml');            // 载入 XML 文件
    // 获取指定节点对象
    $items = $dom->getElementsByTagName("item");
    foreach ($items as $item)
    {
    $titleNode = $item->getElementsByTagName("title");
    // 获取指定节点对象的节点名值
```

```
        $title_val = $titleNode->item(0)->nodeValue;
        $render_modeNode = $item->getElementsByTagName("render_mode");
        $render_mode_val = $render_modeNode->item(0)->nodeValue;
        $statusNode = $item->getElementsByTagName("status");
        $status_val = $statusNode->item(0)->nodeValue;
        $id=$item->getAttribute("id");
    ?>
    <tr>
     <td><?php echo $id; ?></td>
     <td><?php echo $title_val; ?></td>
     <td><?php echo $render_mode_val; ?></td>
     <td><?php echo $status_val; ?></td>
    </tr>
    <?php }?>
</table>
```

04 完成上面两步对文件的编写之后，现在运行 dom_create.php 文件，会在当前目录下生成一个名为 reports.xml 的文件。在浏览器中打开，可以看到如图 12-9 所示的内容。

05 再运行 dom_index.php 文件，查看遍历 reports.xml 文件的效果，如图 12-10 所示。

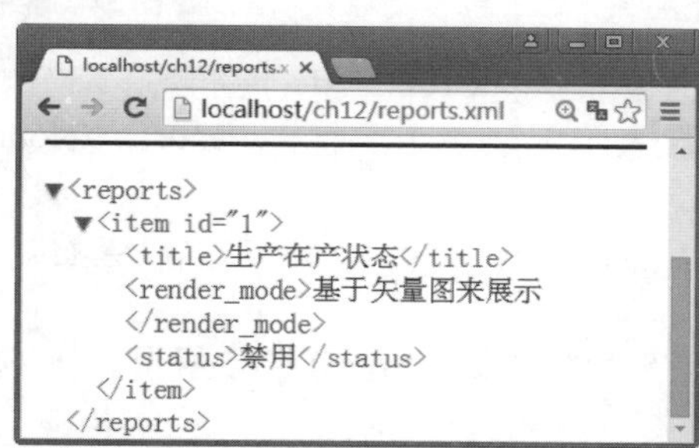

图 12-9　查看生成的 XML 文档

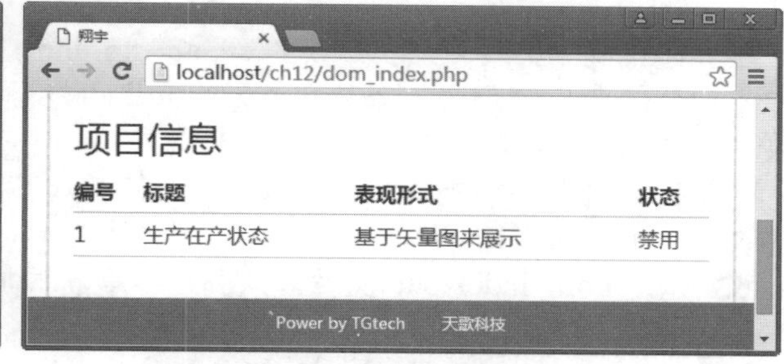

图 12-10　查看学生信息列表

06 创建 dom_insert.php 文件，实现添加一个项目信息，即向 XML 文档中添加一个 item 节点。具体实现代码如下所示：

```
<?php
$dom = new DOMDocument("1.0");
$dom ->load('reports.xml');
// 创建节点 item
$item = $dom->createElement("item");
// 新建节点 item 的 id 属性
$id = $dom->createAttribute("id");
$value = $dom->createTextNode("2");
$id->appendChild($value);
$item->appendChild($id);
// 新建节点 item 的 title 子节点
```

```
$title = $dom->createElement("title");
$item->appendChild($title);
$text = $dom->createTextNode(" 各省销售金额排名 ");
$title->appendChild($text);
// 新建节点 item 的 render_mode 子节点
$render_mode= $dom->createElement("render_mode");
$item->appendChild($render_mode);
$text1 = $dom->createTextNode(" 基于地图来展示 ");
$render_mode->appendChild($text1);
// 新建节点 item 的添加 status 子节点
$status = $dom->createElement("status");
$item->appendChild($status);
$text2 = $dom->createTextNode(" 启用 ");
$status->appendChild($text2);
// 将 item 节点添加到 XML 文件中
$dom->getElementsByTagName('reports')->item(0)->appendChild($item);
// 保存 XML 文档
$dom->save("reports.xml");
?>
```

在上述代码中，使用了 DOM 的 createAttribute() 函数和 createTextNode() 函数向 XML 文档中添加新的节点或属性。其中，createAttribute() 函数表示创建一个属性，createTextNode() 函数表示向 XML 文档中创建一个新的节点。

07 在浏览器中运行 dom_insert.php 文件添加节点，再打开 reports.xml 文件，查看添加后的效果，如图 12-11 所示。

08 运行 dom_index.php 文件，从列表中查看添加节点的效果，如图 12-12 所示。

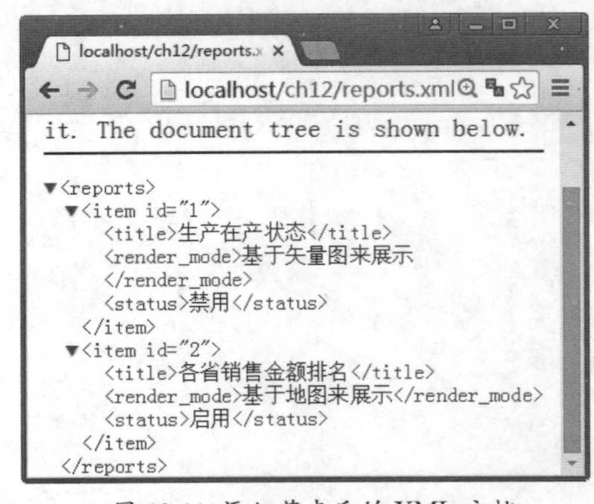

图 12-11 添加节点后的 XML 文档

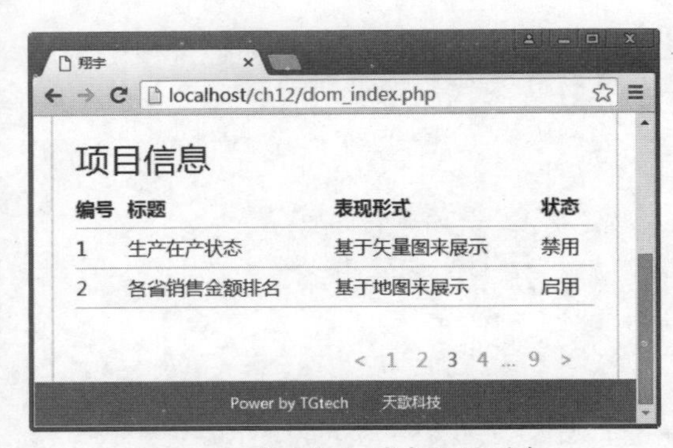

图 12-12 查看添加节点后的列表

09 创建 dom_update.php 文件，实现更新项目信息，即对 XML 文档中的节点进行修改操作，具体实现代码如下所示：

```
<?php
$dom = new DOMDocument("1.0");
$dom ->load('reports.xml');
// 定义一个变量，用于获得搜索对象
$update = new DOMXPath($dom);
// 创建一个节点，然后替换旧节点
$fristname = $update->query("/reports/item/title")->item(0);
$newname = $dom->createElement("title");
$newname->appendChild(new DOMText(" 每月区域客户增速 "));
$fristname->parentNode->replaceChild($newname,$fristname);
// 修改属性
$fristname1 = $update->query("/reports/item")->item(0);
$fristname1->setAttribute("id","100");
// 保存 XML 文档
$dom->save("reports.xml");
echo $fristname1->getAttribute("id");
?>
```

在代码中，语句 new DOMXPath($dom) 创建了一个查询对象 $update，该对象可以获取 XML 文档树的任意节点。例如调用 query() 方法指定“/reports/item/title”路径获取 title 节点列表并返回一个数组。然后创建一个同名的新节点，再使用 replacechild() 函数替换旧节点，实现修改的效果。

10 创建 dom_delete.php 文件，实现删除一个项目信息，即从 XML 文档中删除一个 item 节点。这需要用到 DOM 中的 removeChild() 函数，具体实现代码如下所示：

```
<?php
$dom = new DOMDocument("1.0");
$dom->load('reports.xml');
$delete = new DOMXPath($dom);
// 删除节点
$item = $delete->query("/reports/item")->item(0);
$dom->documentElement->removeChild($item);
// 保存 XML 文档
$dom->save("reports.xml");
?>
```

11 在浏览器中先运行 dom_update.php，对 XML 文档进行修改，然后查看更新后的效果，如图 12-13 所示。

12 再运行 dom_delete.php 文件，从 XML 文档中删除一个节点，然后查看删除后的效果，如图 12-14 所示。

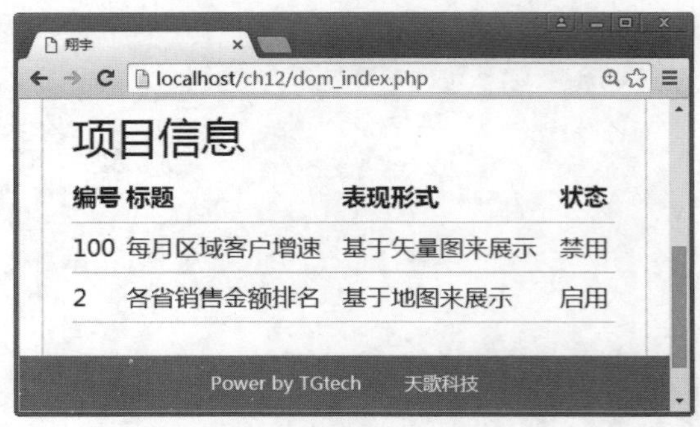

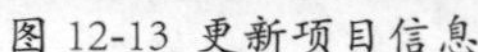
图 12-13 更新项目信息

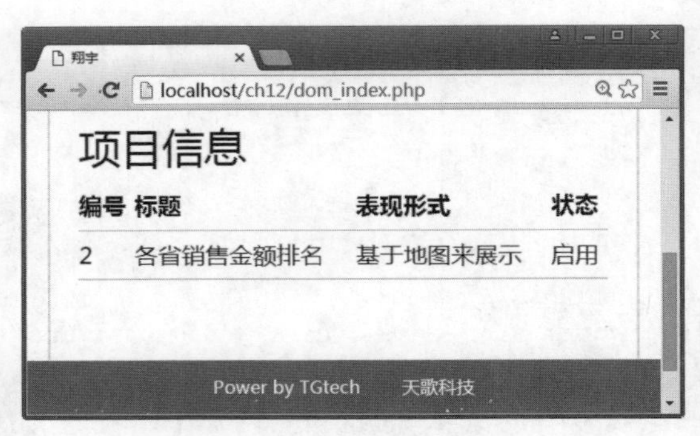

图 12-14 删除项目信息

12.5 高手带你做——JavaScript 读取 APP 信息

假设在一个 XML 中保存了用户已经安装的 APP 应用信息，下面使用 JavaScript 获取节点并显示相应的值。XML 文档的文件名称为 apps.xml，内容如下：

```
<?xml version="1.0" encoding="utf-8"?>
<apps>
    <app>
        <name> 企业小助手 </name>
        <desc> 该应用为默认应用，可以通过它向全公司范围推送消息。如关注成功通知，公司文件，通报等。</desc>
        <icon>images/app0.jpg</icon>
        <level>1</level>
    </app>
    <app>
        <name> 通讯录 </name>
        <desc> 员工通讯录快速共享，常用、保密联系人自由设置。</desc>
        <icon>images/app7.png</icon>
        <level>3</level>
    </app>
    <app>
        <name> 流程审批 </name>
        <desc> 审批流程完全自定义、审批人员自由配置，满足您个性化的流程审批需求。</desc>
        <icon>images/app5.png</icon>
        <level>4</level>
    </app>
</apps>
```

JavaScript 处理 XML 主要是通过 XML DOM(XML Document Object Model) 来完成。XML DOM 定义了一套访问和操作 XML 文档的标准方法，包括遍历 XML 树以及访问、插入、

删除节点的方法（函数）。在访问并处理 XML 文档之前，必须把该 XML 文件载入到 XML DOM 对象中。XML DOM 的属性如下。

- **nodeName** 节点的名称。
- **nodeValue** 节点的值。
- **nodeType** 节点的类型。
- **parentNode** 指定节点的父节点。
- **childNodes** 指定节点的子节点。
- **firstChild** 指定节点的第一个子节点。
- **lastChild** 指定节点的最后一个子节点。
- **nextSibling** 指定节点的下一个同级节点。
- **previousSibling** 指定节点的上一个同级节点。
- **attributes** 指定节点的属性节点。

XML DOM 的常用函数（方法）如表 12-3 所示。

表 12-3 XML DOM 的常用函数

函数名称	函数说明
createElement	创建元素节点
createAttribute	创建属性节点
createTextNode	创建文本节点
appendChild	向已经存在的节点添加子节点
removeChild	删除指定的节点
replaceChild	替换指定的节点
setAttribute	改变属性的值
getAttribute	获取属性的值
getElementsByTagName(name)	获取带有指定标签名称的所有元素

PHP 编程

【例 12-7】

创建一个 HTML 文件，并使用表 12-3 所示的函数对 XML 进行处理。其中 JavaScript 的主要代码如下：

```
<h2 class="h2"> 已安装 APP 列表 </h2>
<script language="javascript" type="text/javascript">
// 需要读取的 XML 文件
var url = "apps.xml";
var xmlDoc;

// 初始化，加载 dname 指定的 XML
function loadXMLDoc(dname)
{
  try //Internet Explorer
  {
    xmlDoc=new ActiveXObject("Microsoft.XMLDOM");
  }
```

```
    catch(e)
    {
      try //Firefox, Mozilla, Opera, etc.
      {
        xmlDoc=document.implementation.createDocument("","apps",null);
      }
      catch(e) {alert(e.message)}
    }
    try
    {
      xmlDoc.async=false;
      xmlDoc.load(dname);
      return(xmlDoc);
    }
    catch(e) {alert(e.message)}
    return(null);
  }

  function getvalue()
  {
    // 获取根节点 apps 的子节点 app，并循环遍历
    var nodes=xmlDoc.documentElement.childNodes;

    for(i=0;i<nodes.length;i++){
      document.write('<tr>');
      // 获取 imags 节点下的第一个子节点，是一张图片路径
      var value=nodes.item(i).childNodes.item(2).text ;
      // 在页面中使用 HTML 代码显示图片
      document.write("<td><img src='"+value+"' width='100px'/></td>");
      // 获取第二个子节点
      document.write("<td>"+nodes.item(i).childNodes.item(0).text+"</td>");
      document.write("<td>"+nodes.item(i).childNodes.item(3).text+"</td>");
      document.write("<td>"+nodes.item(i).childNodes.item(1).text+"</td>");
      document.write('</tr>');
    }
  }
  xmlDoc = loadXMLDoc(url);
  document.write('<table width="100%">');
  document.write('<tr>');
  document.write('<th> 应用 Logo</th>');
  document.write('<th> 名称 </th>');
  document.write('<th> 等级 </th>');
  document.write('<th> 描述 </th>');
```

```
document.write('</tr>');
// 读取数据
getvalue();
document.write('</table>');
</script>
```

在上面的代码中，语句 new ActiveXObject("Microsoft.XMLDOM") 表示创建一个 DOM 对象，然后使用函数 load() 加载指定的 XML 文件到内存中进行操作。getValue() 函数中的 xmlDoc.documentElement.childNodes 表示创建根节点下的所有节点的集合。其中 childNodes 表示子节点的集合；item() 方法表示依据节点具有的子节点的索引值返回该子节点；属性 nodeName 表示节点的名称，即标记的名称；属性 text 表示标记的内容。

将上述代码保存为 js_dom.html，并且该文件要和 apps.xml 文件保存在同一个目录下。在浏览器中运行 js_dom.html 页面，出现如图 12-15 所示的页面效果。

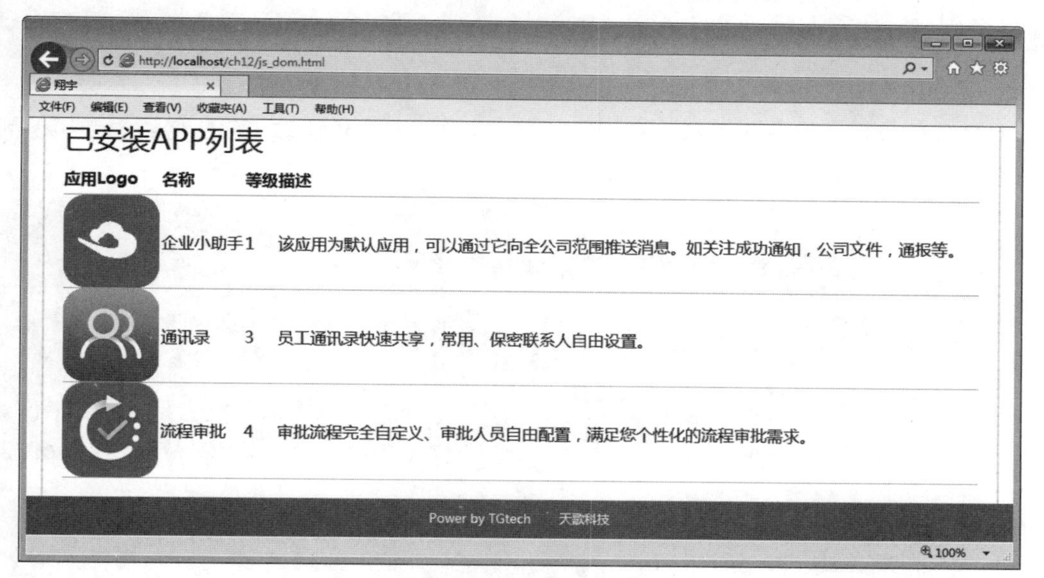

图 12-15　查看 APP 列表

12.6　处理 JSON 格式响应

JSON(JavaScript Object Notation) 是一种比 XML 更灵活的轻量级数据交换格式。JSON 还是 JavaScript 原生格式，这意味着在 JavaScript 中处理 JSON 数据不需要任何特殊的 API 或工具包。

从 5.2 版本开始，PHP 原生提供 json_encode() 函数编码 JSON 数据，json_decode() 函数解码 JSON 数据。

12.6.1　JSON 语法

JSON 的使用规则很简单：对象是一个无序的“名称 / 值对”集合。一个对象以“{”开始，以“}”结束。每个“名称”后跟一个“:”(冒号)；“名称/值对”之间使用“,”(逗号)分隔。

例如下面这句话：“北京市的面积为16800平方公里，常住人口1600万人。上海市的面积为6400平方公里，常住人口1800万。”可以转换成如下的JSON格式数据：

```
[
    {"城市":"北京","面积":16800,"人口":1600},
    {"城市":"上海","面积":6400,"人口":1800}
]
```

如果事先知道数据的结构，上面的写法还可以进一步简化：

```
[
    ["北京",16800,1600],
    ["上海",6400,1800]
]
```

由此可以看到，JSON非常易学易用。下面通过XML文件比较JSON格式的使用。例如，在XML文件中的内容如下：

```
<?xml version="1.0" encoding="UTF-8"?>
<message>
<to>zhht</to>
<from>somboy</from>
<title>hi</title>
<body>hi,my friend.</body>
</message>
```

将同样XML内容以JSON格式显示的内容如下：

```
var message =
{
 "to":"zhht",
 "from":"somboy",
 "title":"hi",
 "body":"hi,my friend.",
}
```

与XML一样，JSON也是基于文本的，而且都使用Unicode编码，同样具有可读性。XML比较适合于标记文档，而JSON却更适合于数据交换处理。

12.6.2 编码JSON数据

json_encode()函数用于PHP JSON编码。这个函数成功时返回JSON表示的值，失败则返回FALSE。

json_encode() 函数的语法如下：

```
string json_encode ( $value [, $options = 0 ] )
```

各参数说明如下。

- **value** 即将编码的值，此函数只适用于 UTF-8 编码的数据。
- **options** 这个可选的值是一个位掩码，有 JSON_HEX_TAG、JSON_HEX_QUOT、JSON_HEX_AMP、JSON_HEX_APOS、JSON_NUMERIC_CHECK、JSON_PRETTY_PRINT、JSON_UNESCAPED_SLASHES、JSON_FORCE_OBJECT。

【例 12-8】

下面的例子演示了如何用 PHP 数组转换成 JSON：

```
<?php
  $arr = array('a' => 1, 'b' => 2, 'c' => 3, 'd' => 4, 'e' => 5);
  echo json_encode($arr);
?>
```

在执行过程中，这将产生以下结果：

```
{"a":1,"b":2,"c":3,"d":4,"e":5}
```

下面的示例显示如何将 PHP 对象转换成 JSON：

```
<?php
  class Emp {
     public $name = "";
     public $hobbies  = "";
     public $birthdate = "";
  }
  $e = new Emp();
  $e->name = "sachin";
  $e->hobbies  = "sports";
  $e->birthdate = date('m/d/Y h:i:s', strtotime("8/5/2016 12:20:03"));

  echo json_encode($e);
?>
```

在执行过程中，这将产生以下结果：

```
{"name":"sachin","hobbies":"sports","birthdate":"08/05/2016 12:20:03"}
```

PHP 支持两种数组，一种是只保存"值"(value) 的索引数组；另一种是保存"键/值对"(key/value) 的关联数组。

由于 JSON 不支持关联数组，所以 json_encode() 只将索引数组转为数组格式，而将关联数组转为对象格式。

比如，现在有一个索引数组：

```
$arr = Array('one', 'two', 'three');
echo json_encode($arr);
```

结果为：

```
["one","two","three"]
```

如果将它改为关联数组：

```
$arr = Array('1'=>'one', '2'=>'two', '3'=>'three');
echo json_encode($arr);
```

结果就变了：

```
{"1":"one","2":"two","3":"three"}
```

注意，JSON 据格式从“[]”(数组) 变成了“{}”(对象)。
如果需要将“索引数组”强制转化成“对象”，可以使用如下代码：

```
json_encode( (object)$arr );
```

或者：

```
json_encode ( $arr, JSON_FORCE_OBJECT );
```

12.6.3 解码 JSON 数据

json_decode() 函数用于在 PHP 中解码 JSON。这个函数返回值从 JSON 解码成适当的 PHP 类型。

json_decode() 函数的语法如下：

```
mixed json_decode ($json [,$assoc = false [, $depth = 512 [, $options = 0 ]]])
```

各参数说明如下。

- **json_string** 它必须是 UTF-8 编码的数据编码的字符串。
- **assoc** 这是一个布尔类型参数，设置为 TRUE 时，返回的对象将被转换成关联数组。
- **depth** 它是一个整数类型的参数，它指定递归深度。
- **options** 它是一个整数类型的 JSON 解码位掩码，支持 JSON_BIGINT_AS_STRING。

【例 12-9】

下面的示例显示了如何使用 PHP 来解码 JSON 对象：

```
<?php
  $json = '{"a":1,"b":2,"c":3,"d":4,"e":5}';


  var_dump(json_decode($json));
```

```
    var_dump(json_decode($json, true));
?>
```

在执行过程中，这将产生以下结果：

```
object(stdClass)#1 (5) {
  ["a"] => int(1)
  ["b"] => int(2)
  ["c"] => int(3)
  ["d"] => int(4)
  ["e"] => int(5)
}

array(5) {
  ["a"] => int(1)
  ["b"] => int(2)
  ["c"] => int(3)
  ["d"] => int(4)
  ["e"] => int(5)
}
```

12.7　成长任务

成长任务 1：DOM 解析 XML

假设有一个名为 books 的 XML 文件包含了如下内容：

```
<?xml version="1.0" encoding="UTF-8"?>
<books>
    <book id="1">
      <name>《PHP 从入门到精通 ( 第 2 版 )》</name>
      <publisher> 清华大学出版社 </publisher>
      <author sex=" 男 "> 王小科 </author>
      <ISBN>9787302226628</ISBN>
      <price unit="yuan" unitType="RMB">69.80</price>
      <url>http://www.book.com/bookinfo.php?id=227</url>
    </book>
</books>
```

本次任务要求读者使用 PHP 的 DOM 解析器对文档进行创建，并遍历其中 book 节点的 id 属性和 book 节点的子节点。

成长任务 2：遍历学生信息 XML 文档

假设有一个 XML 文档中保存了如下结构的学生信息：

```
<?xml version="1.0" encoding="utf-8"?>
<list>
    <!-- 设置第一条数据 -->
    <student>
        <!-- 学生姓名 -->
        <name> 王丽丽 </name>
        <!-- 学生班级 -->
        <class> 2 班 </class>
        <!-- 出生日期 -->
        <birth> 1988-02-21</birth>
        <!-- 星座 -->
        <constell> 双鱼座 </constell>
        <!-- 联系电话 -->
        <mobile>12568487895</mobile>
    </student>
</list>
```

根据本章所学内容，选择合适的解析器进行操作，最终实现遍历并输出，运行效果如图 12-16 所示。

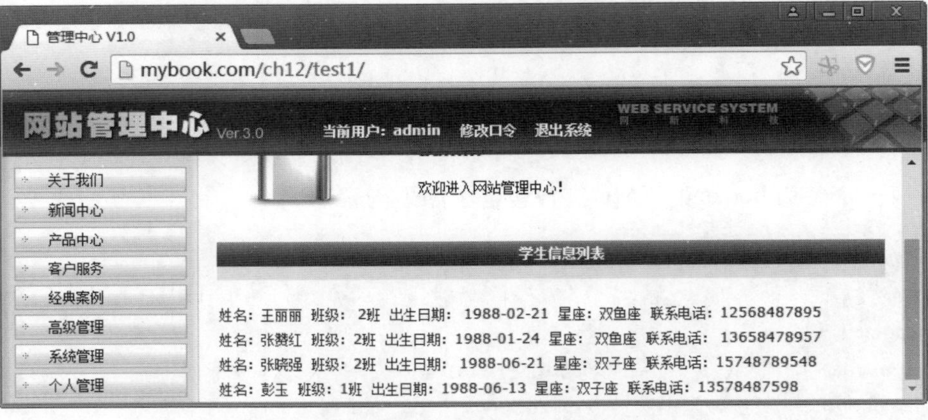

图 12-16 遍历学生信息列表的运行效果

第 13 章

PHP 高级编程技术

本书前面章节中已经详细介绍了PHP开发网站所需的各种基本技能，例如获取表单数据、文件上传和下载、读取数据库中的数据等。如果要构建一个用户体验好、高效且安全的网站，通常需要结合多种PHP技术，还会涉及一些高级应用。例如，使用正则表达式校验数据合法性、全局处理系统异常和错误、提供无刷新的用户体验等。这些内容都将在本章中进行介绍，最后将简单描述 PHP 开发时通常要遵守的编程规范。

本章学习要点

◎ 掌握正则表达式的语法

◎ 掌握 PHP 中搜索、匹配、替换和分割正则表达式的方法

◎ 了解 PHP 的错误级别

◎ 掌握 PHP 异常语句的使用

◎ 理解 Ajax 的运行机制

◎ 掌握 Ajax 发送文本、XML 和 JSON 数据的接收方法

◎ 熟悉 PHP 开发项目的结构规范

◎ 了解其他常用开发规范

扫一扫，下载
本章视频文件

13.1 正则表达式语法

正则表达式是一种定义了字符串模式的特殊表达式，主要用来验证字符串是否遵循了该模式。

例如，要求用户输入的密码只能由数字和字母构成，长度在 6~10 之间。类似这样的表达式就可以使用正则表达式来定义，之后判断用户的输入是否符合该正则表达式即可。下面详细介绍正则表达式的定义和使用。

13.1.1 正则表达式概述

正则表达式本身只是字符串模式，用于匹配某些文本。PHP 提供了两组正则表达式功能的函数，分别对应于 POSIX 正则表达式和 Perl 正则表达式。POSIX 正则表达式是 Unix、Linux 系统中所采用的正则表达式；Perl 正则表达式对 POSIX 正则表达式进行了扩展。

正则表达式使用中括号、特殊符号、数字、字母和预定义字符来描述字符串所要遵循的模式，其模式的构成可分为 3 种：特殊字符、由反斜杠和字母构成的元字符和预定义字符。

常用的特殊字符如表 13-1 所示。

表 13-1 特殊字符

常用形式	说　明
p+	匹配任何一个至少包含 p 的字符串
p*	匹配任何包含零个或多个 p 的字符串
p?	匹配任何包含零个或一个 p 的字符串
p{2}	匹配任何包含两个 p 序列的字符串
p{2,3}	匹配任何包含两个或三个 p 序列的字符串
p{2.}	匹配任何至少包含两个 p 序列的字符串
p$	匹配任何以 p 结尾的字符串
^p	匹配任何以 p 开头的字符串
[^a-zA-Z]	匹配任何不包含从 a 到 z 和从 A 到 Z 的字符串
p.p	匹配任何包含字符 p、接下来是任何字符串、再接下来又是 p 的字符串
^.{2}$	匹配任何只包含两个字符的字符串
<b>(.*)</b>	匹配任何被 <b> 和 </b> 包围的字符串
p(hp)*	匹配任何包含一个 p，后面是零个或多个 hp 的字符串
(a|b)	匹配任何包含 a 或者 b 的字符串

通过使用特殊字符的正则表达式来处理一些字符串是非常方便的操作，可以通过使用正则表达式来规范输入内容的字符串格式。

注意

在使用正则表达式时，默认情况下是区分大小写的，如果想要不区分大小写，那么就可以使用 eregi() 函数。

由字母和反斜杠构成另一种描述字符串格式的元字符，如表 13-2 所示。

表 13-2　元字符及其说明

标　记	说　明
\b	匹配一个单词边界，也就是指单词和空格间的位置
\B	匹配非单词边界
\cx	匹配由 x 指明的控制字符
\d	匹配一个数字字符。等价于 [0-9]
\D	匹配一个非数字字符。等价于 [^0-9]
\f	匹配一个换页符。等价于 \x0c 和 \cL
\n	匹配一个换行符。等价于 \x0a 和 \cJ
\r	匹配一个回车符。等价于 \x0d 和 \cM
\s	匹配任何空白字符，包括空格、制表符、换页符等等。等价于 [\f\n\r\t\v]
\S	匹配任何非空白字符。等价于 [^\f\n\r\t\v]
\t	匹配一个制表符。等价于 \x09 和 \cI
\v	匹配一个垂直制表符。等价于 \x0b 和 \cK
\w	匹配包括下划线的任何单词字符。等价于 [A-Za-z0-9_]
\W	匹配任何非单词字符。等价于 [^A-Za-z0-9_]
\xn	匹配 n，其中 n 为十六进制转义值。十六进制转义值必须为确定的两个数字长
\num	匹配 num，其中 num 是一个正整数。对所获取的匹配的引用
\n	标识一个八进制转义值或一个后向引用。如果 \n 之前至少 n 个获取的子表达式，则 n 为后向引用。否则，如果 n 为八进制数字 (0-7)，则 n 为一个八进制转义值
\nm	标识一个八进制转义值或一个后向引用。如果 \nm 之前至少有 n 个获取的子表达式，则 nm 为后向引用。如果 \nm 之前至少有 n 个获取，则 n 为一个后跟文字 m 的后向引用。如果前面的条件都不满足，若 n 和 m 均为八进制数字 (0-7)，则 \nm 将匹配八进制转义值 nm
\nml	如果 n 为八进制数字 (0-3)，且 m 和 l 均为八进制数字 (0-7)，则匹配八进制转义值 nml
\un	匹配 n，其中 n 是一个用四个十六进制数字表示的 Unicode 字符

通常在使用 PHP 正则表达式时，为了方便程序员的使用和开发，还可以使用一些预定义的字符范围，称为字符类。字符类可以指定整个字符范围，例如字母或整数集。预定义字符类如表 13-3 所示。

表 13-3　预定义字符类

类	描　述	扩　展
[:alnum:]	字母和数字字符	[0-9a-zA-Z]
[:alpha:]	字母字符（字母）	[a-zA-Z]
[:ascii:]	7 位 ASCII	[\x01-\x7F]
[:blank:]	水平空白符（空格、制表符）	[\t]
[:cntrl:]	控制字符	[\x01-\x1F]
[:digit:]	数字	[0-9]

（续表）

类	描　述	扩　展
[:graph:]	用墨水打印的字符（非空格、非控制字符）	[^\x01-\x20]
[:lower:]	小写字母	[a-z]
[:print:]	可打印字符（图形类加空格和制表符）	[\t\x20-\xFF]
[:punct:]	任意标点符号，如句点(.)和分号(;)	[-!”#$%&’( )*+,./:;<=>?@[\\\]^_’ {|}~]
[:space:]	空白（换行、回车、制表符、空格、垂直制表符）	[\n\r\t \x0B]
[:upper:]	大写字母	[A-Z]
[:xdigit:]	十六进制数字	[0-9a-fA-F]

从上述表中可以得知，每一个类都可以被用于替代一个字符类中的字符。例如：

```
[@[:digit:][:lower:]]
```

提示

一些地区把某些字符序列当作一个单独的字符来考虑，它们被称为排序序列(collating sequence)。在字符类中匹配这些多字符序列中的一个时，要把它用“[.”和“.]”括起来。

13.1.2　Perl 风格的正则表达式

Perl 是非常强大的解析语言之一，它为程序人员设计了一套非常全面的正则表达式语言，即使是最复杂的字符串模式，也可以用这种正则表达式语言搜索和替代。

所谓 Perl 风格的正则表达式，实际上就相当于由 POSIX 派生的正则表达式，它们之间有着非常相似的语言风格。

因此二者有很多类似的地方。下面先来看一个基于 Perl 的正则表达式的简单例子：

```
/apple/
```

字符串 apple 放在两个斜线之间。与 POSIX 正则表达式类似，可以通过符号“+”构建更复杂的字符串表示：

```
/ap+/
```

上述代码中则是将匹配 ap 后面跟一个或多个字符。对于这个模式，可能的匹配包括 apple、aple 和 ap2。下面是另一个例子：

```
/ap{2,4}/
```

这将匹配 ap 后面跟有 2 到 4 个字符。对此，可能的匹配有 app 和 apple 等。

1. 修饰符

在编程的过程中，可能希望正则表达式完成不区分大小写的搜索或忽略语法中的注释。这就要用到修饰符，修饰符对编写简单短小的表达式有着很大的帮助。在表 13-4 中列出了几个常用的修饰符。

表 13-4 常用修饰符

修饰符	描述
i	完成不区分大小写的搜索
g	完成全部搜索
m	将一个字符串视为多行。默认情况下，^和 $ 字符匹配字符串中的最开始和结尾。使用 m 修饰符将使 ^ 和 $ 匹配字符串中每行的开始
s	将一个字符串视为一行，忽略其中的所有换行字符：它与 m 修饰符的使用相反
x	忽略正则表达式中的空白和注释
u	第一次匹配后停止。

修饰符一般直接放在正则表达式的后面，例如：

```
/ab/i
```

正则表达式 /ab/ 原本只可以匹配字符串 ab，而在使用了修饰符 i 后，就可以匹配字符串 Ab、aB、AB 或 ab。

多个修饰符可以同时使用，例如：

```
/ab/is
```

这些修饰符可以直接放在表达式的后面，例如以下实例。

- **/wnd/i** 可以匹配 WMD、Wmd、WMd、wmd，以及字符串 wnd 的任何其他大些形式。
- **/taxation/gi:** 由于不区分大小写，所以会查找到单词 taxation 的所有出现。可以使用这个全局修饰符计算出现的次数，或者结合替换特性，用某些字符串代替模式的所有出现。

2. 元字符

元字符就是一个前面有反斜线的字母字符，表示某种特殊含义。表 13-5 给出了常用的元字符。

表 13-5 常用元字符

字符	描述
\A	只匹配字符串开头
\b	匹配单词边界
\B	匹配除单词边界之外的任意字符
\d	匹配数字字符，它与 [1-9] 相同
\D	匹配非数字字符
\s	匹配空白字符
\S	匹配非空白字符
[]	包围一个字符类
()	包围一个字符分组或定义一个反引用
$	匹配行尾
^	匹配行首
.	匹配除换行之外的任何字符
\	引出下一个元字符
\w	匹配任何只包含下划线和字母数字字符的字符串
\W	匹配没有下划线和字母数字字符的字符串

每个元字符只能匹配一个字符，如果要匹配多个，同样可以使用 POSIX 正则表达式中的特殊字符。

这样的正则表达式还可以用来匹配一些或者多个数字字符。如定义一个正则表达式，匹配电子邮箱的格式，如下所示：

```
^[a-zA-Z]([a-zA-Z0-9]*[-_.]?[a-zA-Z0-9]+)+@([\w-]+\.)+[a-zA-Z]{2,}$
```

上述代码则是用来验证邮箱的正则表达式，邮箱前缀必须是字母和数字组合而成，接下来则是一个 @ 符号，紧接着则是匹配任何包含下划线和任意字母数字字符的字符串，后面则是字母字符。

3. 定界符

定界符的主要作用是用来限定正则匹配表达式的左右界限符号，左右要求完全一致，表达式应被包含在定界符中，常用的符号有“/”和“@”等符号，凡是任何不是字母、数字或反斜线“\”的字符都可以作为定界符。如果作为定界符的字符必须用字表达式本身，那么就是要使用反斜线来转换。

例如，有下面这样的字符串：

```
D://ch1/phpFile
```

可以使用下面的正则表达式匹配该字符串：

```
/D:\/\/ch1\/phpFile/
```

由于定界符使用的是“/”，而字符串中也包含有“/”，所以在正则表达式中，除了定界符以外，其他“/”前面都需要添加反斜线进行转义。这时，为了方便，我们最好选择使用其他字符作为定界符，例如，如下正则表达式：

```
#D:/xiaoqi/phpFile#
```

上面就是使用字符“#”作为定界符，这样就不用再在“/”前面添加反斜线进行转义了。

13.2 PHP 正则表达式的使用

正则表达式只是一个对字符串格式进行匹配的表达式，其在程序中的使用需要借助于正则表达式函数，可对字符串进行是否匹配的验证、根据匹配的内容进行替换、根据匹配字符串进行转义等。本节详细介绍 PHP 中与正则表达式有关的函数。

13.2.1 正则表达式函数

PHP 为使用 Perl 兼容的正则表达式检索字符串提供了 7 个函数，这些函数提供了不同的检索功能，如表 13-6 所示。

表 13-6 正则表达式函数

函数名称	说　明
preg_grep()	获取与模式匹配的数组单元
preg_match_all()	进行全局正则表达式的匹配
preg_match()	进行正则表达式的匹配
preg_quote()	转义正则表达式字符
preg_replace()	执行正则表达式的搜索和替换函数
preg_replace_callback()	通过回调函数执行正则表达式的搜索和替换
preg_split()	用正则表达式进行字符串分割

由表 13-6 可以看出，PHP 正则表达式的使用不仅仅是检测字符串的格式是否匹配，而是除此之外还可以根据匹配的内容进行替换、分割等操作。

13.2.2　简单匹配

正则表达式最为基础的功能即为对字符串进行匹配。简单的匹配功能可使用 preg_match() 函数。该函数返回指定正则表达式对字符串的匹配次数，但它的值只能是 0 次（不匹配）或 1 次，因为 preg_match() 在第一次匹配后将会停止搜索。preg_match() 的语法结构如下：

```
int preg_match ( string $pattern , string $subject [, array &$matches [, int $flags = 0 [, int $offset = 0 ]]] )
```

对上述代码中的参数解释如下。

- **pattern**　要搜索的模式，字符串类型。
- **subject**　输入字符串。
- **matches**　如果提供了参数 matches，它将被填充为搜索结果。$matches[0] 将包含完整模式匹配到的文本，$matches[1] 将包含第一个捕获子组匹配到的文本，以此类推。
- **flags**　flags 可以省略，也可以被设置为 PREG_OFFSET_CAPTURE 或 0。当 flags 为 PREG_OFFSET_CAPTURE 时，对于每一个出现的匹配返回值会附加字符串偏移量，将会改变填充到 matches 参数的数组成员，使其每个元素都由匹配字符串和偏移量构成。
- **offset**　offset 指定搜索过程从目标字符串的哪个位置开始，省略该参数将从字符串的开始位置搜索。

【例 13-1】

使用“/^def/”正则表达式对字符串“abcdef”进行检测，该正则表达式验证字符串从字母 d 开始，因此本示例分别使用“abcdef”和“def”进行检测，步骤如下。

01 使用“/^def/”正则表达式对字符串“abcdef”进行检测。代码如下：

```
$subject = "abcdef";
$pattern = '/^def/';
$num = preg_match ( $pattern, $subject, $matches, PREG_OFFSET_CAPTURE, 0 );
if ($num == 1) {
    echo " 有匹配 <br/>";
    print_r ( $matches );
```

```
} else {
    echo " 无匹配 <br/>";
}
```

上述代码的执行效果如下所示：

```
无匹配
```

02 使用“/^def/”正则表达式对字符串“def”进行检测。代码如下：

```
$subject = "def";
$pattern = '/^def/';
$num = preg_match ( $pattern, $subject, $matches, PREG_OFFSET_CAPTURE);
if ($num == 1) {
    echo " 有匹配 <br/>";
    print_r ( $matches );
}
else {
    echo " 无匹配 <br/>";
}
```

上述代码的执行效果如下所示：

```
有匹配
Array ( [0] => Array ( [0] => def [1] => 0 ) )
```

13.2.3 全局匹配

同样是检测字符串与正则表达式是否匹配，preg_match_all() 函数与 preg_match() 不同，它会一直进行全局正则表达式的匹配，直至搜索到达结尾，如果发生错误则返回 FALSE。

preg_match_all() 函数会获取匹配的所有字符，并将每次出现放在数组中。因此使用 preg_match_all() 函数可获取字符串中的匹配次数。preg_match_all() 函数的语法形式如下：

```
int preg_match_all ( string $pattern , string $subject [, array &$matches [, int $flags = PREG_PATTERN_ORDER [, int $offset = 0 ]]] )
```

preg_match_all() 搜索 $subject 中所有匹配 $pattern 给定正则表达式的匹配结果并且将它们以 $flag 指定的顺序输出到 $matches 中。在第一个匹配找到后，继续从最后一次匹配位置搜索。其方法参数及其说明如下所示。

- **pattern** 要搜索的模式，字符串类型。
- **subject** 输入字符串。
- **matches** 一个多维数组，作为输出参数输出所有匹配结果，数组排序通过 flags 指定。
- **offset** 默认查找时从目标字符串的开始位置开始。此可选 offset 参数用于设置从目标字符串中开始搜索的位置（单位是字节）。
- **flags** 定义排序方式，默认值为 PREG_PATTERN_ORDER。

flags 参数可选的值有如下几个。

- **PREG_PATTERN_ORDER** 结果排序中 $matches[0] 保存完整模式的所有匹配，$matches[1] 保存第一个子组的所有匹配，以此类推。
- **PREG_SET_ORDER** 结果排序中 $matches[0] 包含第一次匹配得到的所有匹配（包含子组），$matches[1] 是包含第二次匹配到的所有匹配（包含子组）的数组，以此类推。
- **PREG_OFFSET_CAPTURE** 如果使用此选项，每次发现的匹配项返回时，会增加它相对于目标字符串的偏移量。注意这会改变 matches 中的每一个匹配结果字符串元素，使其成为一个第 0 个元素为匹配结果的字符串、第 1 个元素为匹配结果的字符串在 subject 中的偏移量。

【例 13-2】

定义一个字符串变量，值为“abcd abcd abcd”，该值中 abcd 被重复 3 次。使用 preg_match_all() 函数获取其中数字“b”的匹配数量，并将匹配 b 的值写入数组，输出该数组，代码如下：

```
$str=" abcd abcd abcd ";
$key = '/[b]/';
$num=preg_match_all($key,$str,$matches);
echo " 匹配 $num 次 <br/>";
print_r ( $matches );
echo "<br/>";
echo " 匹配成员：".$matches[0][0]."、".$matches[0][1]."、".$matches[0][2];
```

上述代码的执行效果如下所示：

```
匹配 3 次
Array ( [0] => Array ( [0] => b [1] => b [2] => b ) )
匹配成员：b、b、b
```

13.2.4　获取与模式匹配的数组

preg_prep() 函数用来处理字符串数组，该函数能够获取数组中与指定正则表达式相匹配的数组成员，返回由匹配成员构成的数组。

preg_grep() 函数的语法如下所示：

```
array preg_grep ( string $pattern , array $input [, int $flags = 0 ] )
```

preg_grep() 函数返回给定数组 input 中与模式 pattern 匹配的元素组成的数组，其参数及其说明如下所示。

- **pattern** 要搜索的模式，字符串形式。
- **input** 输入数组。
- **flags** 如果设置为 PREG_GREP_INVERT，这个函数返回输入数组中与给定模式 pattern 不匹配的元素组成的数组。

【例 13-3】

定义一个由姓名构成的字符串数组，使用 preg_grep() 函数获取数组中姓“吴”的成员，并输出新数组。代码如下：

```
$names = array(" 刘洋 "," 吴涵 "," 陈远 "," 张娜 "," 吴娟 ");
$wu = preg_grep("/^ 吴 /",$names);
print_r($wu);
```

上述代码的执行效果如下所示：

```
Array ( [1] => 吴涵 [4] => 吴娟 )
```

注意

输出数组对应于输入数组的索引顺序。如果某个索引位置的值与模式匹配，这个值将被包括到输出数组的对应位置。否则，该位置为空。如果希望删除数组中的空实例，可以通过使用函数 array_values() 过滤输出数组。

13.2.5 转义字符

使用 preg_quote() 函数，能够将字符串中的指定字符转换成为转义字符，其实质是在指定字符前添加反斜杠，

preg_quote() 函数用于返回某个字符串的 Perl 正则表达式形式，其语法形式如下：

```
string preg_quote ( string $str [, string $delimiter = NULL ] )
```

preg_quote() 需要参数 str 并向其中每个正则表达式语法中的字符前增加一个反斜线。各个参数说明如下。

- **str** 输入字符串。
- **delimiter** 如果指定了可选参数 delimiter，它也会被转义。

preg_quote() 函数转义所需要的定界符，最常用的定界符是斜线“/”，这些特殊字符还可以是？、!、$、^、*、(、)、=、+、{、}、[、]、|、\、:、-、<、>。

【例 13-4】

下面的示例代码演示了 preg_quote() 函数的用法：

```
$string = " It's Kinda Like Netflix for Your Career!";
$str1= preg_quote($string);        // 不带 delimiter 参数
$str2 = preg_quote($string, 'a');  // 带 delimiter 参数
echo $str1;
echo '</br>';
echo $str2;
```

执行结果如下所示：

```
It's Kinda Like Netflix for Your Career\!
It's Kind\a Like Netflix for Your C\areer\!
```

通过以上代码可以得知，在使用 preg_quote() 函数时，如果没有指定定界符，在生成的正则表达式中，只会对特殊字符“!”、“[”和“]”前面添加反斜线，如果指定了定界符，则生成的正则表达式中，将会在定界符前面也添加反斜线，同时定界符还区分大小写。

13.2.6　搜索和替换函数

PHP 提供了 preg_replace() 函数和 preg_replace_callback() 函数，实现对正则表达式匹配的数据进行搜索和替换。

1. preg_replace() 函数

preg_replace() 函数能够找出字符串中的匹配项，并将其替换。preg_replace() 函数的语法形式如下：

```
mixed preg_replace ( mixed $pattern , mixed $replacement , mixed $subject [, int $limit = -1 [, int &$count ]] )
```

各个参数说明如下。

- **pattern** 要搜索的模式，可以是一个字符串或字符串数组。
- **replacement** 用于替换的字符串或字符串数组。如果这个参数是一个字符串，并且 pattern 是一个数组，那么所有的模式都使用这个字符串进行替换。如果 pattern 和 replacement 都是数组，每个 pattern 使用 replacement 中对应的元素进行替换。如果 replacement 中的元素比 pattern 中的少，多出来的 pattern 使用空字符串进行替换。

技巧

replacement 中可以包含后向引用 \\n 或 $n，语法上首选后者。每个这样的引用将被匹配到的第 n 个捕获子组捕获到的文本替换，n 的范围是 0~99。\\0 和 $0 代表完整的模式匹配文本。

- **subject** 要进行搜索和替换的字符串或字符串数组。如果 subject 是一个数组，搜索和替换会在 subject 的每一个元素上进行，并且返回值也会是一个数组。
- **limit** 用于定义在每个 subject 上进行替换的最大次数，默认是 −1(无限制)。
- **count** 用于指定将会被填充或者替换的次数。

如果 subject 是一个数组，preg_replace() 返回一个数组，其他情况下返回一个字符串。如果匹配被查找到，替换后的 subject 被返回，其他情况下返回没有改变的 subject。如果发生错误，返回 NULL。

【例 13-5】

假设有一个字符串“He was a teacher”，下面使用 preg_replace() 函数将“He”和“was”分别替换为“I”和“am”。代码如下：

```
$string = "He was a teacher";
$pattern = array("/\bhe\b/i", "/\bwas\b/");
$replacement = array("I", "am");
$result = preg_replace($pattern, $replacement, $string);
echo $result;
```

执行结果如下所示：

```
I am a teacher
```

2. preg_replace_callback() 函数

preg_replace_callback() 函数的行为几乎和 preg_replace() 一样，除了不是提供一个 replacement 参数，而是指定一个 callback 函数。该函数将以目标字符串中的匹配数组作为输入参数，并返回用于替换的字符串。

preg_replace_callback() 函数的语法形式如下：

```
mixed preg_replace_callback ( mixed $pattern , callback $callback, mixed $subject [, int $limit = -1 [, int &$count ]] )
```

对上述代码中的参数及其使用说明如下所示。

- **pattern** 表示该模式的搜索，它可以是一个字符串或一个字符串数组。
- **callback** 一个回调函数，在每次需要替换时调用，调用时函数得到的参数是从 subject 中匹配到的结果。回调函数返回真正参与替换的字符串。callback() 函数通常仅用于 preg_replace_callback() 一个地方的调用。在这种情况下，可以使用匿名函数作为 preg_replace_callback() 调用时的回调。这样可以保留所有调用信息在同一个位置。
- **subject** 要搜索替换的目标字符串或字符串数组。
- **limit** 对于每个模式用于每个 subject 字符串的最大可替换次数。默认是 -1(无限制)。
- **count** 如果指定，这个变量将被填充为替换执行的次数。
- **subject** 如果是一个数组，preg_replace_callback() 返回一个数组，其他情况返回字符串。错误发生时返回 NULL。如果查找到了匹配，返回替换后的目标字符串 (或字符串数组)，其他情况 subject 将会无变化返回。

【例 13-6】

在了解 reg_replace_callback() 函数的语法格式之后，下面创建一个示例。在示例中使用 rep() 函数作为回调函数对一个字符串进行替换，实现代码如下：

```
function rep($match){      // 执行替换的函数
    $arr = array('I' => ' 我 ','like' => ' 喜欢 ','beijing' => ' 北京 ');
    return $match[0]."(".$arr[$match[0]].")";
}
$string = "I like beijing!";
$result = preg_replace_callback("/\w+/", 'rep', $string);
echo $result;
```

通过以上代码可以得知，自定义方法 rep() 中保存了一个 arr 数组，该数组中保存了英文单词对应的中文翻译，然后读取数组中的数据，拼接起来返回。在下面使用 preg_replace_callback() 方法进行匹配，第一个参数则是匹配正则，rep 则是调用自定义函数，执行结果如下所示：

```
I( 我 ) like( 喜欢 ) beijing( 北京 )!
```

13.2.7 分割字符串

preg_split() 函数与 split() 函数相似都可以根据正则表达式拆分字符串。preg_split() 函数的语法形式如下：

```
array preg_split ( string $pattern , string $subject [, int $limit = -1 [, int $flags = 0 ]] )
```

对上述代码中参数的解释如下所示。

- **pattern**　用于搜索的模式，字符串形式。
- **subject**　输入字符串。
- **limit**　如果指定此参数，将限制分隔得到的子串最多只有 limit 个，其中返回的最后一个子串将包含所有剩余部分。limit 值为 −1、0 或 null 时都代表“不限制”。
- **flags**　设置返回值的形式。

flags 参数可以是如下值之一或者组合：

- **PREG_SPLIT_NO_EMPTY**　如果这个标记被设置，preg_split() 将会返回分隔后的非空部分。
- **PREG_SPLIT_DELIM_CAPTURE**　如果这个标记设置了，用于分隔的模式中的括号表达式将被捕获并返回。
- **PREG_SPLIT_OFFSET_CAPTURE**　如果这个标记被设置，对于每一个出现的匹配返回时将会附加字符串偏移量。这将会改变返回数组中的每一个元素，使其每个元素成为一个由第 0 个元素为分隔后的子串，第 1 个元素为该子串在 subject 中的偏移量组成的数组。

【例 13-7】

假设在一个字符串中保存了一些颜色，它们使用“,”符号进行分隔。下面使用 preg_split() 函数使用“,”符号进行分割，并输出分割后的数组。代码如下：

```
$str = "red,black,white,green";
$arr = preg_split('/[,]/',$str);
print_r($arr);
$arr = preg_split('/[,]/',$str,3);
print_r($arr);
```

上述代码的执行效果如下所示：

```
Array
(
  [0] => red
  [1] => black
  [2] => white
  [3] => green
)
Array
(
  [0] => red
  [1] => black
  [2] => white,green
)
```

 13.3　高手带你做——校验常见数据

除了对字符串和数组进行处理外，正则表达式还大量应用在数据校验方面。例如，校验密码长度、密码复杂度、邮箱格式、电话号码和邮政编码等。表 13-7 列出了常见的校验类型及其对应的正则表达式。

表 13-7 常用的正则表达式

校验类型	正则表达式
邮箱地址	/^[\w-]+(\.[\w-]+)*@[\w-]+(\.[\w-]+)+$/
URL	/^(http|https|ftp):\/\/([A-Z0-9][A-Z0-9_-]*(?:\.[A-Z0-9][A-Z0-9_-]*)+):?(\d+)?\/?/i
邮政编码	/^[1-9]\d{5}$/
中文	/^[\u0391-\uFFE5]+$/
电话号码	/^((\(\d{2,3}\))|(\d{3}\-))?(\(0\d{2,3}\)|0\d{2,3}-)?[1-9]\d{6,7}(\-\d{1,4})?$/
手机号码	/^((\(\d{2,3}\))|(\d{3}\-))?13\d{9}$/

【例 13-8】

使用表 13-7 给出的正则表达式分别验证邮箱、URL 网址、邮编和电话号码，并将符合条件的数据输出。具体实现代码如下：

```
// 验证邮箱的正则表达式
$email = '/^[\w-]+(\.[\w-]+)*@[\w-]+(\.[\w-]+)+$/';
// 验证 URL 网址的正则表达式
$ul='/^(http|https|ftp):\/\/([A-Z0-9][A-Z0-9_-]*(?:\.[A-Z0-9][A-Z0-9_-]*)+):?(\d+)?\/?/i';
// 验证邮编的正则表达式
$zip = '/^[1-9]\d{5}$/';
// 验证电话号码的正则表达式
$phone = '/^((\(\d{2,3}\))|(\d{3}\-))?(\(0\d{2,3}\)|0\d{2,3}-)?[1-9]\d{6,7}(\-\d{1,4})?$/';

// 要校验的数据
$arr = array (
      "12345@126.com",
      "www.baidu.com",
      "100086",
      "010-12345678" ,
      "0387-875970",
      "127.0.0.1",
      "http://www.abc.com"
);

foreach ( $arr as $i ) {

   if (preg_match ( $email, $i, $matches, 0, 0 ) == 1) {
      echo $i . ' 是一个 电子邮件 </br>';
   }
   if (preg_match ( $ul, $i, $matches, 0, 0 ) == 1) {
      echo $i . ' 是一个 网址 </br>';
   }
```

```
    if (preg_match ( $zip, $i, $matches, 0, 0 ) == 1) {
      echo $i . ' 是一个 邮政编码 </br>';
    }
    if (preg_match ( $phone, $i, $matches, 0, 0 ) == 1) {
      echo $i . ' 是一个 电话号码 </br>';
    }
}
```

上述代码首先定义了 4 个正则表达式，然后在 $arr 数组中定义了要进行校验的数据。之后使用 foreach 遍历数组，逐一对数据的格式进行校验，如果符合某一个正则表达式，则将它输出。最后的执行效果如下所示：

```
12345@126.com 是一个 电子邮件
100086 是一个 邮政编码
010-12345678 是一个 电话号码
http://www.abc.com 是一个 网址
```

13.4 错误和异常处理

程序是人开发的，这样就难免会出现错误和异常。错误是可以避免的，而异常却避免不了。因此，如何有效地防止和减少错误和异常的产生，不仅需要良好的编程习惯和敏锐的观察力，还需要一些直觉和经验。

在 PHP 程序运行时，会出现一些轻量级的错误，也会出现一些不可挽回的错误。有些是逻辑错误，有些是编译期间出现错误，有些是在运行时出现的错误。下面将简单介绍 PHP 中的错误和异常处理，包括 PHP 错误级别、配置文件选项、异常处理函数、处理语句以及自定义异常类等内容。

13.4.1 PHP 错误级别

PHP 的错误机制已经内置在所有的 PHP 函数中，默认情况下，可以打印简单的错误信息，并显示出错文件行号等。

从致命错误的警告信息里，这个错误级别可以告诉开发者错误的严重性，通常抛出一个错误句柄，但是有些错误是不可修复的。表 13-8 列出了 12 种常见的错误级别，并对这些错误级别进行了简单说明。

表 13-8 PHP 中常见的错误级别

错误级别	说　明
E_ERROR	这是一个致命的、不能修复的错误。例如，内存溢出、不能捕获的异常或类的重复声明等
E_WARNING	运行时警告（非致命性错误）。非致命的运行错误，脚本执行不会停止。典型的例子是：调用函数时参数丢失，无法连接到一个数据库或者试图进行一个除 0 操作

（续表）

错误级别	说　明
E_PARSE	解析错误是发生在编译时，PHP 强制中止一个执行操作。意思是说，如果一个 PHP 文件内部有语法错误，即文件解析失败，将不能继续执行
E_STRICT	这是错误级别，编码标准化警告。这是为了能使 PHP 4 平滑过渡到 PHP 5，在 PHP 5 环境上同样运行 PHP 4 代码
E_NOTICE	由于变量未经定义就开始使用，导致显示错误警告
E_CORE_ERROR	PHP 内核错误。这种错误很少发生，通常是由于一个 PHP 扩展加载时失败，PHP 引擎将中止执行而导致的
E_COMPILE_ERROR	编译时的致命错误
E_COMPILE_WARNING	PHP 编译时提示用户在使用一些过时语法。例如，PHP 5 中使用 PHP 3 语句
E_USER_ERROR	用户自定义错误，获取时导致 PHP 中止执行
E_USER_WARNING	用户定义的警告错误。这个错误不会造成 PHP 的退出，脚本可能用它来对应一个失败的信号量，当错误发生时，将该信号量对应到 E_WARNING
E_USER_NOTICE	用户定义的警告信息。可用于脚本可能发生错误的信号，类似于 E_NOTICE
E_ALL	报告所有错误和警告，包括上面所有的错误，E_STRICT 的错误除外

13.4.2　配置文件选项

在 PHP 中可以通过 php.ini 文件中的配置选项来设置错误的报告行为，由于这样的配置选项较多，下面介绍常用的一些配置选项。

1. error_reporting 选项

error_reporting 选项用于设置错误报告的敏感度级别，它的取值如表 13-8 所示。

【例 13-9】

任意数的选项之间都可以使用“或”来连接（用 OR 或 | 表示），这样可以报告所有需要的各级别错误。

下面的示例代码关闭了用户自定义的错误和警告，执行了某些操作，然后恢复到原始的错误级别。代码如下：

```
<?php
error_reporting(0); // 禁用错误报告
error_reporting(E_ERROR | E_WARNING | E_PARSE); // 报告运行时错误
error_reporting(E_ALL); // 报告所有错误
?>
```

2. display_errors 选项

display_errors 选项输出 error_reporting 指定级别上的所有错误，它的值是 ON 或 OFF，其中默认值是 ON。这个选项只能在程序的测试阶段使用，网站投入使用时要将其禁用。

【例 13-10】

例如，开发者用文本文件存储用户的联系电话，应用程序就无法写入文件。这时 PHP 会向用户终端报告这个问题，并输入错误信息。错误信息如下：

```
Warning:fopen(telphone.txt):failed to open stream: Permission denied in /high/test/htdocs/pmnp/40/
isplayerr ors.php on line 45
```

3. log_errors 选项

log_errors 选项告诉 PHP 应当记录错误信息，并保存到某个文件或 syslog 中，默认值为 OFF。这些记录能为确定应用程序和 PHP 引擎特定的问题提供最有价值的信息，日志语句记录的位置取决于 error_log 选项。

4. error_log 选项

error_log 选项被启用时将指定消息目标，PHP 支持将错误记录在指定文件或系统日志中，默认值为空值 (NULL)。Windows 操作系统下将本参数设置为 syslog 时，会把消息记录在事件日志中，这些日志可以通过事件查看器来查看。

5. display_startup_errors 选项

display_startup_errors 选项显示 PHP 引擎初始化时遇到的所用错误，禁用时可防止将启动过程中的错误显示给用户，所以此选项只能在测试时使用。

6. log_errors_max_len 选项

log_errors_max_len 选项用于设置每个日志项的最大长度，以字节为单位。参数设置为 0 时不限制最大长度，默认值为 1024。

7. ignore_repeated_errors 选项

ignore_repeated_errors 选项用于在程序运行时防止 PHP 记录在同一文件中同一行上发生的重复错误信息，其默认值为 OFF。

8. ignore_repeated_source 选项

ignore_repeated_source 选项用于 PHP 在忽略重复错误时将不考虑错误的来源，而且每一个错误只能记录一次，默认值为 OFF。

9. track_errors 选项

track_errors 的默认值为 ON，它的作用是让 PHP 在 $php_error_msg 变量中存储最近的错误信息。它的作用域仅仅局限于出现错误的特定脚本内，一旦注册，就可以任意使用此变量数据，例如存储到数据库或其他操作。

13.4.3　内置处理函数

在 PHP 中内置了数千个函数，这当然包括处理错误和异常的函数，下面将对 3 个函数进行介绍。

1. trigger_error() 函数

当程序出现错误或者用户操作不当时，可以使用 trigger_error() 函数触发自己定义的错误信息。简单地说，trigger_error() 函数用于手动处理错误。基本形式如下：

```
bool trigger_error ( string error_msg [, int error_type] )
```

在上述形式中，error_msg 是要显示的错误信息，这是一个必填参数。error_type 是一个可选参数，它用于指定引发的错误类型，如表 13-8 所示。如果没有指定该参数，默认为使用 E_USER_NOTICE。

【例 13-11】

下面的代码演示了 trigger_error() 函数的使用：

```
<?php
$file = 'mytxt.txt';
$fp = @ fopen ( $file, 'r' );
if (! $fp) {                                    // 如果没有打开文件，则触发自定义的错误信息
    trigger_error ( " 文件 {$file} 不能被正确打开。" );
}
?>
```

这个错误在使用其他第三方类库时或想显示自己定义的错误信息时会比较有用，与 PHP 引擎提供的错误信息不同，开发者可以在自定义的信息里详细地指定错误、警告和使用方法等，从而使用户或其他开发者更好地理解错误信息。

2. set_error_handler() 函数

PHP 提供的 trigger_error() 函数处理错误时可以输出一个消息到终端，然后根据需要结束执行或转移到其他逻辑中去。但是，有时候，开发者希望将错误信息记录起来，用于跟踪日志，或者向使用者提供更加详细的信息(例如发送邮件和短消息)，从而把问题通知给用户。这时，可以使用 set_error_handler() 函数。

set_error_handler() 函数用于程序出错时指向自定义的错误句柄处理函数，简单地说，set_error_handler() 就是使用回调函数，覆盖默认行为。基本形式如下：

```
mixed set_error_handler ( callback error_handler [, int error_types] )
```

在上述形式中，callback error_handler 参数是自定义错误的函数名称。除了 E_ERROR、E_PARSE、E_CORE_ERROR、E_CORE_WARNING 和 E_COMPILE_ERROR 等这些 PHP 警告信息外，所有产生的错误都会发送到该函数来处理。

【例 13-12】

下面通过一段示例代码演示 set_error_handler() 函数的使用。步骤如下。

01 创建 PHP 页面，并向 PHP 脚本中添加自定义的错误处理函数，向该函数中传入表示行号、错误信息、错误文件和错误行的 4 个参数。具体内容如下：

```
<?php
date_default_timezone_set('PRC');
function SearchError($errno, $errstr, $errfile, $errline) {
    $time = date ( "Y-m-d H:i:s" );
    switch ($errno) {
        case E_USER_ERROR :
```

```
            echo "{$time}：用户错误：{$errstr}";
            break;
        default :
            echo "{$time}：文件名：{$errfile}，错误：{$errstr} 发生在行 {$errline}。";
            break;
    }
}
?>
```

02 继续创建 SearchName() 函数，向该函数中传入一个参数。在该函数中判断传入的 $name 变量的长度值是否小于 5，如果是，则显示错误，并且错误处理指定由用户自定义的函数进行处理。代码如下：

```
function SearchName($name) {
    if (mb_strlen ( $name ) < 5) {
        trigger_error ( ' 有错误发生：' . E_USER_ERROR );
    }
    $names = array ( ' 苹果 ', ' 梨 ', ' 哈密瓜 ', ' 猕猴桃 ' );
    if (in_array ( $name, $names )) {
        return true;
    } else {
        return false;
    }
}
```

03 添加测试代码，首先通过 set_error_handler() 函数调用自定义的函数，然后再调用 SearchName() 函数进行判断。代码如下：

```
set_error_handler ( 'SearchError' );
$name = ' 苹果 ';
if (SearchName ( $name )) {
    echo ' 已经找到 ';
} else {
    echo ' 没有找到 ';
}
```

04 在浏览器中执行上述页面，查看页面输出结果。结果如下：

```
2016-11-12 17:30:28：文件名：F:\htdocs\high\test_error.php，错误：有错误发生：256 发生在行 16。
已经找到
```

3. error_log() 函数

在 PHP 中专门提供了错误日志记录的功能，用于在网站运行时随时进行监控，在日后也可以进行分析处理。PHP 中提供的 error_log() 函数专门用于日志记录，形式如下：

```
bool error_log ( string message [, int message_type [, string destination [, string extra_headers]]] )
```

在上述形式中，message 参数表示出错信息；type 是一个可选参数，它指定出错信息记录到哪里，常用的值如下所示。

- **值为 0** 通过 PHP 标准的错误处理机制来记录出错信息。
- **值为 1** 将错误通过电子邮件发送到 destination 地址，并可以选择给邮件消息增加任何额外的头部信息 (extra_headers)。
- **值为 3** 将错误追加到 destination 文件中。

【例 13-13】

实现一个完整的过程，如果发生错误则记录日志，并且根据错误级别向管理员信箱中发送邮件。步骤如下。

01 在创建的 PHP 页面的脚本中添加代码，首先创建 error_handler() 函数，该函数传入 5 个参数，它们分别表示错误代码、错误信息、错误文件、发生的错误行以及记录显示。代码如下：

```
<?php
date_default_timezone_set ( 'PRC' );
function error_handler($errno, $errstr, $errfile, $errline, $vars) {                    // 错误处理函数
    $time = date ( "Y-m-d H:i:s" );
    $errortype = array ( 1 => "Error", 2 => "Warning", 4 => "Parsing Error", 8 => "Notice", 16 => "Core Error",
32 => "Core Warning", 64 => "Compile Error", 128 => "Compile Warning", 256 => "User Error", 512 => "User
Warning", 1024 => "User Notice", 2048 => "Strict Notice");
    $err .= "<errorentry>\n";
    $content = <<<ERROR_MESSAGE
<time>$time</time><number>$errno</number><type>$errortype</type><errmsg>$errstr
</errmsg><filename>$errfile</filename><linenum>$errline</linenum>
ERROR_MESSAGE;
    if ($errno & (E_USER_ERROR | E_USER_WARNING | E_USER_NOTICE)) {
        $err .= "<vars>" . serialize ( $vars ) . "</vars>";
    }
    $err .= "\n</errorentry>\n";
    error_log ( $err, 3, "tmp/error.log" );                                    // 保存到记录
    if ($errno == E_ERROR || $errno == E_USER_ERROR) { // 重大错误以 E-mail 通知
        mail ( "administrator@message.com", " 错误发生通知 ", $err );
        echo " 对不起，因为系统发生问题，停止服务中 ";
        die ();
    }
}
```

02 设置错误处理函数；然后自定义 divide() 函数，向该函数中传入两个参数，判断第二个参数的值是否为 0；最后调用 divide() 函数进行测试。代码如下：

```
set_error_handler ( "error_handler" ); // 设置错误处理函数
function divide($num, $den) {
```

```
    if ($den == 0) {                                    // 判断第二个参数的值是否为 0
        trigger_error ( "Cannot divide by zero", E_USER_ERROR );
    } else {
        return ($num / $den);
    }
}
divide ( 15, 0 );                                       // 调用函数进行测试
?>
```

03 运行 PHP 页面，观察效果，最终输出的结果如下：

```
对不起，因为系统发生问题，停止服务中
```

04 在第 1 步的函数代码中，已调用 error_log() 函数将错误信息保存到当前目录下 tmp 子目录的 error.log 文件中。找到该文件，并打开文件查看内容，如下所示：

```
<errorentry>
<vars>a:2:{s:3:"num";i:15;s:3:"den";i:0;}</vars>
</errorentry>
```

13.4.4　异常处理语句

PHP 5 提供了两种错误处理机制，这让开发者在开发 Web 应用时有了更多的选择，例如前面提到的基于错误、编码和消息的处理。还有一种处理机制，即异常处理。

了解 Java 和 C# 编程语言的开发者都会知道：无论是 Java 或是 C# 语言，如果要处理异常，那就需要使用 try catch 语句。当然，在 PHP 中也不例外，PHP 中可以使用该语句来处理由代码所产生的异常。

任何可能抛出异常的方法和代码都应该使用 try 语句，而 catch 语句则用来处理可能抛出的异常。基本形式如下：

```
try {
    // 可能出现异常的代码
} catch(Exception $e) {
   // 抛出异常信息
}
```

在上述形式中，将要执行的代码放入 try 语句块中，如果这些代码执行过程中某一条语句发生异常，则程序直接跳转到 catch 块中，由 catch 语句执行相应的操作。

开发者在使用 try catch 语句时，可以配合 throw 关键字来抛出一个异常。下面的代码演示了使用 throw 后的异常处理结构：

```
try {                                                   // try 代码块开始
    // 完成某些操作 ( 处理语句 )
    if(wrong) {                                         // 如果出现错误
        throw exception(" 抛出异常 ");
```

```
    }
} catch (Exception $e) {                          // catch 语句捕捉抛出的异常
   echo " 捕捉的异常 :", $e->getMessage();           // 输出捕捉的异常信息
}
```

在上述代码中，当一个异常被抛出时，其后(指抛出异常时所在的代码块)的代码将不会继续执行，PHP 会尝试查找第一个能与之匹配的 catch 语句。如果一个异常没有被捕捉，而且又没使用 set_exception_handler() 做处理的话，那么将会产生一个严重的错误，并且输出"Uncaught Exception...(未捕捉异常)"的提示信息。

无论是 try catch 语句还是 try catch 和 throw 语句，它们都涉及到一个 Exception 类。Exception 类是 PHP 内置的一个异常类，该类的构造方法需要接受两个参数：错误消息和错误代码。除了构造方法外，Exception 类为了获得所抛出的异常相关信息，提供了 6 个处理异常类的方法，如表 13-9 所示。

表 13-9 Exception 类的内置处理方法

方法名称	说　明
getMessage()	返回传递给构造方法的消息
getCode()	返回传递给构造方法的错误代码
getLine()	返回抛出异常的行号
getFile()	返回抛出异常的文件名
getTrace()	返回一个数组，其中包括出现错误的上下文的有关信息。通常情况下，该数组包括文件名、行号、函数名和函数参数
getTraceAsString()	返回 getTrace() 方法完全相同的信息，只是返回的信息是一个字符串而不是数组

【例 13-14】

在下面的代码中，首先指定一个文件；接着在 try 语句中通过 file_exists() 函数判断文件是否存在，然后通过 fopen() 函数判断文件是否打开，在不满足条件时通过 throw 抛出异常信息。代码如下：

```
<?php
$filename = 'mytext.txt';
try {
   if (file_exists ( $filename )) {
      if (! fopen ( $filename, 'r' )) { // 以只读的方式打开文件
         throw new Exception ( " 无法打开文件 ", 2 );
      }
   } else {
      throw new Exception ( " 不存在该文件 ", 1 );
   }
} catch ( Exception $e ) {
   echo " 异常信息： " . $e->getMessage () . "<Br/>";// 返回异常信息
   echo " 异常代码： " . $e->getCode () . "<Br/>";// 返回异常代码
   echo " 文件名： " . $e->getFile () . "<Br/>";// 返回发生异常的 PHP 程序文件名
```

```
        echo " 异常代码所在行：" . $e->getLine () . "<Br/>";// 返回发生异常代码的所在行
    }
    ?>
```

执行上述代码，查看网页的输出结果，结果如下：

```
异常信息：不存在该文件
异常代码：1
文件名：F:\Program Files\apache2.4\Apache24\htdocs\high\thirteen.php
异常代码所在行：9
```

13.4.5　高手带你做——自定义异常类

除了使用内置的 Exception 类外，开发者还可以自定义异常处理程序，当 PHP 中发生异常时，可以调用异常处理程序中的函数。自定义异常处理程序的类必须是 Exception 类的一个扩展，自定义的异常类继承了 PHP 的 Exception 类的所有属性，并且还可以向其添加自定义的函数。

【例 13-15】

本例演示自定义异常类的创建和使用，步骤如下。

01 创建继承自 Exception 类的 customException 类，该类会继承 Exception 类的属性和方法，因此在该类自定义的 getErrorMessage() 函数中还可以使用 getLine()、getFile() 和 getMessage() 方法。代码如下：

```
<?php
class customeException extends Exception {
    public function getErrorMessage() {
        $errormessage = " 发生的错误在第 " . $this->getLine () . " 行，<br/> 发生错误的位置是：" 
            . $this->getFile () . "<br/> 错误信息是：" . $this->getMessage ();
        return $errormessage;                                    // 返回错误信息
    }
}
?>
```

02 在类的外部添加代码，首先指定文件是当前目录下的 mytext.txt 文件，然后在 try catch 语句中判断。代码如下：

```
$filename = 'mytext.txt';
try {
    if (file_exists ( $filename )) {
        if (! fopen ( $filename, 'r' )) {
            throw new customeException ( " 无法打开的文件 " ); // 抛出异常
        }
    } else {
```

```
            throw new customeException ( " 该文件不存在 " );
        }
    } catch ( Exception $e ) {
        echo $e->getErrorMessage (); // 输出异常信息
    }
```

在上述代码中，通过 file_exists() 函数判断文件是否存在，通过 fopen() 函数判断能否以只读的方式打开。当文件不存在或者文件不能打开时，会抛出一个异常，并通过一个自定义的 customerException 类来进行捕获。

03 执行本例的代码进行测试，页面输出结果如下：

```
发生的错误在第 15 行，
发生错误的位置是：F:\Program Files\apache2.4\Apache24\htdocs\high\fourteen.php
错误信息是：该文件不存在
```

13.5 Ajax 异步通信

与传统的 Web 开发模式相比，Ajax 提供了一种以异步方式与服务器通信的机制。这种机制的最大特点就是不必刷新整个页面便可以对页面的局部进行更新。应用 Ajax 使客户端与服务器端的功能划分得更细，客户端只获取需要的数据，而服务器也只为有用的数据工作，从而大大节省了网络带宽、提高了网页加载速度和运行效果。

13.5.1 Ajax 简介

Ajax 是 Asynchronous JavaScript And XML 的简称，中文含义为异步 JavaScript 和 XML。基于 Ajax 的开发与传统 Web 开发模式最大的区别就在于传输数据的方式不同，前者为异步，后者为同步。

那么，Ajax 与传统的 Web 相比具有哪些优势呢。我们通过两张图来对比一下，其中如图 13-1 所示为传统 Web 应用程序的工作原理。图 13-2 所示为 Ajax 程序的工作原理。

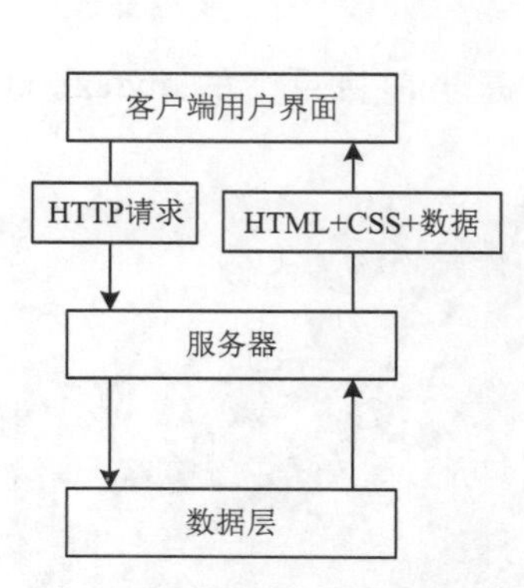

图 13-1 传统 Web 的工作原理

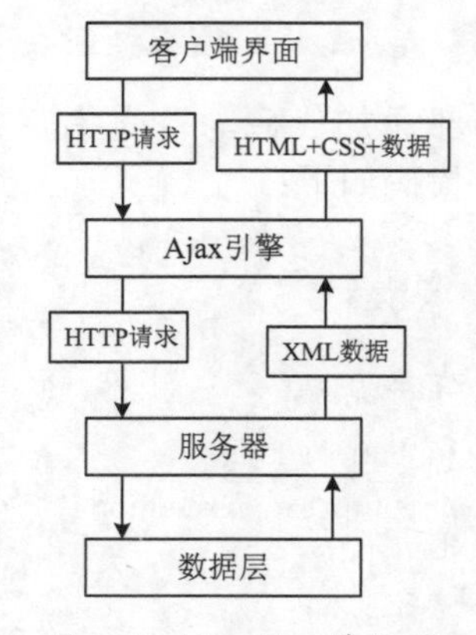

图 13-2 Ajax 的工作原理

结果很明显：图 13-1 所示的传统方式在提交请求时，服务器承担大量的工作，客户端只有数据显示的功能。而图 13-2 所给出的 Ajax 方式中，客户端界面和 Ajax 引擎都是在客户端运行，这样大量的服务器工作可以在 Ajax 引擎处实现。

也就是说，与传统的 Web 应用不同，Ajax 采用异步交互过程。Ajax 在用户与服务器之间引入了一个中间介质，消除了网络交互过程中的处理和等待缺点。相当于在用户和服务器之间增加了一个中间层，使用户操作与服务器响应异步化。这把以前服务器负担的一些工作转移到客户端，利用客户端闲置的处理能力，减轻服务器和带宽的负担，从而达到节约服务器空间以及带宽租用成本的目的。

虽然 Ajax 如此先进，但它不是一项新技术，而是很多成熟技术的集合。主要包括：客户端脚本语言 JavaScript、异步数据获取技术 XMLHttpRequest、数据互换、XML、HTML 操作和 CSS 显示技术等。

13.5.2　XMLHttpRequest 对象简介

XMLHttpRequest 对象是整个 Ajax 开发过程中的核心，它实现了与其他 Ajax 技术的结合。例如，发送请求、传递参数、获取响应以及处理结果等。

1. 创建 XMLHttpRequest 对象

XMLHttpRequest 对象并非最近才出现，最早在 Microsoft Internet Explorer 5.0 中将 XMLHttpRequest 对象以 ActiveX 控件的方式引入，被称为 XMLHTTP。其他浏览器(如 Firefox、Safari 和 Opera) 将其实现为一个本地 JavaScript 对象。由于存在这些差别，在创建 XMLHttpRequest 对象实例时，JavaScript 代码中必须包含有关的逻辑，从而决定使用 ActiveX 技术或者使用本地 JavaScript 对象技术来创建 XMLHttpRequest 的一个实例。

【例 13-16】

根据 XMLHttpRequest 对象的不同实现方式，编写一个可以创建跨浏览器的 XMLHttp Request 对象实例的程序：

```
<script type="text/javascript">
var xmlHttp;
function createXMLHttpRequest()
{
 // 在 IE 下创建 XMLHttpRequest 对象
 try {
  xmlHttp = new ActiveXObject("Msxml2.XMLHTTP");
 }
 catch(e) {
  try {
   xmlHttp = new ActiveXObject("Microsoft.XMLHTTP");
  }
 catch(oc) {
  xmlHttp = null;
 }
 }
 // 在 Mozilla 和 Safari 等非 IE 浏览器下创建 XMLHTTPRequest 对象
```

```
    if(!xmlHttp && typeof XMLHttpRequest != "undefined") {
      xmlHttp = new XMLHttpRequest();
    }
  return xmlHttp;
  }
</script>
```

从代码中可以看到，在创建 XMLHttpRequest 对象实例时，只需要检查浏览器是否提供对 ActiveX 对象的支持。如果浏览器支持 ActiveX 对象，就可以使用 ActiveX 创建 XMLHttpRequest 对象，否则就使用本地 JavaScript 对象创建。

2. XMLHttpRequest 对象的属性和方法

XMLHttpRequest 对象创建好之后，就可以调用该对象的属性和方法和进行数据异步传输了。表 13-10 给出了这些属性的名称以及简要说明。

表 13-10 XMLHttpRequest 对象的属性

名　称	说　明
readyState	通信的状态。从 XMLHttpRequest 对象把一个 HTTP 请求发送到服务器，到接收到服务器响应信息，整个过程将经历 5 种状态，取值范围为 0~4
onreadystatechange	设置回调事件处理程序。当 readState 属性的值改变时，会触发此回调
responseText	服务器返回的文本格式文档
responseXML	服务器返回的 XML 格式文档
status	返回 HTTP 响应的数字类型状态码。100 表示正在继续；200 表示执行正常；404 表示未找到页面；500 表示内部程序错误
statusText	HTTP 响应的状态代码对应的文本 (OK，Not Found 等)

XMLHttpRequest 对象的 readyState 属性在开发时最常用。根据它的值可以得知 XMLHttpRequest 对象的执行状态，以便我们在实际应用中做出相应的处理。在表 13-11 中列出了 readyState 属性值及其说明。

表 13-11 readyState 属性值

值	说　明
0	表示未初始化状态；此时已经创建一个 XMLHttpRequest 对象，但是还没有初始化
1	表示发送状态；此时已经调用 open() 方法，并且 XMLHttpRequest 已经准备好把一个请求发送到服务器
2	表示发送状态；此时已经通过 send() 方法把一个请求发送到服务器端，但是还没有收到一个响应
3	表示正在接收状态；此时已经接收到 HTTP 响应头部信息，但是消息体部分还没有完全接收结束
4	表示已加载状态；此时响应已经被完全接收

通过属性可以了解 XMLHttpRequest 对象的状态，但如果要操作 XMLHttpRequest 对象，则需要通过它的方法。表 13-12 列出了该对象的常用方法及其说明。

表 13-12　XMLHttpRequest 对象的常用方法

方法名称	说　明
abort()	中止当前请求
open(method,url)	使用请求方式 (GET 或 POST 等) 和请求地址 URL 初始化一个 XMLHttpRequest 对象 (这是该方法最常用的重载形式)
send(args)	发送数据，参数是提交的字符串信息
setRequestHeader(key,value)	设置请求的头部信息
getResponseHeader(key)	方法用于检索响应的头部值
getAllResponseHeaders()	方法用于返回响应头部信息 (键 / 值对) 的集合

注意

getResponseHeader() 和 getAllResponseHeaders() 仅在 readyState 值大于或等于 3(接收到响应头部信息以后) 时才可用。

3. XMLHttpRequest 对象的工作流程

Ajax 程序主要通过 JavaScript 事件来触发，在运行时，需要调用 XMLHttpRequest 对象发送请求和处理响应。客户端处理完响应之后，XMLHttpRequest 对象就会一直处于等待状态，这样一直周而复始地工作。

所以这个基本流程是：XMLHttpRequest 对象初始化 -> 发送请求 -> 服务器接收 -> 服务器返回 -> 客户端接收 -> 修改客户端页面内容。只不过这个过程是异步的，如图 13-3 所示。

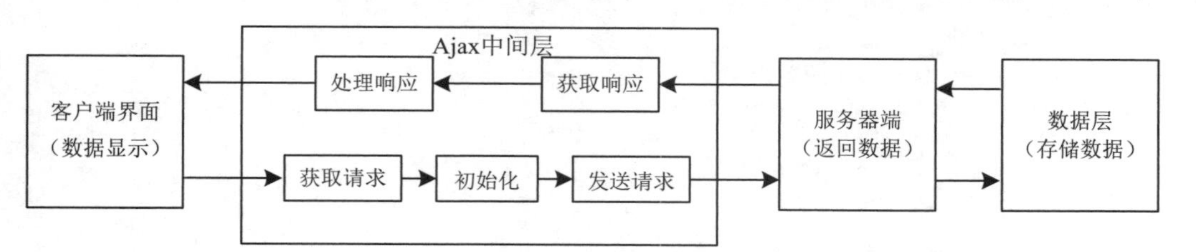

图 13-3　XMLHttpRequest 对象的工作流程

在图 13-3 中，Ajax 中间层显示 XMLHttpRequest 对象的工作流程。当 Ajax 中间层从客户端界面获取请求信息之后，需要初始化 XMLHttpRequest 对象。初始化完成之后，通过 XMLHttpRequest 对象将请求发送给服务器端。服务器端获取请求信息后，处理并返回响应信息。然后 Ajax 中间层获取响应，通过 XMLHttpRequest 对象将响应信息和 Ajax 中间层所设置的样式信息进行组合，即处理响应。最后 Ajax 中间层将所有的信息发送给客户端界面，并显示由服务器返回的信息。

13.5.3　高手带你做——读取异步提交的项目信息

前面详细介绍了 XMLHttpRequest 对象的内容，这里将通过一个具体的案例，来讲解获取文本数据的最简单方法。

XMLHttpRequest 对象可以使用 GET 或 POST 方式发送请求，这与传统的 Web 编程是一样的。唯一的区别是，当使用 GET 发送请求时，必须把参数串追加到请求 URL 中；而使用 POST 时，则需要调用 XMLHttpRequest 对象的 send() 方法来发送参数串。

【例 13-17】

本例首先是一个项目提交表单，然后使用 Ajax 实现将用户在项目表单中输入的信息异步发送到服务器，服务器处理后再返回客户端，最后客户端进行显示。

01 首先设计一个项目提交表单，代码如下所示：

```
<form class="form-horizontal" action="projects_list.php"  method="POST">
  <div class="xy_c3a_txt">
      <div class="form-group">
        <label class="col-sm-2 control-label"> 项目名称 </label>
        <div class="col-sm-10">
          <input type="text" class="form-control" id="p_name">
        </div>
      </div>
      <div class="form-group">
        <label  class="col-sm-2 control-label"> 项目地址 </label>
        <div class="col-sm-10">
          <input type="text" class="form-control" id="p_address">
        </div>
      </div>
      <div class="form-group">
        <label  class="col-sm-2 control-label"> 项目负责人 </label>
        <div class="col-sm-10">
          <input type="text" class="form-control" id="p_person">
        </div>
      </div>
      <div class="form-group">
        <label  class="col-sm-2 control-label"> 负责人电话 </label>
        <div class="col-sm-10">
          <input type="text" class="form-control" id="p_phone">
        </div>
      </div>


  </div>
  <div class="xy_c3a_btn">
    <button type="button" class="btn btn-default" > 取消 </button>
    <button type="button"  class="btn btn-info active" onclick ="sendMessage();"> 确认 </button>
  </div>
</form>
```

在上述代码中，单击“确认”按钮调用 sendMessage() 函数，以异步方式发送请求。

02 如果要发送请求，必须先创建 XMLHttpRequest 对象，之后调用 XMLHttpRequest 对象的属性方法实现发送请求。这里使用的是以 GET 方式提交到 Server.php 文件，因此参数会附加到 URL 上。具体实现代码如下所示：

```
<script type="text/Javascript">
var xmlHttp;
// 省略创建 XMLHttpRequest 对象代码
// 发送 GET 请求
function sendMessage()
{
 // 创建 XMLHttpRequest 对象
 createXMLHttpRequest();
 // 定义变量保存输入的项目信息
 var p_name = encodeURIComponent($("#p_name").val());     // 项目名称
 var p_address = encodeURIComponent($("#p_address").val()); // 地址
 var p_phone = encodeURIComponent($("#p_phone").val());  // 负责人
 var p_person = encodeURIComponent($("#p_person").val());  // 电话
 // 组成参数字符串
 var para = "name="+p_name+"&address="+p_address+"&phone="+p_phone+"&person="+p_person;
 var url="server.php?"+para;                    // 设置 URL 和参数
 xmlHttp.onreadystatechange=handleStateChange;  // 指定回调函数
 xmlHttp.open("GET",url,true);                  // 指定 GET 请求的数据
 xmlHttp.send(null);                    // 发送 GET 请求
}
</script>
```

在 sendMessage() 函数中，$("#p_name").val() 语句表示获取 id 为 p_name 的值，即项目名称。将获取的 4 个值组成一个新的字符串 para，每个属性之间用“&”符号隔开，属性和属性值用“=”进行赋值。

在 url 变量中将提交的服务器端文件与参数进行组合，它将作为 open() 方法的第二个参数。onreadystatechange 属性设置处理服务器端响应的函数为 handleStateChange。最后调用 open() 方法发送一个 GET 请求，并指定 URL，在这里，URL 中包含有编码的参数。send() 方法将请求发送个给服务器。

03 POST 与 GET 方式的不同之处，在于 POST 允许发送任何格式、任何长度的数据，而 GET 方式最大只能发送 2KB 数据。下面的代码实现了用 POST 方式发送请求：

```
// 发送 POST 请求
function sendMessage()
{
 // 创建 XMLHttpRequest 对象
 createXMLHttpRequest();
 // 定义变量保存输入的项目信息
 var p_name = encodeURIComponent($("#p_name").val());    // 项目名称
 var p_address = encodeURIComponent($("#p_address").val());    // 地址
 var p_phone = encodeURIComponent($("#p_phone").val());    // 负责人
 var p_person = encodeURIComponent($("#p_person").val());    // 电话
 // 组成参数字符串
```

```
    var para = "name="+p_name+"&address="+p_address+"&phone="+p_phone+"&person="+p_person;
    // 定义一个变量保存 PHP 服务器端的文件名
    var url="server.php";
    xmlHttp.onreadystatechange=handleStateChange;    // 指定回调函数
    xmlHttp.setRequestHeader("Content-Type","application/x-www-form-urlencoded;");
    xmlHttp.open("POST",url,true);                  // 设置 POST 方式
    xmlHttp.send(para);                   // 发送 POST 请求
}
```

为了确保服务器中知道有请求参数，需要调用 setRequestHeader() 方法将 Content-Type 值设置为 application/x-www-form-urllencode。最后调用 send() 方法，并将数据作为参数传递给这个方法。

04 无论使用 GET 方式，还是使用 POST 方式传递，其处理服务器端响应信息的回调函数相同。如下所示为 handleStateChange() 函数的代码：

```
function handleStateChange()            // 处理结果的回调函数
{
  if((xmlHttp.readyState == 4)&&(xmlHttp.status == 200))
  {
    var result=$("#ret").html()+xmlHttp.responseText;
    $("#ret").html(result);
  }
}
```

05 保存上面对 HTML 页面的修改。这一步来创建服务器端页面 server.php，实现获取数据并输出结果的功能。具体代码如下所示：

```
<?php
header('Content-type:text/html;charset=utf-8');
if(isset($_GET['name']))
{
  $name=$_GET['name'];
  $address=$_GET['address'];
  $phone=$_GET['phone'];
  $person=$_GET['person'];

  echo "<tr><td>$name</td><td>$address</td><td>$person</td><td>$phone</td></tr>";
}
?>
```

06 在浏览器中运行 HTML 页面，项目提交表单在上面，结果表格在下方，如图 13-4 所示。在表单中输入项目信息，再单击【确认】按钮，之后会在下方显示结果，如图 13-5 所示。

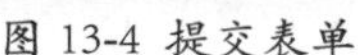
图 13-4 提交表单

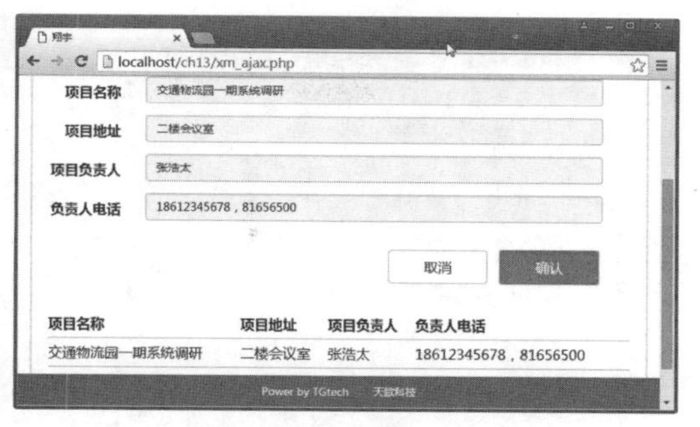

图 13-5 提交后的效果

13.5.4 高手带你做——读取用户列表

前面介绍了使用 XMLHttpRequest 对象发送 GET 和 POST 请求，然后处理服务器端返回的 HTML 文本。对于复杂结构的数据，在服务器端通常使用 XML 文件格式返回。此时 XML 数据的操作是重点，这些 XML 数据可以预先设定，也可以来自于数据库表或文件。

XMLHttpRequest 对象提供了一个 responseXML 属性，专门用于接收 XML 响应。

【例 13-18】

下面创建一个案例，演示如何将服务器端返回的 XML 文件以列表形式显示到页面。具体步骤如下所示。

01 首先创建服务器端的 PHP 页面 xml_server.php。这里直接输出一个 XML 格式的字符串，实际开发时可能会用到从数据库中读取并输出。代码如下所示：

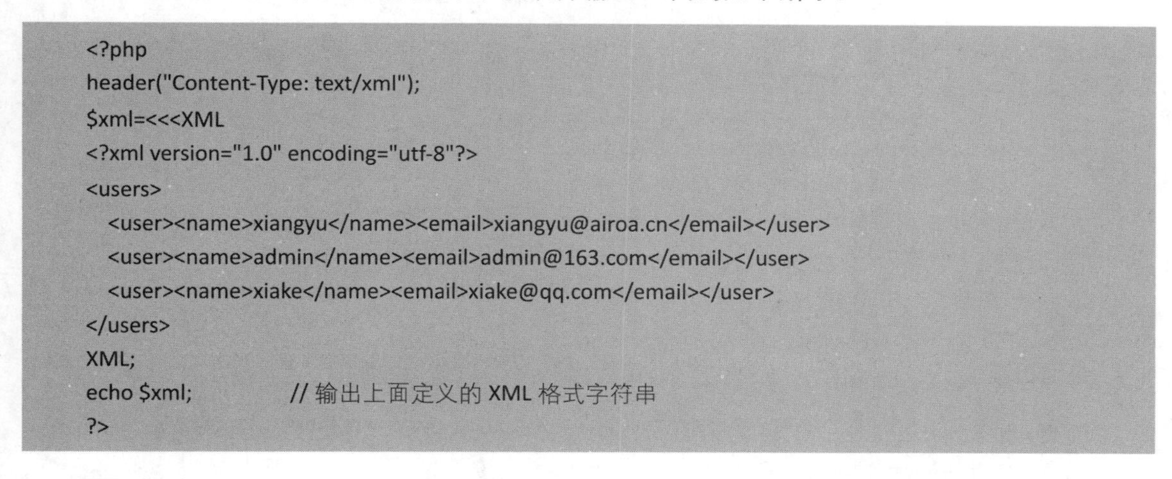

```
<?php
header("Content-Type: text/xml");
$xml=<<<XML
<?xml version="1.0" encoding="utf-8"?>
<users>
  <user><name>xiangyu</name><email>xiangyu@airoa.cn</email></user>
  <user><name>admin</name><email>admin@163.com</email></user>
  <user><name>xiake</name><email>xiake@qq.com</email></user>
</users>
XML;
echo $xml;            // 输出上面定义的 XML 格式字符串
?>
```

02 新建一个 xml_ajax.html 文件作为客户端，在 body 的 onload 事件中调用 getAllUsers() 函数，再添加结果显示区域。代码如下所示：

```
<body onload=" getAllUsers();">
  <ul class="xy_c3b_ul" id="users_ret"> </ul>
<!-- 省略其他布局 -->
</body>
```

03 使用 JavaScript 代码创建页面加载完成时调用的 getAllUsers() 函数。代码如下所示：

```
<script language="javascript" type="text/javascript">
function getAllUsers()
{
 createXMLHttpRequest();                     // 创建 XMLHttpRequest 对象
 var url="xml_server.php";                    // 定义一个变量保存 PHP 服务器端的文件名
 xmlHttp.onreadystatechange=handleStateChange; // 指定回调函数
 xmlHttp.open("POST",url,true);               // 指定 POST 请求
 xmlHttp.send(null);
}
</script>
```

从上述代码中可以看到，代码非常简洁。这是因为处理 XML 格式响应的重点是客户端的回调函数，即 handleStateChange() 函数。

04 接下来创建回调函数 handleStateChange()，并在函数体内获取服务器端返回的 XML 格式数据。然后对它进行解析，并以表格的形式显示到页面上。具体代码如下所示：

```
function handleStateChange()
{
  if((xmlHttp.readyState == 4)&&(xmlHttp.status == 200))
  {
    var xml_data = xmlHttp.responseXML;           // 获取返回的 XML 响应
    var users = xml_data.getElementsByTagName("user");    // 获取所有 user 节点
    var str = "";
    for(var i=0;i<users.length;i++)               // 循环输出各个节点
    {
      var name=users[i].childNodes[0].firstChild.data;          // 获取 name 元素的值
      var email=users[i].childNodes[1].firstChild.data;         // 获取 email 元素的值
      str+="<li class='clearfix'>"+name+" / <span>"+email+"</span></li>";
    }
    $("#users_ret").html(str);            // 在页面上显示结果
  }
}
```

在 handleStateChange() 函数中获取 XML 文件中的根节点 users，然后通过 xml_data.getElementsByTagName("user") 获取所有的 user 节点。接下来使用 for 循环遍历节点中的元素，并且将遍历的元素保存到 str 变量中。最后将 str 的数据显示在 id 为 users_ret 的 ul 标签中。

05 在浏览器中单独运行 xml_server.php，将看到一个完整的 XML 文件，如图 13-6 所示。然后运行 xml_ajax.html，页面加载完成后，会看到以列表形式显示 xml_server.php 文件中的数据，如图 13-7 所示。

试一试

目前出现了很多封装 XMLHttpRequest 对象的 Ajax 框架，如 jQuery、Extjs 和 xajax 等。读者可以参考相关的资料学习。

```
This XML file does not appear to have any
style information associated with it. The
document tree is shown below.

▼<users>
  ▼<user>
      <name>xiangyu</name>
      <email>xiangyu@airoa.cn</email>
    </user>
  ▼<user>
      <name>admin</name>
      <email>admin@163.com</email>
    </user>
  ▼<user>
      <name>xiake</name>
      <email>xiake@qq.com</email>
    </user>
  </users>
```

图 13-6 运行 xml_server.php 的效果

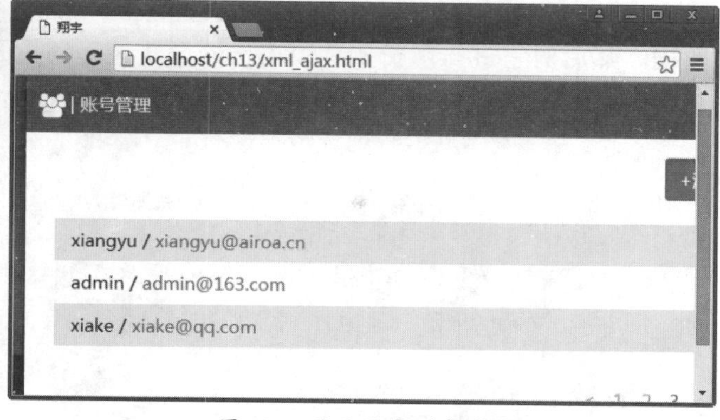

图 13-7 显示用户列表效果

13.5.5 高手带你做——处理 JSON

除了简单的字符串和标准的 XML 在客户端和服务器端进行传输外，Ajax 还支持 JSON 格式的数据。

【例 13-19】

下面通过一个实例来具体演示服务器端如何使用 PHP 输出一个 JSON 格式的字符串，以及如何在客户端处理 JSON 格式的响应。

01 这里使用上小节的 XML 作为 JSON 数据源。创建一个 json_server.php 文件，XML 对应的 JSON 代码如下：

```
<?php
$data = [
    ['name'=>'xiangyu','email'=>'xiangyu@airoa.cn'],
    ['name'=>'admin','email'=>'admin@163.com'],
    ['name'=>'xiake','email'=>'xiake@qq.com']
];
// 使用 json_encode() 函数进行编码
$json_data = json_encode($data);
// 输出 JSON 字符串
echo $json_data;
?>
```

上述代码在 $data 数组中定义用户数据，接着使用 json_encode() 函数对 JSON 字符串进行编码，最后输出 JSON 字符串。

02 创建 HTML 页面 json_ajax.html 作为客户端，在 body 的 onload 事件中调用 getAllUsers() 函数，再添加结果显示区域，代码如下所示：

```
<body onload=" getAllUsers();">
  <ul class="xy_c3b_ul" id="users_ret"> </ul>
<!-- 省略其他布局 -->
</body>
```

03 使用 JavaScript 代码创建页面，加载要调用的 getAllUsers() 函数，代码如下所示：

```
<script language="javascript" type="text/javascript">
function getAllUsers()
{
  createXMLHttpRequest();                    // 创建 XMLHttpRequest 对象
  var url="json_server.php";                    // 定义一个变量，保存 PHP 服务器端的文件名
  xmlHttp.onreadystatechange=handleStateChange; // 指定回调函数
  xmlHttp.open("POST",url,true);                 // 指定 POST 请求
  xmlHttp.send(null);
}
</script>
```

04 接下来创建回调函数 handleStateChange()，并在函数体内获取服务器端返回的 XML 格式数据。然后对它进行解析，并以表格的形式显示到页面上。具体代码如下所示：

```
function handleStateChange()
{
  if((xmlHttp.readyState == 4)&&(xmlHttp.status == 200))
  {
    var json_str = xmlHttp.responseText;          // 获取返回的 JSON 响应
    var json_data = eval("(" + json_str + ")");    // 调用 eval() 方法执行 JSON 字符串

    var str = "";
    for(var i=0;i<json_data.length;i++)           // 循环以输出各个内容
    {
      var name=json_data[i].name;                                    // 获取 JSON 中的 name 数据
      var email=json_data[i].email;                                  // 获取 JSON 中的 email 数据
      str+="<li class='clearfix'>"+name+" / <span>"+email+"</span></li>";
    }
    $("#users_ret").html(str);           // 在页面上显示结果
  }
}
```

在 handleStateChange() 函数中，json_str 变量保存的是 json_server.php 返回的 JSON 字符串。为了遍历其中的数据，需要使用 eval() 函数将它转换为 JSON 对象。接下来使用 for 循环遍历节点中的元素，并且将遍历的元素保存到 str 变量中。最后将 str 的数据显示在 id 为 users_ret 的 ul 标签中。

05 在浏览器中单独运行 json_server.php 将看到一个 JSON 字符串，如图 13-8 所示。

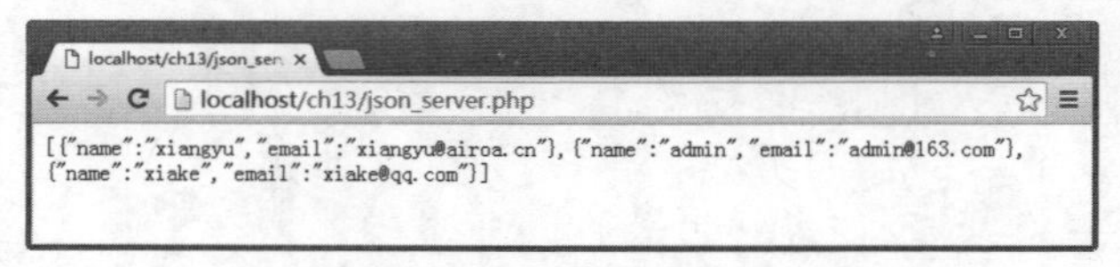

图 13-8 json_server.php 文件的效果

然后运行 json_ajax.html，页面加载后，会看到以列表形式显示 json_server.php 文件中的数据。

13.5.6 高手带你做——Ajax 中文乱码解决方案

众所周知，使用 Ajax 传送和接收中文参数时，如果不在客户端和服务器做相应的处理，就会出现乱码问题。在本小节总结了两种最常用的解决方案，供读者参考。

1. 客户端乱码

第一种是向服务器端发送的参数有中文，在服务器端接收参数值时发生乱码。

例如：

```
var url="news.php?type= 国内新闻 ";
xmlHTTP.open ("post",url,true);
```

解决办法：

利用 JavaScript 提供的 escape() 或 encodeURI() 方法。例如在客户端用如下代码：

```
var url=" news.php?type= 国内新闻 ";
url=encodeURI(url);
url=encodeURI(url);                          //一定要注意这里是两次，很关键
xmlHTTP.setrequestheader("cache-control","no-cache");
xmlHTTP.setrequestheader("Content-Type","application/x-www-form-urlencoded");
xmlHTTP.setrequestheader("contentType","text/html;charset=uft-8")//指定发送数据的编码格式
xmlHTTP.open ("post",url,true);
```

技巧

也可以写成 var url="news.php?type=escape(" 国内新闻 ")"; 这种形式和 encodeURI 效果相同。

因为 Ajax 发送数据都是采用 UTF-8 编码的方式发送的，所以要在服务器端进行编码转换。假设页面采用 GB2312 编码，可用下面的代码将 UTF-8 转为 GB2312 以显示正常汉字：

```
$str=urldecode($str);                        //解码
$str =iconv("UTF-8","GB2312",$ str);         //编码转换
```

2. 服务器端乱码

第二种就是服务器端向客户端输出中文时出现乱码，也就是客户端用 responseText 或 responseXML 取值时，包含的中文是乱码。

原因：Ajax 在接收 responseText 或 responseXML 的值时，是按照 UTF-8 的格式来解码。所以，如果服务器端发送的数据不是 UTF-8 的格式，那么接收 responseText 或 responseXML 的值有可能为乱码。

解决办法：在服务器指定发送数据的格式。在 PHP 文件中用下面一行语句：

```
header("content-type:text/html;charset= UTF-8");  //返回的是 TXT 文本文件
```

或者：

```
header("content-type:text/xml;charset=UTF-8");  //返回的是 XML 文件
```

13.6　PHP 开发编程规范

俗话说“没有规矩不成方圆”，开发程序亦是如此。良好的编程风格和规范对于开发人员及项目管理者都是非常重要的。假设你要维护的一个项目没有文档、代码杂乱无章，甚至连程序注释和缩进也没有，这对你来说肯定是一个噩梦。

本节将介绍开发中需要遵守的一些规范以及一些好的编程习惯，以此帮助读者成为一名优秀的开发人员。

13.6.1 项目结构规范

在项目中的程序文件名和目录名，命名均应该采用有意义的英文方式，而不使用拼音或无意义的字母，同时均必须使用小写字母，多个词间使用下画线“_”间隔。

在开发独立的 PHP 项目时，使用规范的文件目录结构，这有助于提高项目的逻辑结构合理性，对扩展以及团队开发均有好处。

一个完整独立的 PHP 项目通常的文件和目录结构如下。

- **/** 项目根目录。
- **/manage** 后台管理文件存放目录。
- **/css CSS** 文件存放目录。
- **/doc** 存放项目文档。
- **/images** 所有图片文件存放路径（在里面根据目录结构设立子目录）。
- **/scripts** 客户端 JavaScript 脚本存放目录。
- **/tpl** 网站所有 HTML 的模板文件存放目录。
- **/error.php** 错误处理文件（可以定义到 Apache 的错误处理中）。

以上目录结构是通常的目录结构，根据具体应用的具体情况，可以考虑不用完全遵循，但是尽量做到规范化。

在实现方式上，如果是对性能要求不是很高的项目和应用，我们建议采用 PHP 和 HTML 代码分离的方式，即采用模板的方式处理，这样，一方面让程序逻辑结构更加清晰，也有助于开发过程中人员的分工安排，同时，还对日后项目的页面升级改版提供更多便利。

在实现架构上，尽量采用 OOP 的思想开发，尤其在 PHP 5 以后，面向对象的开发性能大大提高了。我们建议将独立的功能模块尽量写成函数调用，对于一整块业务逻辑，建议封装成类，既可以提高代码的可读性，也可以提高代码重用性。例如，我们通常将对数据库的接口封装成数据库类，有利于平台的移植。

13.6.2 程序注释

每个程序均必须提供必要的注释，书写注释要求规范，为利用 PHPDoc 生成 PHP 文档做准备。程序注释的原则如下：

- 注释中，除了文件头的注释块外，其他地方都不使用 // 注释，而使用 /* */ 注释。
- 注释内容必须写在被注释对象的前面，不写在一行或者后面。

1. 程序头注释块

每个程序头部必须有统一的注释块，规则如下：

- 必须包含本程序的描述。
- 必须包含作者。
- 必须包含书写日期。
- 必须包含版本信息。
- 必须包含项目名称。
- 必须包含文件的名称。
- 包含重要的使用说明，如类的调用方法、注意事项等。

例如下面的参考代码：

```
// +-------------------------------------------------------------------+
// | PHP version 4.0                                    |
// +-------------------------------------------------------------------+
// | Copyright (c) 1997-2001 The PHP Group              |
// +-------------------------------------------------------------------+
// | This source file is subject to  of the PHP license,    |
// | that is bundled with this packafile LICENSE, and is  |
// | available at through the world-web at              |
// | http://www.php.net/license/2_02.txt.               |
// +-------------------------------------------------------------------+
// | Authors: Stig Bakken <ssb@fast.no>                 |
// |        Tomas V.V.Cox <cox@idecnet.com>      |
// +-------------------------------------------------------------------+
// $Id: Common.php,v 1.8.2.3 2001/11/13 01:26:48 ssb Exp $
```

2. 类的注释

类的注释可以参考下面的示例代码：

```
/**
* @ Purpose: 访问数据库的类，以 ODBC 作为通用访问接口
* @Package Name: Database
* @Author: Forrest Gump gump@crtvu.edu.cn
* @Modifications: No20020523-100:
* odbc_fetch_into() 参数位置第二和第三个位置调换
* @See: ( 参照 )
*/
class Database
{
  ……
}
```

3. 函数和方法的注释

函数和方法的注释写在函数和方法的前面，采用类似下面例子的规则：

```
/**
* @Purpose: 执行一次查询
* @Method Name: Query()
* @Param: string $queryStr SQL 查询字符串
* @Param: string $username 用户名
* @Author: Lee
* @Return: mixed 查询返回值（结果集对象）
*/
```

```
function Query($queryStr, $username)
{……}
```

4. 变量或者语句注释

程序中变量或者语句的注释遵循以下原则：

- 写在变量或者语句的前面一行，而不写在同行或者后面。
- 注释采用 /* */ 的方式。
- 每个函数前面要包含一个注释块。内容包括函数功能简述，输入/输出参数，预期的返回值，出错代码定义。
- 注释完整规范。
- 把已经注释掉的代码删除，或者注明这些已经注释掉的代码仍然保留在源码中的特殊原因。

参考下面的示例代码：

```
/**
* @Purpose: 数据库连接用户名
* @Attribute/Variable Name: db_user_name
* @Type: string
*/
var db_user_name;
```

13.6.3 命名规范

虽然开发人员喜欢按照自己的习惯和风格来编写代码，但是在编码中有几点需要注意：代码的格式、布局、命名方式以及语句规范等，编写应该遵循一定的规范。这些规定虽然并非强制性的，但为了加强代码结构的逻辑性和易读性，遵循它们是非常必要的。下面主要介绍的是 PHP 中与命名有关的规范。

1. 普通变量

普通变量命名遵循以下规则：

- 所有字母都使用小写。
- 对于一个变量使用多个单词的，使用下画线作为每个词的间隔。

如 $file_name、$output_product_price 等。

2. 静态变量

静态变量命名遵循以下规则：

- 静态变量使用小写的 s_ 开头。
- 静态变量中所有字母都使用小写。
- 多个单词组成的变量名使用下画线作为每个词的间隔。

如 $s_file_name、$s_output_product_price 等。

3. 局部变量

局部变量命名遵循以下规则：

- 所有字母使用小写。
- 变量使用下划线开头。
- 多个单词组成的局部变量名使用下画线作为每个词间的间隔。

如 $_file_file、$_output_product_price 等。

4. 全局变量

全局变量应该带前缀 g，知道一个变量的作用域是非常重要的。例如：

```
global $gLOG_LEVEL;
global $gLOG_PATH;
```

5. 全局常量

全局常量的命名遵循以下规则：

- 所有字母使用大写。
- 全局变量多个单词间使用下画线作为间隔。

如 $FILE_NAME、$OUTPUT_PRODUCT_PRICE 等。

6. Session 变量

Session 变量命名遵循以下规则：

- 所有字母使用大写。
- Session 变量名使用 S_ 开头。
- 多个单词间使用下画线间隔。

如 $S_FILE_NAME、$S_OUTPUT_PRODUCT_PRICE 等。

7. 类

PHP 中，类命名遵循以下规则：

- 以大写字母开头。

- 多个单词组成的变量名、单词之间不用间隔，各个单词首字母大写

如 class MyClass 或 class DbOracle 等。

8. 方法或函数

方法或函数的命名遵循以下规则：

- 首字母小写。
- 多个单词间不使用间隔，除第一个单词外，其他单词首字母大写。

如 function myFunction() 或 function myDbOracle() 等。

9. 缩写词

当变量名或者其他命名中遇到缩写词时，参照具体的命名规则，而不采用缩写词原来的全部大写的方式。

例如：

```
function myPear（不是 myPEAR）
functio getHtmlSource（不是 getHTMLSource）
```

13.6.4　代码编写规范

一个好的代码编写风格和规范对于一个项目来说非常重要，这包括使用缩进、结构控制和注释等方面。

1. 代码缩进

在编写代码的时候，必须注意代码的缩进规则，我们规定代码缩进规则是：使用空格作为缩进。

例如：

```
for ( $i=0;$i<6;$i++ )
{
   echo $i;
}
```

2. 大括号 { } 书写规则

在程序中进行结构控制代码编写，如 if、for、while、switch 等结构，大括号传统地有两种书写习惯，分别如下。

(1) 左大括号 { 直接跟在控制语句之后不换行。例如：

```
for ($i=0;$i<6;$i++) {
   echo $i;
}
```

(2) 左大括号 { 在控制语句下一行。

例如：

```
for($i=0;$i<6;$i++)
{
   echo $i;
}
```

从实际书写来讲，这两种都不影响程序的规范和用 PHPDoc 生成文档，所以可以根据个人习惯来采用上面的两种方式。但是要求在同一个程序中只使用其中一种，以免造成阅读的不方便。

3. 小括号 ( ) 和函数、关键词等

小括号、关键词和函数遵循以下规则：

- 不要把小括号和关键词贴在一起，要用空格间隔，例如 if ($a<$b)。
- 小括号和函数名之间没有空格，例如 $test = date("ymdhis")。
- 除非必要，不要在 return 返回语句中使用小括号，例如 return $a。

4. =符号书写

在程序中“=”符号的书写遵循以下规则：

- 在 = 符号的两侧，均需留出一个空格，例如 $a = $b、if ($a == $b)。
- 在一个声明块或者实现同样功能的一个块中，要求“=”号尽量上下对齐，左边可以为了保持对齐使用多个空格，而右边要求空一个空格。

例如：

```
$testa   = $aaa;
$testaa  = $bbb;
$testaaa = $ccc;
```

5. if else、swicth、for、while 等语句的书写

对于控制语句的书写，应遵循以下规则。

(1) 在 if 条件判断中，如果用到常量判断条件，将常量放在等号或不等号的左边。

例如：

```
if ( 6 == $errorNum )
```

因为如果在等式中漏了一个等号，语法检查器将会提示错误，从而可以很快找到错误位置，这样的写法要多注意。

(2) switch 结构中必须要有 default 块。

(3) 在 for 和 while 的循环使用中，要警惕 continue、break 的使用，避免产生类似 goto 的问题。

6. 类的构造函数

如果要在类里面编写构造函数，必须遵循以下规则。

(1) 不能在构造函数中有太多实际操作，最多初始化一些值和变量。

(2) 不能在构造函数中因为使用操作而返回 false 或者错误，因为在声明和实例化一个对象的时候，是不能返回错误的。

7. 语句断行

在代码书写中遵循以下原则。

(1) 尽量保证程序语句一行就是一句，而不要让一行语句太长，产生换行。

(2) 尽量不要使一行的代码太长，一般控制在 80 个字符以内。

(3) 如果一行代码太长，应使用类似“.=”的方式断行书写。

(4) 对于执行数据库的 SQL 语句操作，尽量不要直接写在函数内，而先用变量定义 SQL 语句，然后在执行操作的函数中调用定义的变量。

例如：

```
$sql = "SELECT uid,username,password,address,age,postcode FROM test_t ";
$sql .= " WHERE username='abc' and age>24";
$res = mysql_query($sql);
```

8. 不要直接使用数字

一个在源代码中直接使用的数字被认为是不可思议（赤裸裸）的数字，因为包括作者在内，过段时间再看代码时，没人能看懂它的含义。例如：

```
if (22 == $foo)
{
    start_thermo_nuclear_war();
}
elseif (19 == $foo)
{
```

```
    refund_lotso_money();
}
```

解决方法：应该用 define() 来给想表示某样东西的数值一个真正的名字，而不是直接采用数字。例如：

```
define("PRESIDENT_WENT_CRAZY", "22");
define("WE_GOOFED", "19");
if (PRESIDENT_WENT_CRAZY == $foo)
{
    start_thermo_nuclear_war();
}
elseif (WE_GOOFED == $foo)
{
   refund_lotso_money();
}
```

9. 判断 true 和 false

在判断 true 和 false，0 和 1 时要遵循以下规则。

(1) 不能使用 0/1 代替 true/false，在 PHP 中这是不相等的。

(2) 不要使用非零的表达式、变量或者方法直接进行 true/false 判断，而必须使用严格的完整 true/false 判断。

(3) 不使用 if ($a) 或者 if (check())，而使用 if (FALSE != $a) 或者 if (FALSE != check())。

13.6.5　包含文件

对于多个页面都需要使用的功能，将它封装成函数，再提取出来具有通用函数的包含文件，文件后缀以 .inc 来命名，表明这是一个包含文件。

如果有多个 .inc 文件需要包含多页面，应把所有 .inc 文件封装在一个文件里面，具体到页面中只需要包含一个 .inc 文件就可以了。例如：

```
xxx_session.inc
xxx_comm.inc
xxx_setting.inc
mysql_db.inc
```

把以上文件封装在 xxx.basic.inc 文件里面。然后用如下一行语句进行包含：

```
require_once("xxx_basic.inc");
```

这里注意，是否需要封装到一个文件，应该视情况而定，如果每个 inc 的功能是分散到不同的页面使用的话，就不建议封装。

另外，一般包含文件不需要直接暴露给用户，所以应该放在 Web Server 访问不到的目录，避免因为配置问题而泄露设置信息。

13.7 成长任务

成长任务 1：使用正则过滤链接中的图片

假设有一个如下的字符串：

```
电脑 / 网络 -> 编程：<img src="logo-zhidao.gif" border="0" alt=" 知道 " width="137" height="46" vspace ="3"> 电脑 / 网络 -> 硬件电脑 / 网络 -> 硬件
```

本次任务要求在 PHP 中用正则表达式将其中的图片源代码去掉。即无论其中图片的参数如何改变，都能将起始于“<img”和结束于它后面第一个“>”两者之间的内容都去掉，包括这两个符号。如下所示是替换后的正确字符串：

```
电脑 / 网络 -> 编程：电脑 / 网络 -> 硬件电脑 / 网络 -> 硬件
```

成长任务 2：获取 GET 和 POST 数据

假设在 HTML 页面中制作了一个用于输入视频信息的表单，代码如下所示：

```
<form action="#">
  视频标题：<input type="text" id="title"/><br/>
  视频标签：<input type="text" id="tag"/><br/>
  视频长度：<input type="text" id="length"/><br/>
  所属类别：<input type="text" id="classes" /><br/>
  所需积分：<input type="text" id="score"/><br/>
  <input type="button" value="GET 方式提交 " onclick="RequestGet()"/>
  <input type="button" value="POST 方式提交 " onclick="RequestPOST()"/>
</form> <br/>
<div id="message" ></div>
```

现在要求读者完成程序，包括客户端 GET 和 POST 请求的提示，及服务端的响应代码。

成长任务 3：异步验证数据

本次任务要求读者使用 Ajax 技术实现用户注册表单的验证功能。当用户输入数据不合法时，给出相关的提示信息，运行效果如图 13-9 所示。

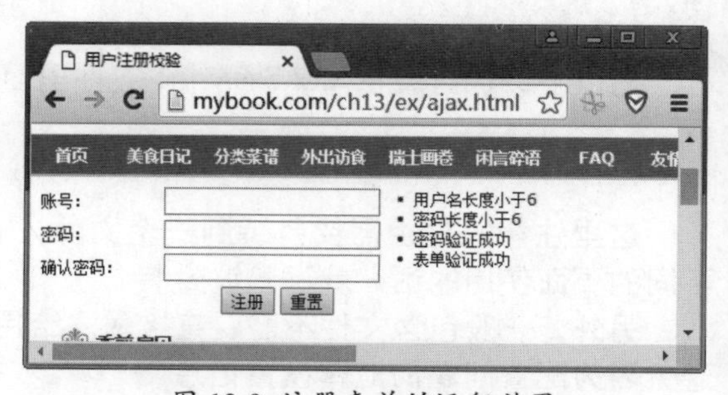

图 13-9 注册表单的运行效果

第 14 章

PHP 设计模式

学习 PHP 深入到一定程度，就不可避免地会接触到设计模式 (Design Pattern) 这一概念。了解设计模式，将使自己对 PHP 中的面向对象和接口编程有更深入的理解。设计模式在PHP系统中的应用非常广泛，遵循一定的编程模式，才能使自己的代码便于理解、易于维护，从而也能提高自己的开发技能。

本章首先从设计模式的概念开始介绍，包括什么是设计模式、设计模式的分类和学习方法等。接下来是设计模式的具体介绍，限于篇幅，本章仅介绍常用的设计模式及在 PHP 中的实现。最后给出使用设计模式时的一些建议。

本章学习要点

◎ 理解设计模式的概念
◎ 了解设计模式的分类
◎ 了解面向对象的设计原则
◎ 掌握单例模式的使用
◎ 掌握简单工厂、工厂方法和抽象工厂的使用
◎ 熟悉适配器模式的使用
◎ 掌握外观模式的使用
◎ 了解观察者模式和状态模式

14.1 认识设计模式

从字面上来看，模，就是模型、模板的意思；式，就是方式、方法的意思。综合起来，所谓模式，就是可以作为模型或模板的方式或方法。再简单点说，就是可以作为样板的方式或方法，类似于人们所熟悉的范例和公式。按照上面的理解，设计模式指的就是设计方面的模板，也即设计方面的方式或方法。

下面从几个方面来详细介绍软件的设计模式、设计模式的分类、如何更好地学习设计模式以及设计时的几个原则。

14.1.1 设计模式简介

设计模式就是一些解决方案。所谓解决方案，就是解决办法，即解决问题的方式或方法。通常所说的方案书，就是把解决方法文档化后形成的文档。

那么，能不能反过来说：解决方案就是设计模式呢？很明显是不行的。为什么呢？因为在解决方案之前还有一些定语，只有满足这些条件的解决方案才被称为设计模式。

1. 设计模式是特定问题的解决方案

为什么要限制设计模式是“特定问题”的解决方案呢？

限制“特定问题”，说明设计模式不是什么万能灵药，并不是什么问题都能解决，通常一个设计模式仅仅解决某个或某些特定的问题，并不能包治百病。

因此不要迷信设计模式，也不要泛滥地使用设计模式。设计模式解决不了那么多问题，它只是解决“特定问题”的解决方案。

2. 设计模式是重复出现的、特定问题的解决方案

那么为何要求这些特定问题是“重复出现”的呢？

只有这些特定问题“重复出现”，为这些问题总结解决方案才是有意义的行为。因为只要总结了这些问题的解决方案，当这些问题再次出现的时候，就可以复用这些解决方案，而不用从头再来寻求解决办法了。

3. 设计模式是用于解决在特定环境下、重复出现的、特定问题的解决方案

为什么要限制在“特定环境下”呢？

因为任何问题的出现都是有场景的，不能脱离环境去讨论对问题的解决办法，因为不同环境下，就算是相同的问题，解决办法也不一定是一样的。

4. 设计模式是经过验证的，用于解决在特定环境下、重复出现的、特定问题的解决方案

为什么又要限制是“经过验证的”呢？

每个人都可以总结一些用于解决在特定环境下、重复出现的、特定问题的解决方案，但并不是每个人总结的解决方案都算得上是设计模式。这些解决方案应该有足够的应用来验证，并得到人们的公认。只有经过验证的解决方案才算得上是设计模式。

没有得到验证的解决方案，假如也算设计模式而被大家大量复用的话，万一这个方案有问题呢？那么所有应用它的地方都会出错，都应该修改，这种复用还不如不用呢。

14.1.2 设计模式的理解

通过上面对设计模式概念的介绍，可以看出设计模式也没有什么神奇之处。下面对设计

模式再做几点说明，以使读者进一步理解它。

(1) 设计模式是解决某些问题的办法。

要理解和掌握设计模式，其重心就在于对这些办法的理解和掌握。然后进一步深化到这些办法所体现的思想层面上，将设计模式所体现的思考方式进行吸收和消化，融入到自己的思维中。

(2) 设计模式不是凭空想象出来的，是经验的积累和总结。

从理论上来说，设计模式并不一定是最优秀的解决方案，有可能存在比设计模式更优秀的解决方案。也就是说，设计模式是相对优秀的，没有最优，只有更优。

这也说明，理论上我们自己也可以总结一些这样的解决方案，如果能得到大家的认可和验证，也是有可能成为公认设计模式的。

(3) 设计模式并不是一成不变的，而是在不断发展中。

本书仅仅讨论 GoF 的著作中所记载的、经典的设计模式，但并不是说只有这些设计模式。因为设计模式的发展自从引入软件中以来就从来没有停止过。

(4) 设计模式并不是软件行业独有的，各行各业都有自己的设计模式。

用大家身边的例子来说，比如医药行业，就有自己的设计模式。假设一个人感冒了，到药店买感冒药，这个感冒药就是设计模式的一个很好体现。

经过验证的：药品上市前，会有大量的验证和实验，以保证药品的安全性。

特定环境下：这些药品是针对人的，不是针对其他动物的。

重复出现的：正是因为感冒会重复出现，研制药品才是有意义的。

特定问题：感冒药只是用来解决感冒问题的，不能解决其他问题，比如脚痛。

解决方案：药品本身就是该解决方案的具体体现。

经过上面的比较，你会发现，医药行业对设计模式的体现，一点也不逊色于软件行业。再说设计模式本身不是起源于软件行业，而是起源于建筑业。

14.1.3 设计模式的分类

为了缩小范围，我们仅讨论 PHP 设计模式，也就是 GoF 著作中提到的 23 个设计模式。对于这 23 个设计模式，GoF 把它们分为三类。

1. 创建型模式

前面讲过，社会化的分工越来越细，自然在软件设计方面也是如此，因此对象的创建和对象的使用分开也就成为必然趋势。因为对象的创建会消耗系统的很多资源，所以单独对对象的创建进行研究，从而能够高效地创建对象，就是创建型模式要探讨的问题。这里有 6 个具体的创建型模式可供研究，它们分别是：

- 简单工厂模式 (Simple Factory)。
- 工厂方法模式 (Factory Method)。
- 抽象工厂模式 (Abstract Factory)。
- 创建者模式 (Builder)。
- 原型模式 (Prototype)。
- 单例模式 (Singleton)。

注意

严格地说，简单工厂模式并不是 GoF 总结出来的 23 种设计模式之一。

2. 结构型模式

在解决了对象的创建问题之后，对象的组成以及对象之间的依赖关系就成了开发人员关注的焦点。因为如何设计对象的结构、继承和依赖关系，会影响到后续程序的维护性、代码的健壮性、耦合性等。对象结构的设计很容易体现出设计人员水平的高低。这里有 7 个具体的结构型模式可供研究，它们分别是：

- 外观模式 (Facade)。
- 适配器模式 (Adapter)。
- 代理模式 (Proxy)。
- 装饰模式 (Decorator)。
- 桥模式 (Bridge)。
- 组合模式 (Composite)。
- 享元模式 (Flyweight)。

3. 行为型模式

在对象的创建和结构问题都解决了之后，就剩下对象的行为问题了。如果对象的行为设计得好，那么对象的行为就会更清晰，它们之间的协作效率就会提高。这里有 11 个具体的行为型模式可供研究，它们分别是：

- 模板方法模式 (Template Method)。
- 观察者模式 (Observer)。
- 状态模式 (State)。
- 策略模式 (Strategy)。
- 职责链模式 (Chain of Responsibility)。
- 命令模式 (Command)。
- 访问者模式 (Visitor)。
- 调停者模式 (Mediator)。
- 备忘录模式 (Memento)。
- 迭代器模式 (Iterator)。
- 解释器模式 (Interpreter)。

本章主要讲解的就是 GoF 总结出来的 23 种设计模式，对这些设计模式的原理、使用方式、使用时机等进行讲解，使读者能够熟练掌握它们。限于篇幅关系，本章并不针对每个设计模式都进行介绍，而是仅介绍常用的设计模式及在 PHP 中的实现。

14.1.4 为什么要学习设计模式

为什么要学习设计模式？实在是有太多的理由了，这里简单地罗列几点。

1. 设计模式已经成为软件开发人员的"标准词汇"

很多软件开发人员在相互交流的时候，只是使用设计模式的名称，而不深入说明其具体内容。就如同我们在汉语里面使用成语一样，当你在交流中使用一个成语的时候，是不会去讲述这个成语背后的故事的。

举个例子来说：开发人员 A 遇到了一个问题，然后与开发人员 B 讨论，开发人员 B 可能会回答：使用“XXX 模式”(XXX 是某个设计模式的名称) 就可以了。如果这个时候开发人员 A 不懂设计模式，那他们就无法交流。

因此，一个合格的软件开发人员，必须掌握设计模式这个“标准词汇”。

2. 学习设计模式是个人技术能力提高的捷径

设计模式是很多前辈经验的积累，大都是一些相对优秀的解决方案，很多问题都是典型的、有代表性的问题。

学习设计模式，可以学习到众多前辈的经验，吸收和领会他们的设计思想，掌握他们解决问题的方法，就相当于站在这些巨人的肩膀上，可以让我们个人的技术能力得到快速的提升。学习设计模式虽然有一定的困难，但绝对是快速提高个人技术能力的捷径。

3. 不用重复设计

设计模式是解决某些特定问题的解决方案。当我们再次面对这些问题的时候，就不用自己从头来解决这些问题，只须复用这些方案即可。

在大多数情况下，这或许是比自己从头来解决这些问题更好的方案。一是你未必能找到比设计模式更优秀的解决方案；另外，通过使用设计模式，可以节省大量时间，你可以把节省的时间花在其他更需要解决的问题上。

14.1.5 如何学习设计模式

在了解了设计模式的分类后，应该如何学习设计模式呢？在学习设计模式之前，读者一定要树立一种意识，那就是：设计模式并不只是一种方法和技术，它更是一种思想、一个方法论。它和具体的语言没有关系，学习设计模式最主要的目的就是要建立面向对象的思想，尽可能地面向接口编程，实现低耦合、高内聚，使你设计的程序尽可能地能复用。

有些软件开发人员，在做程序设计时，总想着往某个设计模式上套，其实这样是不对的，表明并没有真正掌握设计模式的思想。其实很多时候读者用了某种设计模式，只是自己不知道这个模式叫什么名字而已。因此，在做程序设计时，要根据自己的理解，使用合适的设计模式。

而有另外一些软件开发人员，在做程序设计时，动不动就给类起个类似模式的名字，比如叫某某 Facade、某某 Factory 等，其实，类里面的内容和设计模式根本没有一点关系，只是用来标榜自己懂设计模式而已。

因此，学习设计模式，首先要了解有哪些方面的设计模式可以供开发人员使用。然后再分别研究每个设计模式的原理，使用时机和方法，也就是说，要在什么情况下才使用某个设计模式。在了解某个设计模式的使用时机时，还要了解此时如果不使用这个设计模式，会造成什么样的后果。当对每个模式的原理和使用方法都了解了以后，更重要的是，学习面向对象的思想方式。在掌握面向对象的思想方式后，再回过头来看设计模式，就会有更深刻的理解。最后，学习设计模式，一定要勤学多练。

14.1.6 学习设计模式的层次

学习设计模式大致有以下三个层次。

1. 基本入门级

要求能够正确理解和掌握每个设计模式的基本知识，能够识别在什么场景下、出现了什么样的问题、采用何种方案来解决它，并能够在实际的程序设计和开发中套用相应的设计模式。

2. 基本掌握级

除了具备基本入门级的要求外，还要求能够结合实际应用的场景，对设计模式进行变形使用。

事实上，在实际开发中，经常会遇到与标准模式的应用场景有一些不一样的情况。此时要合理地使用设计模式，就需要对它们做适当的变形，而不是僵硬地套用。当然，进行变形的前提，是要能准确深入地理解和把握设计模式的本质，万变不离其宗，只有把握住本质，才能够确保正确变形使用，而不是误用。

3. 深入理解和掌握级

除了具备基本掌握级的要求外，更主要的是，要从思想上和方法上吸收设计模式的精髓，并融入到自己的思路中，在进行软件的分析和设计的时候，能灵活地、自然而然地加以应用，就如同自己思维的一部分。

比较复杂的应用中，当解决某个问题的时候，很可能不是单一应用某一个设计模式，而是综合应用很多设计模式。例如，结合某个具体的情况，可能需要把模式 A 进行简化，然后结合模式 B 的一部分，再组合应用变形的模式 C 等，如此来解决实际问题。

更复杂的是，除了考虑这些设计模式外，还可能需要考虑系统整体的体系结构、实际功能的实现、与已有功能的结合等。这就要求在应用设计模式的时候，不拘泥于设计模式本身，而是从思想和方法的层面进行应用。

简单地说，基本入门级就是套用使用，相当于能够依葫芦画瓢，很机械；基本掌握级就是能变形使用，比基本入门级灵活一些，可以适当变形使用；深入理解和掌握级才算是真正将设计模式的精髓吸收了，是从思想和方法的层面去理解和掌握设计模式，就犹如练习武功到最高境界，“无招胜有招”了。要想达到这个境界，没有足够的开发和设计经验，没有足够深入的思考，是不太可能实现的。

14.1.7 面向对象的设计原则

在使用面向对象的思想进行系统设计时，根据经验共总结出了7条原则，它们分别是：单一职责原则、开闭原则、里氏替换原则、依赖注入原则、接口分离原则、迪米特原则和合成复用原则。所有的设计模式都遵守了这7条原则。

1. 单一职责原则

单一职责原则的核心思想就是：系统中的每一个对象都应该只有一个单独的职责，而所有对象所关注的就是自身职责的完成。

单一职责原则的意思是开发人员经常说的“高内聚、低耦合”。也就是说，每个类应该只有一个职责，对外只能提供一种功能，而引起类变化的原因应该只有一个。在设计模式中，所有的设计模式都遵循这一原则。

2. 开闭原则

开闭原则的核心思想就是：一个对象对扩展开放，对修改关闭。

开闭原则的意思是：对类的改动是通过增加代码进行的，而不是改动现有的代码。也就是说，软件开发人员一旦写出了可以运行的代码，就不应该去改变它，而是要保证它能一直运行下去，如何才能做到这一点呢？这就需要借助于抽象和多态，即把可能变化的内容抽象出来，从而使抽象的部分是相对稳定的，而具体的实现层则是可以改变和扩展的。

3. 里氏替换原则

里氏替换原则的核心思想就是：在任何父类出现的地方都可以用它的子类来替代。其实里氏替换原则的意思就是：同一个继承体系中的对象应该有共同的行为特征。里氏替换原则关注的是怎样良好地使用继承，也就是说不要滥用继承，它是继承复用的基石。

4. 依赖注入原则

依赖注入原则的核心思想就是：要依赖于抽象，不要依赖于具体的实现。依赖注入原则的意思是：在应用程序中，所有的类如果使用或依赖于其他的类，则都应该依赖于这些其他类的抽象类，而不是这些其他类的具体实现类。抽象层次应该不依赖于具体的实现细节，这样才能保证系统的可复用性和可维护性。为了实现这一原则，就要求开发人员在编程时要针对接口编程，而不针对实现编程。

5. 接口分离原则

接口分离原则的核心思想就是：不应该强迫客户程序依赖它们不需要使用的方法。其实接口分离原则的意思就是：一个接口不需要提供太多的行为，一个接口应该只提供一种对外的功能，不应该把所有的操作都封装到一个接口中。

6. 迪米特原则

迪米特原则的核心思想就是：一个对象应当对其他对象尽可能少地了解。其实迪米特原则的意思就是：降低各个对象之间的耦合，提高系统的可维护性。在模块之间，应该只通过接口来通信，而不理会模块的内部工作原理，它可以使各个模块的耦合程度降到最低，促进软件的复用。

7. 合成复用原则

合成复用原则的意思是：在复用对象的时候，要优先考虑使用组合，而不是继承。这是因为在使用继承时，父类的任何改变都可能影响子类的行为，而在使用组合时，是通过获得对其他对象的引用而在运行时刻动态定义的，有助于保持每个类的单一职责原则。

14.2　单例模式

单例模式 (Singleton Pattern) 确保某一个类只有一个实例，而且自行实例化并向整个系统提供这个实例。这个类我们也称它为单例类。单例模式的使用在现实世界里很多，例如常见的打印机打印的作业队列，一个没打印完，那么只有在队列中等待；Windows 回收站有且只有一个实例。

单例模式的目的就是只提供一个实例，所以它有如下几个特点：

- 单例类只能有一个实例。
- 单例类必须自己创建自己唯一的实例。
- 单例类必须给所有其他对象提供这一实例。

如图 14-1 所示为单例模式的 UML 结构。

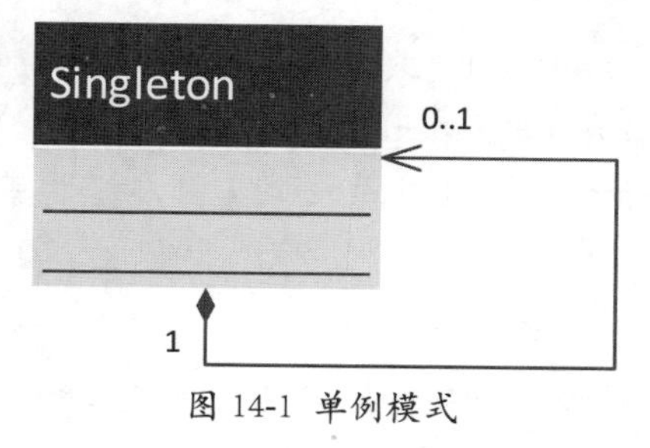

图 14-1　单例模式

从图 14-1 中可以看出，单例类自己提供一个实例给自己。根据单例类如何实例化自己，单例模式又分为饿汉式和懒汉式，其中饿汉式是提前创建好，用的时候直接使用；懒汉式是指等到使用的时候再创建实例。

1. 饿汉式单例类

由于 PHP 语言的限制，无法实现饿汉式单例类，但是如下给出了对应的思路代码，供读者参考：

```
class EagerSingleton
{
  // 创建一个私有的自身实例
  private static $_instance = new self();

  // 创建单例的静态方法
  public static function getInstance(){
    return self::$_instance;
  }

  // 默认的空构造方法
  private function __construct(){
  }
}
// 获取单例类中的实例
$demo = EagerSingleton::getInstance();
var_dump($demo);
```

如上述代码所示，在 EagerSingleton 类被加载时，静态变量 $_instance 会被初始化，此时类的私有构造方法会被调用。这时候，单例类的唯一实例就被创建出来了。

提示

单例类的一个最重要特点，是类的构造方法为私有的，从而可避免外界利用构造方法直接创建任意多的实例。需要注意的是，由于构造方法是私有的，因此，此类不能被继承。

2. 懒汉式单例类

懒汉式单例类与饿汉式单例类的相同之处是，类的构造方法是私有的。不同的是，懒汉式单例类在第一次被引用时将自己实例化。如果加载器是静态的，那么在懒汉式单例被加载时不会将自己实例化。

如下所示为懒汉式单例类的实现代码：

```
class LazySingleton
{
  // 创建一个私有的自身实例
  private static $_instance = null;

  // 创建单例的静态方法
  public static function getInstance(){
    if(self::$_instance == null){
      self::$_instance = new LazySingleton();
    }
    return self::$_instance;
  }

  //默认的空构造方法
  private function __construct(){
  }
}
// 获取单例类中的实例
$demo = LazySingleton::getInstance();
var_dump($demo);
```

下面对懒汉式单例进行测试，创建三个懒汉式单例类变量，然后对它们进行比较，判断引用的实例是否一致。实现代码如下：

```
// 创建三个单例类变量
$test1 = LazySingleton::getInstance();
$test2 = LazySingleton::getInstance();
$test3 = LazySingleton::getInstance();
// 输出单例类
var_dump($test1,$test2,$test3);
// 比较各个单例类
echo $test1 == $test2 ? 'true' : 'false';
echo "<br>";
echo $test2 == $test3 ? 'true' : 'false';
echo "<br>";
echo $test1 == $test3 ? 'true' : 'false';
```

执行代码后的输出结果如下：

```
object(LazySingleton)#1 (0) { } object(LazySingleton)
#1 (0) { } object(LazySingleton)#1 (0) { }
true
true
true
```

从输出结果中可以看到，$test1、$test2 和 $test3 都是引用同一个实例，说明单例类运行正常。

注意

单例模式是所有模式中最简单、最方便的一种模式，但是要真正用好，也是非常不容易的。

14.3 简单工厂

工厂模式是创建模式里面最常见也是最常用的一种，工厂模式又分简单工厂模式 (Simple

Factory)、工厂方法模式 (Factory Method) 和抽象工厂模式 (Abstract Factory)。本节先学习最简单的，也就是简单工厂模式。

这三种模式从左到右逐步抽象，并且更具一般性。GoF 在《设计模式》一书中将工厂模式分为两类：工厂方法模式 (Factory Method) 与抽象工厂模式 (Abstract Factory)。将简单工厂模式 (Simple Factory) 视为工厂方法模式的一种特例，两者归为一类。

工厂方法模式的具体描述如下：

- 一个抽象产品类，可以派生出多个具体产品类。
- 一个抽象工厂类，可以派生出多个具体工厂类。
- 每个具体工厂类只能创建一个具体产品类的实例。

抽象工厂模式的具体描述如下：

- 多个抽象产品类，每个抽象产品类可以派生出多个具体产品类。
- 一个抽象工厂类，可以派生出多个具体工厂类。
- 每个具体工厂类可以创建多个具体产品类的实例。

工厂方法模式和抽象工厂模式的区别如下：

- 工厂方法模式只有一个抽象产品类，而抽象工厂模式有多个。
- 工厂方法模式的具体工厂类只能创建一个具体产品类的实例，而抽象工厂模式可以创建多个。

假如在还没有工厂的时代，如果一个客户要一款宝马车，一般的做法是客户去创建一款宝马车，然后拿来用。如图 14-2 所示为此时的生产模式示意图。

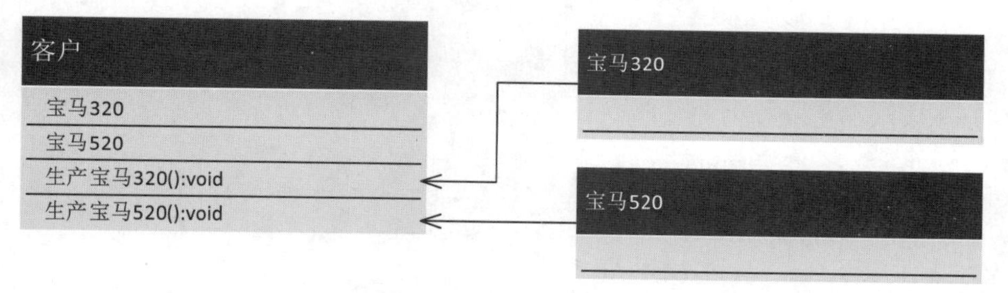

图 14-2　原始生产模式

如下所示是这种生产模式下的代码实现：

```
class BMW520
{
   // 第一个产品
   public function __construct()
   {
      echo(" 制造 -->BMW520");
   }
}

class BMW520
{
   // 第二个产品
   public function __construct()
   {
      echo(" 制造 -->BMW520");
   }
}
// 客户类
class Customer {
   public function test(){
      // 生产一辆 BMW320
      $bmw320 = new BMW320();
      // 生产一辆 BMW520
      $bmw520 = new BMW520();
   }
}
```

在原始模式下，客户需要知道怎么去创建一款车，客户和车就紧密耦合在一起了。为了降低耦合，就出现了工厂类。把创建宝马的操作细节都放到了工厂里面去，客户直接使用工厂的创建工厂方法，传入想要的宝马车型号就行了，而不必去知道创建的细节。这就是简单工厂模式。

即我们建立一个工厂类方法来制造新的对象，此时的生产模式如图 14-3 所示。

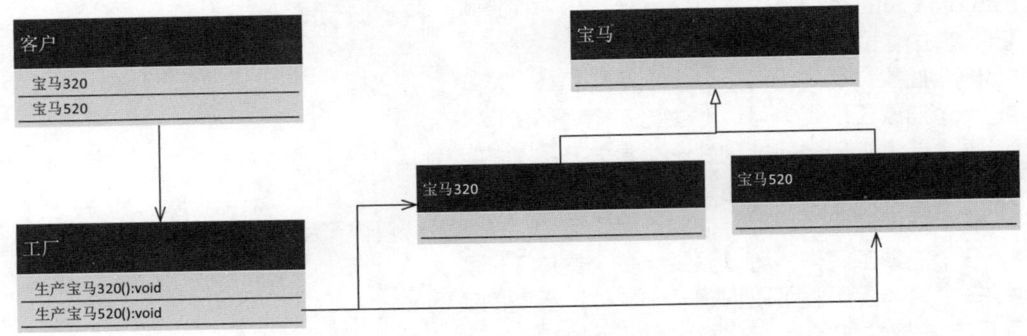

图 14-3 简单工厂模式

如下所示是改进后使用简单工厂模式生产的代码实现。首先是产品类的代码：

```
abstract class BMW {
  public function __construct()
  {
  }
}
class BMW320 extends BMW {                    // BMW320 产品
  public function __construct()
  {
    echo(" 制造 -->BMW320");
  }
}
class BMW520 extends BMW{                     // BMW520 产品
    public BMW520(){
        echo(" 制造 -->BMW520");
    }
}
```

工厂类的实现代码如下：

```
class Factory
{
  public function createBMW($type) {
    switch ($type) {

      case "320":
        return new BMW320();
```

```
            case "520":
                return new BMW520();

            default:
                break;
        }
        return null;
    }
}
```

客户类的实现代码如下：

```
class Customer {
    public function test(){
        // 实例一个工厂
        $factory = new Factory();
        // 生产一辆 BMW320
        $bmw320 = $factory->createBMW("320");
        // 生产一辆 BMW520
        $bmw520 = $factory->createBMW("520");
    }
}
```

简单工厂模式又称静态工厂方法模式。从命名上就可以看出，这个模式很简单。它存在的目的也很简单：定义一个用于创建对象的接口。

它的组成部分及说明如下。

- **工厂类角色** 这是本模式的核心，含有一定的商业逻辑和判断逻辑，用来创建产品。
- **抽象产品角色** 它一般是具体产品继承的父类或者实现的接口。
- **具体产品角色** 工厂类所创建的对象就是此角色的实例，在 PHP 中由一个具体类实现。

下面我们从开闭原则（对扩展开放；对修改封闭）上来分析一下简单工厂模式。当客户不再满足现有的车型号的时候，想要一种速度快的新型车，只要这种车符合抽象产品制订的合同，那么只要通知工厂类制造就可以被客户使用了。所以对产品部分来说，它是符合开闭原则的；但是工厂部分好像不太理想，因为每增加一种新型车，都要在工厂类中增加相应的创建业务逻辑 (createBMW() 方法需要新增 case 分支)，这显然是违背开闭原则的。可想而知，对于新产品的加入，工厂类是很被动的。对于这样的工厂类，我们称它为全能类或者上帝类。

这里举的例子是最简单的情况，而在实际应用中，很可能产品是一个多层次的树状结构。由于简单工厂模式中只有一个工厂类来对应这些产品，所以这可能会把我们的上帝累坏了，也累坏了我们这些程序员。

于是工厂方法模式作为救世主出现了。工厂类定义成了接口，而每当新增车种类型，就增加该车种类型对应工厂类的实现。这样工厂的设计就可以扩展了，而不必去修改原来的代码。

14.4 工厂方法

工厂方法模式去掉了简单工厂模式中工厂方法的静态属性，使得它可以被子类继承。这样，在简单工厂模式里集中在工厂方法上的压力可以由工厂方法模式里不同的工厂子类来分担。

工厂方法模式的组成和说明如下。

- **抽象工厂角色** 这是工厂方法模式的核心，它与应用程序无关。是具体工厂角色必须实现的接口或者必须继承的父类。在 PHP 中，它由抽象类或者接口来实现。
- **具体工厂角色** 它含有与具体业务逻辑有关的代码。由应用程序调用以创建对应的具体产品的对象。
- **抽象产品角色** 它是具体产品继承的父类或者是实现的接口。在 PHP 中，一般由抽象类或者接口来实现。
- **具体产品角色** 具体工厂角色所创建的对象就是此角色的实例。在 PHP 中，由具体的类来实现。

工厂方法模式使用继承自抽象工厂角色的多个子类来代替简单工厂模式中的“上帝类”。正如上面所说，这样便分担了对象承受的压力；而且这样使得结构变得灵活起来——当有新的产品产生时，只要按照抽象产品角色、抽象工厂角色提供的合同来生成，那么就可以被客户使用，而不必去修改任何已有的代码。可以看出，工厂角色的结构也是符合开闭原则的。如图 14-4 所示是工厂方法模式的生产示意图。

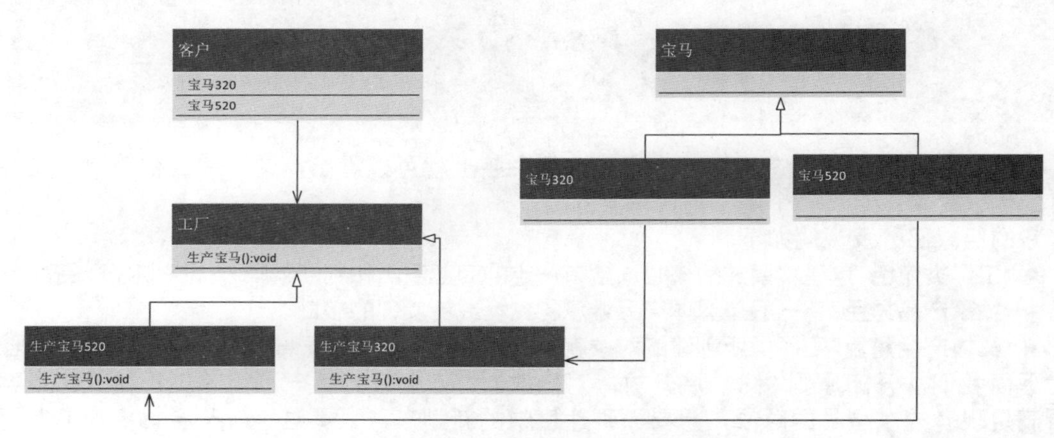

图 14-4 工厂方法模式的生产示意图

在工厂方法模式中，产品类的实现代码如下：

```
abstract class BMW {
  public function __construct()
  {
  }
}
class BMW320 extends BMW {               // BMW320 产品
  public function __construct()
  {
    echo(" 制造 -->BMW320");
```

```
    }
}
class BMW520 extends BMW{                    // BMW520 产品
    public BMW520(){
        echo(" 制造 -->BMW520");
    }
}
```

创建工厂类的实现代码如下：

```
interface FactoryBMW                         // 工厂接口
{
    function createBMW();
}

class FactoryBMW320 implements FactoryBMW{

    public function createBMW() {
        return new BMW320();
    }

}
class FactoryBMW520 implements FactoryBMW {

    public function createBMW() {
        return new BMW520();
    }
}
```

客户类的实现代码如下：

```
class Customer {
    public function test(){
        // 从工厂生产一辆 BMW320 车
        $factoryBMW320 = new FactoryBMW320();
        $bmw320 = $factoryBMW320->createBMW();

        // 从工厂生产一辆 BMW520 车
        $factoryBMW520 = new FactoryBMW520();
        $bmw520 = $factoryBMW520->createBMW();
    }
}
```

可以看出，工厂方法的加入，使得对象的数量成倍增长。当产品种类非常多时，会出现

大量的与之对应的工厂对象，这不是我们所希望的。因为如果不能避免这种情况，可以考虑使用简单工厂模式与工厂方法模式相结合的方式来减少工厂类：即对于产品树上类似的种类(一般是树的叶子中互为兄弟的)使用简单工厂模式来实现。

工厂方法模式仿佛已经很完美地对对象的创建进行了包装，使得客户程序中仅仅处理抽象产品角色提供的接口。那我们是否一定要在代码中遍布工厂呢？大可不必。也许在下面的情况下可以考虑使用工厂方法模式：

- 客户程序不需要知道要使用对象的创建过程。
- 客户程序使用的对象存在变动的可能，或者根本就不知道使用哪一个具体的对象。

14.5 抽象工厂

抽象工厂模式是工厂方法模式的升级版本，它用来创建一组相关或者相互依赖的对象。例如，宝马 320 系列使用空调型号 A 和发动机型号 A，而宝马 520 系列使用空调型号 B 和发动机型号 B，那么使用抽象工厂模式，在为 320 系列生产相关配件时，就无须指定配件的型号，它会自动根据车型生产对应的配件型号 A。

当每个抽象产品都有多于一个的具体子类的时候(空调有型号 A 和 B 两种，发动机也有型号 A 和 B 两种)，工厂角色怎么知道实例化哪一个子类呢？比如每个抽象产品角色都有两个具体产品(产品空调有两个具体产品空调 A 和空调 B)。抽象工厂模式提供两个具体工厂角色(宝马 320 系列工厂和宝马 520 系列工厂)，分别对应于这两个具体产品角色，每一个具体工厂角色只负责某一个产品角色的实例化。每一个具体工厂类只负责创建抽象产品的某一个具体子类的实例。

下面来看一下抽象工厂的具体实现。首先是产品类的代码，具体如下：

```
// 发动机以及型号
public interface Engine {

}
class EngineA implements Engine{  // 发动机 A
  public function __construct(){
    System.out.println(" 制造 -->EngineA");
  }
}
class EngineB implements Engine{  // 发动机 B
  public function __construct(){
    System.out.println(" 制造 -->EngineB");
  }
}

// 空调以及型号
public interface Aircondition {

}
// 空调 A
class AirconditionA implements Aircondition{
  public function __construct(){
    System.out.println(" 制造 -->AirconditionA");
  }
}
// 空调 B
class AirconditionB implements Aircondition{
  public function __construct(){
    System.out.println(" 制造 -->AirconditionB");
  }
}
```

接下来是创建工厂类的实现代码，具体如下：

```
// 创建工厂的接口
public interface AbstractFactory {
  // 制造发动机
  public Engine createEngine();
  // 制造空调
```

```
    public Aircondition createAircondition();
}
// 为宝马 320 系列生产配件
class FactoryBMW320 implements AbstractFactory{

    // 指定发动机 A
    function createEngine()
    {
        return new EngineA();
    }
    // 指定空调 A
    function createAircondition()
    {
        return new AirconditionA();
    }
}
// 宝马 520 系列
class FactoryBMW520 implementsAbstractFactory {

    // 指定发动机 B
    function createEngine()
    {
        return new EngineA();
    }
    // 指定空调 B
    function createAircondition()
    {
        return new AirconditionA();
    }
}
```

最后使用代码来模拟一个客户，具体实现如下：

```
class Customer {
    public function test(){
        // 生产宝马 320 系列配件
        $factoryBMW320 = new FactoryBMW320();
        $factoryBMW320->createEngine();
        $factoryBMW320->createAircondition();

        // 生产宝马 520 系列配件
        $factoryBMW520 = new FactoryBMW520();
        $factoryBMW520->createEngine();
        $factoryBMW520->createAircondition();

    }
}
```

无论是简单工厂模式、工厂方法模式，还是抽象工厂模式，它们都属于工厂模式，在形式和特点上也是极为相似的，它们的最终目的都是解耦。在使用时，我们不必去在意这个模式到底是工厂方法模式还是抽象工厂模式，因为它们之间的演变常常是令人琢磨不透的。经常会发现，明明使用了工厂方法模式，当新需求来临，稍加修改，加入了一个新方法后，由于类中的产品构成了不同等级结构中的产品族，它就变成抽象工厂模式了；而对于抽象工厂模式，当减少一个方法使得提供的产品不再构成产品族之后，它就演变成了工厂方法模式。所以，在使用工厂模式时，只需要关心降低耦合度的目的是否达到了。

14.6　适配器模式

适配器 (Adapter Pattern) 模式的定义是把一个类的接口变成客户端所期待的另一种接口，从而使原本因接口不匹配而无法在一起工作的两个类能够在一起工作。

可以把适配器理解为变压器或者转换器。例如，在日常生活中，将 220V 的电压变成 110V，以使 110V 的电器可以使用；或者是将一个三相插座转换成二相插座等。

适配器模式有两种形式：类的适配器模式和对象的适配器模式。类的适配器模式有以下角色。

- **目标 (Target) 角色**　期待得到的接口类型。这里讲类的适配器模式，所以这个不能是类，因为 PHP 具有单继承模式。

- **源 (Adaptee) 角色** 现有待适配的接口类型。
- **适配器 (Adapter) 角色** 适配器类模式的核心，这个角色负责把源接口转换成目标角色的接口。

从图 14-5 所示的类适配器模式示意图可以看出，组合对象 Adapter 持有源 Adaptee 的对象，利用聚合代替了继承。

下面是类适配器模式的 PHP 实现代码：

```
// 目标类
public interface Target {

   function operate1();

   function operate2();
}
// 源
class Adaptee {

   public function operate1(){
      // 业务逻辑
   }
}
// 适配器类
class Adapter extends Adaptee implements Target{
   public function operate2() {
     // 业务逻辑

   }
}
```

适配器类继承了源类，实现了目标类在源里没有的接口，达到了适配转换作用。PHP 是单继承的语言，这种类的适配模式往往受到使用环境的限制。在面向对象设计原则中，有一条叫作组合 / 聚合复用原则，讲的是尽可能使用组合和聚合达到复用的目的，而不是继承。所以一般推荐用对象适配器模式达到目的，对象适配器的角色和类的适配器模式的角色没什么具体的区别，只是类图不同，对象适配器模式的类图如图 14-6 所示。

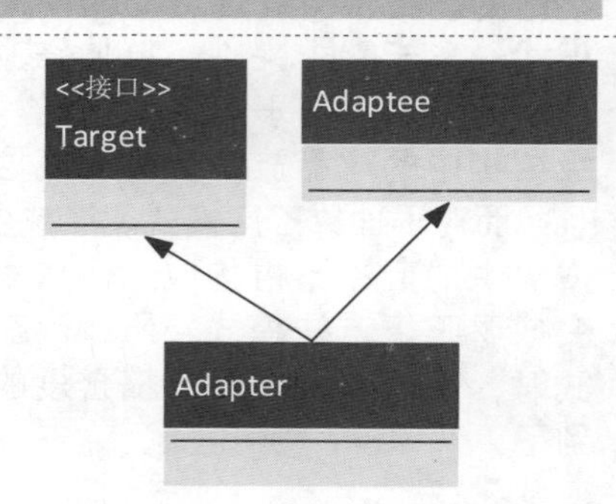

图 14-5 类适配器模式

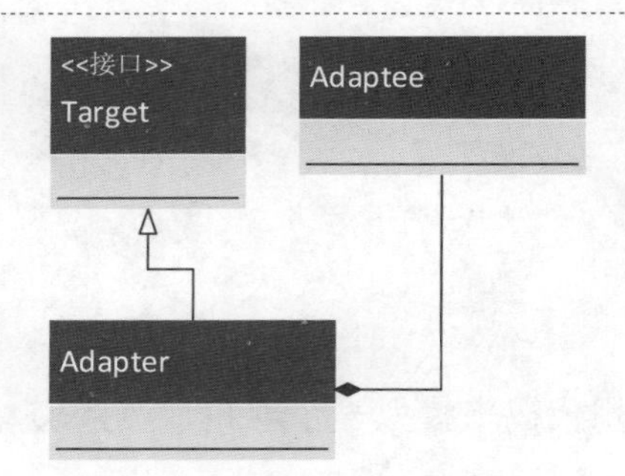

图 14-6 对象的适配器模式

可以看出，组合对象 Adapter 持有源 Adaptee 的对象，利用聚合代替了继承。

下面是对象适配器模式中适配器类的 PHP 实现代码：

```
// 适配器类
class Adapter2 implements Target{

   private $adaptee;
   public function __construct($adaptee)
   {
     $this->adaptee = $adaptee;
   }


   function operate1()
   {
     // 调用源的方法
     $this->adaptee->operate1();
   }
```

```
        function operate2()
        {
            // 业务逻辑
        }

}
```

为了不改变原有系统的实现而对目标接口需求的满足做适配，利用具体的类的适配器模式还是对象的适配器模式，要根据具体的业务场景决定，如果两种都可以的话，最好选择对象的适配器模式。适配器模式使得原本不能在一起工作的类在一起工作成为可能。但是，对于变化很大的系统，对每个接口都写一个适配器类变得很难维护，这时候，应该考虑对原有代码的重构，而不是让系统中存在大量的适配器类。

14.7　外观模式

外观模式 (Facade Pattern) 为子系统中的一组接口提供了一个一致的界面。外观模式定义了一个高层接口，这个接口使得这一子系统更加容易使用。

例如，以病人去医院看病为例。首先病人必须先挂号，然后看门诊。如果医生要求化验，病人必须首先做检查，然后才可以回到门诊室，再去取药。假设有三个病人需要看病，整个流程类似如图 14-7 所示的图案。

如图 14-7 所示，病人要与所有部门打交道，非常繁琐。解决这种不便的方法便是引进外观模式，医院可以设置一个接待员的位置，由接待员负责代为挂号、检查、缴费、取药等。这个接待员就是外观模式的体现，病人只接触接待员，由接待员与各个部门打交道。如图 14-8 所示为使用外观模式后的示意图。

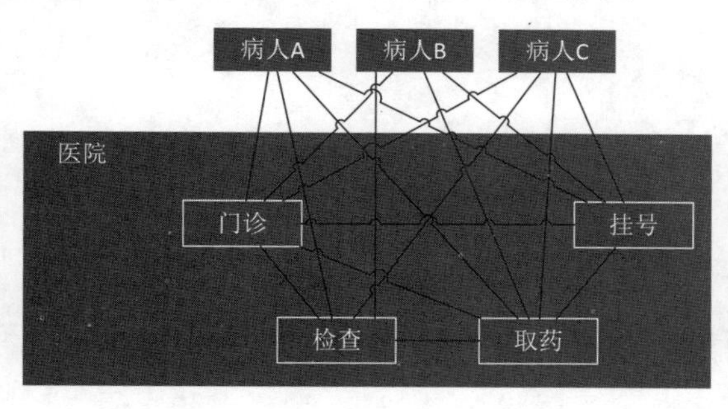

图 14-7　传统病人看病模式

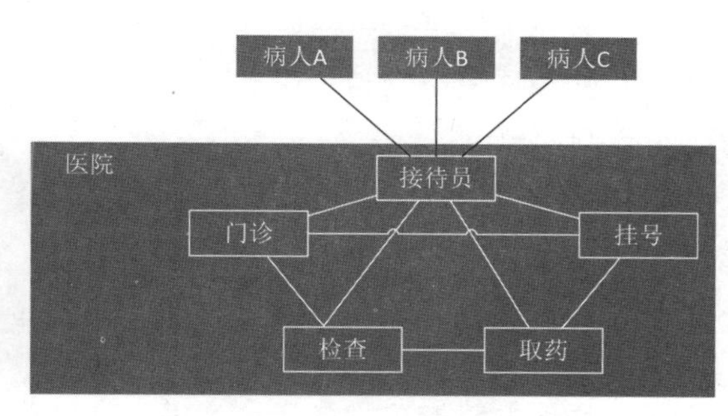

图 14-8　外观模式中的病人看病模式

由于外观模式的结构图过于抽象，因此把它稍稍具体点。假设子系统内有三个模块，分别是 ModuleA、ModuleB 和 ModuleC，它们分别有一个示例方法，那么，此时示例的整体结构如图 14-9 所示。

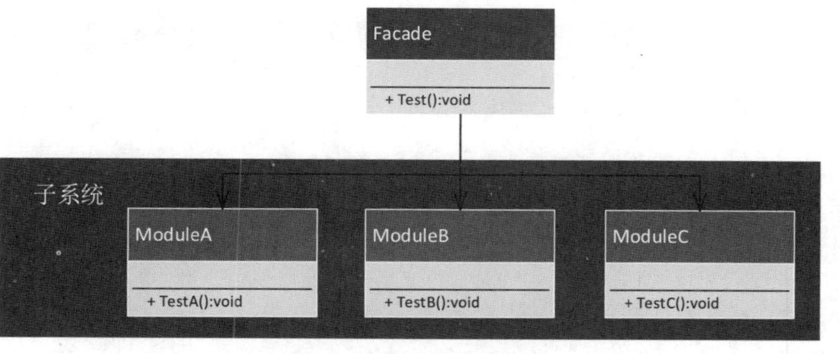

图 14-9　外观模式对象

在这个对象图中，出现了两个角色。

- **门面 (Fasade) 角色**　客户端可以调用这个角色的方法。此角色知晓相关的(一个或者多个)子系统的功能和责任。在正常情况下，本角色会将所有从客户端发来的请求委派到相应的子系统去。
- **子系统 (SubSystem) 角色**　可以同时有一个或者多个子系统。每个子系统都不是一个单独的类，而是一个类的集合(如上面的子系统就是由 ModuleA、ModuleB、ModuleC 三个类组合而成)。每个子系统都可以被客户端直接调用，或者被外观角色调用。子系统并不知道外观的存在，对子系统而言，外观仅仅是另外一个客户端而已。

外观模式具有如下优点。

- **松散耦合**　外观模式松散了客户端与子系统的耦合关系，让子系统内部的模块能更容易地扩展和维护。
- **简单易用**　外观模式让子系统更加易用，客户端不再需要了解子系统内部的实现，也不需要跟众多子系统内部的模块进行交互，只需要跟外观类交互就可以了。
- **更好地划分访问层次**　通过合理使用外观模式，可以帮助我们更好地划分访问的层次。有些方法是对系统外的，有些方法是系统内部使用的。把需要暴露给外部的功能集中到外观中，这样既方便客户端使用，也很好地隐藏了内部的细节。

下面是外观模式中三个模块的 PHP 源代码:

```
class ModuleA {
  // 示意方法
  public function testA(){
    echo(" 调用 ModuleA 中的 testA 方法 ");
  }
}
class ModuleB {
  // 示意方法
  public function testB(){
    echo (" 调用 ModuleB 中的 testB 方法 ");
  }
}
class ModuleC {
  // 示意方法
  public function testC(){
    echo (" 调用 ModuleC 中的 testC 方法 ");
  }
}
```

外观角色类的代码如下:

```
class Facade {
  // 示意方法，满足客户端需要的功能
  public function test(){
    $a = new ModuleA();
    $a->testA();

    $b = new ModuleB();
    $b->testB();

    $c = new ModuleC();
    $c->testC();
  }
}
```

客户端的测试代码如下:

```
class Client {
  public function test() {
    $facade = new Facade();
    $facade->test();
  }
}
```

Facade 类其实相当于 A、B、C 模块的外观界面。有了这个 Facade 类，那么客户端就不需要亲自调用子系统中的 A、B、C 模块了，也不需要知道系统内部的实现细节，甚至都不需要知道 A、B、C 模块的存在。客户端只需要跟 Facade 类交互就好了，从而更好地实现了客户端和子系统中 A、B、C 模块的解耦，让客户端更容易使用系统。

使用外观模式还有一个好处，就是能够有选择性地暴露方法。一个模块中定义的方法可以分成两部分：一部分是给子系统外部使用的；另一部分是子系统内部模块之间相互调用时使用的。有了 Facade 类，那么用于子系统内部模块之间相互调用的方法就不用暴露给子系统外部了。

例如，在某个系统中有 A、B 和 C 三个模块，这些模块的定义如下：

```
class ModuleA {
    /**
     * 提供给子系统外部使用的方法
     */
    public function a1(){};

    /**
     * 子系统内部模块之间相互调用时使用的方法
     */
    private function a2(){};
    private function a3(){};
}
class ModuleB {
    /**
     * 提供给子系统外部使用的方法
     */
    public function b1(){};

    /**
     * 子系统内部模块之间相互调用时使用的方法
     */
    private function b2(){};
    private function b3(){};
}
class ModuleC {
    /**
     * 提供给子系统外部使用的方法
     */
    public function c1(){};

    /**
     * 子系统内部模块之间相互调用时使用的方法
     */
    private function c2(){};
    private function c3(){};
}
```

外观类的实现代码如下：

```
class ModuleFacade {

    $a = new ModuleA();
    $b = new ModuleB();
    $c = new ModuleC();
    /**
     * 下面这些是 A、B、C 模块对子系统外部提供的方法
     */
    public function a1(){
        $a->a1();
    }
    public function b1(){
        $b->b1();
    }
    public function c1(){
        $c->c1();
    }
}
```

这样定义一个 ModuleFacade 类可以有效地屏蔽内部的细节，免得编程者去调用 Module 类时，发现一些不需要它知道的方法。例如 a2() 和 a3() 方法就不需要让编程者知道，否则既暴露了内部的细节，又让编程者迷惑。对编程者来说，他可能还要去思考 a2()、a3() 方法用来干什么呢？其实 a2() 和 a3() 方法是内部模块之间交互的，原本就不是对子系统外部的，所以干脆就不要让编程者知道。

14.8　观察者模式

观察者模式 (Observer Pattern) 的定义是：一个被观察者管理所有依存于它的观察者对象，

并且在本身的状态改变时主动发出通知。这通常通过调用各观察者所提供的方法来实现。

它通常被用来实现事件处理系统，典型的适用场景如下：

- 当一个抽象模型有两个方面，其中一个方面依赖于另一方面时，将这二者封装在独立的对象中，以使它们可以各自独立地改变和复用。
- 当对一个对象的改变需要同时改变其他对象，而不知道具体有多少对象有待改变时。
- 当一个对象必须通知其他对象，而它又不能假定其他对象是谁时。换言之，不希望这些对象是紧密耦合的。

观察者模式涉及如下角色。

- **抽象被观察者角色** 把所有对观察者对象的引用保存在一个集合中，每个被观察者角色都可以有任意数量的观察者。被观察者提供一个接口，可以增加和删除观察者角色。一般用一个抽象类和接口来实现。
- **抽象观察者角色** 为所有具体的观察者定义一个接口，在得到主题的通知时更新自己。
- **具体被观察者角色** 在被观察者内部状态改变时，给所有登记过的观察者发出通知。具体被观察者角色通常用一个子类来实现。
- **具体观察者角色** 该角色实现抽象观察者角色所要求的更新接口，以便使本身的状态与主题的状态相协调。通常用一个子类实现。如果需要，具体观察者角色可以保存一个指向具体主题角色的引用。

例如，珠宝商运送一批钻石，有强盗准备抢劫，珠宝商雇佣了私人保镖，警察局也派人护送。于是当运输车上路的时候，强盗、保镖和警察都要观察运输车的动静。

针对本例中的 3 个观察者，创建一个接口类，代码如下：

```
public interface Watcher
{
    function update();
}
```

针对抽象的被观察者创建一个接口，并声明添加、移除和通知观察者的方法。代码如下：

```
public interface Watched
{
    function addWatcher($watcher);

    function removeWatcher($watcher);

    function notifyWatchers();
}
```

接下来创建具体的观察者，首先以保镖为例。具体实现代码如下：

```
class Security implements Watcher
{
    public function update()
    {
        echo(" 运输车有行动，保安贴身保护 ");
    }
}
```

如下所示为强盗观察者的实现：

```
class Thief implements Watcher
{
    public function update()
    {
        echo (" 运输车有行动，强盗准备动手 ");
    }
}
```

警察观察者的实现代码如下：

```
class Police implements Watcher
{
    public function update()
    {
        echo (" 运输车有行动，警察护航 ");
```

```
    }
}
```

现在来创建具体的被观察者，实现代码如下：

```
class Transporter implements Watched
{
  private $list = [];

  function addWatcher($watcher)
  {
    $this->list[] = $watcher;
  }

  function removeWatcher($watcher)
  {
    unset( $this->list[$watcher]);
  }

  function notifyWatchers()
  {

    foreach($this->list as $item){
      $item->update();
    }

  }

}
```

最后我们来创建进行测试的代码，具体如下：

```
class Test
{
   public static void main(String[] args)
   {
      Transporter transporter = new Transporter();
      Police police = new Police();
      Security security = new Security();
      Thief thief = new Thief();

      transporter.addWatcher(police);
      transporter.addWatcher(security);
      transporter.addWatcher(thief);

      transporter.notifyWatchers();
   }
}
```

运行后的输出结果如下：

```
运输车有行动，警察护航
运输车有行动，保安贴身保护
运输车有行动，强盗准备动手
```

在本例子中没有关于数据和状态的变化通知，只是简单通知到各个观察者，告诉他们被观察者有行动。

其实观察者模式在关于目标角色、观察者角色通信的具体实现中有两个版本。一种情况是目标角色在发生变化后，仅仅告诉观察者角色“我变化了”，观察者角色如果想要知道具体的变化细节，就要自己从目标角色的接口中得到。这种模式被形象地称为“拉模式”——就是说，变化的信息是观察者角色主动从目标角色中“拉”出来的。

还有一种方法，那就是目标角色“服务一条龙”。即通知你发生变化的同时，通过一个参数将变化的细节传递到观察者角色中去。这就是“推模式”，不管观察者是否需要，都会把变化的数据传递出去。

这两种模式的使用，取决于系统设计时的需要。如果目标角色比较复杂，并且观察者角色进行更新时必须得到一些具体变化的信息，则“推模式”比较合适。如果目标角色比较简单，则比较适合“拉模式”。

14.9　状态模式

状态模式 (State Pattern) 又称为状态对象模式 (Pattern of Objects for States)，它主要适用

于“开关状态”的切换。我们在代码中经常使用 if else if else 进行状态切换，那么针对这样反复出现的状态，是否可以使用状态模式呢？

在回答这个问题之前，首先需要弄明白“开关切换状态”和“一般的状态判断”是有一些区别的。

如下是一个使用 if else 结构实现的“一般状态判断”：

```
if($which==1) $state="hello";
else if ($which==2) $state="hi";
else if ($which==3) $state="bye";
```

上述代码是一个“一般的状态判断”，这是因为 state 值的不同是根据 which 变量来决定的，which 和 state 没有关系。

再来看一下修改后的代码：

```
if ($state == "bye") $state="hello";
else if ($state == "hello") $state="hi";
else if ($state == "hi") $state="bye";
```

此时就是一个“开关切换状态”，因为上面的代码将 state 的状态从 hello 切换到 hi，再切换到 bye，又切换到 hello，好像一个旋转开关。针对类似这种的状态改变，就可以使用状态模式了。

如果单纯有上面一种做 hello->hi->bye->hello 这一个方向切换，也不一定需要使用状态模式。因为 State 模式会建立很多子类，使结构复杂化。但是如果又发生另外一个行为：即把上面的切换方向反过来切换，或者需要任意切换，这就需要状态模式了。

下面是一个一般写法的状态切换：

```
class Context
{
  private $state = null;

  public function push()
  {
    // 如果当前 red 状态，切换到 blue
    if ($this->state == Color::red) $this->state = Color::blue;
    // 如果当前 blue 状态，切换到 green
    else if ($this->state == Color::blue) $this->state = Color::green;
    // 如果当前 black 状态，切换到 red
    else if ($this->state == Color::black) $this->state = Color::red;
    // 如果当前 green 状态，切换到 black
    else if ($this->state == Color::green) $this->state = Color::black;
    $sample = new Sample($this->state);
    $sample->operate();
  }

  public function pull()
  {
    // 与 push 状态切换正好相反
    if ($this->state == Color::green) $this->state = Color::blue;
    else if ($this->state == Color::black) $this->state = Color::green;
    else if ($this->state == Color::blue) $this->state = Color::red;
    else if ($this->state == Color::red) $this->state = Color::black;
```

```
        $sample2 = new Sample2($this->state);
        $sample2->operate();
    }

}
```

上面的示例包含了 push(推) 和 pull(拉) 这两个动作。这两个开关动作改变了 Context 颜色。下面使用状态模式优化它。

状态模式需要两种类型实体参与。

- **状态管理器 (State Manager)**　其实就是开关。如上面例子的 Context 实际就是一个状态管理器，在状态管理器中有对状态的切换动作。
- **用抽象类或接口实现的父类**　不同状态就是继承这个父类的不同子类。

以上面的 Context 为例，下面对它进行修改，实现两种情况下的状态切换：

```
push：blue-->green-->black-->red-->blue
pull：blue-->red-->black-->green-->blue
```

首先创建一个父类，代码如下：

```
abstract  class State
{
  public abstract function handlepush(Context $c);
  public abstract function handlepull(Context $c);
  public abstract function getcolor();
}
```

父类中的方法要对应状态管理器中的开关行为，在状态管理器中 (本例就是 Context 中)，有两个开关动作：push 和 pull。那么在状态父类中就要有具体处理这两个动作的方法，即 handlepush() 方法和 handlepull() 方法，同时还需要一个获取 push 或 pull 结果的方法 getcolor()。

下面是蓝色状态子类的实现：

```
class BlueState extends State
{
  public function handlepush(Context $c)
  {
    echo(" 变成绿色 ");
    $c->setState(new GreenState());
  }

  public function handlepull(Context $c)
  {
    echo(" 变成红色 ");
    $c->setState(new RedState());
  }

  public function getcolor()
  {
    return (Color::blue);
  }

}
```

其他几个状态的子类实现与 BlueState 类似，这里不再重复。

接下来重新编写状态管理器类，也就是本例使用的 Context 类。具体代码如下：

```
class Context
{

  private $state = null;

  //setState 用来改变 state 的状态，使用 setState 实现状态的切换
  public function setState(State $state)
  {
    $this->state = $state;
  }
```

```
    public function push()
    {
        //状态的切换的细节部分，在本例中是颜色的变化，已经封装在子类的 handlepush 中实现，这里无须关心
        $this->state.handlepush(this);

        // 假设 sample 要使用 state 中的一个切换结果，使用 getColor()
        $sample = new Sample( $this->state->getColor());
        $sample->operate();
    }

    public function pull()
    {
        $this->state.handlepull(this);
        // 假设 sample 要使用 state 中的一个切换结果，使用 getColor()
        $sample2 = new Sample2($this->state->getColor);
        $sample2->operate();
    }

}
```

至此，我们就实现了状态模式下颜色的多种操作切换过程。这只是相当简单的一个实例，在实际应用中，handlepush 和 handlepull 的处理是复杂的。

通过上面的介绍和示例，可以发现，状态模式具有如下优点：

- 封装转换过程，也就是转换规则。
- 枚举可能的状态，因此需要事先确定状态的种类。

状态模式可以允许客户端改变状态的转换行为，而状态机则能够自动改变状态。状态机是一个比较独立的而且复杂的机制。状态模式在工作流或游戏等各种系统中有大量使用，甚至是这些系统的核心功能设计。例如，政府 OA 中，一个批文的状态有多种：未办、正在办理、正在批示、正在审核和已经完成等各种状态，使用状态模式，可以封装这个状态的变化规则，从而在扩充状态时，不必涉及状态的使用者。

14.10 不要过度使用设计模式

即使读者已经熟练地掌握了这些设计模式的使用方法。仍须谨记，设计模式是为了使设计简单，而不是更复杂。因此，一定要避免过度地使用设计模式。

要想学好设计模式，就一定要熟练地掌握面向对象的设计原则。这些面向对象的设计原则是设计模式的核心内容。只有对面向对象的设计原则有了深刻的领悟，才能用好设计模式，从而避免过度地使用设计模式。

在软件开发的过程中，开发人员最为担心的应该是需求的不断变化，而这些变化又不是开发人员所能控制的。因此，为了适应这些变化，就需要使用设计模式。然而，使用设计模式却并不能保证一定能得到一个好的设计，过分地使用设计模式会增加程序的复杂性和晦涩性，让程序不易理解，从而降低了程序的易维护性。